U0836993

高等教育“十二五”规划教材

网络工程案例教程

主　编　姚汝贤　耿红琴

副主编　刘直良　宋三华

刘　珂　李景富

電子工業出版社

Publishing House of Electronics Industry

北京·BEIJING

内 容 简 介

本书以专业教学大纲为指导，以“培养具备一定应用能力的高素质技术技能型人才”为目标。基于“案例引导、任务驱动”的案例化教学方式而编写，主要通过对实际案例实现步骤的详细介绍，使读者能够通过实际操作来领会和掌握基本的理论知识及应用技能。体现了“基于实际工作过程所需”，实现了“教、学、做”一体化的教学思想。

全书共分为 8 章，主要内容包括网络工程概述、局域网组建、网络互连、网络综合布线、网络服务与应用、小型企业局域网组建、网络安全、网络管理与维护。

本书可作为应用型本科院校计算机专业、电子商务专业和通信类专业学生的教材，也可作为读者自学计算机网络工程的入门指导书。

未经许可，不得以任何方式复制或抄袭本书之部分或全部内容。
版权所有，侵权必究。

图书在版编目（CIP）数据

网络工程案例教程 / 姚汝贤，耿红琴主编. —北京：电子工业出版社，2016.1
ISBN 978-7-121-26169-5

Ⅰ. ①网… Ⅱ. ①姚… ②耿… Ⅲ. ①计算机网络－案例－教材 Ⅳ. ①TP393

中国版本图书馆 CIP 数据核字（2015）第 114091 号

策划编辑：祁玉芹
责任编辑：鄂卫华
印　　刷：中国电影出版社印刷厂
装　　订：中国电影出版社印刷厂
出版发行：电子工业出版社
北京市海淀区万寿路 173 信箱　邮编　100036
开　　本：787×1092　1/16　印张：19.5　字数：475 千字
版　　次：2016 年 1 月第 1 版
印　　次：2016 年 12 月第 2 次印刷
定　　价：39.80 元

凡所购买电子工业出版社图书有缺损问题，请向购买书店调换。若书店售缺，请与本社发行部联系，联系及邮购电话：（010）88254888。

质量投诉请发邮件至 zlts@phei.com.cn，盗版侵权举报请发邮件至 dbqq@phei.com.cn。

服务热线：（010）88258888。

前言

PREFACE

面向社会培养应用型人才成为当前普通本科高校教学改革的重要内容，2015 年 2 月，国务院常务会议明确提出，“引导一批普通本科高校向应用技术型高校转型”。时代的进步与社会的需要对普通本科高校计算机教育的质量提出了更高、更新的要求，本书主要面向应用型人才培养，为普通高等院校、二本院校学生编写，教材力争紧跟计算机网络技术的最新发展，使用大量的实际工程案例辅助教学，使学生能够具备实际工程能力。

教材内容涵盖了计算机网络的基本原理和实际工程应用所需要的技术基础知识。按照网络工程概述、局域网组建、网络互连、网络综合布线、网络服务与应用、小型企业局域网构建、网络安全、网络管理与维护等方面知识介绍把相关技术基础，网络协议、设备安装与调试、网络工程设计等方面的知识结合在一起，结合具体典型案例对学生进行应用型人才训练。

本书采用集“教、学、做”于一体，内容丰富，知识全面，详略得当。全书共分为 8 章。

第 1 章 网络工程概述，主要介绍网络的基本概念、计算机网络的传输介质与互连设备、计算机网络的体系结构、网络工程的构建原则等知识。

第 2 章 局域网组建，包括网络局域网组建，计算机网络通信原理，组建简单局域网，及计算机网络通信的基本原理。

第 3 章 网络互连，本章通过案例介绍网络规划的基本步骤，组网的一些核心技术及 VLAN、DHCP、NAT、OSPF、IPSec VPN 等技术的应用。

第 4 章 网络综合布线，主要介绍综合布线的标准及设计要点，综合布线各子系统的功能，了解综合布线系统及其优点、综合布线的施工和验收过程及应注意的事项。

第 5 章 网络服务与应用，主流服务器的配置与管理。

第 6 章 小型企业局域网构建，主要是网络工程的整个流程，网络规划、网络方案设计、工程项目管理、工程监理等。

第 7 章 网络安全，介绍网络信息安全的基本方法及计算机网络安全基本技能。

第 8 章 网络管理与维护，主要通过网络管理中的一些实际案例来介绍网络管理的基础知识。

本书由姚汝贤、耿红琴任主编，刘直良、宋三华、刘珂、李景富任副主编。第 1、3、5 章由姚汝贤编写，第 2 章由李景富编写，第 6 章由宋三华编写，第 7 章由刘直良编写，第 4、8 章由刘珂编写。全书由耿红琴教授统稿审核。

由于编写时间仓促，书中难免有疏漏和不妥之处，欢迎大家批评指正，衷心希望广大使用者尤其是任课教师提出宝贵的意见和建议，以便再版时及时加以修正。

目录

CONTENTS

第 1 章　网络工程概述

教学目标：

通过本章的学习，使学习者理解计算机网络的基本概念和组成，了解计算机网络的主要传输介质与互连设备，掌握计算机网络的体系结构与系统组成，并能描述每一层的主要功能，理解数据在网络各层中的传递及技术实现，了解网络工程的构建原则。

教学内容：

本章主要介绍网络的基本概念、计算机网络的传输介质与互连设备、计算机网络的体系结构、网络工程的构建原则等内容，主要包括：

（1） 计算机网络的基本概念。

（2） OSI 参考模型与 TCP/IP 5 层模型。

（3） 双绞线的结构与制作。

（4） 交换机、路由器基本工作原理。

（5） 网络工程的构建原则。

教学重点与难点：

（1） 网络的体系结构与协议。

（2） TCP/IP 模型及数据在各层中的传递过程。

（3） 交换机、路由器的工作原理。

1.1　计算机网络与网络工程

1.1.1　计算机网络的基本概念

计算机网络是指把地理位置分散、具有独立功能的计算机，通过网络和通信技术连接起来，实现数据通信和资源共享的过程。

1. 两级结构模式

按照网络组织的两级结构模式把计算机网络划分为资源子网和通信子网。资源子网由计算机系统、I/O 设备、各种软件和数据资源组成，承担着整个网络的数据处理任务，向用户提供各种资源和网络服务。通信子网由通信硬件和通信软件组成，其功能是提供必要的通信手段和通信服务。

两级结构的计算机网络以资源共享为主要目的，这种网络结构设计简单，把通信子网和资源子网分离，使得这两个部分都可单独设计，从而简化了整个网络的设计。该网络可以搭载已有的公用服务网络，以减少投资。

2. 计算机网络的基本功能

数据通信是计算机网络的基本功能，资源共享是计算机网络的核心。

（1） 数据通信。

数据通信用以实现计算机与终端或计算机与计算机之间传送各种信息，利用这一功能，地理位置分散的数据终端或计算机可通过计算机网络连接起来进行集中的控制和管理。

（2） 资源共享。

资源共享包括软件资源和硬件资源的共享。共享的软件资源包括程序、文件和数据等。利用计算机网络共享硬件设备可以避免重复购置，提高设备的利用率。

（3） 分布式数据处理。

采用计算机网络可以将大型信息处理问题分散在网络中的多台计算机上协同完成，解决单机无法完成的信息处理任务。分布式处理包括分布式输入和分布式输出两种工作方式。分布式输入将需要处理的大量数据分散到多个计算机上进行输入，以解决数据输入的“瓶颈”问题。分布式输出将需要输出的大型任务，选择网络空闲输出设备进行输出，以提高数据输出效率。

1.1.2 网络工程的基本概念

工程指的是以相关给定的目标为依据，应用有关的科学知识和技术手段，通过有组织的活动实现事务的管理过程，基于这种管理方式可以构建和维护有效的、实用的和高质量的项目。

计算机网络工程指的是为达到一定的网络设计目标，根据相关的网络构建规范或者标准，基于工程管理的步骤详细地进行网络的规划，按照实际可行的规划方案，构建实际所需计算机网络的过程。一个可行的网络工程方案要具备三个基本特征，即充分满足应用需求、具有较高的性价比、最大限度保护用户投资。

一个完整的计算机网络工程的实施包括如下几方面内容。

1. 网络规划与设计

网络的规划包括需求、管理、安全性、规模、结构、互连、扩展性等方面的分析；网络设计包括拓扑结构设计、地址分配与聚合设计、冗余设计等。

网络工程是一项复杂的系统工程，不仅涉及很多技术问题，还涉及管理、组织、经费、法律等其他问题，因此必须遵守一定的系统分析与设计方法。生命周期法就是一种有效的网络规划设计方法。网络的生命周期包括可行性研究、分析、设计、实施、维护与升级五个阶段。

2. 网络工程的组织实施

网络工程的组织实施包括工程组织及其建设方案、组织结构、工程的监理与验收、网络技术、网络设备、操作系统、网络管理系统、数据库、防火墙、ISP（Internet 服务提供商）的分析与选型、综合布线、系统集成、Internet 接入等。

3. 网络综合布线系统

综合布线系统是一个模块化、灵活性极高的建筑物或建筑群内的信息传输系统，是建筑物内的“信息高速公路”。一个良好的综合布线系统对其服务的设备应具有一定的独立性并能互连许多不同的通信设备，还支持视频会议、监视电视等图像系统。综合布线系统一般采用星状拓扑结构，该结构下的每个分支子系统都是相对独立的单元，对每个分支单元系统的改动不影响其他子系统。

4. 网络管理与维护

网络管理与维护的主题涉及：网络管理功能，包括配置、性能、故障、计费、安全管理；网管系统逻辑结构，包括逻辑模型的组成、Internet 管理逻辑模型；SNMP 协议的管理模型、鉴别机制、委托代理、通信过程；网络维护的任务、准备、方法和工具软件；各种网络设备和链路常见故障的排除；网络管理集成化、分布式、智能化等新进展。

1.2 计算机网络体系结构

计算机网络是由多台独立的计算机和各类终端通过传输媒体连接起来相互交换数据信息的复杂系统，相互通信的计算机系统必须高度协调地工作。计算机网络体系结构从整体角度抽象地定义了计算机网络的构成及各个网络部件之间的逻辑关系和功能，给出了协调工作的方法和计算机必须遵守的规则。

1.2.1 网络的体系结构和协议

代表现代计算机网络的计算机网络体系结构是按结构化方式进行设计的，分层次定义了网络通信功能，制定了各层的通信协议标准。每一层都建立在它的下层之上（除了最底层）。每一层次在逻辑上相互独立，且都具有特定的功能。不同的网络体系结构，其层次的数量，各层的名字、内容和功能都不一样。然而，在所有的计算机网络体系结构中，每一层的目的都是向上一层提供一定的服务。

这种层次模型摒弃了传统的面向传输硬件的网络概念，非常适用于以业务为基础的现代网络。它使传送网成为一个独立于业务和应用的灵活、可靠和低成本的基础网，专门用于信息位流的传送。而在此基础平台之上又可以组建各种各样的业务网，适应各式各样的业务和应用的需要。

计算机网络上的数据通信发生在不同系统的实体之间。实体是指能发送和接收信息的任何东西，如用户应用程序、进程、浏览器、电子邮件软件、数据库管理系统等。系统则是指一个物理的物体，可以是计算机、终端设备、网络设备等。系统中可以存在一个或多个实体。

两个实体要成功地交换信息就必须具有同样的语言。交换什么，怎样交换及何时交换，都必须遵从互相都能接受的一些规则，这些规则的集合称为协议。协议主要由说明数据格式和结构的语法、定义数据每一位意义的语义、描述事件实现顺序的时序关系 3 个部分组成。

每个协议都有特定目的，所以各个协议的功能是不一样的。但是也有一功能会经常出现在不同的协议中，如差错检测和纠正、对数据块的分块和重组、为数据块编号排序、发送和接收速度的协调匹配等。协议的设计过程通常要考虑网络系统的拓扑结构、信息的传输量、所采用的传输技术、数据存取方式，还要考虑其效率、价格和适用性等问题。

在组建网络的过程中，考虑到网络设备各方面的特性，用户会要求把不同厂商生产的设备互连在一起。为使这些设备相互间能正常交换信息，各个生产厂商都要遵守预先制定的标准，以保证设备间协同工作的能力。尽管标准有时会延长产品的开发时间，降低设计的灵活性，但是来自于用户的需求使工业界认识到使用标准的必要性。目前，标准已被网络设备的制造者所接受，并正在起到促进技术发展的作用。

1.2.2 OSI 参考模型

为使不同公司生产的计算机之间能互连成网，国际标准化组织（ISO）在 1977 年为计算机网络提出了一种独立于特定机型、操作系统的开放系统互连参考模型（OSI/RM）。经过若干年的发展，在 1983 年形成了开放系统互连参考模型的正式文件，即 ISO7498 国际标准。OSI 参考模型是连接异种计算机的标准框架，为连接分布式的“开放”系统提供了基础。所谓开放就是指遵循 OSI 标准后，一个系统就可以和其他也遵循该标准的系统进行通信。

OSI 标准制定过程中采用了前面所说的分层的体系结构方法，即将一个庞大而复杂的计算机互连问题划分为若干个较容易处理的范围较小的问题。OSI 采用了七层体系结构如图 1-1 所示。各层根据其功能，分别称为物理层、数据链路层、网络层、传输层、会话层、表示层和应用层。

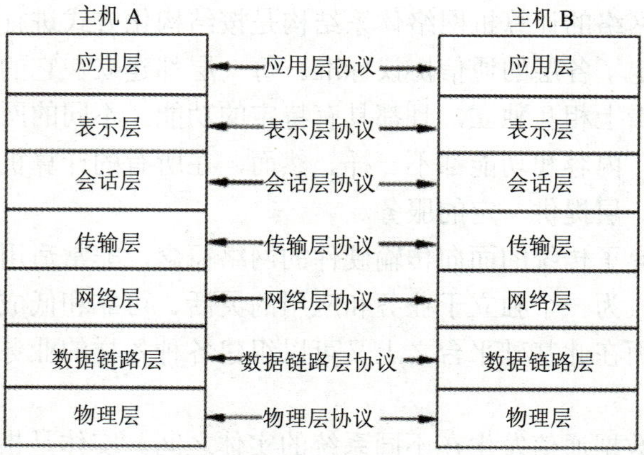

图 1-1　ISO/OSI 的七层网络体系结构

物理层建立在物理媒体上，是 OSI 参考模型的最底层，负责在物理媒体上传输数据位。所有的通信设备、计算机等均需要用物理媒体互连起来，因此物理层是组成计算机网络的基础。物理层的功能是通过物理媒体，建立、维护和拆除实体之间的物理连接，实现实体之间的位传送，向数据链路层提供一个透明的位流传送服务。

数据链路层最主要的作用就是通过一些数据链路层协议，在相邻节点的物理链路上建立数据链路，实现可靠的数据传输，从而保证数据通信的正确性。数据链路层的主要功能包括数据链路的管理、帧同步、差错检测和恢复、信息流量控制、数据的透明传输、寻址等。

网络层的任务是将数据信息从源端传输到目的端。从源端到目的端可以经过许多中继节点，也可能要经过几个通信子网，这是网络层与物理层、数据链路层的主要区别。网络层是处理端到端数据传输的最底层，具备路由选择、拥塞控制等功能。

传输层的目标是为用户在网络上提供有效、可靠和价格合理的数据传输服务。传输层是整个协议层次结构中最关键的一层。较低层的协议一般要比传输层简单，且容易理解。对于两个需要利用网络进行通信的主机来说，端到端的可靠通信还是要靠传输层协议来解决。另外，许多网络应用也只需要在两台机器之间进行可靠的位流传输，而不需要任何会话层和表示层的服务。

会话层给会话用户提供一种称为会话的连接，并在其上提供以普通方式传输数据的方法。会话层的主要功能是数据的交换和会话的管理。

表示层的主要功能是保证所传输的数据经传输后不改变意义。这是因为各种计算机都有自己的数据信息表示方法，不同的计算机之间交换数据信息需要经过一定的转换，这样才能使数据的意义在不同计算机内保持一致。

应用层是 OSI 的最高层，它借助应用实体（AE）、应用协议和表示服务交换信息，并给应用进程访问 OSI 环境提供手段。应用层的作用是在实现多个进程相互通信的同时，完成一系列业务处理所需要的服务功能。这些服务功能与业务功能（如远地文件操作、远地报文分发等）有密切的关系。

1.2.3 TCP/IP 参考模型

OSI 是理论上比较完善的体系结构，它的各层协议也考虑得比较周到，但由于种种原因没有得到应用。目前得到广泛应用的是 TCP/IP 参考模型和符合 TCP/IP 协议栈的产品，几乎所有的工作站和服务器都配有 TCP/IP 协议，这使得 TCP/IP 协议成了计算机网络事实上的标准。

TCP/IP 模型源自于 ARPANET。ARPANET 是最早出现的计算机网络之一，现代计算机网络的很多概念和方法都是从 ARPANET 中发展起来的。ARPANET 研究计划要求网络的通信设备和通信线路在部分损坏时，仍能正常工作，同时要求 ARPANET 能适应从文件传送到实时数据传输的各种应用需求。因此它要求的是一种灵活的网络体系结构，实现异种网的互连与互通。针对这些要求人们设计了 TCP/IP 协议簇，形成了 TCP/IP 参考模型。TCP/IP 协议之所以能迅速发展和广泛使用，是因为它适应了世界范围内数据通信的需要。

TCP/IP 参考模型与 OSI/RM 有不少区别，如图 1-2 所示。因为 TCP/IP 在设计时考虑到要与具体的网络无关，所以在 TCP/IP 的标准中没有对最低的两层做出规定。这样，TCP/IP 模型就只有 4 层。

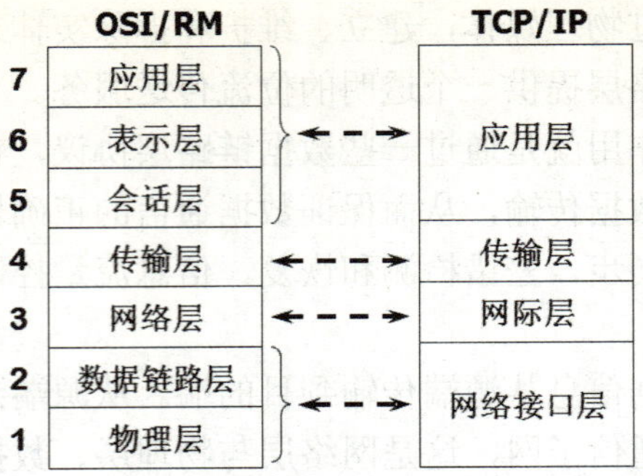

图 1-2　OSI/RM 与 TCP/IP 参考模型的比较

TCP/IP 参考模型的最高一层是应用层，相当于 OSI/RM 的应用层，传输层与 OSI/RM 的传输层相对应，网际层与 OSI/RM 的网络层相对应，主机-网络层与 OSI/RM 的数据链路层和物理层相对应。在 TCP/IP 参考模型中，没有与 OSI/RM 中的表示层和会话层相对应的层次。

网际层的主要功能是负责将源主机的报文分组发送到目的主机，源主机与目的主机可以在同一个网上，也可以在不同的网上。该层的协议被命名为 IP 协议（Internet Protocol）。它的功能包括 3 个方面：

（1）　处理来自传输层的数据段发送请求。在收到数据段发送请求之后，将数据段装入 IP 数据报，填充报头（又称头部），选择发送路径，然后将数据报传递到下一层。

（2）　处理接收到的数据报。在接收到其他主机发送的数据报之后，检查目的地址，选择路由，转发出去；若目的地址为本节点 IP 地址，则除去报头，将数据段交给传输层处理。

（3）　处理网络互连的路径、流量控制与拥塞问题。传输层在 TCP/IP 模型中处于网际层之上。它负责在源端和目的端主机上的对等实体间建立端到端连接。TCP/IP 参考模型的传输层定义了两种协议：传输控制协议（Transport Control Protocol，TCP）和用户数据报协议（User Datagram Protocol，UDP）。TCP 协议是一种可靠的面向连接的协议，它能将一台主机的字节流无差错地传送到目的主机。TCP 协议将应用层的字节流分成多个数据段（Segment），然后将一个个数据段交给网际层，发送到目的主机。在目的主机，网际层把接收到的数据段交给传输层，传输层再将多个数据段还原成字节流递交给应用层。TCP 协议同时还要完成流量控制功能，协调收发双方的发送与接收速度，达到正确传输的目的。UDP 协议是一个不保证可靠性的无连接协议，用于不需要 TCP 的排序和流量控制能力的场合。

应用层位于传输层的上面，是 TCP/IP 参考模型的最高层，它包含所有的高层协议。最早引入的协议有远程终端协议（Telnet）、文件传输协议（FTP）、简单邮件传输协议（SMTP）以及大量的、后来不断增加的各种应用协议，如域名系统、HTTP 协议等。

网际层下面是主机-网络层，它是 TCP/IP 模型的最底层，负责通过网络发送和接收 IP 数据报。TCP/IP 参考模型允许主机连入网络时使用多种协议。不同的网络，这一层可以使用不同的协议，如局域网的 Ethernet、Token Ring、X.25 的分组交换网等。

按照层次结构思想构成的一组从上到下单向依赖的各层协议称为协议簇，它们的具体实现常称为协议栈（Protocol Stack）。目前 TCP/IP 参考模型的各层已定义和开发了许多协议，并且还不断有新的协议被开发出来，组成了 TCP/IP 协议簇。TCP/IP 参考模型和这些协议之间的关系如图 1-3 所示，图中左边是 TCP/IP 参考模型，右边是与参考模型各层相对应的各种协议。

TCP/IP 参考模型	TCP/IP 协议簇
应用层	HTTP、ETP、Telnet、DNS、SMTP、POP3、MIME、SNMP、TFTP、BOOTP、RIP、BGP、DHCP、ICQ、SIP 等
传输层	TCP、UDP
网际层	IP、ICMP、IGMP、ARP、RARP 等
主机-网络层	Ethernet、Token Ring、PPP、PPPoE 等

图 1-3　TCP/IP 参考模型与 TCP/IP 协议簇

在 TCP/IP 协议簇中，TCP 协议的协议数据单元（Protocol Data Unit，PDU，相同层次的实体间交换数据的单位）称为 TCP 数据段或简称为 TCP 段。IP 协议的 PDU 称为 IP 数据报。目前广泛使用的主机-网络层是以太网，它传输的位流称为帧。图 1-4 给出了用户数据在 TCP/IP 协议栈中处理的过程。

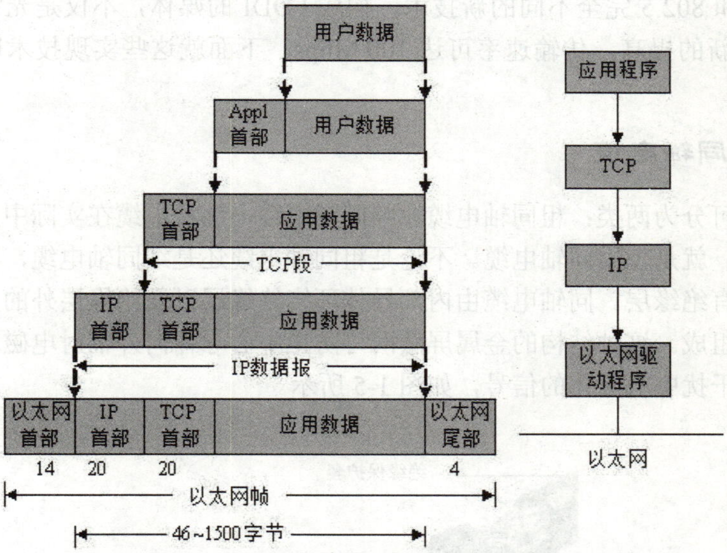

图 1-4　用户数据通过 TCP/IP 协议栈的封装过程

用户数据在应用层添加上应用头部构成应用层的 PDU，应用层 PDU 传送给传输层的 TCP 协议，TCP 协议在应用层 PDU 上添加 TCP 头部构成 TCP 报文段后传送给网际层的 IP 协议。IP 协议对 TCP 段添加 IP 头部，构成 IP 数据报。若 IP 数据报的长度超过数据链路层的最大传输单元（Maximum Transmission Unit，MTU），则 IP 层对 IP 数据报进行分片(Fragment)，每片上也有 IP 头部。IP 层传送给主机-网络层的数据单元是报文分组(Packet)，分组可以是一个 IP 数据报，也可以是 IP 数据报的一个片。在 TCP/IP 协议中，添加头部和尾部的过程称为封装。图 1-3 中的主机-网络层是以太网协议，以太网负荷是 IP 数据报。这种一层一层的封装是层次式网络体系结构的典型操作。

1.3 传输介质

局域网（LAN）常用的传输媒体有同轴电缆、双绞线和光缆，以及在无线局域网情况下使用的辐射媒体。

局域网技术在发展过程中，首先使用的是粗同轴电缆，其直径近似 13 mm（1/2 英寸），特性阻抗为 50Ω。由于这种电缆很重，缺乏挠性以及价格高等问题，随后出现了缆，其直径为 6.4 mm（1/4 英寸），特性阻抗也是 50Ω。使用粗同轴缆构成的以太网（Ethernet）被称为粗缆以太网，使用细缆的以太网（Ethernet）被称为细缆以太网。

在 20 世纪 80 年代后期广泛采用了双绞线作为传输媒体的技术，即 10Base-T 及其他局域网实现技术。为将以太网的范围进一步扩大，随后出现了 10Base-F，这种技术是使用光纤构成链路段，使用距离可延长到 2 km 但速率仍为 10 Mbps。

另一种采用光纤作为传输媒体的技术是光纤分布式数据接口（FDDI），是于 20 世纪 80 年代中期发展起来的一项局域网技术，它提供的高速数据通信能力要高于当时的以太网（10 Mbps）和令牌网（4 或 16 Mbps）的能力。光纤分布式数据接口（FDDI）是与 IEEE 802.3、802.4 和 802.5 完全不同的新技术，构成 FDDI 的媒体，不仅是光纤，而且访问媒体的机制有了新的提高，传输速率可达 100 Mbps。下面就这些实现技术所用的媒体逐一进行讨论。

1.3.1 同轴电缆

同轴电缆可分为两类：粗同轴电缆和细同轴电缆，这种电缆在实际中应用很广泛，比如有线电视网，就是使用同轴电缆。不论是粗同轴电缆还是细同轴电缆，其中央都是一根铜线，外面包有绝缘层。同轴电缆由内部导体环绕绝缘层以及绝缘层外的金属屏蔽网和最外层的保护套组成。这种结构的金属屏蔽网可防止中心导体向外辐射电磁场，也可用来防止外界电磁场干扰中心导体的信号，如图 1-5 所示。

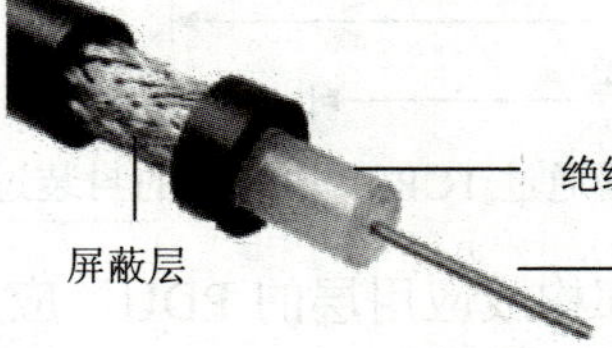

图 1-5 同轴电缆

1. 细同轴电缆连接设备及技术参数

采用细缆组网，除需要电缆外，还需要 BNC 头、T 型头及终端匹配器等，如图 1-6 所示。同轴电缆组网的网卡必须带有细缆连接接口（通常在网卡上标有 BNC 字样）。

细缆组网能支持的最大的干线段长度为 185m；最大网络干线电缆长度为 925m；每条干线电缆段支持的最大结点数为 30 个，BNC、T 型连接器之间的最小距离为 0.5m。

BNC 连接头　　　　T 型头　　　　终端匹配器

图 1-6　细同轴电缆组网设备

2. 粗同轴电缆连接设备及技术参数

采用粗同轴电缆组网，除需要电缆外，还包括转换器、DIX 连接器及电缆、N-系列插头、N-系列匹配器，如图 1-7 所示。使用粗同轴电缆组网，网卡必须有 DIX 接口（一般标有 DIX 字样）。

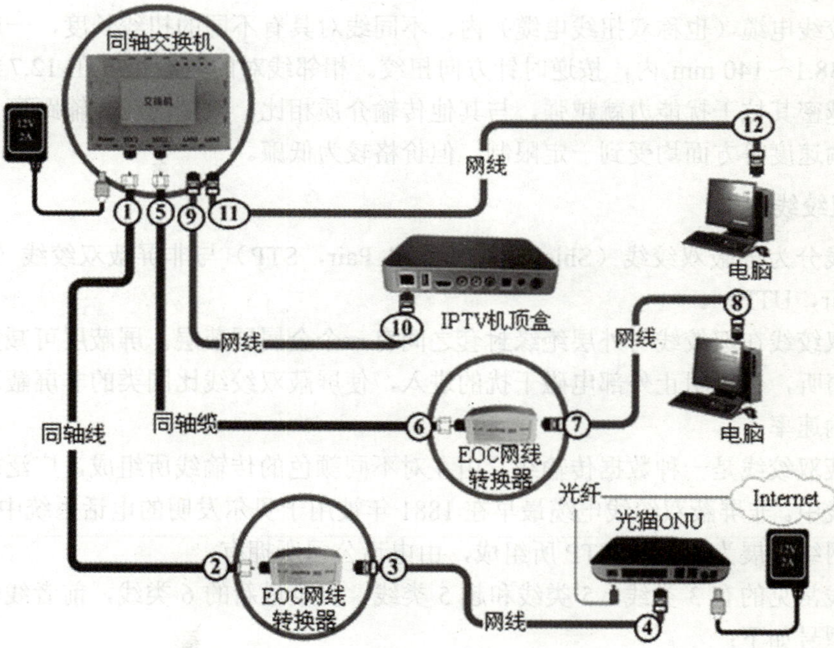

图 1-7　粗同轴电缆组网设备

粗缆组网能支持的最大的干线段长度为 500m；最大网络干线电缆长度为 2500m；每条干线电缆段支持的最大结点数为 100 个，收发器之间的最小距离为 2.5m，收发器电缆的最大长度为 50m。

1.3.2　双绞线

双绞线是综合布线工程中最常用的一种传输介质。

1. 双绞线工作原理

双绞线采用了一对互相绝缘的金属导线互相绞合的方式来抵御一部分外界电磁波干扰，更主要的是降低自身信号的对外干扰。把两根绝缘的铜导线按一定密度互相绞在一起，可以降低信号干扰的程度，每一根导线在传输中辐射的电波会被另一根线上发出的电波抵消。“双绞线”的名字也是由此而来的。

双绞线一般由两根 22～26 号绝缘铜导线相互缠绕而成，在实际使用时，双绞线是由多对双绞线一起包在一个绝缘电缆套管里的。典型的双绞线有 4 对，也有更多对双绞线放在一个电缆套管里的，这些称为双绞线电缆，如图 1-8 所示。

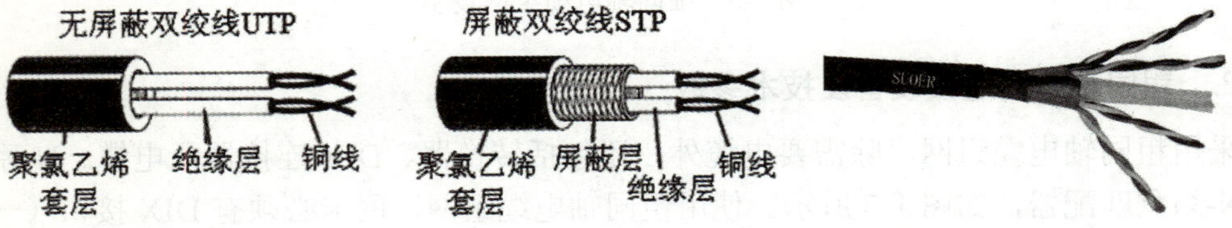

图 1-8　双绞线

在双绞线电缆（也称双扭线电缆）内，不同线对具有不同的扭绞长度，一般地说，扭绞长度在 38.1～140 mm 内，按逆时针方向扭绞。相邻线对的扭绞长度在 12.7 mm 以上，一般扭线越密其抗干扰能力就越强，与其他传输介质相比，双绞线在传输距离、信道宽度和数据传输速度等方面均受到一定限制，但价格较为低廉。

2. 双绞线种类

双绞线分为屏蔽双绞线（Shielded Twisted Pair，STP）与非屏蔽双绞线（Unshielded Twisted Pair，UTP）。

屏蔽双绞线在双绞线与外层绝缘封套之间有一个金属屏蔽层。屏蔽层可减少辐射，防止信息被窃听，也可阻止外部电磁干扰的进入，使屏蔽双绞线比同类的非屏蔽双绞线具有更高的传输速率。

非屏蔽双绞线是一种数据传输线，由 4 对不同颜色的传输线所组成，广泛用于以太网路和电话线中。非屏蔽双绞线电缆最早在 1881 年被用于贝尔发明的电话系统中。随后美国的电话线网络发展为主要由 UTP 所组成，由电话公司所拥有。

双绞线常见的有 3 类线，5 类线和超 5 类线，以及最新的 6 类线，前者线径细而后者线径粗，型号如下：

（1） 1 类线。主要用于语音传输（一类标准主要用于 20 世纪 80 年代初之前的电话线缆），不同于数据传输。

（2） 2 类线。传输频率为 1 MHz，用于语音传输和最高传输速率 4 Mbps 的数据传输，常见于使用 4 Mbps 规范令牌传递协议的旧的令牌网。

（3） 3 类线。指目前在 ANSI 和 EIA/TIA 568 标准中指定的电缆，该电缆的传输频率为 16 MHz，用于语音传输及最高传输速率为 10 Mbps 的数据传输，主要用于 10Base-T。

（4） 4 类线。该类电缆的传输频率为 20 MHz，用于语音传输和最高传输速率为 16 Mbps 的数据传输，主要用于基于令牌的局域网和 10Base-T/100Base-T。

（5） 5类线。该类电缆增加了绕线密度，外套一种高质量的绝缘材料，传输率为100 MHz，用于语音传输和最高传输速率为 1000 Mbps 的数据传输，主要用于 100Base-T 和 1000Base-T 网络。这是最常用的以太网电缆。

（6） 超5类线。超5类具有衰减小，串扰少，并且具有更高的衰减与串扰的比值（ACR）和信噪比（Structural Return Loss）、更小的时延误差，性能得到很大提高。超5类线主要用于千兆位以太网（1000 Mbps）。

（7） 6类线。该类电缆的传输频率为 1～250 MHz，6类布线系统在 200 MHz 时综合衰减串扰比（PS-ACR）应该有较大的余量，它提供两倍于超5类的带宽。6类布线的传输性能远远高于超5类标准，最适用于传输速率高于 1 Gbps 的应用。6类线与超5类线的一个重要的不同点在于：改善了在串扰以及回波损耗方面的性能，对于新一代全双工的高速网络应用而言，优良的回波损耗性能是极重要的。6 类线标准中取消了基本链路模型，布线标准采用星型的拓扑结构，要求的布线距离为：永久链路的长度不能超过 90 m，信道长度不能超过 100 m。

通常，计算机网络所使用的是 3 类线和 5 类线，其中 10Base-T 使用的是 3 类线，100Base-T 使用的是 5 类线。使用双绞线组网，双绞线和其他网络设备（例如网卡）连接必须是 RJ-45 接头（也叫水晶头），如图 1-9 所示。

图 1-9 RJ-45 接头

利用双绞线组网，可以获得良好的稳定性，在实际应用中越来越多。尤其是近年来，随着以太网的发展，利用双绞线组网无须再增加其他设备，因此被业界人士看好。

1.3.3 光缆

光纤是光导纤维的简称，又称光缆，它是用极细的石英玻璃纤维作为传输介质。光缆传输是利用激光二极管或发光二极管在通电后产生光脉冲信号，这些光脉冲信号能沿光纤进行传输。在光纤中，是用光束表示数据的，即用光的有和无表示数据 1 和 0。

光纤通信系统的传输带宽远远大于其他各种传输媒体的带宽。光纤可以 1000 Mbps 的速率发送数据，大功率的激光器可以驱动 100 km 长的光纤，而中间不带任何中继设备。光缆（Optical Fiber Cable）主要是由光导纤维（细如头发的玻璃丝）和塑料保护套管及塑料外皮构成，光缆内没有金、银、铜铝等金属，一般无回收价值。光缆是一定数量的光纤按照一定方式组成缆心，外包有护套，有的还包覆外护层，用以实现光信号传输的一种通信线路，如图 1-10 所示。

图 1-10 光缆

光缆是当今信息社会各种信息网的主要传输工具。如果把“互联网”称做“信息高速公路”的话，那么，光缆网就是信息高速路的基石——光缆网是互联网的物理路由。

目前，长途通信光缆的传输方式已由PDH向SDH发展，传输速率已由当初的140 MBps发展到2.5 GBps、4×2.5 GBps、16×2.5 GBps甚至更高，也就是说，一对纤芯可开通3万条、12万条、48万条甚至向更多话路发展。光缆是由许多细如发丝的塑胶或玻璃纤维外加绝缘护套组成，光束在玻璃纤维内传输，防磁防电，传输稳定，质量高，适于高速网络和骨干网。光纤与电导体构成的传输媒体最基本的差别是，它的传输信息是光束，而非电气信号。因此，光纤传输的信号不受电磁的干扰。

1. 光纤理论

（1） 光是一种电磁波。

可见光部分波长范围是 390～760 nm（毫微米）。大于 760 nm 部分是红外光，小于 390 nm 部分是紫外光。目前光纤中应用较多的是850、1310、1550这3种。

（2） 光的折射、反射和全反射。

因光在不同物质中的传播速度是不同的，所以光从一种物质射向另一种物质时，在两种物质的交界面处会产生折射和反射。而且，折射光的角度会随入射光的角度变化而变化。当入射光的角度达到或超过某一角度时，折射光会消失，入射光全部被反射回来，这就是光的全反射。不同的物质对相同波长光的折射角度是不同的（即不同的物质有不同的光折射率），相同的物质对不同波长光的折射角度也不同。光纤通信就是基于以上原理而形成的，如图1-11所示。

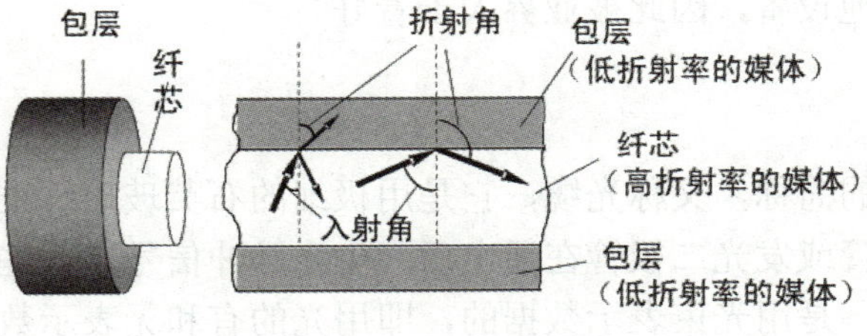

图1-11　光线在光纤中的折射

2. 光纤结构及种类

（1） 光纤结构。

光纤裸纤一般分为3层：中心高折射率玻璃芯（芯径一般为50或62.5 μm），中间为低折射率硅玻璃包层（直径一般为125 μm），最外是加强用的树脂涂层。

（2） 数值孔径。

入射到光纤端面的光并不能全部被光纤所传输，只是在某个角度范围内的入射光才可以。这个角度就称为光纤的数值孔径。光纤的数值孔径大些对于光纤的对接是有利的。不同厂家生产的光纤的数值孔径不同（AT&T CORNING）。

（3） 光纤的种类。

① 按光在光纤中的传输模式可分为：单模光纤和多模光纤。

单模光纤（Single Mode Fiber，SMF）又称为细光纤，或称为轴路径光纤。如图1-12所示。它的中心玻璃芯较细（芯径一般为9或10 μm），只能传输一种模式的光。因此，其模间色散很小，适用于远程通信，但其色度色散起主要作用，这样单模光纤对光源的谱宽和稳定性有较高的要求，即谱宽要窄，稳定性要好。

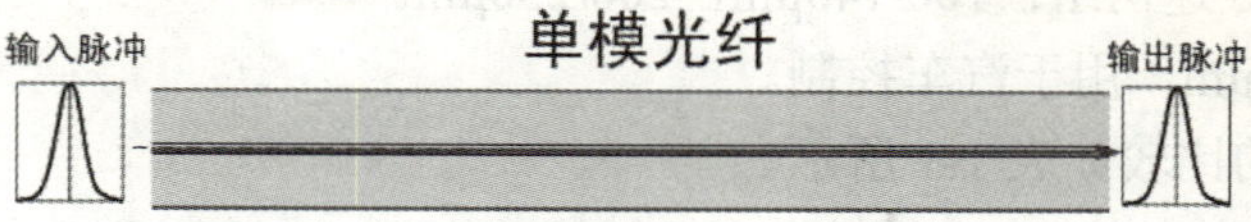

图 1-12 单模光纤

单模光纤的工作原理是，光束是沿光纤的轴径进行传播（轴路径传播方式）的。由于光束是沿直线传播的原故，致使单模光纤的信息传输量有限，但它却能进行远距离的传输，单段单模光纤的有效距离最长可达 100 km。

多模光纤（Multi Mode Fiber，MMF）又称为粗光纤，或称为非轴路径光纤，如图 1-13 所示。它的中心玻璃芯较粗（50 或 62.5μm），可传输多种模式的光。但其模间色散较大，这就限制了传输数字信号的频率，而且随距离的增加会更加严重。例如，600 MB/km 的光纤在 2 km 时则只有 300 MBps 的带宽了。因此，多模光纤传输的距离就比较近，一般单段多模光纤只能传输 2～3 km 距离，若希望有 1000 Mbps 的带宽，则单段多模光纤的长度不得超过 600 m。

多模光纤沿光纤管道壁间以反射（折射）的方式进行传播（非轴路径传播方式），致使光束在非轴路径光纤中的传播距离比沿轴路径进行的直线传播的距离要长得多，所以多模光纤的传输速率比单模光纤的速率慢，而且传输距离也较近。

这里的“模”，即“射线”的含义。单模光纤中只有一条（单条）射线，多模光纤中有多条射线。

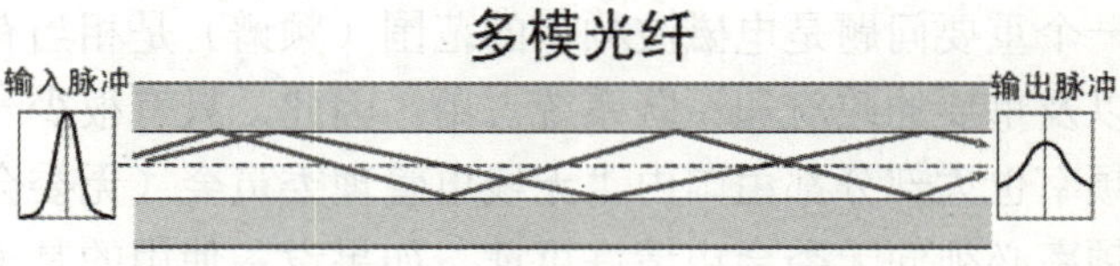

图 1-13 多模光纤

② 按最佳传输频率窗口可分为：常规型单模光纤和色散位移型单模光纤。

常规型：光纤生产厂家将光纤传输频率最佳化在单一波长的光上，如 1310 nm。

色散位移型：光纤生产厂家将光纤传输频率最佳化在两个波长的光上，如 1310 nm 和 1550 nm。

③ 按折射率分布情况可分为：突变型和渐变型光纤。

突变型：光纤中心芯到玻璃包层的折射率是突变的。其成本低，模间色散高。适用于短途低速通信，如工控。但单模光纤由于模间色散很小，所以单模光纤都采用突变型。

渐变型光纤：光纤中心芯到玻璃包层的折射率是逐渐变小的，可使光线按正弦形式传播，这能减少模间色散，提高光纤带宽，增加传输距离，但成本较高，现在的多模光纤多为渐变型光纤。

（4） 常用光纤规格。

单模：8/125tμm，9/125/μm，10/125μm。

多模：50/125μm，欧洲标准。

62.5/125μm，美国标准。

工业、医疗和低速网络：100/140μm，200/230μm。

塑料：98/1000μm，用于汽车控制。

3 种传输媒介的比较如表 1-1 所示。

表 1-1　同轴电缆、双绞线、光缆的性能比较

传输媒介	价　格	电磁干扰	频带宽度	单段最大长度
UTP	最便宜	高	低	100 m
STP	一般	低	中等	100 m
同轴电缆	一般	低	高	185/500 m
光缆	最高	没有	极高	几十千米

1.3.4　无线媒体

无线媒体即无线传输，如微波通信、卫星通信。上述有线传输媒体有一个共同的缺点，它们都需要一根线缆连接计算机，这在很多场合下是不方便的。无线媒体不使用电子或光学导体。大多数情况下地球的大气便是数据的物理性通路。从理论上讲，无线媒体最好应用于难以布线的场合或远程通信。

1. 无线电波

无线电波（Radio Wave）是一种全方位传播的电波，其传播方式有两种，一是直接传播，即电波沿地表面向四周传播；二是靠大气层中电离层的反射进行传播。

无线电的频率范围在 10～16 kHz 之间。在电磁频谱里，属于“对频”。使用无线电的时候，需要考虑的一个重要问题是电磁波频率的范围（频谱）是相当有限的。其中大部分都已被电视、广播以及重要的政府和军队系统占用。因此，只有很少一部分留给网络计算机使用，而且这些频率也大部分都由国内“无线电管理委员会（无委会）”统一管制。要使用一个受管制的频率必须向无委会申请许可证。如果设备使用的是未经管制的频率，则功率必须在 1 W 以下，这种管制的目的是限制设备的作用范围，从而限制对其他信号的干扰。用网络术语来说，这相当于限制了未管制无线电的通信带宽。

下面这些频率是未受管制的：902～925 MHz；2.4 GHz（全球通用）；5.72～5.85GHz。

无线电波可以穿透墙壁，也可以到达普通网络线缆无法到达的地方。针对无线电链路连接的网络，现在已有相当坚实的工业基础，在业界也得到迅速发展。

2. 微波

微波（Laser）是一种定向传播的电波，收发双方的天线必须相对应才能收发信息，即发端的天线要对准收端，收端的天线要对准发端。

3. 卫星通信

卫星通信（Satellite Communication）是典型的微波技术应用。利用同步卫星，可以进行更远距离的传输。收发双方都必须安装卫星接收及发射设备，且收发双方的天线都必须对准卫星，否则不能收发信息。一颗同步卫星发射的电波能覆盖地球的 1/3，因此，3 颗同

步卫星就能覆盖全球，也就是说，利用3颗同步卫星就能实行全球通信。

4. 红外线

红外线（Infrared）被广泛用于室内短距离通信。家家户户使用的电视机及音响设备的遥控器是利用红外线技术进行遥控的。红外线也是具有方向性的。

红外线的优点是制造工艺简单，价格便宜；缺点是传输距离有限，一般只限于室内通信，而且不能穿透坚实的物体（如砖墙等）。可有效地进行数据的安全保密控制。

5. 激光

激光束也可用于在空中传输数据。与微波通信一样，采用激光通信至少要有两个激光站点。每个站点都拥有发送信息和接收信息的能力。由于激光束能在很长的距离上得以聚焦，所以激光的传输距离很远，能传输几十千米。

与微波一样，激光束也是沿直线传播的。激光束不能穿过建筑物和山脉，但可以穿透云层。

1.4 网络互连设备

网络互连通常是指将不同的网络或相同的网络用互连设备连接在一起而形成一个范围更大的网络，也可以是为增加网络性能和易于管理而将一个原来很大的网络划分为几个子网或网段。

对局域网而言，所涉及的网络互连问题有网络距离延长；网段数量的增加；不同局域网（LAN）之间的互连及广域互连等。

网络互连中常用的设备有网卡、转发器（Repeater）、集线器（Hub）、交换机（Switch）、路由器（Router）、调制解调器（Modem）和网关（Gateway）等。

1.4.1 网卡

网络适配器又称网卡或网络接口卡（Network Interface Card，NIC），它是使计算机联网的设备，如图1-14所示。平常所说的网卡就是将PC和LAN连接的网络适配器。

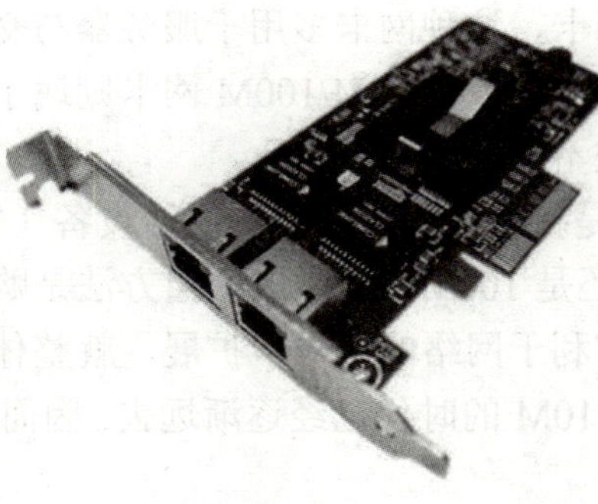

图1-14 网卡实物图

网卡（NIC）插在计算机主板插槽中，负责将用户要传递的数据转换为网络上其他设备能够识别的格式，通过网络介质传输。它的主要技术参数为带宽、总线方式、电气接口方式等。它的基本功能为：从并行到串行的数据转换，包的装配和拆装，网络存取控制，数据缓存和网络信号。目前主要是 8 位和 16 位网卡。

网卡必须具备两大技术：网卡驱动程序和 I/O 技术。驱动程序使网卡和网络操作系统兼容，实现 PC 与网络的通信。I/O 技术可以通过数据总线实现 PC 和网卡之间的通信。网卡是计算机网络中最基本的元素。在计算机局域网络中，如果有一台计算机没有网卡，那么这台计算机将不能和其他计算机通信，也就是说，这台计算机和网络是孤立的。

1. 网卡的分类

根据网络技术的不同，网卡的分类也有所不同，如大家所熟知的以太网网卡、令牌环网卡和 ATM 网卡等。据统计，目前国内约有 90%以上的局域网采用以太网技术。

目前，网卡一般分为普通工作站网卡和服务器专用网卡。网络服务种类较多，性能也有差异，也可按以下的标准进行分类：

按网卡所支持带宽的不同可分为 10M 网卡、100M 网卡、10/100M 自适应网卡、1000M 网卡几种。

按网卡总线类型的不同，可以分为 ISA 网卡、EISA 网卡和 PCI 网卡三大类，其中 PCI 网卡较常使用。ISA 总线网卡的带宽一般为 10 Mbps，PCI 总线网卡的带宽从 10 Mbps 到 1000 Mbps 都有。同样是 10M 网卡，因为 ISA 总线为 16 位，而 PCI 总线为 32 位，所以 PCI 网卡要比 ISA 网卡快。

2. 网卡的接口类型

根据传输介质的不同，网卡出现了 AUI 接口（粗缆接口）、BNC 接口（细缆接口）、RJ-45 接口（双绞线接口）、光纤接口 4 种接口类型。其中 AUI 接口（粗缆接口）、BNC 接口（细缆接口）已很少用到，所以在选用网卡时，应注意网卡所支持的接口类型，否则可能不适用于你的网络。

3. 网卡的选购

购买网卡时应注意以下几个要点：

（1） 网卡的应用领域。

目前，以太网网卡有 10M、100M、10M/100M 及千兆网卡。对于大数据量的网络来说，服务器应该采用千兆以太网网卡，这种网卡多用于服务器与交换机之间的连接，以提高整体系统的响应速率。而 10M、100M 和 10M/100M 网卡则属于人们经常购买且常用的网络设备，这 3 种产品的价格相差不大。

所谓 10M/100M 自适应是指网卡可以与远端网络设备（集线器或交换机）自动协商，确定当前的可用速率是 10M 还是 100M。通常的变通方法是购买 10M/100M 网卡，这样既有利于保护已有的投资，又有利于网络的进一步扩展。就整体价格和技术发展而言，千兆以太网到桌面机尚需时日，但 10M 的时代已经逐渐远去。因而对中小企业来说，10M/100M 网卡应该是采购时的首选。

（2） 注意总线接口方式。

1994 年以来，PCI 总线架构日益成为网卡的首选总线，目前已牢固地确立了在服务器和高端桌面机中的地位。PCI 以太网网卡的高性能、易用性和增强了的可靠性使其被标准以太网网络所广泛采用，并得到了 PC 业界的支持。

（3） 网卡兼容性和运用的技术。

快速以太网在桌面一级普遍采用 10Base-TX 技术，以非屏蔽双绞线 UTP 为传输介质，因此，快速以太网的网卡设一个 RJ-45 接口。由于小办公室网络普遍采用双绞线作为网络的传输介质，并进行结构化布线，因此，选择单一 RJ-45 接口的网卡就可以了。

适用性好的网卡应通过各主流操作系统的认证，至少具备如下操作系统的驱动程序：Windows、Netware、UNIX 和 OS/2。智能网卡上自带处理器或带有专门设计的 AISC 芯片，可承担使用非智能网卡时由计算机处理器承担的一部分任务，因而即使在网络信息流量很大时，也极少占用计算机的内存和 CPU 时间。智能网卡性能好，价格也较高，主要用在服务器上。

另外，有的网卡在 BootROM 上做文章，加入防病毒功能；有的网卡则与主机板配合，借助一定的软件，实现 Wake on LAN（远程唤醒）功能，可以通过网络远程启动计算机；还有的计算机则干脆将网卡集成到了主机板上。

（4） 网卡生产商。

由于网卡技术的成熟性，目前生产以太网网卡的厂商除了国外的 3Com、英特尔和 IBM 等公司之外，台湾的厂商以生产能力强且多在内地设厂等优势，其价格相对比较便宜。

1.4.2 转发器/中继器

转发器又称为中继器（Repeater），是物理层连接设备，如图 1-15 所示。由于存在损耗，在线路上传输的信号功率会逐渐衰减，衰减到一定程度时将造成信号失真，会导致接收错误。中继器就是为解决这一问题而设计的。它完成物理线路的连接，对衰减的信号进行放大，保持与原数据相同。

中继器负责在两个结点的物理层上按位传递信息，完成信号的复制、调整和放大功能，以此来延长网络的长度，如图 1-16 所示。

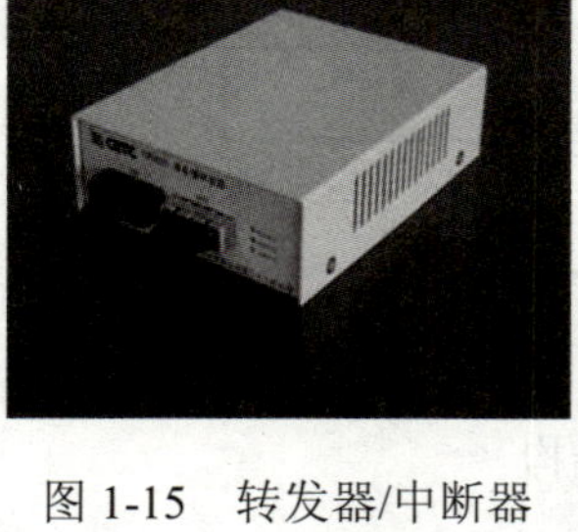

图 1-15 转发器/中断器

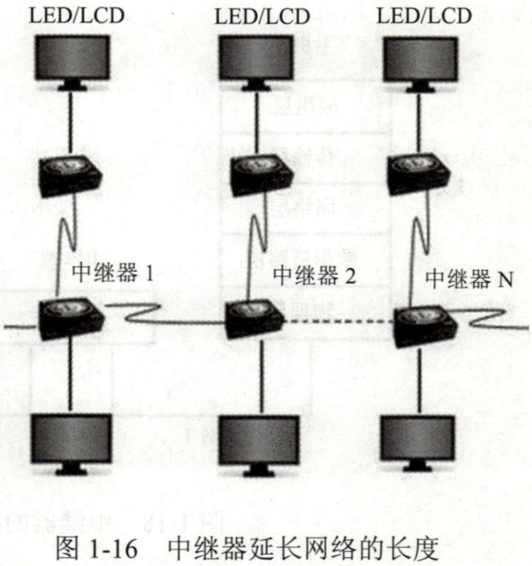

图 1-16 中继器延长网络的长度

中继器分为近程中继器和远程中继器两种，近程中继器最大连接距离为 50 m，远程中继器最大连接距离为 1000 m，如图 1-17 所示。

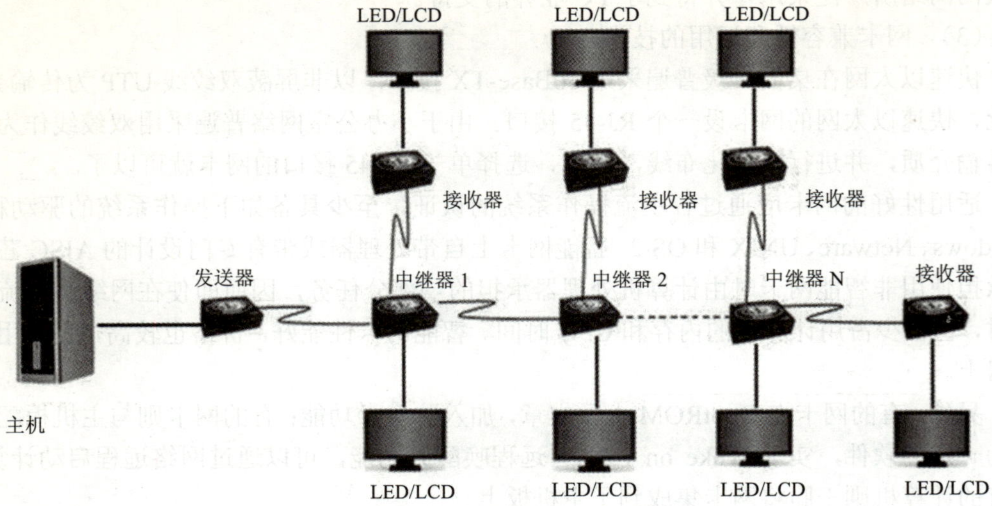

图 1-17　用中继器连接不同网段

以太网标准约定在一个以太网上最多只允许出现 5 个网段，最多只能使用 4 个中继器，在一个网段上最多只允许连接两个中继器，而且其中只有 3 个网段可挂接计算机终端。

双绞线以太网布线可总结为 54321 规则，可写为 5-4-3-2-1 规则，适用领域综合布线，具体如下。

5：允许 5 个网段，每网段最大长度为 100 m。

4：在同一信道上允许连接 4 个中继器或集线器。

3：在其中的 3 个网段上可以增加结点。

2：在另外两个网段上，除作为中继器链路外，不能接任何结点。

1：上述将组建一个大型的冲突域，最大站点数为 1024，网络直径达 2500 m。

中继器是物理层连接设备，图 1-18 显示了中继器在网络结构图中的位置。

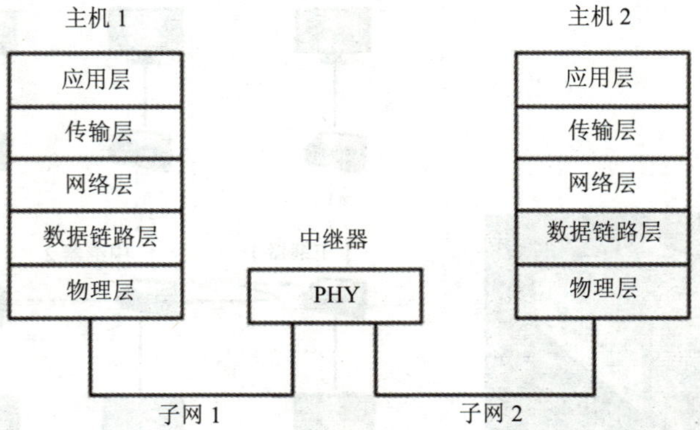

图 1-18　中继器的概念结构

中继器的优点是安装简便，使用方便，价格便宜。由于技术的进步，使用铜缆接口（双绞线或同轴电缆）的转发器/中继器已不多见，目前主要使用光转发器/光中继器通过光缆

（光纤）来连接距离较远的网络。

1.4.3　交换机

交换机（Switch，意为“开关”）是一个具有简化、低价、高性能和高端口密集特点的交换技术产品，交换机在 OSI 参考模型的第二层操作。交换机按每一个包中的 MAC 地址相对简单的决策信息转发。交换机转发延迟很小，操作接近单个局域网性能。交换机提供了许多网络互连功能，它能经济地将网络分成小的冲突网域，为每个工作站提供更高的带宽。利用专门设计的集成电路可使交换机以线路速率在所有的端口并行转发信息。交换机的产品如图 1-19 所示。

图 1-19　交换机

前面所提到的集线器 Hub 的特点是共享带宽。在共享带宽的 Hub 中，若接入 Hub 的用户有 n 个，则每个终端用户可用的带宽为总带宽的 1/n。例如，设 Hub 的入口总带宽为 10 Mbps，若有 4 个用户连接，则每个用户所能使用的带宽为 2.5 Mbps。若终端用户增加到 8 个，则每个终端用户所能使用的带宽仅为总带宽的 1/8，即 1.25 Mbps。由此看出，接入 Hub 的终端越多，每个用户所能使用的带宽就越窄，其网络效率也随之下降。

而交换机（Switch）具有独占带宽的特性，无论接入交换机的用户有多少，每个用户所使用的带宽与交换机的接入带宽完全一致。例如，设交换机的接入带宽为 100 Mbps，无论接入交换机的用户有多少个，每个用户占用的带宽均为 100 Mbps。

1.　交换机的功能和特点

（1）　具有与 Hub 同样的功能。

（2）　具有存储转发、分组交换能力。

（3）　具有子网和虚拟专网管理能力。

（4）　各用户终端独占带宽。

（5）　交换机可以堆叠。

2.　交换机的分类

交换机包括电话交换机（PBX）和数据交换机（Switch）两种，下面所讨论的都是指数据交换机。从规模应用上讲，局域网交换机可分为企业级交换机、部门级交换机和工作组交换机等。

局域网交换机作为骨干交换机时，支持 500 个信息点以上大型企业应用的交换机为企业级交换机，支持 300 个信息点以下中型企业的交换机为部门级交换机，支持 100 个信息点以内的交换机为工作组级交换机。

3. 三种交换技术

（1） 端口交换。

端口交换技术最早出现在插槽式的集线器中，这类集线器的背板通常划分有多条以太网段（每条网段为一个广播域），不用网桥或路由连接，网络之间是互不相通的。以太主模块插入后通常被分配到某个背板的网段上，端口交换用于将以太模块的端口在背板的多个网段之间进行分配、平衡。

（2） 帧交换。

帧交换是目前应用最广的局域网交换技术，它通过对传统传输媒介进行微分段，提供并行传送的机制，以减小冲突域，获得高的带宽。一般来讲，每个公司的产品的实现技术均会有差异，但对网络帧的处理方式一般有以下两种：

① 直通交换。提供线速处理能力，交换机只读出接收到的网络传输帧的前 14 个字节，便将网络帧传送到相应的端口上。

② 存储转发。通过对网络帧的读取进行校验错误和控制。

前一种方法的交换速度非常快，但缺乏对网络帧进行更高级的控制，缺乏智能性和安全性，同时也无法支持具有不同速率的端口的交换。因此，各厂商把后一种技术作为重点。

有的厂商甚至对网络帧进行分解，将数据帧分解成固定大小的信元，该信元处理极易用硬件实现，处理速度快，同时能够完成高级控制功能，如优先级控制。

（3） 信元交换。

ATM 交换机采用固定长度 53 个字节的信元交换。由于长度固定，因而便于用硬件实现。ATM 交换机采用专用的非差别连接，并行运行，可以通过一个交换机同时建立多个结点，但并不会影响每个结点之间的通信能力，还容许在源结点和目标结点间建立多个虚拟链接，以保障足够的带宽和容错能力。同时 ATM 交换机采用了统计时分电路进行复用，因而能大大提高通道的利用率，从而使带宽可以达到 25 M、155 M、622 M 甚至数 Gb 的传输能力。

4. 交换机选购

局域网交换机是组成网络系统的核心设备。对用户而言，局域网交换机最主要的指标是端口的配置、数据交换能力、包交换速度等因素。因此，在选择交换机时要注意以下事项：

（1） 交换端 H 的数量。

（2） 交换端口的类型。

（3） 系统的扩充能力。

（4） 主干线连接手段。

（5） 交换机总交换能力。

（6） 是否需要路由选择能力。

（7） 是否需要热切换能力。

（8） 是否需要容错能力。

（9） 能否与现有设备兼容，顺利衔接。

（10） 网络管理能力。

1.4.4 路由器

路由器是一种网络设备，如图 1-20 所示。它能够利用一种或几种网络协议将本地或远程的一些独立的网络连接起来，每个网络都有自己的逻辑标识。路由器通过逻辑标识将指定类型的封包（比如 IP）从一个逻辑网络中的某个结点，进行路由选择，传输到另一个网络上的某个结点。

图 1-20 路由器

所谓路由就是指通过相互连接的网络把信息从源地点移动到目标地点的活动。一般来说，在路由过程中，信息至少会经过一个或多个中间结点。

路由和交换之间的主要区别就是交换发生在 OSI 参考模型的第二层（数据链路层），而路由发生在第三层，即网络层。这一区别决定了路由和交换在移动信息的过程中需要使用不同的控制信息，所以两者实现各自功能的方式是不同的。

路由器是互联网的主要结点设备。路由器通过路由决定数据的转发。转发策略称为路由选择（Routing），这也是路由器名称的由来（Router，转发者）。作为不同网络之间互相连接的枢纽，路由器系统构成了基于 TCP/IP 的 Internet 的主体脉络，也可以说，路由器构成了 Internet 的骨架。它的处理速度是网络通信的主要瓶颈之一，它的可靠性则直接影响着网络互连的质量。因此，在园区网、地区网，乃至整个 Internet 研究领域中，路由器技术始终处于核心地位，其发展历程和方向，成为整个 Internet 研究的一个缩影。

路由器的一个作用是连通不同的网络；另一个作用是选择信息传送的线路。选择通畅快捷的近路，能大大提高通信速度，减轻网络系统通信负荷，节约网络系统资源，提高网络系统畅通率，从而让网络系统发挥出更大的效益来。

通过广域网 WAN 实现局域网 LAN 之间的互连，通常都使用路由器，如图 1-21 所示。

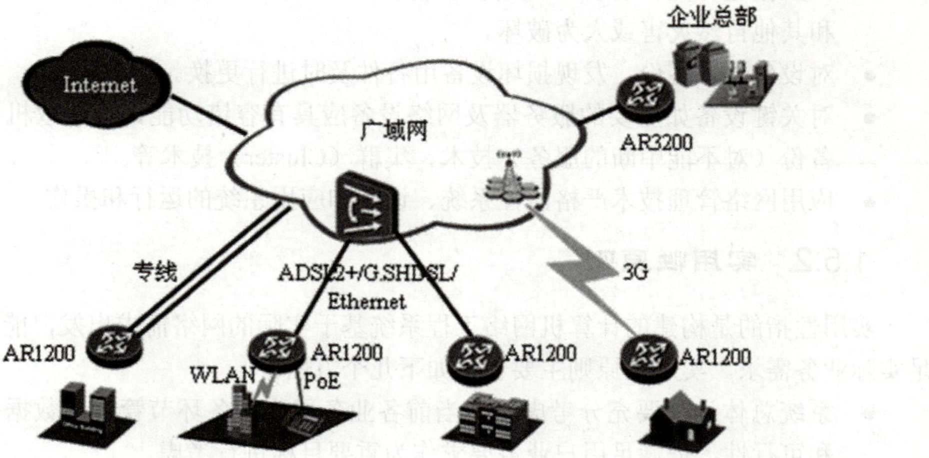

图 1-21 广域网和局域网的连接

使用路由器连接网络时的协议概念结构如图 1-22 所示。

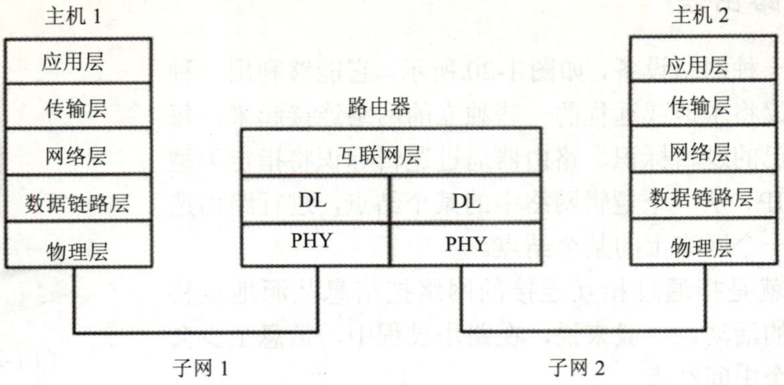

图 1-22　路由器连接网络的协议概念结构

1.5　网络工程的构建原则

计算机网络工程的构建必须遵循一定的系统设计原则，并以该总体原则为指导，设计经济合理、技术先进和资源优化的工程构建方案。计算机网络工程的构建原则通常包括如下几方面。

1.5.1　可靠性原则

可靠性是网络信息系统能够在规定条件下和规定的时间内完成规定功能的特性。可靠性是系统安全的最基本要求之一，是所有网络信息系统的建设和运行目标。可靠性用于保证在人为或者随机性破坏下系统的安全程度。提高系统可靠性有很多途径和专门技术，如下方法可供参考：

- 对数据进行完善备份，如进行日备份、周备份；注意数据异地备份，以防止火灾和其他自然灾害或人为破坏。
- 对设备进行备份，发现损坏设备用备件及时进行更换。
- 对关键设备如重要的服务器及网络设备应具有容错功能，选用双机备份或双机热备份（对不能中断的服务）技术、集群（Cluster）技术等。
- 应用网络管理技术严格监控系统、设备和应用系统的运行和操作。

1.5.2　实用性原则

实用性指的是构建的计算机网络工程系统基于实际的网络需求出发，能极大程度地满足实际业务需求。实用性原则主要包括如下几个方面：

- 系统总体设计要充分考虑用户当前各业务层次、各环节管理中数据处理的便利性和可行性，把满足用户业务要求作为重要目标进行考虑。
- 采用总体设计、分步实施的技术路线。在总体设计的前提下，先选择用户需求迫切、产生应用效益高、管理中的较低层进行实施，稳步向中高层及系统全面推进。这使系统能始终与用户的实际需求紧密联系在一起，增强系统的实用性，而且可使系统建设保持良好的连贯性。

- 人机操作设计应考虑不同用户层次的实际需求，如对使用频繁的业务人员而言，人机接口应以提高工作效率为主；对领导人员而言，人机接口应以方便使用为主。
- 用户接口设计应充分考虑人体特征和视觉特征进行优化设计，界面尽可能美观大方，操作简便实用。

1.5.3 先进性原则

采用国际、国内先进和成熟的信息技术，使系统能够在一定的时期内保持系统的效能，适应今后技术发展变化和业务发展变化的需要。一般而言，目前系统的先进性原则主要体现在以下几个方面：

- 采用先进的、开放的系统体系结构，如网络通信采用 TCP/IP 体系结构，基于 Intranet 的信息技术等。
- 计算机技术根据需要采用如下一些新技术，如容错技术、双机互为备份技术、廉价冗余磁盘阵列（RAID）技术、共享阵列盘技术和多媒体技术等。
- 先进的网络技术，如宽带 IP 技术、ATM 技术、局域网交换技术、网络管理技术和流量负载平衡技术等。
- 先进的项目管理技术，为了保证项目的质量和系统的科学性，项目管理的科学性是必要的。

1.5.4 可扩展性原则

网络要能满足用户当前需求以及将来需求的增长、新技术发展等变化。因此在保护原有的投资同时，要保证用户数的增加，以及用户随时随地增加设备、增加网络功能等。随着应用规模的发展，系统能灵活方便地进行硬件或软件系统的扩展和升级。在网络设计时应考虑网络在未来几年中的发展，使得网络的扩展可以在现有网络的基础上通过简单的增加设备和提高链路带宽的方法来解决，以适应不断增长的业务需求，保护本次网络建设的投资。提高网络工程的可扩展性一般考虑如下相关问题：

- 以参数化方式设置、管理硬件设备的配置、删减、扩充、端口设置等，系统化管理软件平台，系统化管理并配置应用软件。
- 应用软件要采用面向对象方法进行开发，使之具有较好的可维护性和可移植性，可根据需要修改某个模块、增加新的功能以及重新组合系统的结构，以达到软件可重用的目的。
- 数据存储结构设计在合理、规范的基础上，同时具有可维护性，对数据库表的修改维护可以在较短的时间内完成。
- 系统部分功能考虑采用参数定制及生成方式以保证其具备普遍适应性。
- 部分功能采用多种处理选择模块以适应管理模块的变更。
- 系统提供通用报表及模块管理组装工具，以支持新的应用。

1.5.5 安全性原则

网络安全（Network Security）是指保持网络中的软硬件资源不受非法访问、获取、篡改、破坏使用的计算机网络维护技术。网络安全是保障网络稳定正常运行的重要方面。凡是涉及网络上信息的保密性、完整性、可用性、真实性和可控性的相关技术和理论都是网络安全所要研究的领域。网络工程设计的安全性原则主要包括如下几个方面。

1. 网络分段

网络分段通常被认为是控制网络广播风暴的一种基本手段，但其实也是保证网络安全的一项重要措施。其目的就是将非法用户与敏感的网络资源相互隔离，从而防止可能的非法侦听。

2. 虚拟局域网

采用交换式局域网技术组建的局域网，可以应用 VLAN（虚拟局域网）技术来加强内部网络管理。VLAN 技术的核心是网络分段，根据不同的部门及不同的安全机制，将网络进行隔离，可以达到限制用户非法访问的目的。在集中式网络环境下，通常将中心的所有主机系统集中到一个 VLAN 里，在这个 VLAN 里不允许有任何用户节点，从而较好地保护敏感的主机资源。VLAN 内部的连接采用交换实现，而 VLAN 与 VLAN 之间的连接则采用路由实现。

3. 网络访问权限设置

局域网中的主机访问如果不进行权限和用户身份设置，则可以完全被网络中的其他用户访问，所以在局域网中设置访问权限，实现数据的加密服务显得非常重要。局域网是以用户为中心的系统，登录控制能有效地控制用户登录到服务器、路由器和交换机等网络设备并获取资源。用户访问网络控制大致分为用户名的识别和验证、用户口令的识别与验证、账号的缺省限制检查三个方面。通过登录控制能有效地保证网络的安全。

权限控制是针对网络非法操作所提出的一种安全保护措施。对用户和用户组赋予一定的权限，可以限制用户和用户组对目录、子目录、文件、打印机和其他共享资源的访问，可以限制用户对共享文件、目录和共享设备的操作。

4. 网络设备安全控制

局域网中的路由器和三层交换机基本上都内置防火墙功能，且可通过设置 IP 访问列表与 MAC 地址绑定等方案对网络中的数据进行过滤，限制出入网络的数据，从而增加网络安全性。

5. 防火墙控制

防火墙是目前最为流行也是使用最广泛的一种网络安全技术，防火墙作为一个分离器、限制器和分析器，用于执行两个网络之间的访问控制策略，有效地监控了内部网和 Internet 之间的任何活动，既可为内部网络提供必要的访问控制，又不会造成网络瓶颈，并通过安全策略控制进出系统的数据，保护网络内部的关键资源。

6. 入侵检测系统

入侵检测系统（Intrusion Detection System，IDS）指的是任何有能力检测系统或网络状态改变的系统或系统的集合。IDS 能发送警报或采取预先设置好的行动来帮助保护用户的网络。IDS 可以是一台简单的主机，也可以是一个复杂的系统，使用多台主机来帮助捕获、处理并分析网络流量。

7. 杀毒软件

目前，计算机病毒技术与计算机反病毒技术的矛盾越来越尖锐。病毒的危害使得用户防不胜防。几乎每天都会出现无数种新病毒，稍有不慎，病毒就会给用户造成严重后果。对计算机病毒的防范应该首先杜绝它的传染途径，对存储介质和网络都进行实时监控，并且安装优秀的杀毒软件，对系统时常进行扫描和病毒清除。建立系统备份和还原机制，以防不测。

第 2 章　局域网组建

教学目标：

通过本章的学习，使学习者了解计算机局域网规划设计，掌握简单局域网硬件选择及基本配置方法。

教学内容：

本章重点介绍计算机局域网组网技术，主要包括：局域网规划、设计、实施步骤，设备安装与调试，资源共享设置等。

教学重点与难点：

（1） 设备安装与调试。

（2） 计算机网络通信设备选型与使用。

案例一　宿舍局域网组建

【案例描述】

小明宿舍有六位同学，都有各自的电脑，随着学习的深入，相互之间信息交换比较频繁，想组建一个局域网，大家既可以共享资源又能够访问互联网。

【案例分析】

如要组建宿舍局域网，首先需要电脑支持 TCP/IP 协议，安装并配置好网卡，其次购置配置交换机，制作网线，最后进行相应的连接测试，实现上述功能。

【实施方案】

需要分析宿舍局域网组建的详细需求、根据需求分析并画出网络拓扑图，再根据需求分析制定详细的组网实施方案，选定一种既经济又实用的宿舍局域网组建方式，完成本案例。

1.　组建原则

本案例重点要考虑的因素是组网成本和网络质量。

在组网成本上，要以经济实用为原则，毕竟学生没有太多的钱可以花费在网络设备上；

在网络质量方面，要求宿舍内的计算机能实现资源共享、宽带接入共享。同时考虑到宿舍网的使用年限一般在 4 年以内，在选择设备时，选用的网络设备以实用和够用为原则。

2. 网络选型

首选以太网，目前互联网是在以太网基础上建立起来的，网络相关设备及附属产品的研发主要基于以太网技术，网络已触及到社会发展各个方面，在社会优胜劣汰的规则下，以太网应用范围十分广泛、性能稳定、价格适中，已成为大众消费的首选。

3. 联网方案

有线+无线网络连接方案，该方案既能满足宿舍电脑上网，又能满足宿舍成员智能手机无线接入，目前社会上已研发出有线+无线功能的无线路由器，操作简单、性能稳定、价格便宜，是该案例的首选方案。互联网接入方式有两种模式：一是接入校园网；二是接入 ADSL。无线路由器见图 2-1，连接方式见图 2-2、图 2-3。

图 2-1 无线路由器

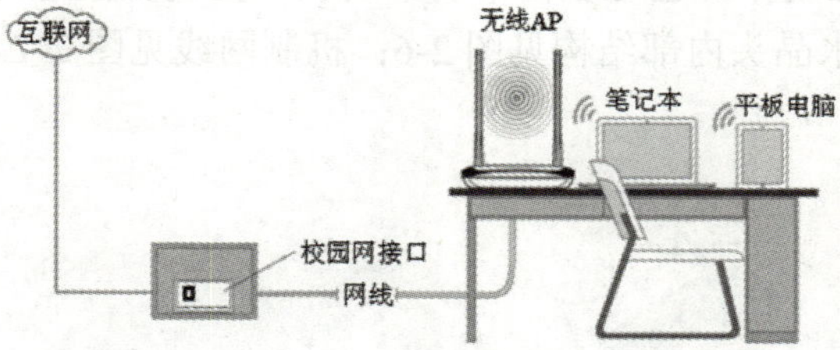

图 2-2 校园网连接方式

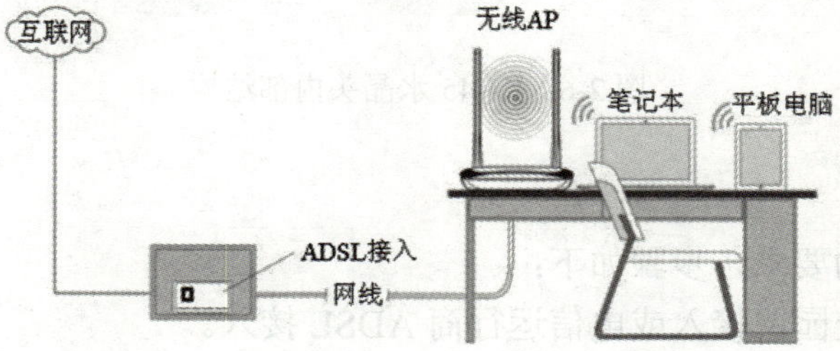

图 2-3 ADSL 连接方式

4. 硬件选型

网卡：笔记本电脑、台式电脑主板本身就集成以太网无线网卡、网卡，主板集成网卡见图 2-4。

图 2-4　主板集成网卡

无线路由器：无线路由器是应用于用户上网、带有无线覆盖功能的路由器。无线路由器可以看作一个转发器，将家中墙上接出的宽带网络信号通过天线转发给附近的无线网络设备（笔记本电脑、支持 WiFi 的手机，以及所有带有 WiFi 功能的设备）。市场上流行的无线路由器一般都支持专线 xdsl/cable，动态 xdsl，pptp 四种接入方式，它还具有其他一些网络管理的功能，如 DHCP 服务、NAT 防火墙、MAC 地址过滤等功能。市场上流行的无线路由器一般只能支持 15～20 个以内的设备同时在线使用。现在已经有部分无线路由器的信号范围达到了 3000 米。

网线：要连接局域网，网线是必不可少的。在局域网中常见的网线主要有双绞线、同轴电缆、光缆三种。双绞线，是由许多对线组成的数据传输线。它的特点就是价格便宜，所以被广泛应用，如我们常见的电话线等。它是用来和 RJ-45 水晶头相连的。它又有 STP 和 UTP 两种，我们常用的是 UTP。

网线接头可以自己制作，也可以在市场上购买，但需要注意网线长度需求。RJ-45 水晶头见图 2-5、RJ-45 水晶头内部结构见图 2-6；机制网线见图 2-7。

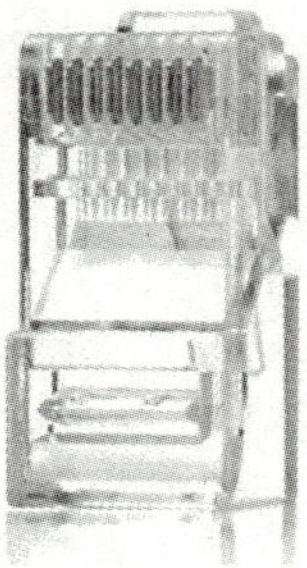

图 2-5　RJ-45 水晶头

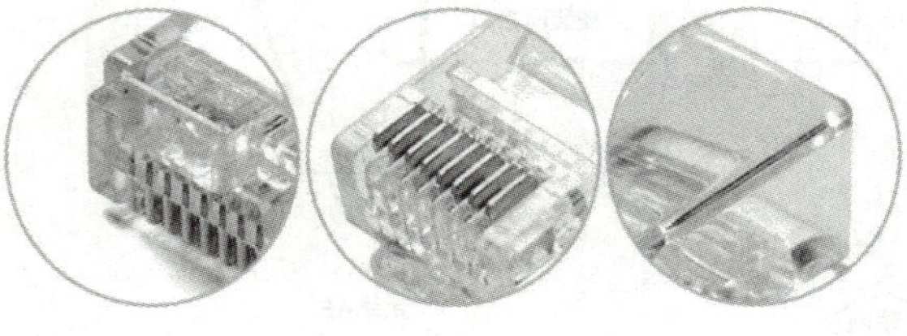

图 2-6　RJ-45 水晶头内部结构

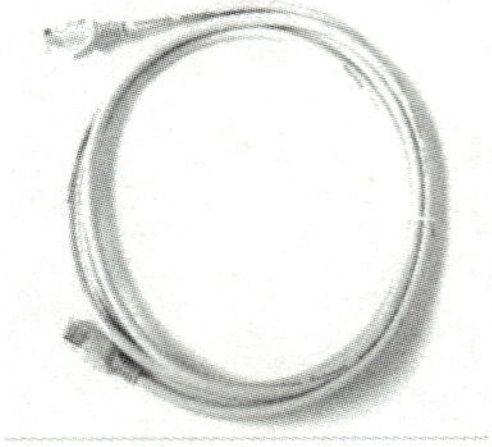

图 2-7　机制网线

【实施步骤】

按照实施方案的要求，步骤如下：

第一步：申请校园网接入或电信运行商 ADSL 接入。

两种接入方式各有优势：接入校园网在选课、成绩查询、学籍管理、网络教学资源、图书、文献查阅等方面优势明显，缺点是上公网网速相对慢点；接入电信运行商 ADSL 在上公网速度上相对快点，但是访问校园网上资源有所限制，校园网有关资源对公网不开放。建议选择接入方式可以根据自己的需求进行选择。

第二步：购置网络设备及附属产品。

以 6 人，3 台台式计算机、3 台笔记本电脑为例计算，所需网络相关产品如表 2-1 所示。

表 2-1 所需网络相关产品

设备名称	功 能	数 量	用 途
网卡	100/1000Mbps	6 块	台式计算机、笔记本电脑都集成有网卡
无线路由器交换机	300Mbps	1 个	接入校园网或 ADSL，连接 6 台计算机
网线	超 5 类	4 根	根据所需长度，自己制作或购买
RJ-45	水晶头	8～10 个	自己制作网线才需要
压线钳	网络线压制	1 把	自己制作网线才需要

第三步：网络布线。

确定无线路由器和每台计算机之间的距离，分别截取相应长度的双绞线（配备 RJ-45 水晶头），要注意的是双绞线的长度不得超过 100 米，否则影响使用效果。完成布线后，将网线一头插在网卡接头处，另一头插在路由器上，网络拓扑如图 2-8 所示。

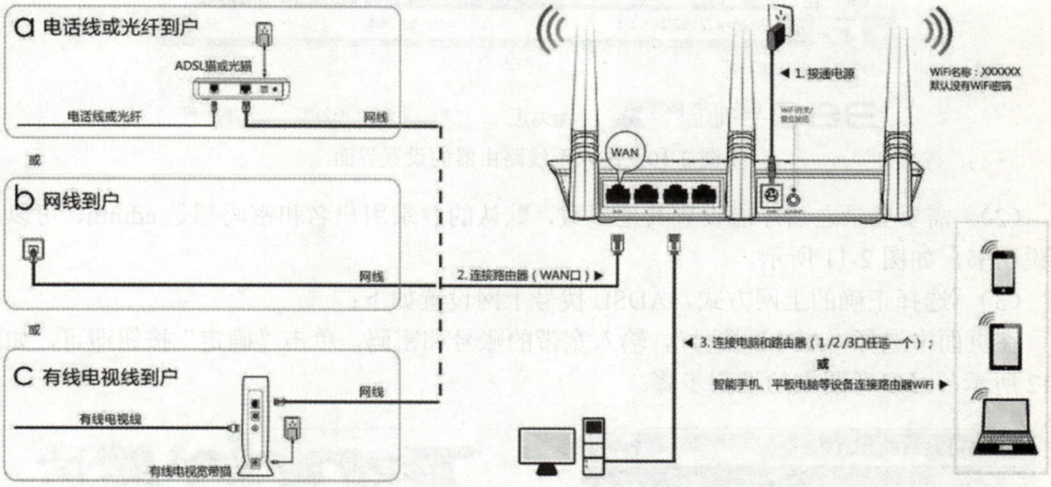

图 2-8 宿舍网络拓扑结构

第四步：配置网络。

装好网卡驱动程序之后，单击右下角的网络图标，选择“打开网络共享中心”：单击本地连接，打开本地连接网络配置：点击“属性”，在弹出的窗口中单击“Internet 协议版本 4（TCP/IPv4）”再单击“属性”，进入显示界面，如图 2-9 所示。

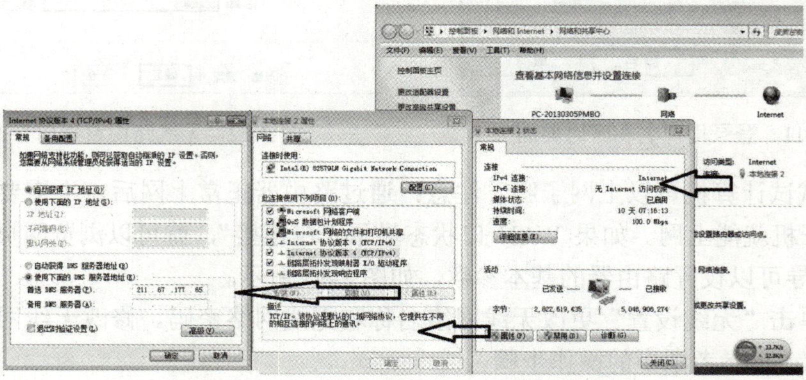

图 2-9 Windows 7 本地连接网络配置

设置 IP 地址的第四组数据时，一般输入数字在 2～254 之间（最好在 110～199 之间）；一般使用自动获取 IP 地址，由无线路由自动分配。在“默认网关”一栏输入路由器地址：192.168.1.1，如需获取 DNS 服务器地址则需要询问电信运营商。

第五步：无线路由参数设置。

用网线将无线路由器和计算机连接起来，当然也可以直接使用无线搜索连接，但是对新手还是建议使用网线直接连接，具体操作详见不同型号的无线路由器使用说明书，现以腾达无线路由器为例进行设置。

（1） 连接好之后，打开浏览器，在地址栏中输入 192.168.1.1 进入无线路由器的设置界面，如图 2-10 所示。

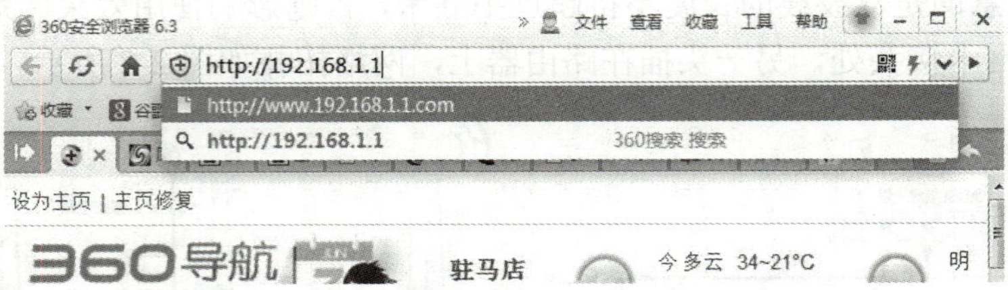

图 2-10 进入无线路由器的设置界面

（2） 需要登录之后才能设置其他参数，默认的登录用户名和密码都是 admin，可以参考说明书，如图 2-11 所示。

（3） 选择正确的上网方式，ADSL 拨号上网设置如下：

在页面中选择“ADSL 拨号”，输入宽带的账号和密码，单击“确定”按钮即可，如图 2-12 所示，可参考图中的设置步骤。

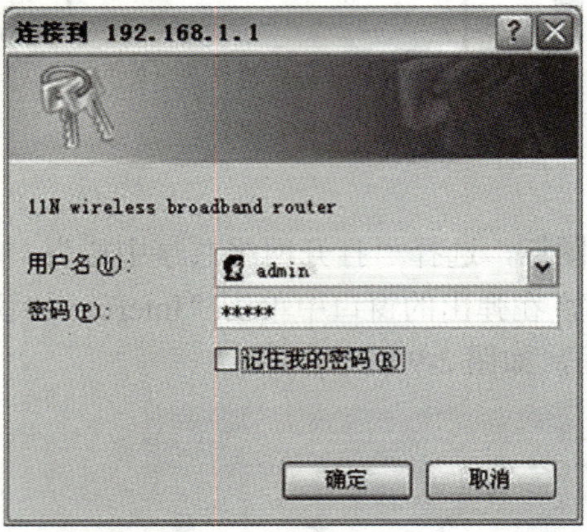

图 2-11 登录用户名和密码界面

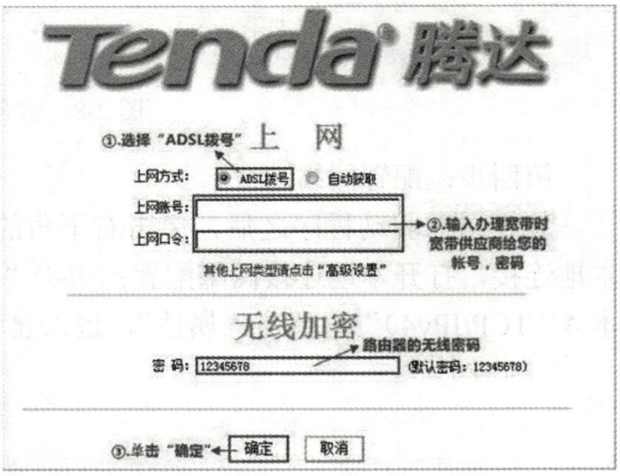

图 2-12 无线路由设置向导的界面

（4） 试试计算机可以上网了吗？注意：通过路由器正常上网后，不需要再单击“宽带连接”，开机就能上网。如果 WAN 口状态显示“已连接”，就可以浏览网页，上网冲浪了。通过向导可以设置路由器的基本参数，如图 2-13 所示。

（5） 单击“无线设置”更改无线网络名称和无线网络密码。修改无线网络名称，如图 2-14 所示，可参考图中的操作步骤。

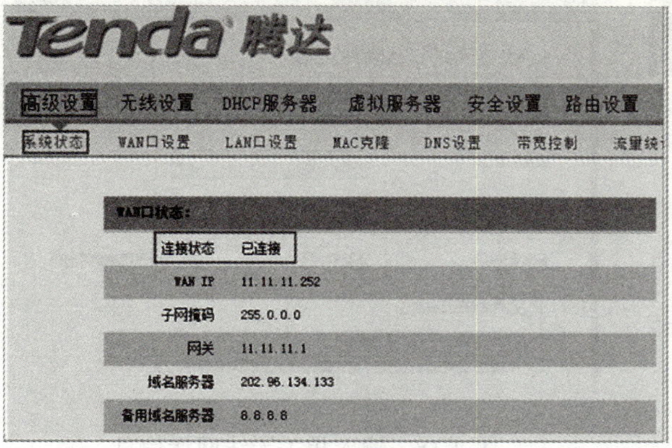

图 2-13　弹出的设置界面

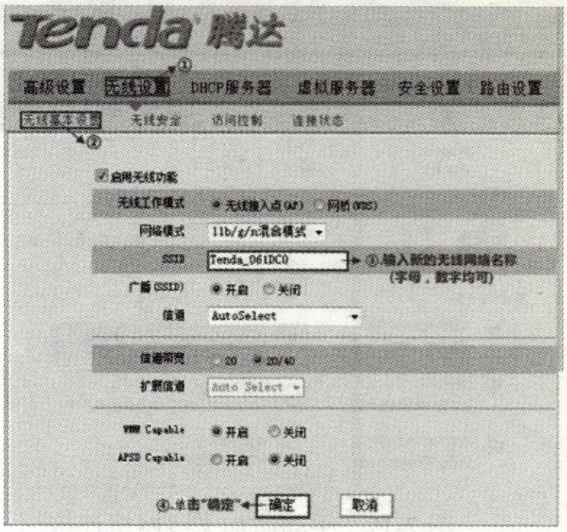

图 2-14　无线设置界面

（6）　修改无线网络密码，如图 2-15 所示，可参考图中的操作步骤。

（7）　静态 IP 上网设置。

在页面中单击“高级设置”→“WAN 口设置”，选择模式为“静态 IP”。

输入计算机上网固定的 IP 地址，子网掩码，默认网关，DNS 服务器，单击“确定”按钮即可，如图 2-16 所示，可参考图中的操作步骤。

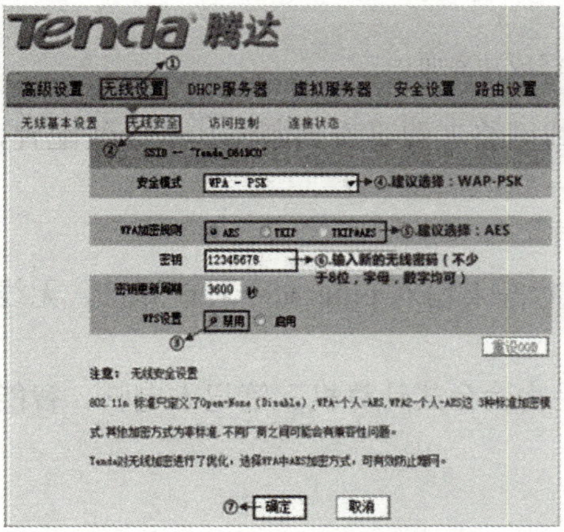

图 2-15　输入账号和密码界面

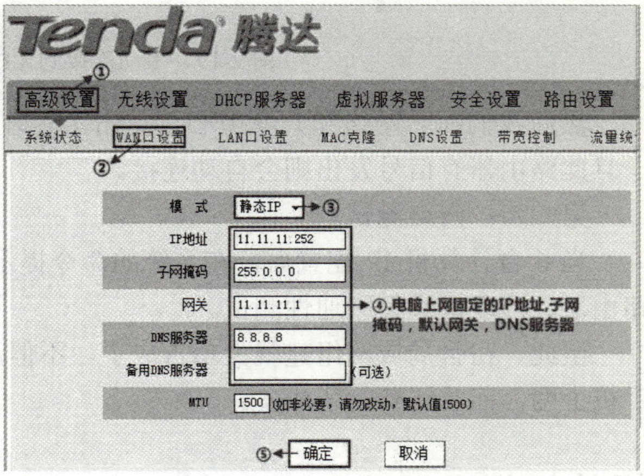

图 2-16　静态 IP 设置界面

（8）　无线网络连接。

以 Win7 为例手动添加无线网络连接，打开“网络和共享中心”，选择如图“设置连接或网络”，在弹出窗口选择“手动连接到无线网络”后选择下一步操作，如图 2-17 所示；同样输入需要连接网络的名称，安全类型、加密类型、密钥与无线路由器中相关设置相同，如图 2-18 所示；点击下一步设置完成后如图 2-19 所示。

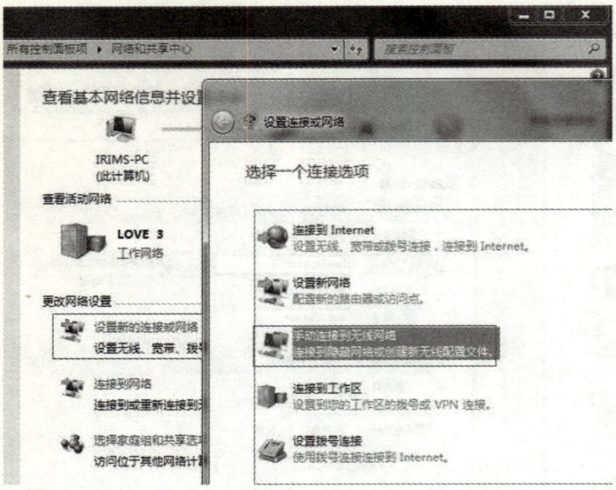

图 2-17　手动添加无线网络连接

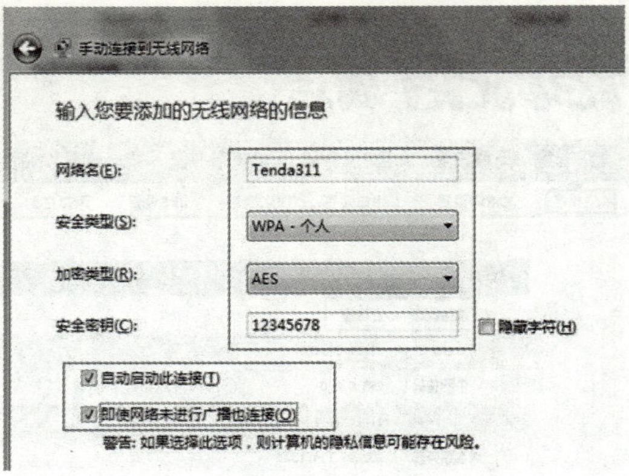

图 2-18　输入相关无线网络信息

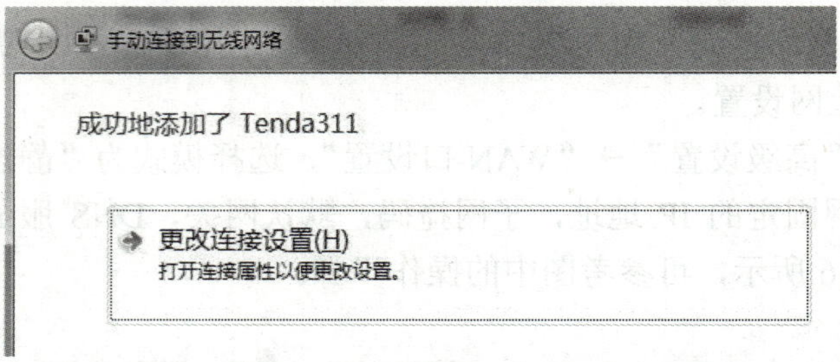

图 2-19　手动连接到无线网络成功界面

然后我们在“网络和共享中心”点击“管理无线网络”即可看到刚添加的无线配置，一旦此路由器有信号发出则会自动连接。

第六步：网络测试。

当 6 台计算机 IP 配置后，在系统的命令提示符状态下输入 ping 命令对计算机、无线路由器、互联网进行联通性测试。

至此，宿舍局域网组建就大功告成了。不但满足宿舍台式计算机、笔记本电脑、智能手机上网，而且还节约了成本。

相关知识

双绞线的制作及测试

（1）　双绞线的连线顺序。

在双绞线中共有 4 对芯线，每根芯线都有不同的作用。因此，在制作网线之前，了解双绞线的连线顺序是非常关键的。

双绞线的排列顺序应与 RJ-45 接头相对应，如果将 RJ-45 接头带有金属片的一端朝上，从左到右脚位依次为 1～8，如图 2-20 所示。

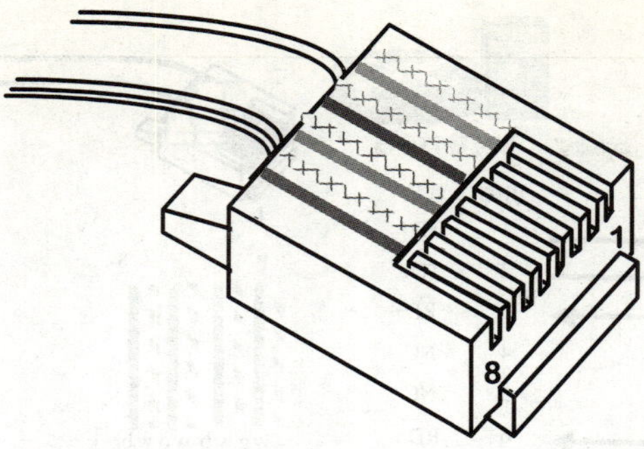

图 2-20 RJ-45 接头

在这 8 个脚位中，只有 4 个脚位使用，也就是说双绞线中的 8 根芯线只使用了 4 根，各脚位的功能如表 2-2 所示。

表 2-2 10BaseT/100BaseTX 脚位功能表

脚 位	功 能	简 称
1	传输数据正极	Tx+
2	传输数据负极	Tx-
3	接收数据正极	Rx+
4	未使用	
5	未使用	
6	接收数据负极	Rx-
7	未使用	
8	未使用	

EIA/TIA 规定了以下两种线序标准，如图 2-21、图 2-22 所示。

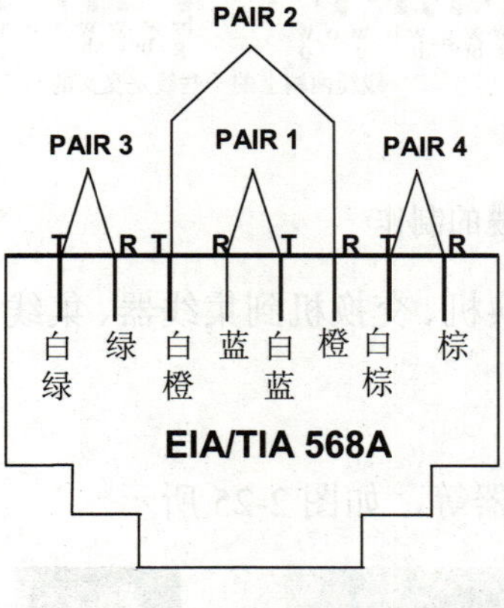

图 2-21 EIA/TIA 568A

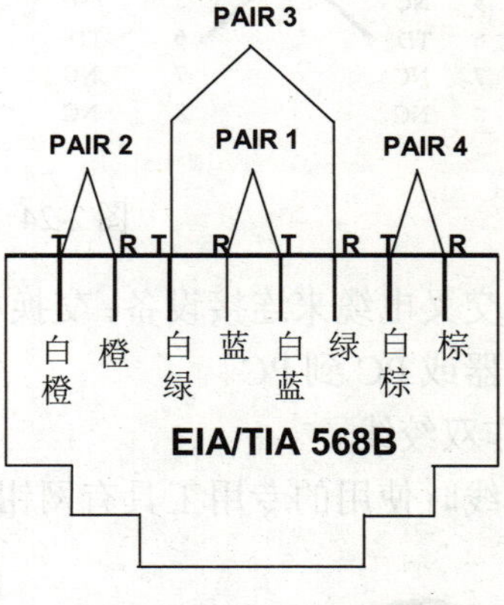

图 2-22 EIA/TIA 568B

目前国内 95%以上的用户在布线系统中都使用 568B 的连线方式。

① 直通线。

双绞线的直通线保证线缆两端芯线的顺序是一致的。图 2-23 显示了在两端的 RJ-45 连接器的电缆都具有相同次序。如果手持一根电缆的两个 RJ-45 终端并排朝一个方向，发现两个 RJ-45 终端彩色芯线的线序都是相同的，那么该电缆就是直通电缆。

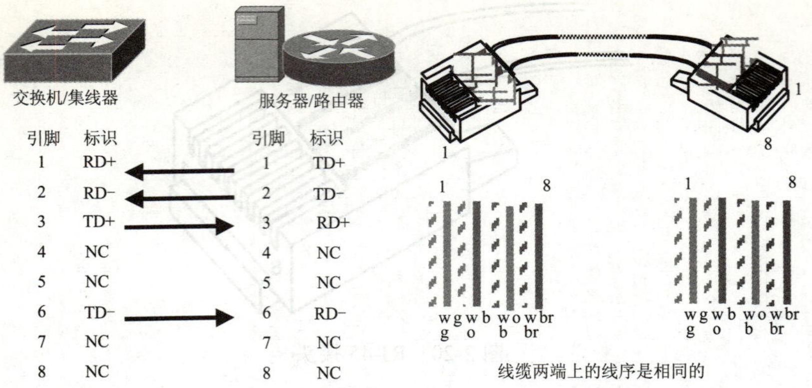

图 2-23　直通电缆的制作

使用直通电缆可以把像 PC 或路由器这样的设备与集线器或交换机进行连接。

② 交叉线。

交叉线是将双绞线的关键线对进行交叉，即双绞线一端的数据输出线接到另一端的数据接收线，一端的数据接收线接到另一端的数据输出线。对以太网而言，RJ-45 端的引脚 1 应该与另一端的引脚 3 相连接，而引脚 2 应该与另外一端的引脚 6 相连接，如图 2-24 所示。

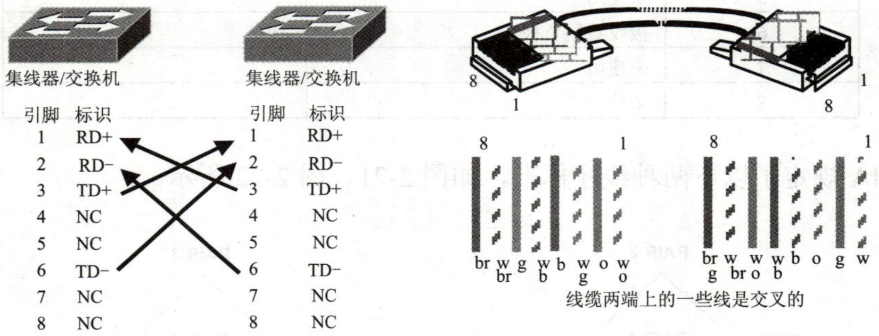

图 2-24　交叉电缆的制作

可以使用交叉电缆来连接设备：交换机到交换机、交换机到集线器、集线器到集线器、路由器到路由器或 PC 到 PC。

（2） 制作双绞线。

制作双绞线时使用的专用工具有网钳、测线器等，如图 2-25 所示。

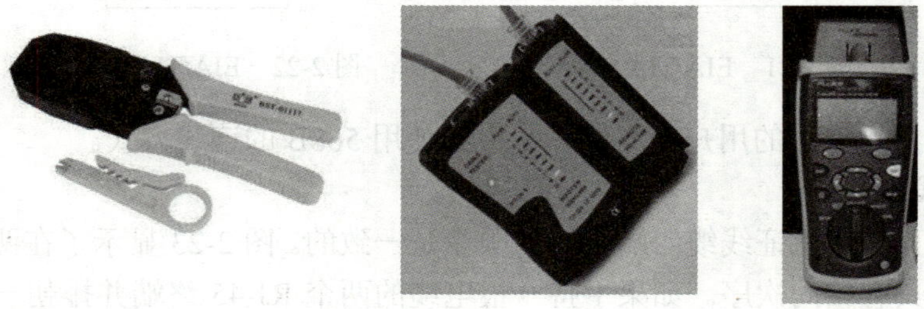

图 2-25　制作双绞线工具

制作双绞线的步骤如图 2-26 所示。

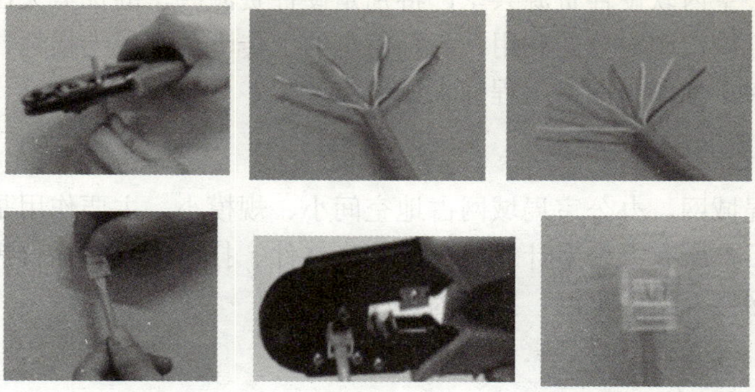

图 2-26 制作双绞线的步骤

① 用剥线器将双绞线外皮剥去至少 2 cm。

② 将双绞线四对芯线呈扇状拨开。

③ 将每一对芯线分开，然后将双绞线的线序依次排列为白橙/橙、白蓝/蓝、白绿/绿、白棕/棕。

④ 将 8 条芯线并拢后剪齐，留下约 1.4 mm 的长度。将双绞线插入 RJ-45 接头中，直到插入到顶端。

⑤ RJ-45 接头放入压线钳的压线槽，直到插入到顶端后，再用力压紧。

⑥ 制作好一端 RJ-45 接头。重复步骤①～⑤，制作另一端 RJ-45 接头。

（3） 测试连接线。

① 将两个 RJ-45 接头分别插入到测线仪的 RJ-45 接口里。

② 打开电源，如果是直通电缆，两端对应的信号灯同时闪亮，表明相应的芯线接通，如图 2-27 所示。

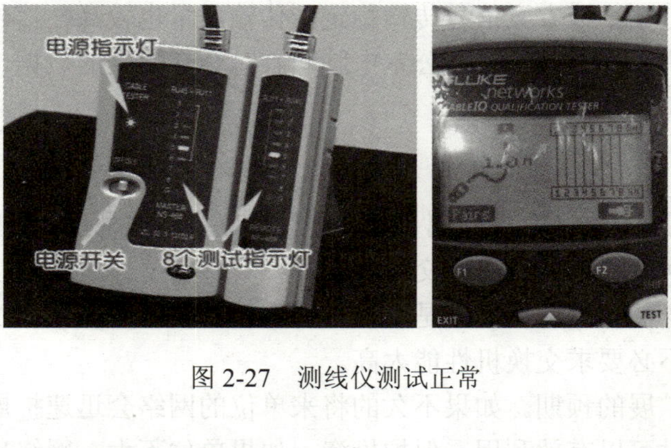

图 2-27 测线仪测试正常

案例二 办公室局域网组建

【案例描述】

随着信息技术、网络技术、通信技术、数据库技术的不断发展，人们利用信息技术处理数据的能力大幅度提高，办公信息化建设凸显重要，办公信息化首先要组建办公室的局域网，来实现办公室内软硬件资源共享，特别是硬件资源共享的优势突出，打印机、扫描仪、硬盘等设备可以得到充分的利用，各种信息的上传下达实现无损耗、无延迟的完美传递，提高办公效率。你作为网络工程师来如何实现呢？

【案例分析】

组建办公室局域网，办公室局域网占地空间小、规模小，主要作用是实现网络通信和资源共享，联网后，所有办公室计算机可以共享文件、打印机、扫描仪等办公设备，还可以共享一条因特网接入线路上网，共享因特网资源。

【实施方案】

仔细思考办公室局域网组建的详细需求，进行分析、并画出网络拓扑图，再根据需求分析的情况制定详细的组网实施方案，确立组建办公室局域网的原则，选定一种既经济又实用的办公室局域网组建方式，完成本案例。

1. 组建原则

本案例重点要考虑的因素是有线局域网可靠的“应用为本”原则。

办公室局域网的设计应遵循“应用为本”的原则，在应用的基础上应考虑到能够满足未来几年内用户对网络带宽的需求，及网络规模和带宽的扩展能力，也是设计中必须加以考虑的。

2. 网络选型

现在局域网市场几乎完全被性能优良、价格低廉、升级和维护方便的以太网所占领，所以一般局域网都选择以太网。现在计算机主板都集成了100/1000 Mbps传输速率的网卡，组建办公室网络仅需要购买交换机、双绞线、水晶头等基本设备和器材即可。

3. 联网方案

有线网络连接方案，该方案信号传输稳定，传输质量也较高，信号受房间格局、阻挡物、气候、电磁干扰等影响较小。办公室电脑间有时会交换大的数据，对网络质量要求相对较高，本方案正好满足需求。

4. 硬件选型

网络交换机、网线、水晶头等附属设备，重点是交换机选型上。交换机的类型、数量、生产企业众多，如何选择适合自己的交换机呢?

首先，客户自身的网络应用需求是交换机的选型的关键。如果仅仅是办公使用，仅仅需要数据通信，则不必要求交换机性能太高。

其次，对网络扩展的预期。如果不久的将来单位的网络会迅速扩展，可以考虑选择可管理型交换机，到时可以有效利用，保护投资。如果单位不大，网络也不会扩展太大，仅仅是在办公室使用，就可选择非管理型交换机。

最后，考虑最优性价比。在客户可以承受的成本下选择合适性能、价格和品牌的交换机。

部分交换机主要参数对照如表2-3所示。

表 2-3　部分交换机主要参数对照表

品牌型号	 华为 S1700-24（AC）	 Cisco SF90-24	 H3C S1026E	 TP-LINK TL-SF1009PE
报价	¥528	¥769	¥741	¥780
主要参数				
产品类型	快速以太网交换机	快速以太网交换机	千兆以太网交换机	快速以太网交换机
应用层级	二层	二层	二层	
传输速率	10/100 Mbps	10/100 Mbps	10/100 Mbps	10/100 Mbps
交换方式	存储-转发	存储-转发	存储-转发	存储-转发
背板带宽	4.8Gbps	4.8Gbps		
包转发率	3.6 Mpps	3.6 Mpps		
端口参数				
端口结构	非模块化	非模块化	非模块化	非模块化
端口数量	24 个	24 个	26 个	9 个
端口描述	24 个 10/100 Mbps 自适应以太网端口	24 个 10/100 Mbps 端口	24 个 10/100Mbps 自适应以太网端口，以及 2 个 1000Mbps 上行端口	9 个 10/100 Mbps RJ-45 端口，其中 1～8 端口支持 PoE 功能

【实施步骤】

第一步：购置网络设备及附属产品。

以 12 人，12 台台式机、1 台多功能打印、复印一体机为例计算，所需网络相关产品如表 2-4 所示。

表 2-4　所需网络相关产品

设备名称	功　能	数　量	用　途
多功能一体机	打印、复印	1 台	办公室共享该多功能一体机
交换机	24 口、二层交换	1 台	连接办公室相关设备
网线	超 5 类	13 根	根据所需长度来计算，自己制作或到市场上购买
RJ-45	水晶头	26 个	自己制作网线才需要
压线钳	网络线压制	1 把	自己制作网线才需要

第二步：网络布线。

网络设备的放置，最好放在节点的中央位置，这样做，不是为了节约综合布线的成本，而是为了提高网络的整体性能，提高网络传输质量。由于双绞线的传输距离是 100 m，在 95 m 才能获得最佳的网络传输质量。在做网络布线时，最好能够设计一个合理的位置，放置网络设备。

确定交换机存放位置后，分别截取相应长度的双绞线（配备 RJ-45 水晶头），要注意的是双绞线的长度不得超过 100 米，否则影响使用效果，为了布线更合理，应充分考虑交换机放置位置。完成布线后，将网线一头插在网卡接头处，另外一头插在路由器上，网络拓扑如图 2-8 所示。

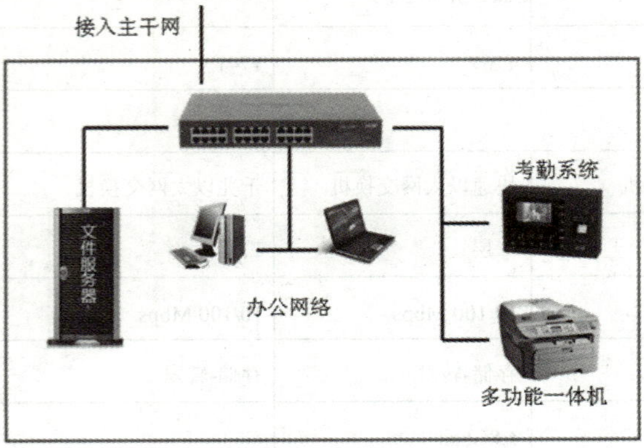

图 2-28　办公室网络拓扑结构

第三步：配置网络。

操作系统启动后，单击右下角的网络图标，选择“打开网络共享中心”，单击本地连接，打开本地连接网络配置，点击“属性”，在弹出的窗口中单击“Internet 协议版本 4（TCP/IPv4）”再单击“属性”，进入显示界面，如图 2-29 所示。

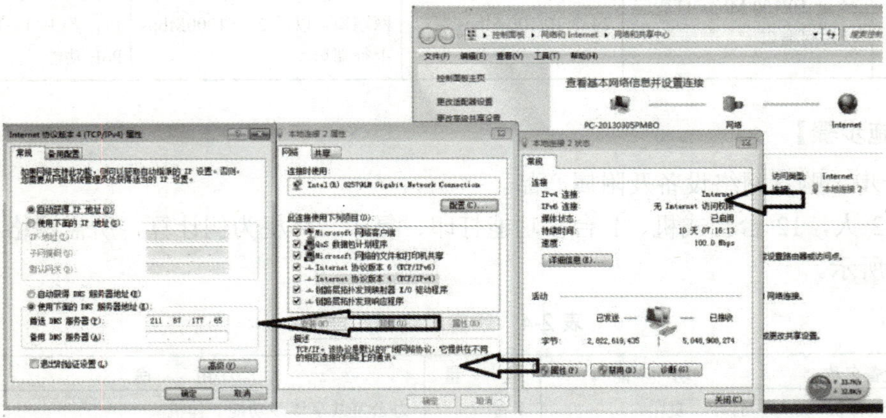

图 2-29　Windows 7 本地连接网络配置

设置 IP 地址的第四组数据时，一般输入数字在 2～254 之间；按照主干网网络设置相应的 IP 地址、子网掩码、网关、DNS 服务器地址；有的主干网络使用的 DHCP 自动获取 IP 地址、自动获取 DNS 服务器地址。

第四步：安装打印机及共享设置。

1. 取消禁用 Guest 用户

（1）点击“开始”按钮，右键单击“计算机”，在弹出的快捷菜单中选择“管理”，如图 2-30 所示。

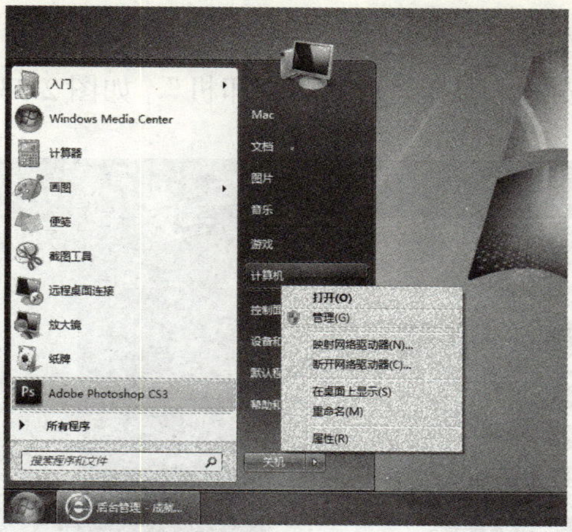

图 2-30　选择“管理”界面

（2） 在弹出的“计算机管理”窗口中找到“Guest”用户，如图 2-31 所示。

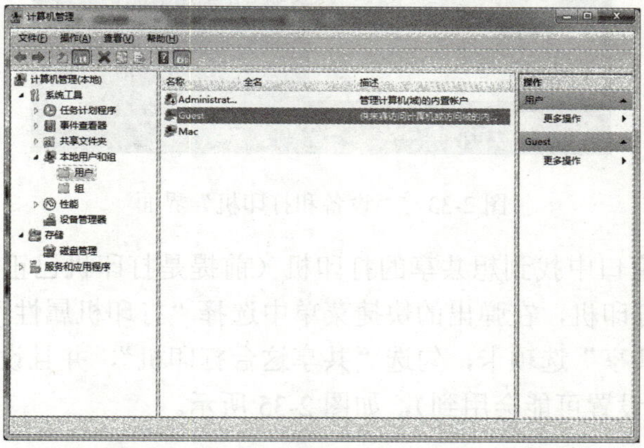

图 2-31　“Guest”用户界面

（3） 双击“Guest”，打开“Guest 属性”窗口，确保“帐户已禁用”选项没有被勾选，如图 2-32 所示。

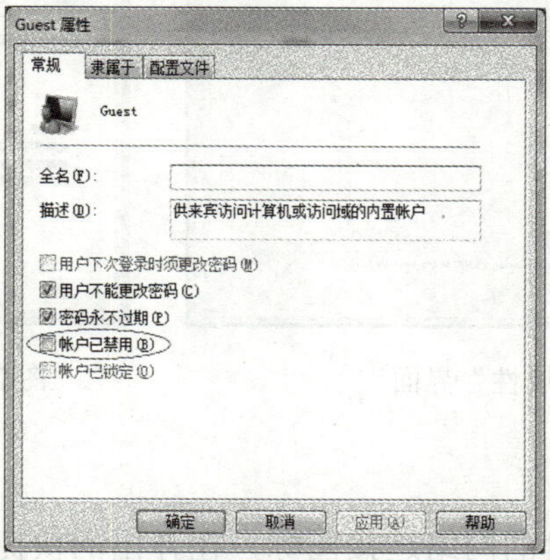

图 2-32　“帐户已禁用”界面

2. 共享目标打印机

（1） 点击“开始”按钮，选择“设备和打印机”，如图 2-33 所示。

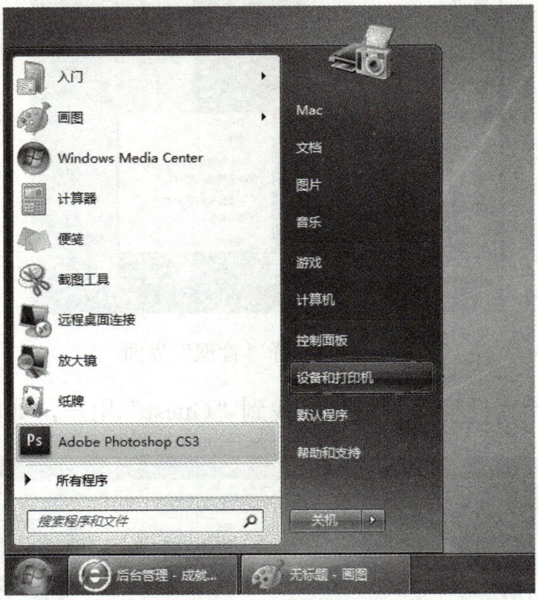

图 2-33 “设备和打印机”界面

（2） 在弹出的窗口中找到想共享的打印机（前提是打印机已正确连接，驱动已正确安装），右键单击该打印机，在弹出的快捷菜单中选择“打印机属性”，如图 2-34 所示。

（3） 切换到“共享”选项卡，勾选“共享这台打印机”，并且设置一个共享名（请记住该共享名，后面的设置可能会用到），如图 2-35 所示。

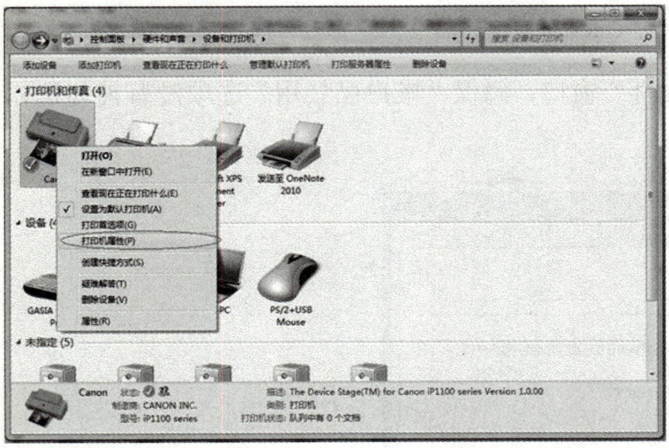

图 2-34 “打印机属性”界面

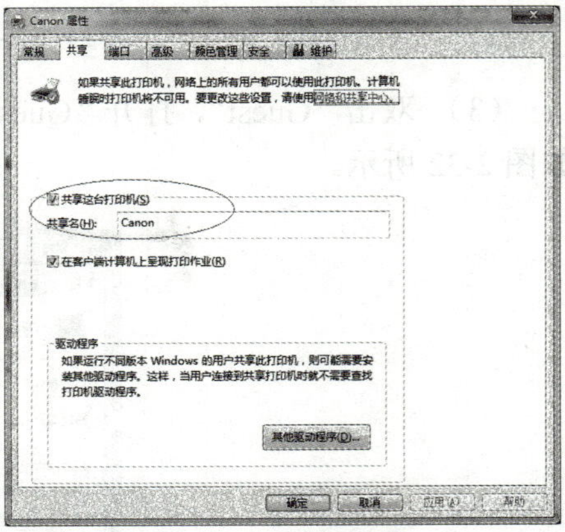

图 2-35 共享这台打印机界面

3. 进行高级共享设置

（1） 右键单击系统托盘的网络连接图标，在弹出的快捷菜单中选择“打开网络和共享中心”，如图 2-36 所示。

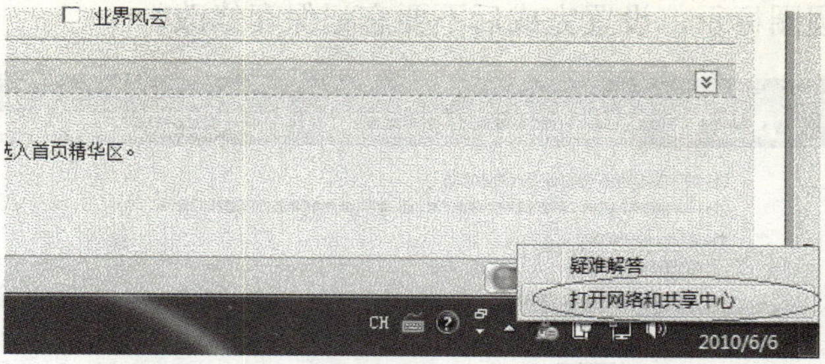

图 2-36 “打开网络和共享中心”界面

（2） 记住所处的网络类型（笔者的是工作网络），接着在弹出的窗口中单击“选择家庭组和共享选项”，如图 2-37 所示。

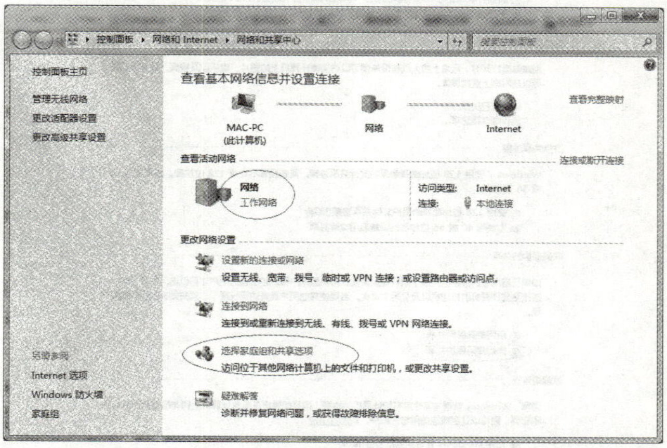

图 2-37 “选择家庭组和共享选项”界面

（3） 接着单击“更改高级共享设置”，如图 2-38 所示。

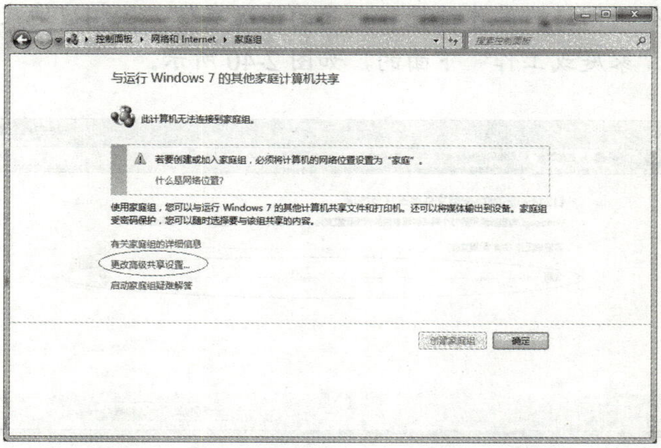

图 2-38 “选择家庭组和共享选项”界面

（4） 如果是家庭或工作网络，“更改高级共享设置”的具体设置可参考图 2-39，其中的关键选项已经用圆圈标示，设置完成后不要忘记保存修改。

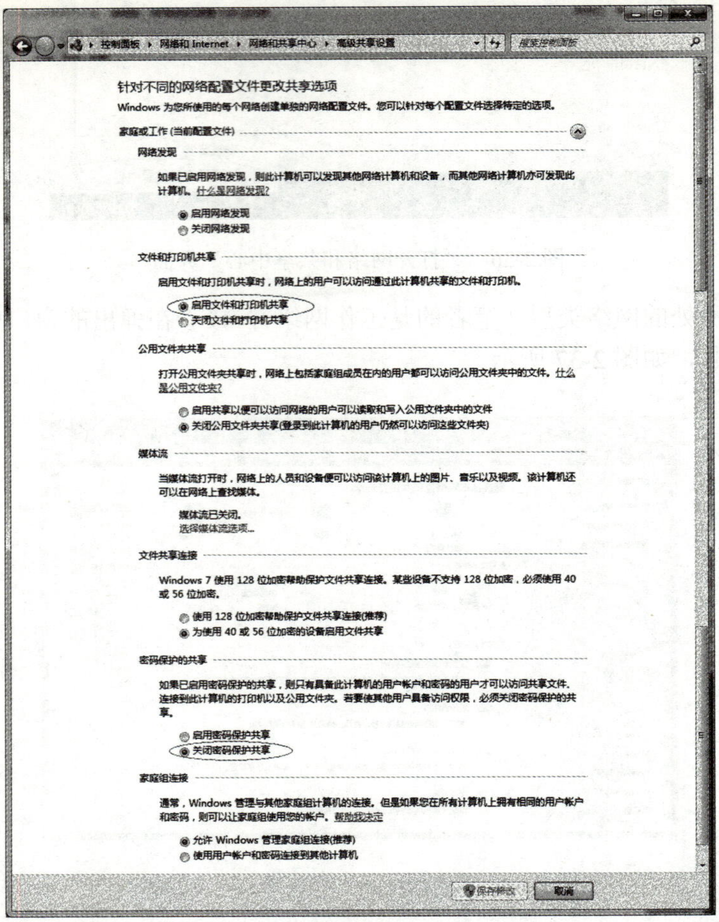

图 2-39 “更改高级共享设置”界面

注意：如果是公用网络，具体设置和上面的情况类似，但相应地应该设置“公共”下面的选项，而不是“家庭或工作”下面的，如图 2-40 所示。

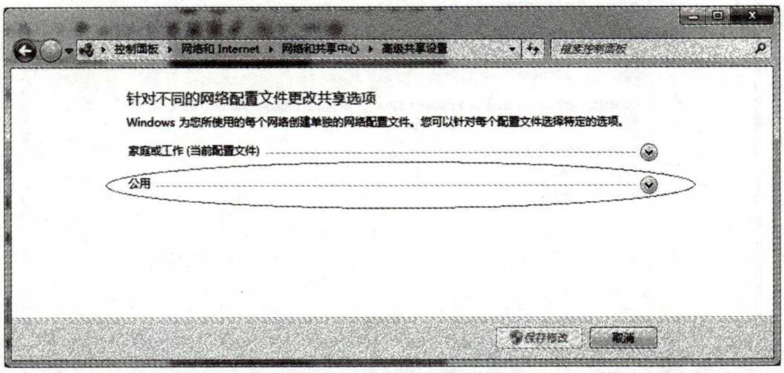

图 2-40 “公共”界面

第五步：设置工作组。

在添加目标打印机之前，首先要确定局域网内的计算机是否都处于一个工作组，具体过程如下。

（1）　点击“开始”按钮，右键单击“计算机”，在弹出的快捷菜单中选择“属性”，如图 2-41 所示。

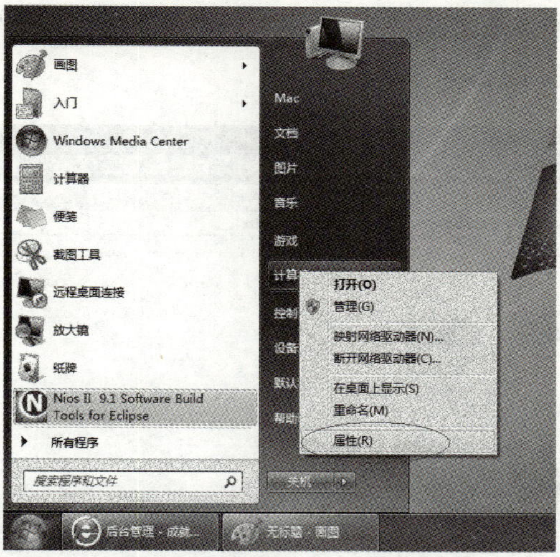

图 2-41　“属性”界面

（2）　在弹出的窗口中找到工作组，如果计算机的工作组设置不一致，请点击“更改设置”；如果一致可以直接退出，跳到第六步。

注意：请记住“计算机名”，如图 2-42 所示，后面的设置会用到。

（3）　如果处于不同的工作组，可以在此窗口中进行设置，如图 2-43 所示。

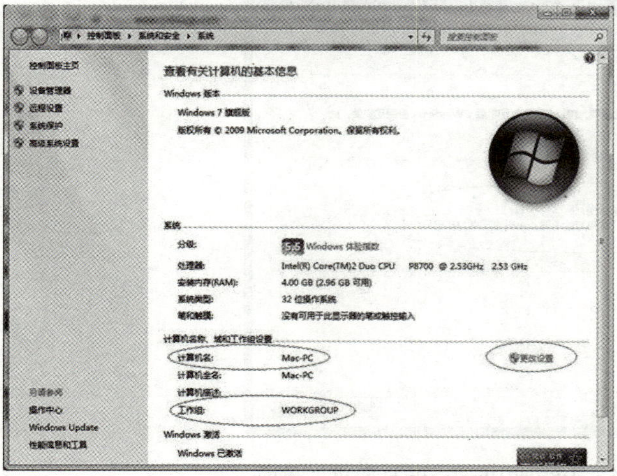

图 2-42　“计算机名”界面

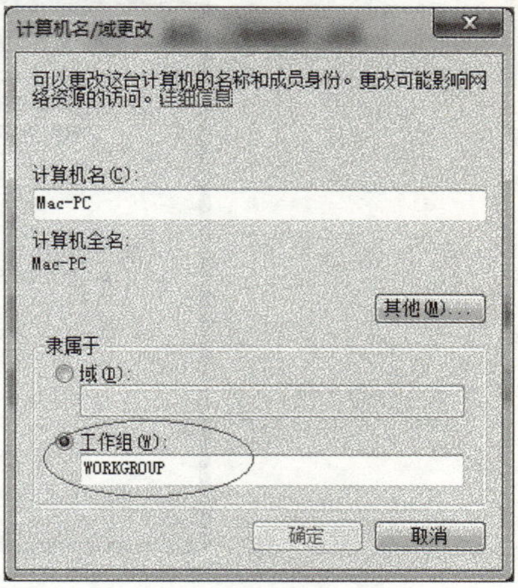

图 2-43　“计算机名/域”界面

注意：此设置要在重启后才能生效，所以在设置完成后不要忘记重启一下计算机，使设置生效。

第六步：在其他计算机上添加目标打印机。

注意：此步操作是在局域网内的其他需要共享打印机的计算机上进行的。此步操作在XP和Win 7系统中的过程是类似的，本文以Win 7为例进行介绍。

添加的方法有多种，在此为读者介绍其中的一种。

首先，无论使用哪种方法，都应先进入“控制面板”，打开“设备和打印机”窗口，并点击“添加打印机”，如图2-44所示。

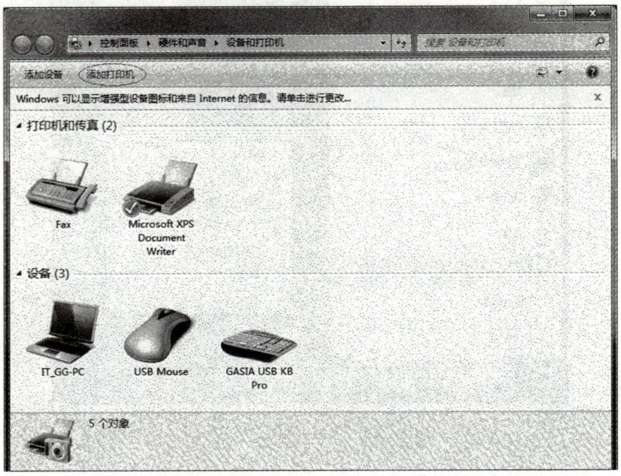

图2-44 “设备和打印机”界面

接下来，选择“添加网络、无线或Bluetooth打印机”，点击“下一步”，如图2-45所示。

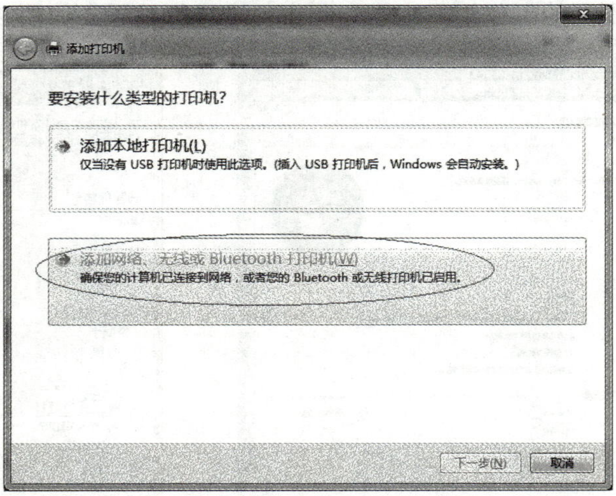

图2-45 “添加网络、无线或Bluetooth打印机”界面

点击了“下一步”之后，系统会自动搜索可用的打印机。

如果前面的几步设置都正确的话，那么只要耐心等待，一般系统都能找到，接下来只需跟着提示一步步操作就行了。如果等待后系统还是找不到所需要的打印机也不要紧，也可以点击“我需要的打印机不在列表中”，然后点击“下一步”，如图2-46所示。

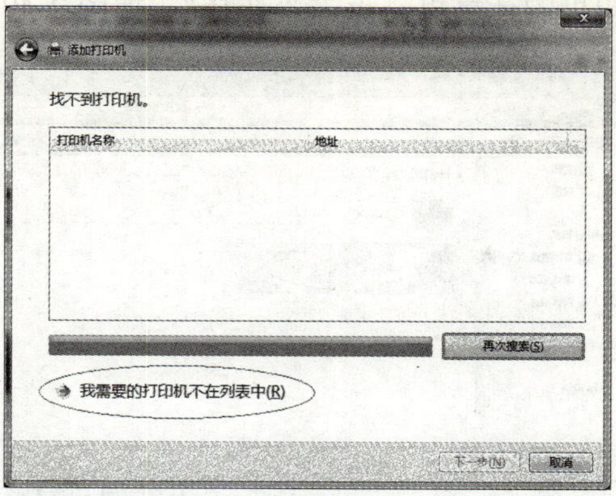

图 2-46　“我需要的打印机不在列表中”界面

如果不想等待的话，可以直接点击“停止”，然后点击“我需要的打印机不在列表中”，接着点击“下一步”，如图 2-47 所示。

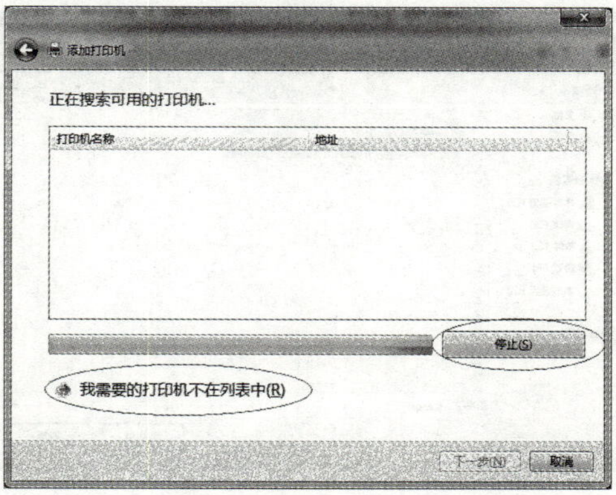

图 2-47　“停止”界面

接下来的设置就有多种方法了。

（1）选择“浏览打印机”，点击“下一步”，如图 2-48 所示。

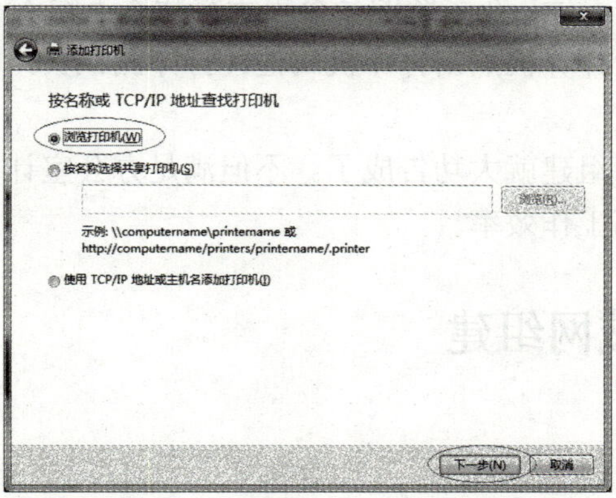

图 2-48　“浏览打印机”界面

（2） 找到连接着打印机的计算机，点击“选择”，如图 2-49 所示。

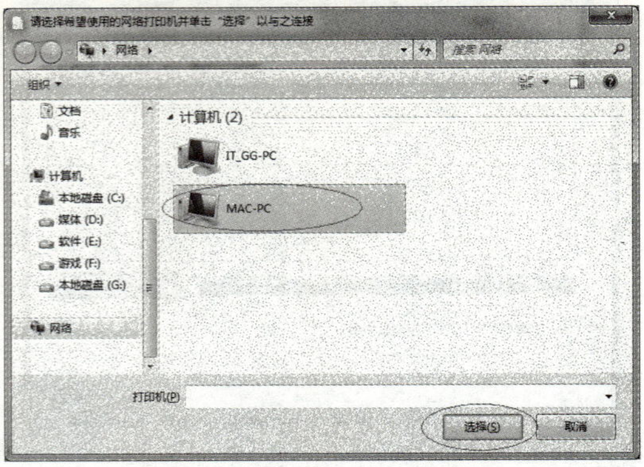

图 2-49 “显示打印机计算机名”界面

（3） 选择目标打印机（打印机名就是在第二步中设置的名称），点击“选择”按钮，如图 2-50 所示。

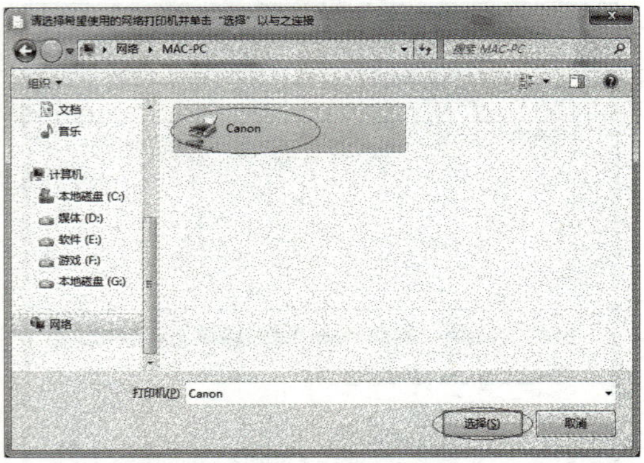

图 2-50 “显示目标打印机”界面

接下来的操作比较简单，系统会自动找到并把该打印机的驱动安装好。至此，打印机已成功添加。

第七步：网络及打印机共享测试。

当 13 台计算机 IP 配置后，在系统的命令提示符状态下输入 ping 命令对计算机、互联网进行联通性测试；每台计算机点击打印机属性，打印测试页，测试网络共享打印机是否正常打印。

至此，办公室局域网组建就大功告成了。不但满足办公室计算机网上办公，而且还实现打印机网络共享，提高工作效率。

案例三 无线局域网组建

【案例描述】

小明宿舍有 6 位同学，都有各自的电脑，随着学习的深入，相互之间信息交换比较频繁，想组建一个局域网，既可以共享彼此的文件又能够访问互联网。

【案例分析】

如要组建宿舍局域网，既可以使用有线局域网也可以使用无线局域网。经过调查，同学们大部分使用的是笔记本，本身带有无线网卡。那么他们可以使用无线局域网进行组网，无线网络具有布置方便、可移动等特点。

【实施方案】

前期宿舍的入网接口具有 IP 地址，我们可以利用入网接口的 IP 地址进行无线路由器的布置。

【实施步骤】

（1）经过询问得知，接入该宿舍的接口的 IP 地址为 10.10.10.10，另一端的接口地址为 10.10.10.1，详细拓扑如图 2-51 所示。

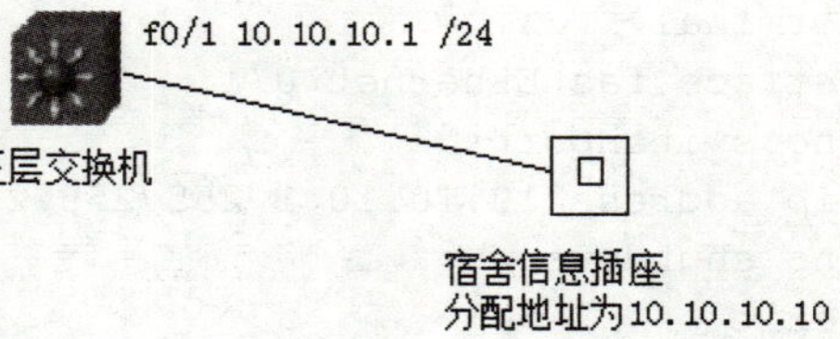

图 2-51 互联网接入结构图

（2） 经过询问，在这种情况下使用无线路由器进行宿舍局域网布置是最经济有效的途径。他们决定购买一个无线路由器进行宿舍局域网布置，网络拓扑如图 2-52 所示。

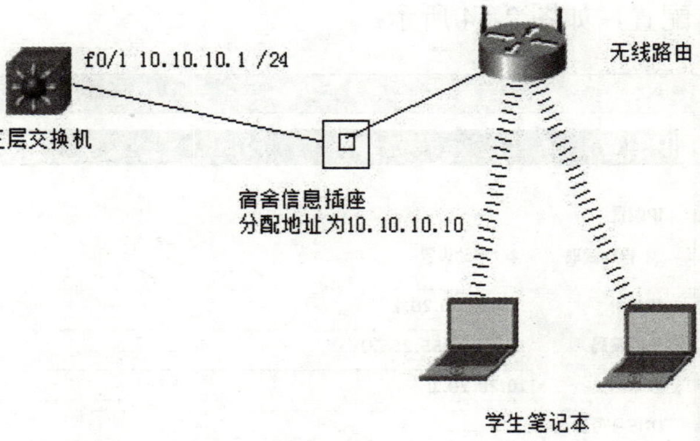

图 2-52 笔记本与无线路由器接入结构图

（3） 实验验证。

利用思科的 Packet Tracer 来进行实验验证，具体实验拓扑如图 2-53 所示。

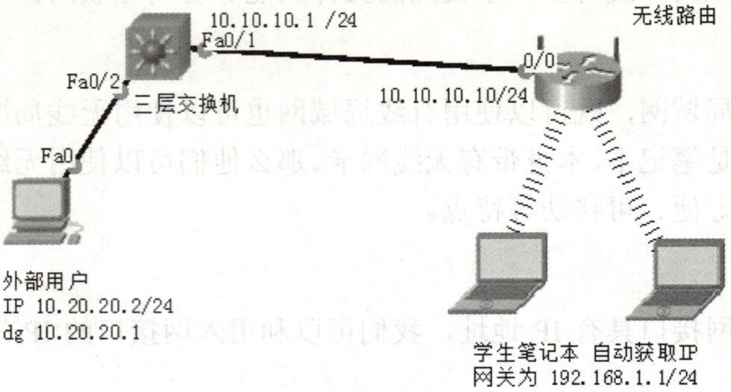

图 2-53　实验拓扑构图

① 三层交换机配置。

```
Switch>
Switch>enable                                            进入特权模式
Switch#configure terminal                                进入全局配置模式
Switch(config)#interface fastEthernet 0/1                进入接口 f0/1
Switch(config-if)#no switchport                          关闭二层特性
Switch(config-if)#ip address 10.10.10.1 255.255.255.0   配置接口地址
Switch(config-if)#no shutdown                            开启接口
Switch(config-if)#exit                                   退出接口 f0/1
Switch(config)#interface fastEthernet 0/2
SSwitch(config-if)#no switchport
Switch(config-if)#ip address 10.20.20.1 255.255.255.0
Switch(config-if)#no shutdown
Switch(config-if)#exit
Switch(config)#ip routing                              开启三层交换机的路由功能
Switch(config)#
```

② 外部用户 IP 配置，如图 2-54 所示。

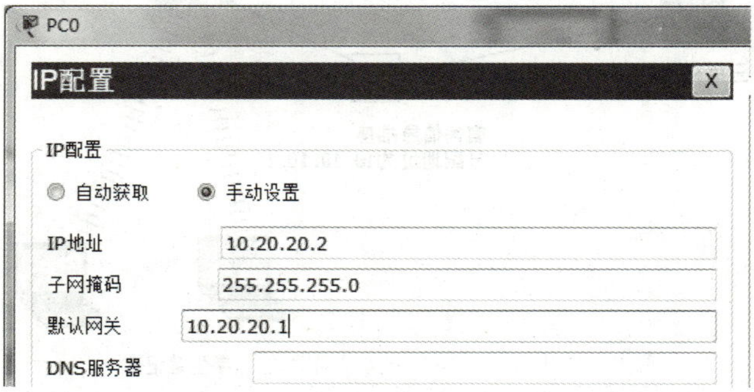

图 2-54　外部用户 IP 配置

③ 无线路由配置（本实验使用的是思科的 WRT300N）。

a. 打开 WRT300N，切换到配置窗口，如图 2-55 所示。

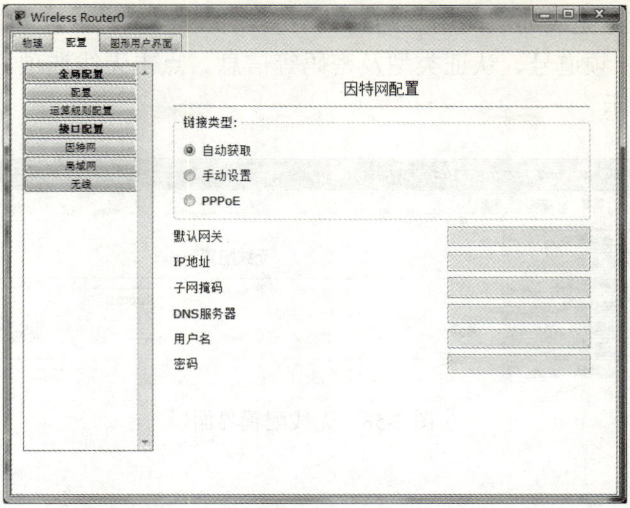

图 2-55　WRT300N 配置界面

b. 点击接口配置中的“因特网”,“链接类型”里选择“手动设置”，配置信息如图 2-56 所示。

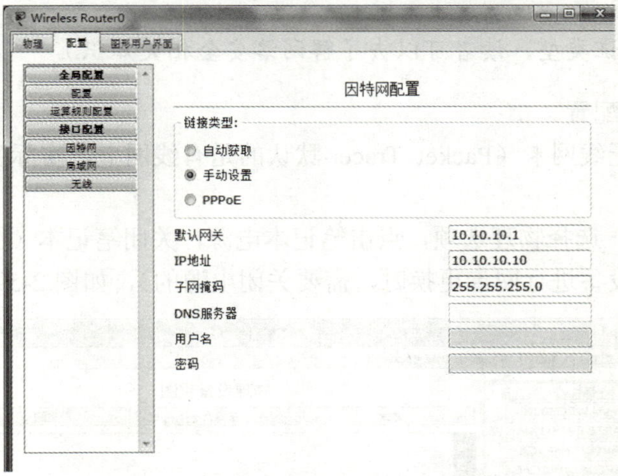

图 2-56　WRT300N 手动设置界面

说明：有些网络到宿舍的接口地址是自动获取的，那么在这个地方设置就选择自动获取即可。本案例中，网络管理人员已经给我们指定了 IP 地址 10.10.10.10/24。

c. 局域网配置，设置局域网用户的默认网关及子网掩码，具体如图 2-57 所示。

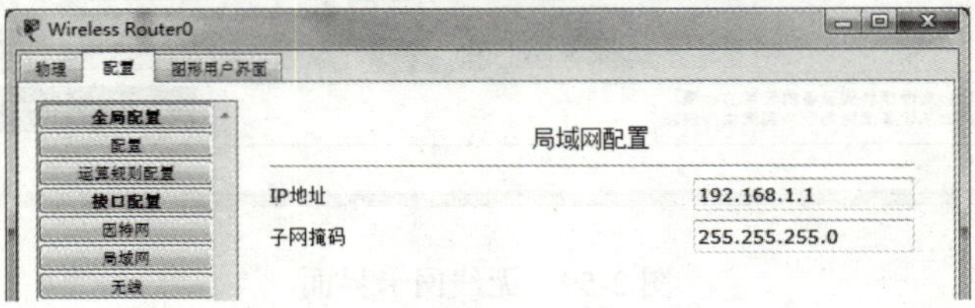

图 2-57　局域网配置界面

这里的 IP 地址是无线局域网用户的默认网关。

d. 设置 SSID、频道号、认证类型及密码等信息。点击无线选项，进行详细配置，具体配置如图 2-58 所示。

图 2-58　无线配置界面

说明：

SSID：默认的是 DEFAULT，修改为 Room1。

通道：默认是 6，一共 11 个通道，我们选择 2，实际生活中如果利用不同的通道可以有效避免信号干扰。

认证：WPA2-PSK，密码为 12345678。

加密类型：AES。

（有关这几种认证类型，读者可以去了解网络安全相关知识）。

④ 宿舍笔记本配置。

第一步，更换无线网卡（Packet Tracer 默认的是有线网卡，实际生活中笔记本自带无线网卡无须更换）。

a. 打开笔记本，选择物理选项，点击笔记本电源，关闭笔记本（图中圆圈的位置，模拟真实设备，真实设备进行网卡更换时，需要关闭电源的），如图 2-59 所示。

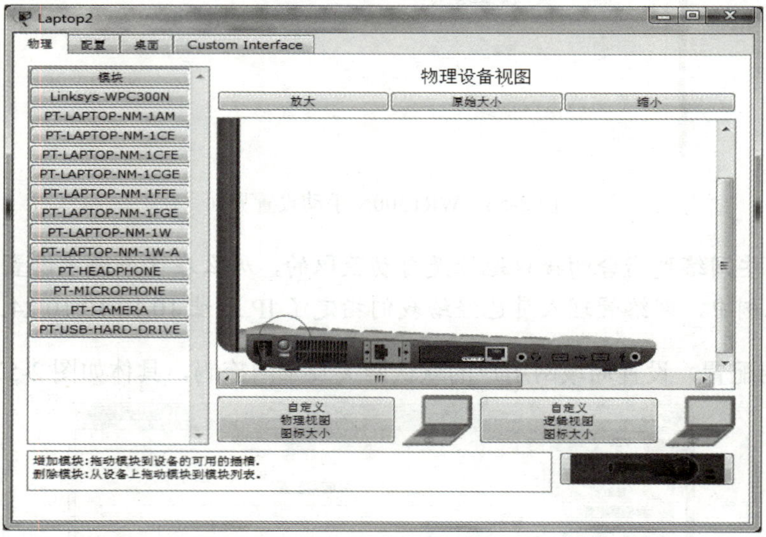

图 2-59　无线网卡界面

b. 按住鼠标左键拖曳有线网卡到指定位置，如图 2-60 所示。

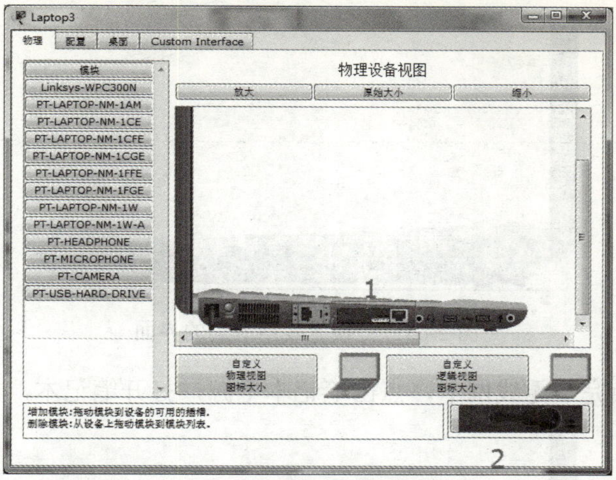

图 2-60　无线设置界面

拖曳后的效果（下图矩形框内的是空的），如图 2-61 所示。

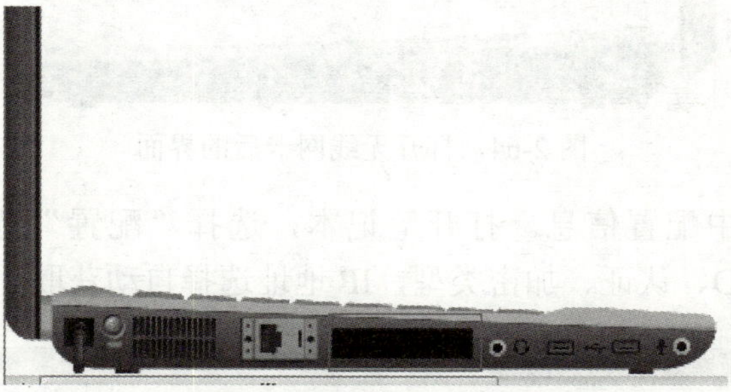

图 2-61　有线拖曳后的界面 1

c. 在模块中选择“Linksys-WPC300N”网卡模块，按住鼠标左键拖曳到下图 2 的位置，如图 2-62 所示。

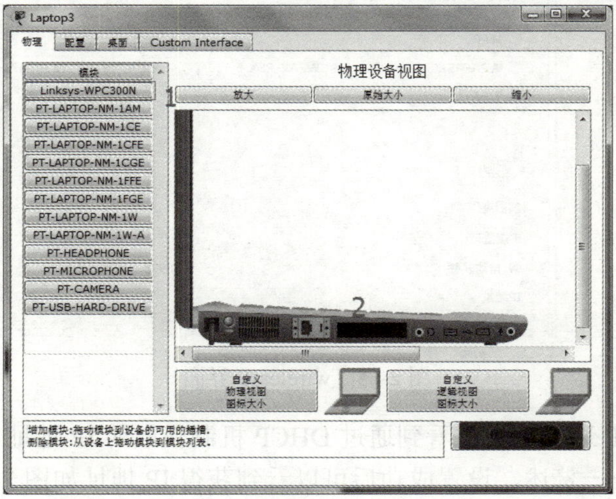

图 2-62　有线拖曳后的界面 2

最终效果，如图 2-63 所示。

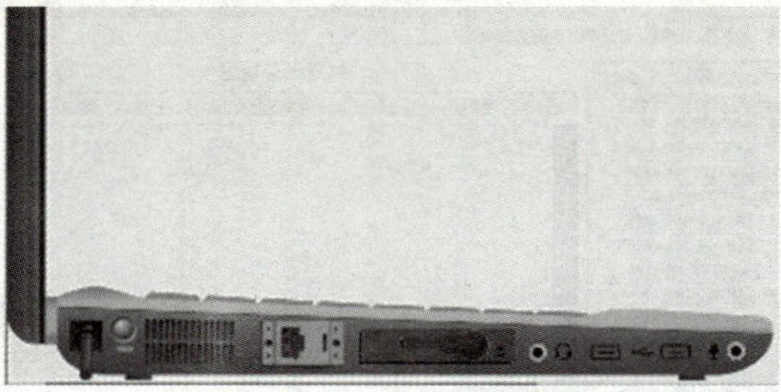

图 2-63 更换无线网卡后的界面

至此，我们更换完了无线网卡，点击笔记本电源，打开笔记本，如图 2-64 所示。

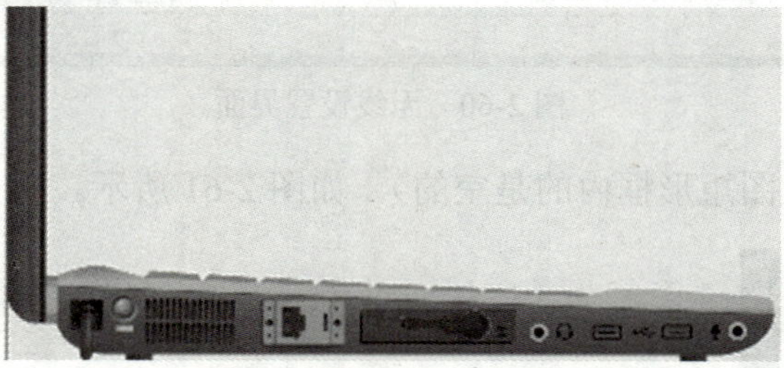

图 2-64 打开无线网卡后的界面

第二步，笔记本中配置信息。打开笔记本，选择“配置”选项在配置选项中选择“wireless0”，配置 SSID、认证、加密类型，IP 地址选择自动获取，具体如图 2-65 所示。

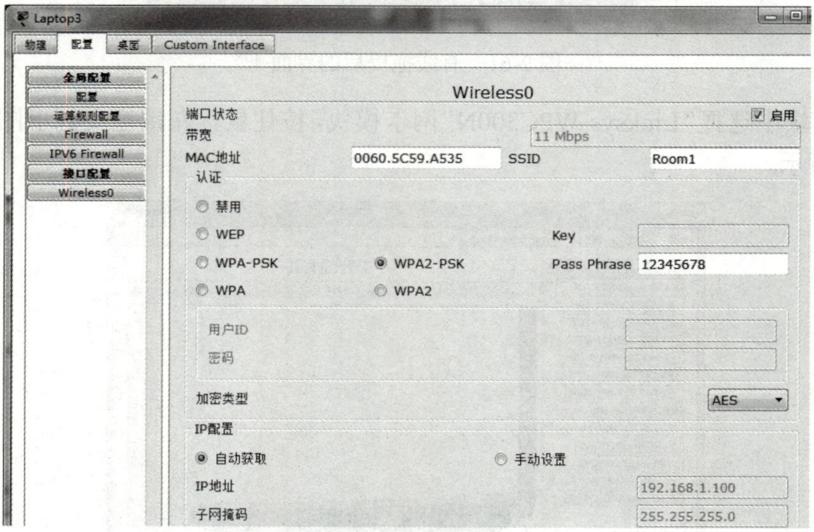

图 2-65 wireless0 界面

配置成功后在 IP 地址里可以看到通过 DHCP 机制获取的 IP 地址。另一台无线设备设置方法类似，不再一一赘述，设置成功后可以看到获得 IP 地址如图 2-66 所示。

图 2-66　自动获取 IP 地址后界面

⑤ 验证。

打开笔记本的桌面选项，找到命令提示符，首先验证内部局域网通信，在这里我们 Ping 另一台笔记本（192.168.1.101），具体结果如图 2-67 所示。

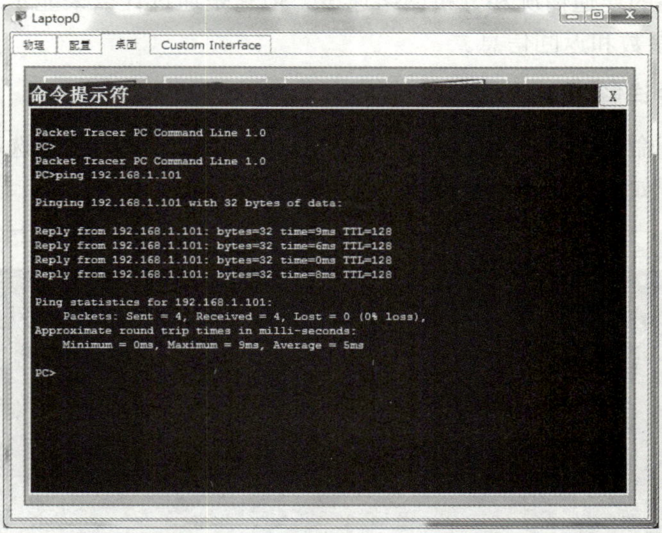

图 2-67　Ping 另一台笔记本（192.168.1.101）结果

接着验证宿舍局域网与外部的通信，我们 Ping 外部用户（10.20.20.2），结果如图 2-68 所示。

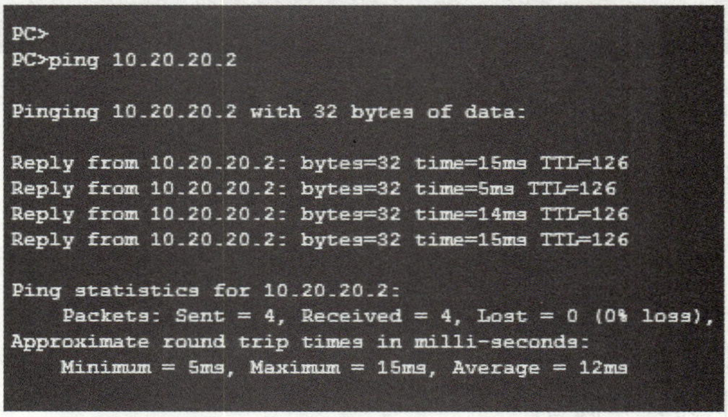

图 2-68　Ping 外部用户（10.20.20.2）结果

可以看到宿舍局域网也可以和外部计算机进行正常通信，至此我们完成了宿舍局域网的实验验证，同学们可以购买路由器进行真实的局域网建设了。

相关知识

1. Ping 命令基础知识

Ping 命令相信大家已经再熟悉不过了，但是能把 ping 的功能发挥到最大的人却并不是很多。

Ping 是潜水艇人员的专用术语，表示回应的声呐脉冲，在网络中 Ping 是一个十分好用的 TCP/IP 工具。它主要的功能是用来检测网络的连通情况和分析网络速度。

Ping 有好的善的一面也有恶的一面。先说一下善的一面吧，上面已经说过 Ping 的用途就是用来检测网络的连通情况和分析网络速度，但它是通过什么来显示连通呢？这首先要了解 Ping 的一些参数和返回信息。

2. Ping 命令详解

首先需要打开命令提示符界面，通过点击开始菜单中的“附件”选项，点击“命令提示符”，即可打开如图 2-69 所示的界面。

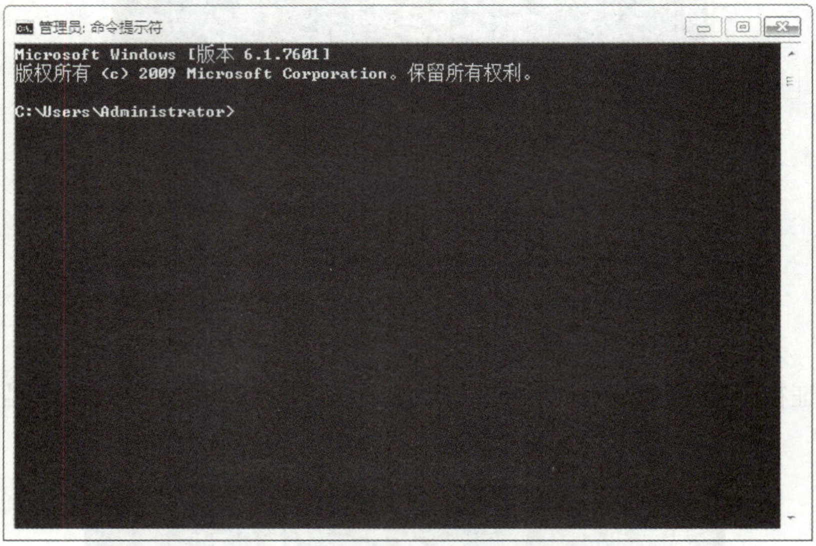
管理员: 命令提示符
Microsoft Windows [版本 6.1.7601]
版权所有 (c) 2009 Microsoft Corporation。保留所有权利。
C:\Users\Administrator>

图 2-69　命令提示符界面

我们输入 Ping/？列出 Ping 的一些参数如图 2-70 所示。

下面我和大家讲解一下，每个参数的意思和使用。

Ping [-t] [-a] [-n count] [-l length] [-f] [-i ttl] [-v tos] [-r count] [-s count] [-j computer-list] | [-k computer-list] [-w timeout] destination-list

-t：Ping 指定的计算机直到中断。

-a：将地址解析为计算机名。

-n count：发送 count 指定的 ECHO 数据包数。默认值为 4。

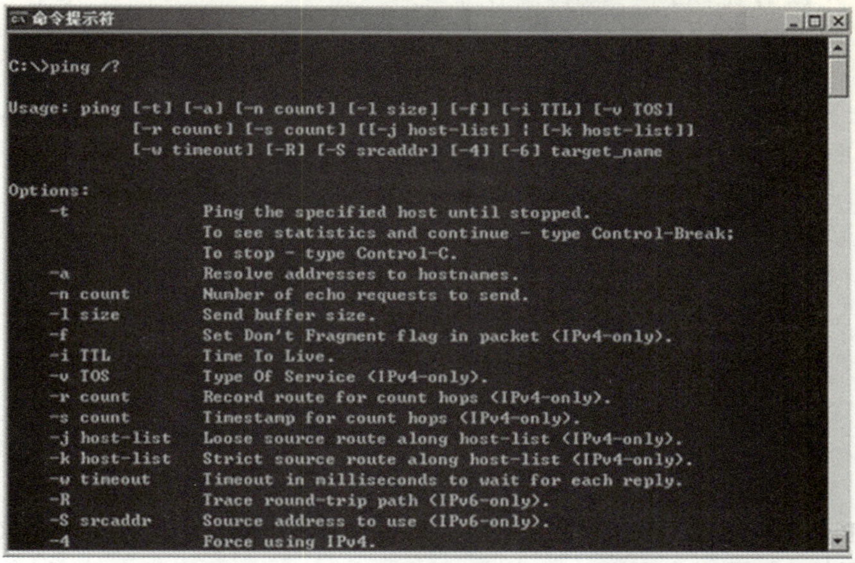
命令提示符
C:\>ping /?
Usage: ping [-t] [-a] [-n count] [-l size] [-f] [-i TTL] [-v TOS]
[-r count] [-s count] [[-j host-list] | [-k host-list]]
[-w timeout] [-R] [-S srcaddr] [-4] [-6] target_name
Options:
-t Ping the specified host until stopped.
To see statistics and continue - type Control-Break;
To stop - type Control-C.
-a Resolve addresses to hostnames.
-n count Number of echo requests to send.
-l size Send buffer size.
-f Set Don't Fragment flag in packet (IPv4-only).
-i TTL Time To Live.
-v TOS Type Of Service (IPv4-only).
-r count Record route for count hops (IPv4-only).
-s count Timestamp for count hops (IPv4-only).
-j host-list Loose source route along host-list (IPv4-only).
-k host-list Strict source route along host-list (IPv4-only).
-w timeout Timeout in milliseconds to wait for each reply.
-R Trace round-trip path (IPv6-only).
-S srcaddr Source address to use (IPv6-only).
-4 Force using IPv4.

图 2-70 Ping 命令相关参数

-l length：发送包含由 length 指定的数据量的 ECHO 数据包。默认为 32 字节；最大值是 65,527。

-f：在数据包中发送“不要分段”标志。数据包就不会被路由上的网关分段。

-i ttl：将“生存时间”字段设置为 ttl 指定的值。

-v tos：将“服务类型”字段设置为 tos 指定的值。

-r count：在“记录路由”字段中记录传出和返回数据包的路由。count 可以指定最少 1 台，最多 9 台计算机。

-s count：指定由 count 指定的转发次数的时间。

-j computer-list：利用 computer-list 指定的计算机列表路由数据包。连续计算机可以被中间网关分隔（路由稀疏源）IP 允许的最大数量为 9。

-k computer-list：利用 computer-list 指定的计算机列表路由数据包。连续计算机不能被中间网关分隔（路由严格源）IP 允许的最大数量为 9。

-w timeout：指定超时间隔，单位为毫秒。

destination-list：指定要 Ping 的远程计算机。

3. 使用 Ping 命令测试网络连通

连通问题是由许多原因引起的，如本地配置错误、远程主机协议失效等，当然还包括设备等造成的故障。

首先我们讲一下使用 Ping 命令的步骤。

使用 Ping 检查连通性有五个步骤：

（1） 使用 ipconfig /all 观察本地网络设置是否正确，如图 2-71 所示。

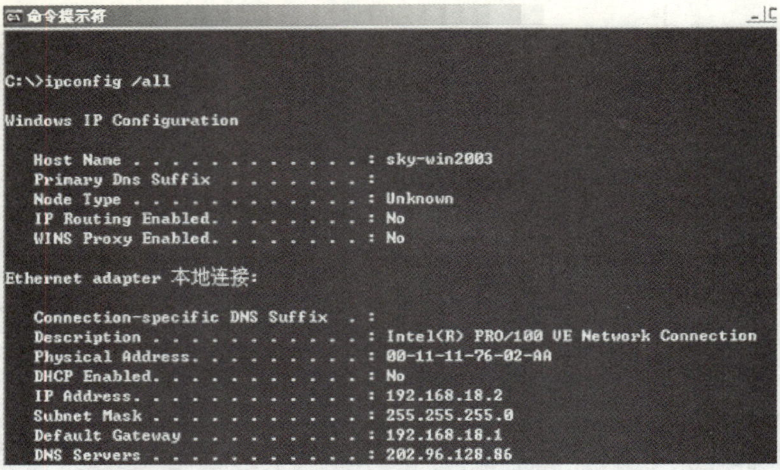
命令提示符
C:\>ipconfig /all
Windows IP Configuration
Host Name . . . . : sky-win2003
Primary Dns Suffix . . . . :
Node Type . . . . : Unknown
IP Routing Enabled. . . . . : No
WINS Proxy Enabled. . . . . : No
Ethernet adapter 本地连接:
Connection-specific DNS Suffix . :
Description . . . . : Intel(R) PRO/100 VE Network Connection
Physical Address. . . . . : 00-11-11-76-02-AA
DHCP Enabled. . . . . : No
IP Address. . . . . : 192.168.18.2
Subnet Mask . . . . : 255.255.255.0
Default Gateway . . . . : 192.168.18.1
DNS Servers . . . . : 202.96.128.86

图 2-71　ipconfig /all 参数查看本地网络信息

（2） Ping 127.0.0.1，127.0.0.1 回送地址 Ping 回送地址是为了检查本地的 TCP/IP 协议有没有设置好，如图 2-72 所示。

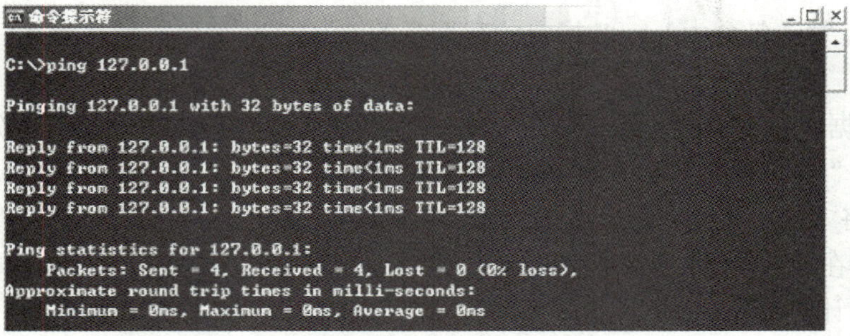
命令提示符
C:\>ping 127.0.0.1
Pinging 127.0.0.1 with 32 bytes of data:
Reply from 127.0.0.1: bytes=32 time<1ms TTL=128
Reply from 127.0.0.1: bytes=32 time<1ms TTL=128
Reply from 127.0.0.1: bytes=32 time<1ms TTL=128
Reply from 127.0.0.1: bytes=32 time<1ms TTL=128
Ping statistics for 127.0.0.1:
Packets: Sent = 4, Received = 4, Lost = 0 (0% loss),
Approximate round trip times in milli-seconds:
Minimum = 0ms, Maximum = 0ms, Average = 0ms

图 2-72　Ping 127.0.0.1 显示界面

（3） Ping 本机 IP 地址，这样是为了检查本机的 IP 地址是否设置有误，如图 2-73 所示。

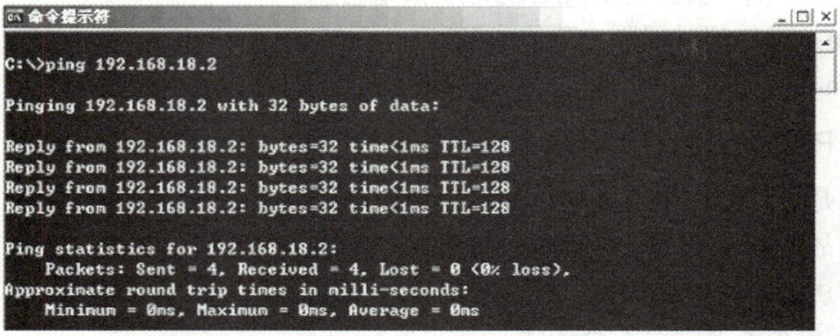
命令提示符
C:\>ping 192.168.18.2
Pinging 192.168.18.2 with 32 bytes of data:
Reply from 192.168.18.2: bytes=32 time<1ms TTL=128
Reply from 192.168.18.2: bytes=32 time<1ms TTL=128
Reply from 192.168.18.2: bytes=32 time<1ms TTL=128
Reply from 192.168.18.2: bytes=32 time<1ms TTL=128
Ping statistics for 192.168.18.2:
Packets: Sent = 4, Received = 4, Lost = 0 (0% loss),
Approximate round trip times in milli-seconds:
Minimum = 0ms, Maximum = 0ms, Average = 0ms

图 2-73　Ping 本机 IP 地址显示界面

（4） Ping 本网网关或本网 IP 地址，这样是为了检查硬件设备是否有问题，也可以检查本机与本地网络连接是否正常（在非局域网中这一步骤可以忽略），如图 2-74 所示。

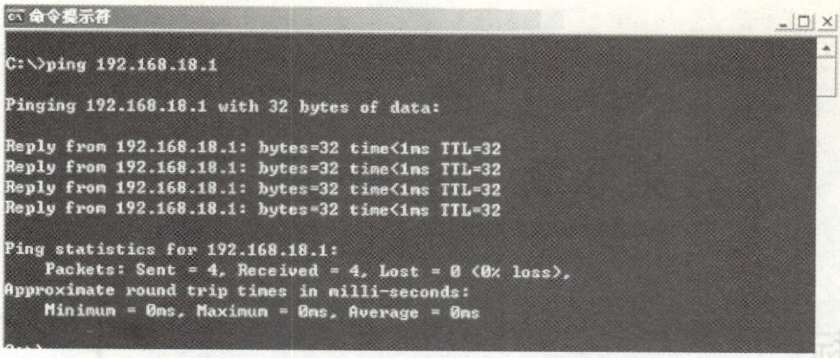

图 2-74　Ping 本网网关界面

（5）　Ping 远程网址，这主要是检查本网或本机与外部的连接是否正常，如图 2-75 所示。

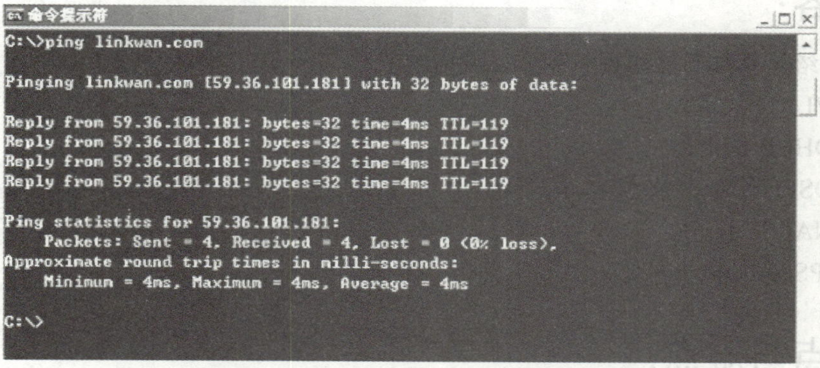

图 2-75　Ping 远程网址界面

本章小结

本章结合案例介绍了小型局域网组建的方式方法、组建原则及实施方案，相关知识点介绍了计算机网络应用基本原理、网络硬件设备及架构；最后结合案例实施方案讨论组建宿舍局域网、办公室局域网、会议室无线局域网的组织、施工、检测等问题。

实训项目

局域网组建

（1）　实训目标。

了解宿舍网络组建原则；掌握宿舍网络组建、设备安装与调试方法、熟练网线的制作；掌握网络检测设备的使用。

（2）　实训要求。

运用宿舍网络组建方法，组建家庭局域网、办公室局域网（有线+无线功能）。

第3章 网络互连

教学目标：

通过本章的学习，使学习者了解网络互连的相关技术，重点掌握 VLAN、DHCP、NAT、OSPF、IPSec VPN 等技术的应用。

教学内容：

本章介绍计算机网络组网技术，主要包括：

（1） VLAN 技术。

（2） DHCP 技术。

（3） OSPF 等路由技术。

（4） NAT 技术。

（5） IPSec 技术。

教学重点与难点：

（1） 重点是各种组网技术的应用。

（2） 难点是几种技术的工作原理。

案例一 楼宇网络组建

【案例描述】

小刘是学校网络中心的一名技术员，学校现在新建一栋实验楼，内有三个教学院系，学校要求小刘完成该楼宇内的网络组建。

【案例分析】

根据以上情况，小刘做了实地调查，对实验楼内的用户需求进行了进一步梳理，得出数据如表 3-1 所示。

表 3-1 用户需求分析

楼　层	院系名称	类　型	数　量	要　求
1	信息工程学院	教师机	80	处在同一个广播域，与其他隔离
		学生机	300（平均分布在 3 个机房）	每个机房一个广播域，与其他隔离
2	化学系	教师机	58	处在同一个广播域，与其他隔离
		学生机	200（平均分布在 2 个机房）	每个机房一个广播域，与其他隔离
3	电子工程	教师机	39	处在同一个广播域，与其他隔离
		学生机	100（平均分布在 2 个机房）	每个机房一个广播域，与其他隔离

根据用户需求需要在楼层内使用二层交换机实现接入互连，在楼层间使用三层交换机实现不同类型用户互通。

【实施方案】

小刘在考察的基础上，对需求进行详细的分析后，通过网络选型、联网方案设计、硬件选型等几个环节对该任务进行了具体的实施，具体步骤如下：

1. 网络选型

传统的以太网技术在局域网设计上可以高质量地达到通信要求，经过对比，小刘决定使用千兆以太网作为楼宇内的通信网络。这样既可以满足当前实验楼的具体需求，又方便以后的网络升级改造。

2. 联网方案

楼宇内网络连接可以采用接入层和汇聚层技术来进行联网。

通常将网络中直接面向用户连接或访问网络的部分称为接入层，接入层目的是允许多类型的终端用户连接到网络，因此接入层交换机具有低成本和高端口密度特性。

将位于接入层和核心层之间的部分称为分布层或汇聚层，汇聚层交换机是多台接入层交换机的汇聚点，它必须能够处理来自接入层设备的所有通信量，并提供到核心层的上行链路，因此汇聚层交换机与接入层交换机比较，需要更高的性能，更少的接口和更高的交换速率。

用图 3-1 可以表示简单的联网方案：

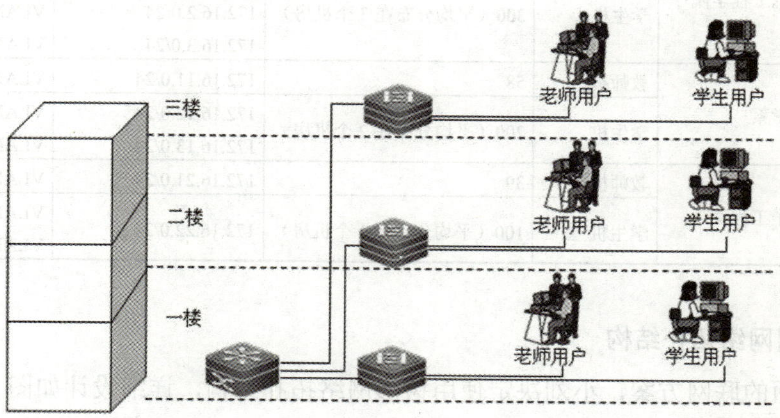

图 3-1 联网方案

3. 硬件选型

根据网络方案，本项目决定选择以下硬件：

（1） 二层以太网交换机。

二层交换机工作于 OSI 参考模型的第二层（数据链路层），故而称为二层交换机。二层交换技术发展比较成熟，二层交换机属数据链路层设备，可以识别数据包中的 MAC 地址信息，根据 MAC 地址进行转发，并将这些 MAC 地址与对应的端口记录在自己内部的一个地址表中。

常用的品牌有：H3C 交换机、思科交换机、TP-LINK 交换机、华为交换机、锐捷交换机等。

（2） 三层以太网交换机。

第三层交换机具有第二层交换机的交换功能和第三层路由器的路由功能，可将 IP 地址信息用于网络路径选择，并实现不同网段间数据的快速交换。当网络规模较大或通过划分 VLAN 来减小广播所造成的影响时，只有借助第三层交换机才能实现。在大中型网络中，核心层交换机通常都由三层以上交换机来充当。

从背板带宽、稳定性（详细介绍见本章后面的相关知识）等综合因素考虑，小刘选择了思科（Cisco）的千兆交换机。每一层楼使用了思科的二层交换机进行接入连接，在实验楼的出口使用了汇聚层级别的思科三层交换机。

【实施步骤】

按照实施方案的要求，步骤如下：

1. 规划 IP 地址

小刘在前期调查分析的基础上，使用无类 IP 及变长子网掩码等技术对实验楼的每一类型用户进行了详细 IP 规划，具体如表 3-2 所示。

表 3-2 详细 IP 规划

楼 层	院系名称	微机类型	数 量	IP 地址及子网掩码	所属 VLAN
1	信息工程学院	教师机	80	172.16.10.0/24	VLAN 10
		学生机	300（平均分布在 3 个机房）	172.16.1.0/24 172.16.2.0/24 172.16.3.0/24	VLAN 11 VLAN 12 VLAN 13
2	化学系	教师机	58	172.16.11.0/24	VLAN 20
		学生机	200（平均分布在 2 个机房）	172.16.12.0/24 172.16.13.0/24	VLAN 22 VLAN 23
3	电子工程	教师机	39	172.16.21.0/24	VLAN 31
		学生机	100（平均分布在 1 个机房）	172.16.22.0/24	VLAN 32 VLAN 33

2. 规划网络拓扑结构

根据前面的联网方案，小刘决定使用树形网络拓扑结构，详细设计如图 3-2 所示。

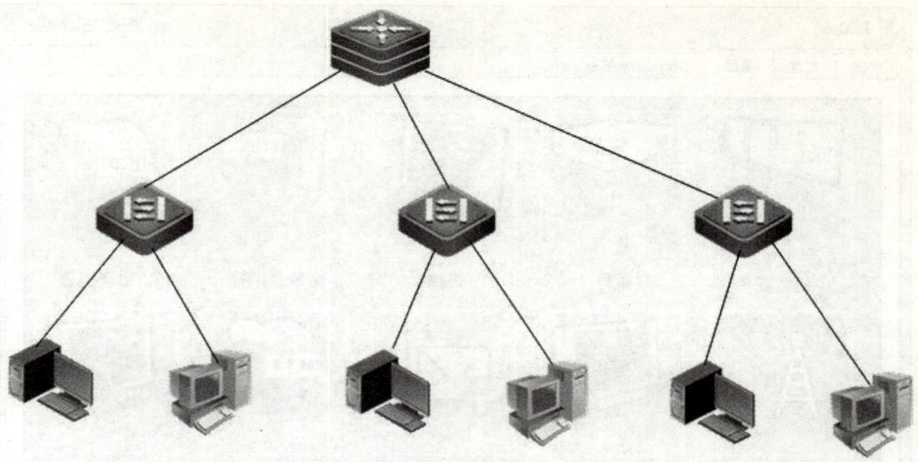

图 3-2 联网拓扑

3. 实验验证

为了验证设计的合理性，小刘决定使用 Cisco 的 Packet Tracer（使用情况详见相关知识）来验证设计的合理性，实验拓扑如图 3-3 所示。

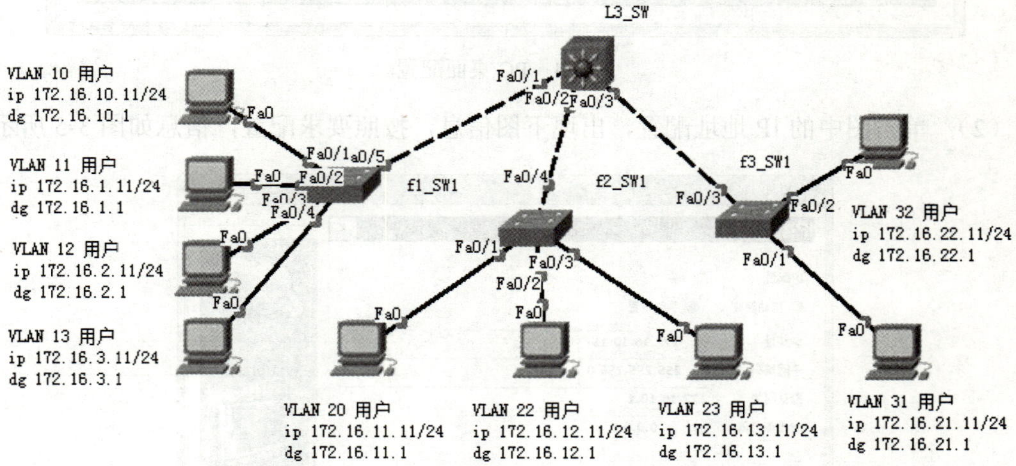

图 3-3 实验拓扑

说明：

L3_SW 为汇聚交换机；
F1_SW1 为一楼的交换机；
F2_SW1 为二楼的交换机；
F3_SW1 为三楼的交换机。

实验配置的详细信息如下：

（1） 设置计算机 IP 地址，单击图中的 VLAN11 用户计算机，如图 3-4 所示。

图 3-4　PC 桌面配置

（2）　单击图中的 IP 地址配置，出现下图信息，按照要求配置，信息如图 3-5 所示。

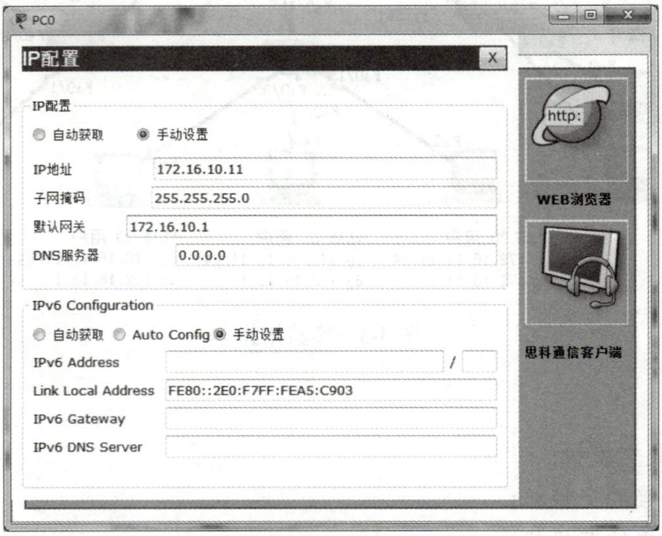

图 3-5　IP 配置

（3）　如上所述的方法配置所有计算机。

（4）　配置 F1_SW1 交换机，在 Cisco Packet Tracer 中单击该交换机，出现配置信息如下：

```
Switch>enable
Switch#configure terminal
Switch(config)#hostname f1_SW1
f1_SW1(config)#vlan 10
f1_SW1(config-vlan)#exit
f1_SW1(config)#vlan 11
f1_SW1(config-vlan)#exit
f1_SW1(config)#vlan 12
f1_SW1(config-vlan)#exit
f1_SW1(config)#vlan 13
f1_SW1(config-vlan)#exit
f1_SW1(config)#interface fastethernet 0/1
f1_SW1(config-if)#switchport mode access
f1_SW1(config-if)#switchport access vlan 10
f1_SW1(config-if)#exit
f1_SW1(config)#interface fastethernet 0/2
f1_SW1(config-if)#switchport mode access
f1_SW1(config-if)#switchport access vlan 11
f1_SW1(config-if)#exit
f1_SW1(config)#interface fastethernet 0/3
f1_SW1(config-if)#switchport mode access
f1_SW1(config-if)#switchport access vlan 12
f1_SW1(config-if)#exit
f1_SW1(config)#interface fastethernet 0/4
f1_SW1(config-if)#switchport mode access
f1_SW1(config-if)#switchport access vlan 13
f1_SW1(config-if)#exit
f1_SW1(config)#interface fastethernet 0/5
f1_SW1(config-if)#switchport mode trunk
f1_SW1(config-if)#switchport trunk allowed vlan all
f1_SW1(config-if)#end
f1_SW1#
```

（5） 配置 F2_SW1 交换机，在 Cisco Packet Tracer 中单击该交换机，出现配置信息如下：

```
Switch>
Switch>enable
Switch#configure terminal
Switch(config)#hostname f2_SW1
f2_SW1(config)#vlan 20
f2_SW1(config-vlan)#exit
f2_SW1(config)#vlan 22
f2_SW1(config-vlan)#exit
f2_SW1(config)#vlan 23
f2_SW1(config-vlan)#exit
f2_SW1(config)#interface fastethernet 0/1
f2_SW1(config-if)#switchport mode access
f2_SW1(config-if)#switchport access vlan 20
f2_SW1(config-if)#exit
```

```
f2_SW1(config)#interface fastethernet 0/2
f2_SW1(config-if)#switchport mode access
f2_SW1(config-if)#switchport access vlan 22
f2_SW1(config-if)#exit
f2_SW1(config)#interface fastethernet 0/3
f2_SW1(config-if)#switchport mode access
f2_SW1(config-if)#switchport access vlan 23
f2_SW1(config-if)#exit
f2_SW1(config)#interface fastethernet 0/4
f2_SW1(config-if)#switchport mode trunk
f2_SW1(config-if)#switchport trunk allowed vlan all
f2_SW1(config-if)#end
f2_SW1#
```

（6）配置 F3_SW1 交换机，在 Cisco Packet Tracer 中单击该交换机，出现配置信息如下：

```
Switch>
Switch>enable
Switch#configure terminal
Switch(config)#hostname f3_SW1
f3_SW1(config)#vlan 31
f3_SW1(config-vlan)#exit
f3_SW1(config)#vlan 32
f3_SW1(config-vlan)#exit
f3_SW1(config)#interface fastethernet 0/1
f3_SW1(config-if)#switchport mode access
f3_SW1(config-if)#switchport access vlan 31
f3_SW1(config-if)#exit
f3_SW1(config)#interface fastethernet 0/2
f3_SW1(config-if)#switchport mode access
f3_SW1(config-if)#switchport access vlan 32
f3_SW1(config-if)#exit
f3_SW1(config)#interface fastethernet 0/3
f3_SW1(config-if)#switchport mode trunk
f3_SW1(config-if)#switchport trunk allowed vlan all
f3_SW1(config-if)#end
f3_SW1#
```

（7）配置 L3_SW 交换机，在 Cisco Packet Tracer 中单击该交换机，出现配置信息如下：

```
Switch>
Switch>enable
Switch#configure terminal
Switch(config)#hostname L3_SW
L3_SW(config)#interface range fa
L3_SW(config)#interface range fastEthernet 0/1-3
L3_SW(config-if-range)#switchport mode trunk
L3_SW(config-if-range)#switchport trunk allowed vlan all
L3_SW(config-if-range)#no shutdown
L3_SW(config-if-range)#exit
L3_SW(config)#vlan 10
```

```
L3_SW(config-vlan)#exit
L3_SW(config)#vlan 11
L3_SW(config-vlan)#exit
L3_SW(config)#vlan 12
L3_SW(config-vlan)#exit
L3_SW(config)#vlan 13
L3_SW(config-vlan)#exit
L3_SW(config)#vlan 20
L3_SW(config-vlan)#exit
L3_SW(config)#vlan 22
L3_SW(config-vlan)#exit
L3_SW(config)#vlan 23
L3_SW(config-vlan)#exit
L3_SW(config)#vlan 31
L3_SW(config-vlan)#exit
L3_SW(config)#vlan 32
L3_SW(config-vlan)#exit
L3_SW(config)#interface vlan 11
L3_SW(config-if)#ip address 172.16.1.1 255.255.255.0
L3_SW(config-if)#no shutdown
L3_SW(config-if)#exit
L3_SW(config)#interface vlan 10
L3_SW(config-if)#ip address 172.16.10.1 255.255.255.0
L3_SW(config-if)#no shutdown
L3_SW(config-if)#exit
L3_SW(config)#interface vlan 12
L3_SW(config-if)#ip address 172.16.2.1 255.255.255.0
L3_SW(config-if)#no shutdown
L3_SW(config-if)#exit
L3_SW(config)#interface vlan 13
L3_SW(config-if)#ip address 172.16.3.1 255.255.255.0
L3_SW(config-if)#no shutdown
L3_SW(config-if)#exit
L3_SW(config)#interface vlan 20
L3_SW(config-if)#ip address 172.16.11.1 255.255.255.0
L3_SW(config-if)#no shutdown
L3_SW(config-if)#exit
L3_SW(config)#interface vlan 22
L3_SW(config-if)#ip address 172.16.12.1 255.255.255.0
L3_SW(config-if)#no shutdown
L3_SW(config-if)#exit
L3_SW(config)#interface vlan 23
L3_SW(config-if)#ip address 172.16.13.1 255.255.255.0
L3_SW(config-if)#exit
L3_SW(config)#interface vlan 31
L3_SW(config-if)#ip addres 172.16.21.1 255.255.255.0
L3_SW(config-if)#exit
L3_SW(config)#interface vlan 32
L3_SW(config-if)#ip address 172.16.22.1 255.255.255.0
L3_SW(config-if)#no shutdown
```

```
L3_SW(config-if)#exit
L3_SW(config)#ip routing
L3_SW(config)#exit
L3_SW#
```

切记！三层交换机上一定要在全局模式下使用 ip routing 来开启路由功能，否则不同VLAN 间不能进行路由选择。

（8） 查看交换机的配置。

```
L3_SW#show running-config
//篇幅原因此处三层交换机的运行信息不再一一列举
```

（9） 测试、验证，我们在 Packet Tracer 中打开 VLAN10 的计算机，点击命令提示符，进行 Ping，结果如图 3-6 所示。

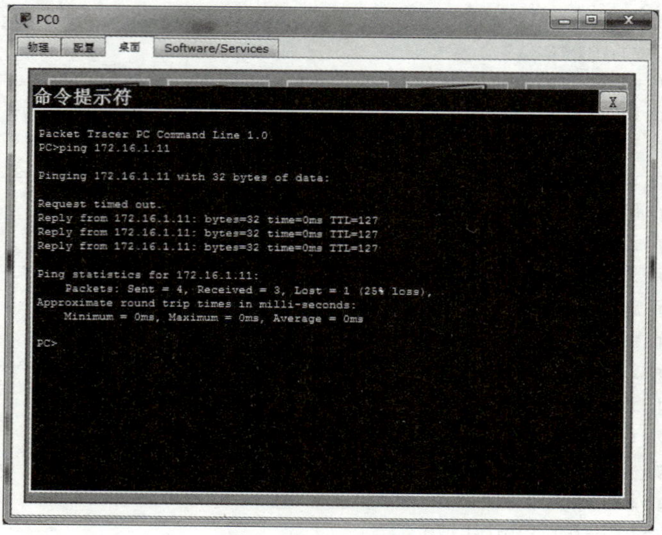
PC0
物理
配置
桌面
Software/Services
命令提示符
Packet Tracer PC Command Line 1.0
PC>ping 172.16.1.11
Pinging 172.16.1.11 with 32 bytes of data:
Request timed out.
Reply from 172.16.1.11: bytes=32 time=0ms TTL=127
Reply from 172.16.1.11: bytes=32 time=0ms TTL=127
Reply from 172.16.1.11: bytes=32 time=0ms TTL=127
Ping statistics for 172.16.1.11:
Packets: Sent = 4, Received = 3, Lost = 1 (25% loss),
Approximate round trip times in milli-seconds:
Minimum = 0ms, Maximum = 0ms, Average = 0ms
PC>

图 3-6 Ping 测试

可以发现，能够 Ping 通其他计算机，说明不同楼层的不同计算机能够相互通信。

相关知识

1. 无类 IP 及子网划分

在早期，32 位的 IP 地址可以分为以下几大类：

- A 类地址：前 8 位是 0～127 的 IP 地址。网络 ID 是前 8 位，主机 ID 是后 24 位。
- B 类地址：前 8 位是 128～191 的 IP 地址。网络 ID 是前 16 位，主机 ID 是后 16 位。
- C 类地址：前 8 位是 192～223 的 IP 地址。网络 ID 是前 24 位，主机 ID 是后 8 位。
- D 类和 E 类地址：前 8 位是 224～255 之间的地址。D 类用于组播，E 类用于科学实验。

如果机械地按照 A、B、C 类来划分网络，那么一个网络中如果有 500 台主机，Class C

的网络地址不够（只能有 256 个主机地址），得用一个 B 类地址。但 B 类网络的容量是 65534 个主机地址，只用了 500 个，剩下的 65034 个主机地址没用上，造成浪费。

于是技术人员使用了一个办法——无类 IP。无类 IP 就是在有类 IP 的分类规则的基础上，进一步把主机 ID 划分成子网 ID。有类 IP 的的掩码（Net Mask）是固定的 A 类 8 位，B 类 16 位，C 类 24 位。而无类 IP 允许用一部分主机 ID 作为网络 ID，使得掩码的长度可变。

子网划分用子网掩码把 32 位的 IP 地址划分为网络 ID 与主机 ID 的方法，在有类 IP 地址 A、B 、C 分类的基础上进一步地把网络 ID 分成更小的网络。子网掩码是用来指定子网划分的幅度。

RFC 950 定义了子网掩码的使用，子网掩码是一个 32 位的二进制数，其对应网络地址的所有位置都为 1，对应于主机地址的所有位置都为 0。

由此可知，A 类网络的默认子网掩码是 255.0.0.0，B 类网络的默认子网掩码是 255.255.0.0，C 类网络的默认子网掩码是 255.255.255.0。将子网掩码和 IP 地址按位进行逻辑“与”运算，得到 IP 地址的网络地址，剩下的部分就是主机地址，从而区分出任意 IP 地址中的网络地址和主机地址。

子网掩码常用点分十进制表示，我们还可以用 CIDR 的网络前缀法表示掩码，即“/<网络地址位数>;”。如 138.96.0.0/16 表示 B 类网络 138.96.0.0 的子网掩码为 255.255.0.0。

划分子网时，随着子网地址借用主机位数的增多，子网的数目随之增加，而每个子网中的可用主机数逐渐减少。以 C 类网络为例，原有 8 位主机位，2 的 8 次方即 256 个主机地址，默认子网掩码 255.255.255.0。借用 1 位主机位，产生 2 个子网，每个子网有 126 个主机地址；借用 2 位主机位，产生 4 个子网，每个子网有 62 个主机地址……每个网中，第一个 IP 地址（即主机部分全部为 0 的 IP）和最后一个 IP（即主机部分全部为 1 的 IP）不能分配给主机使用，所以每个子网的可用 IP 地址数为总 IP 地址数量减 2；根据子网 ID 借用的主机位数，我们可以计算出划分的子网数、掩码、每个子网主机数，如表 3-3 所示（以 C 类网络为例）。

表 3-3 C 类网络划分

划分子网数	所借主机位数	子网掩码（二进制）	子网掩码（十进制）	每个子网主机数
2	1	11111111.11111111.11111111.10000000	255.255.255.128	126
4	2	11111111.11111111.11111111.11000000	255.255.255.192	62
8	3	11111111.11111111.11111111.11100000	255.255.255.224	30
16	4	11111111.11111111.11111111.11110000	255.255.255.240	14
32	5	11111111.11111111.11111111.11111000	255.255.255.248	6
64	6	11111111.11111111.11111111.11111100	255.255.255.252	2

我们给出一个 IP 地址及子网掩码，那么就可以算出其所在的网络号及所借主机位数。

比如：211.67.177.65/25，那么我们就可以看出这是在原有 C 类 IP 地址的基础上进行了子网划分形成了无类 IP，该 IP 的网络号为 211.67.177.0。

211.67.177.65　　二进制　　11010011.01000011.10110001.01000001

25 位掩码　　11111111.11111111.11111111.10000000

+（相与）　11010011.01000011.10110001.00000000

结果：172.67.177.0

再给一个 IP 地址 211.67.177.165/25，它的网络号为 211.67.177.128，读者可以使用上面的方法计算机网络号是否正确。

2. 虚拟局域网

VLAN（Virtual LAN），翻译成中文是“虚拟局域网”。LAN 可以是由少数几台家用计算机构成的网络，也可以是数以百计的计算机构成的企业网络。VLAN 所指的 LAN 特指使用路由器分割的网络——也就是广播域。

在此让我们先复习一下广播域的概念。

（1） 广播域。

广播域，指的是广播帧（目标 MAC 地址全部为 1）所能传递到的范围，亦即能够直接通信的范围。严格地说，并不仅仅是广播帧，多播帧（Multicast Frame）和目标不明的单播帧（Unknown Unicast Frame）也能在同一个广播域中畅行无阻。

本来，二层交换机只能构建单一的广播域，不过使用 VLAN 功能后，它能够将网络分割成多个广播域。

那么，为什么需要分割广播域呢？那是因为，如果仅有一个广播域，有可能会影响到网络整体的传输性能。具体原因，请参看图 3-7 加深理解。

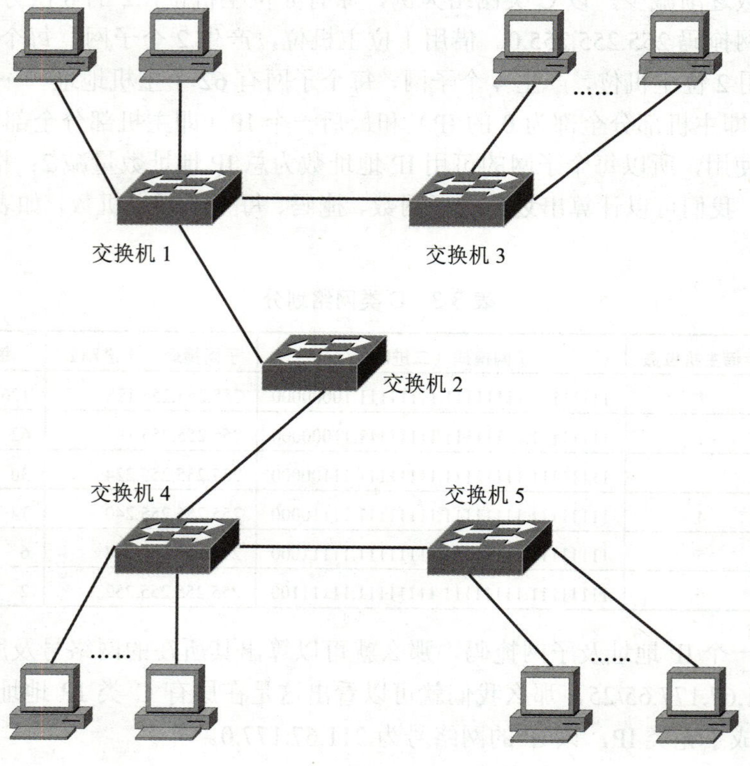

图 3-7　网络拓扑

图中，是一个由5台二层交换机（交换机1～5）连接了大量客户机构成的网络。假设这时，计算机A需要与计算机B通信。在基于以太网的通信中，必须在数据帧中指定目标MAC地址才能正常通信，因此计算机A必须先广播“ARP请求（ARP Request）信息”，来尝试获取计算机B的MAC地址。

交换机1收到广播帧（ARP请求）后，会将它转发给除接收端口外的其他所有端口，也就是Flooding了。接着，交换机2收到广播帧后也会Flooding。交换机3、4、5也还会Flooding。最终ARP请求会被转发到同一网络中的所有客户机上。如图3-8所示。

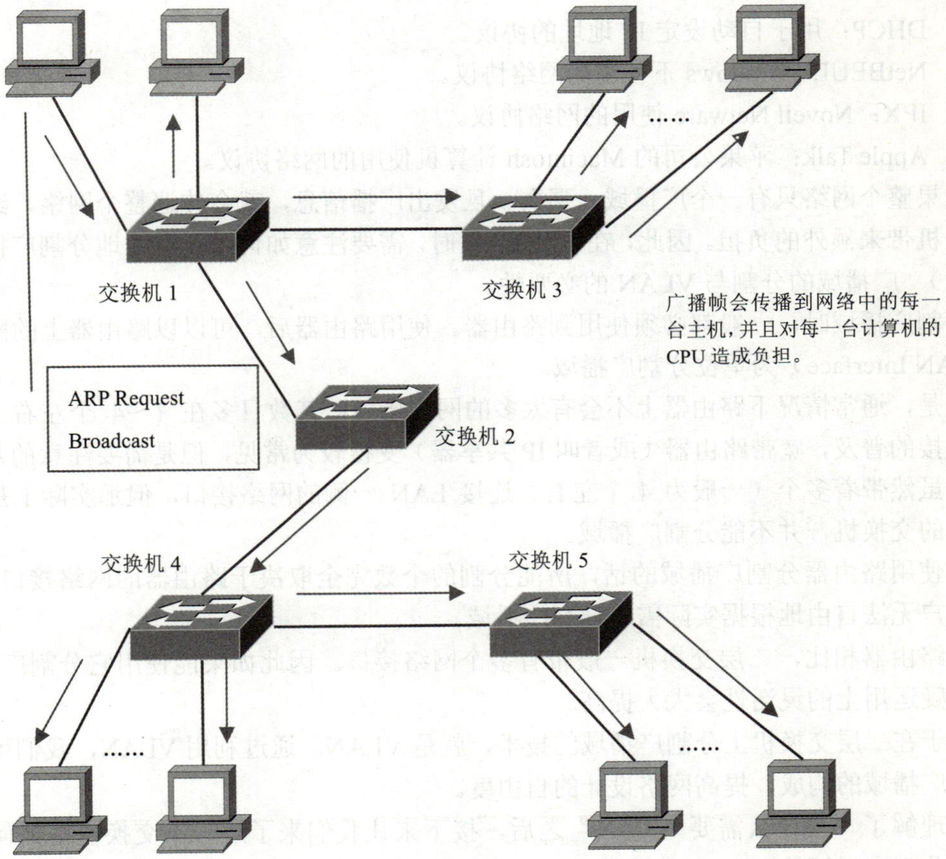

图3-8　广播帧的传播

请大家注意一下，这个ARP请求原本是为了获得计算机B的MAC地址而发出的。也就是说：只要计算机B能收到就万事大吉了。可是事实上，数据帧却传遍整个网络，导致所有的计算机都收到了它。如此一来，一方面广播信息消耗了网络整体的带宽，另一方面，收到广播信息的计算机还要消耗一部分CPU时间来对它进行处理。造成了网络带宽和CPU运算能力的大量无谓消耗。

但是，广播信息真是那么频繁地出现吗？

答案是：是的！实际上广播帧会非常频繁地出现。利用TCP/IP协议栈通信时，除了前面出现的ARP外，还有可能需要发出DHCP、RIP等很多其他类型的广播信息。

ARP广播，是在需要与其他主机通信时发出的。当客户机请求DHCP服务器分配IP

地址时，就必须发出 DHCP 的广播。而使用 RIP 作为路由协议时，每隔 30 秒路由器都会对邻近的其他路由器广播一次路由信息。RIP 以外的其他路由协议使用多播传输路由信息，这也会被交换机转发（Flooding）。除了 TCP/IP 以外，NetBEUI、IPX 和 Apple Talk 等协议也经常需要用到广播。例如在 Windows 下双击打开"网络计算机"时就会发出广播（多播）信息（Windows XP 除外）。

总之，广播就在我们身边。下面是一些常见的广播通信。

- ARP 请求：建立 IP 地址和 MAC 地址的映射关系。
- RIP：一种路由协议。
- DHCP：用于自动设定 IP 地址的协议。
- NetBEUI：Windows 下使用的网络协议。
- IPX：Novell Netware 使用的网络协议。
- Apple Talk：苹果公司的 Macintosh 计算机使用的网络协议。

如果整个网络只有一个广播域，那么一旦发出广播信息，就会传遍整个网络，给网络中的主机带来额外的负担。因此，在设计 LAN 时，需要注意如何才能有效地分割广播域。

（2） 广播域的分割与 VLAN 的必要性。

分割广播域时，一般都必须使用到路由器。使用路由器后，可以以路由器上的网络接口（LAN Interface）为单位分割广播域。

但是，通常情况下路由器上不会有太多的网络接口，其数目多在 1～4 个左右。随着宽带连接的普及，宽带路由器（或者叫 IP 共享器）变得较为常见，但是需要注意的是，它们上面虽然带着多个（一般为 4 个左右）连接 LAN 一侧的网络接口，但那实际上是路由器内置的交换机，并不能分割广播域。

若使用路由器分割广播域的话，所能分割的个数完全取决于路由器的网络接口个数，使得用户无法自由地根据实际需要分割广播域。

与路由器相比，二层交换机一般带有多个网络接口。因此如果能使用它分割广播域，那么无疑运用上的灵活性会大大提高。

用于在二层交换机上分割广播域的技术，就是 VLAN。通过利用 VLAN，我们可以自由设计广播域的构成，提高网络设计的自由度。

在理解了"为什么需要 VLAN"之后，接下来让我们来了解一下交换机是如何使用 VLAN 分割广播域的。

首先，在一台未设置任何 VLAN 的二层交换机上，任何广播帧都会被转发给除接收端口外的所有其他端口（Flooding）。例如，计算机 A 发送广播信息后，会被转发给端口 2、3、4。

这时，如果在交换机上生成红、蓝两个 VLAN，如图 3-9 所示，同时设置端口 1、2 属于红色 VLAN（左侧椭圆）、端口 3、4 属于蓝色 VLAN（右侧椭圆）。再从 A 发出广播帧的话，交换机就只会把它转发给同属于一个 VLAN 的其他端口——也就是同属于红色 VLAN 的端口 2，不会再转发给属于蓝色 VLAN 的端口。

同样，C 发送广播信息时，只会被转发给其他属于蓝色 VLAN 的端口，不会被转发给属于红色 VLAN 的端口。

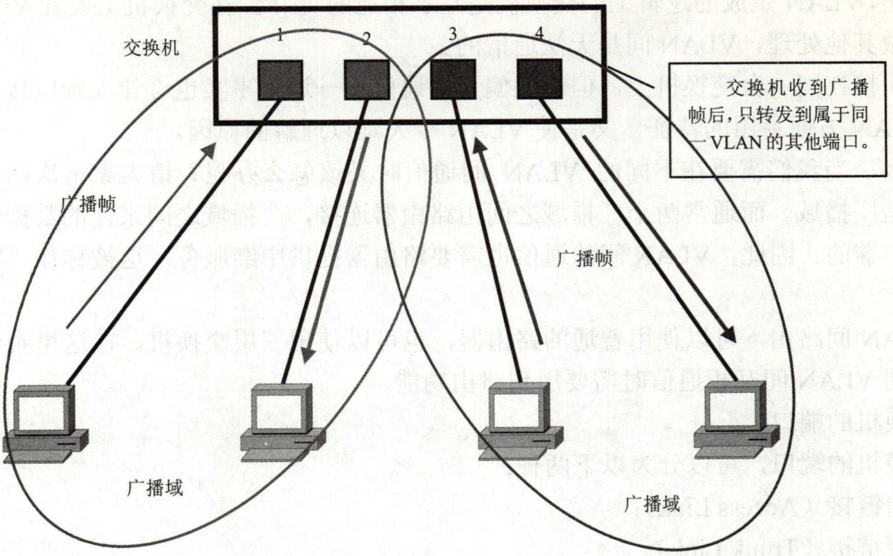

图 3-9 交换机上划分 VLAN

就这样，VLAN 通过限制广播帧转发的范围分割了广播域。上图中为了便于说明，以红、蓝两色识别不同的 VLAN，在实际使用中则是用“VLAN ID”来区分的。

如果要更为直观地描述 VLAN 的话，我们可以把它理解为将一台交换机在逻辑上分割成了数台交换机。在一台交换机上生成红、蓝两个 VLAN，也可以看作是将一台交换机换做一红一蓝两台虚拟的交换机。如图 3-10 所示。

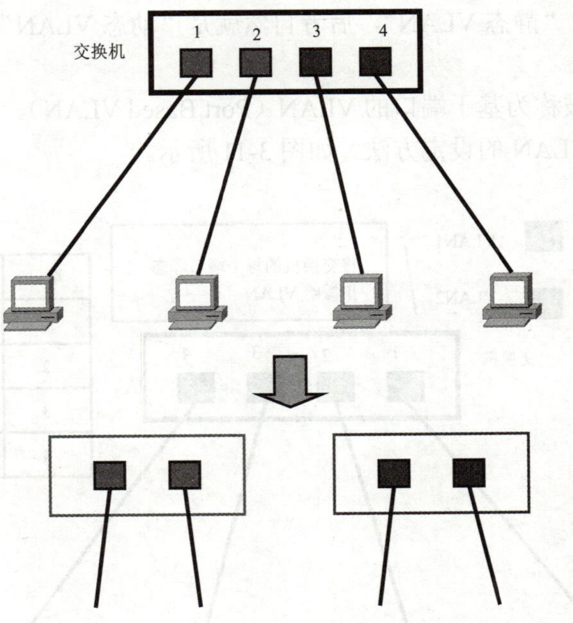

图 3-10 交换机上 VLAN 划分

在红、蓝两个 VLAN 之外生成新的 VLAN 时，可以想象成又添加了新的交换机。

但是，VLAN 生成的逻辑上的交换机是互不相通的。因此，在交换机上设置 VLAN 后，如果未做其他处理，VLAN 间是无法通信的。

明明接在同一台交换机上，但却偏偏无法通信——这个事实也许让人难以接受。但它既是 VLAN 方便易用的特征，又是使 VLAN 令人难以理解的原因。

那么，当我们需要在不同的 VLAN 间通信时又该怎么办呢？请大家再次回忆一下：VLAN 是广播域。而通常两个广播域之间由路由器连接，广播域之间来往的数据包都是由路由器中继的。因此，VLAN 间的通信也需要路由器提供中继服务，这被称作“VLAN 间路由”。

VLAN 间路由，可以使用普通的路由器，也可以使用三层交换机。在这里希望大家先记住不同 VLAN 间互相通信时需要用到路由功能。

交换机的端口。

交换机的端口，可以分为以下两种：

访问链接（Access Link）；

汇聚链接（Trunk Link）。

接下来就让我们来依次学习这两种不同端口的特征。这一讲，首先学习“访问链接”。

访问链接，指的是“只属于一个 VLAN，且仅向该 VLAN 转发数据帧”的端口。在大多数情况下，访问链接所连的是客户机。

通常设置 VLAN 的顺序是：

① 生成 VLAN；

② 设定访问链接（决定各端口属于哪一个 VLAN）；

③ 设定访问链接的手法，可以是事先固定的、也可以是根据所连的计算机而动态改变设定。前者被称为“静态 VLAN”，后者自然就是“动态 VLAN”了。

a. 静态 VLAN。

静态 VLAN 又被称为基于端口的 VLAN（Port Based VLAN）。顾名思义，就是明确指定各端口属于哪个 VLAN 的设定方法。如图 3-11 所示。

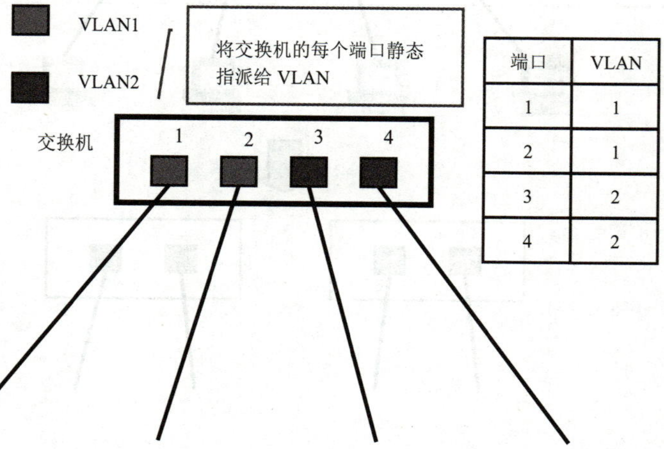

图 3-11　基于端口的 VLAN

由于需要一个个端口地指定，因此当网络中的计算机数目超过一定数字（比如数百台）后，设定操作就会变得繁杂无比。并且，客户机每次变更所连端口，都必须同时更改该端口所属 VLAN 的设定——这显然不适合那些需要频繁改变拓扑结构的网络。

b. 动态 VLAN。

另一方面，动态 VLAN 则是根据每个端口所连的计算机，随时改变端口所属的 VLAN。这就可以避免上述的更改设定之类的操作。动态 VLAN 可以大致分为 3 类：

- 基于 MAC 地址的 VLAN（MAC Based VLAN）。
- 基于子网的 VLAN（Subnet Based VLAN）。
- 基于用户的 VLAN（User Based VLAN）。

其间的差异，主要在于根据 OSI 参考模型哪一层的信息决定端口所属的 VLAN。

基于 MAC 地址的 VLAN，就是通过查询并记录端口所连计算机上网卡的 MAC 地址来决定端口的所属。假定有一个 MAC 地址“A”被交换机设定为属于 VLAN“10”，那么不论 MAC 地址为“A”的这台计算机连在交换机哪个端口，该端口都会被划分到 VLAN10 中去。计算机连在端口 1 时，端口 1 属于 VLAN10；而计算机连在端口 2 时，则是端口 2 属于 VLAN10。如图 3-12 所示。

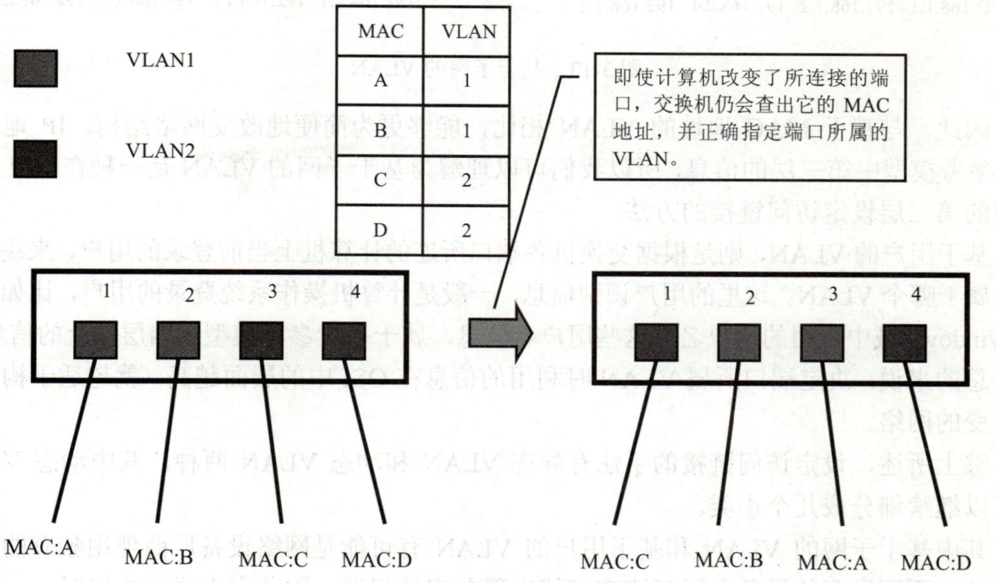

图 3-12　基于 MAC 的 VLAN

由于是基于 MAC 地址决定所属 VLAN 的，因此可以理解为这是一种在 OSI 参考模型的第二层设定访问链接的办法。

但是，基于 MAC 地址的 VLAN，在设定时必须调查所连接的所有计算机的 MAC 地址并加以登录。而且如果计算机交换了网卡，还是需要更改设定。

基于子网的 VLAN，则是通过所连计算机的 IP 地址，来决定端口所属 VLAN 的。不像基于 MAC 地址的 VLAN，即使计算机因为交换了网卡或是其他原因导致 MAC 地址改变，只要它的 IP 地址不变，就仍可以加入原先设定的 VLAN。如图 3-13 所示。

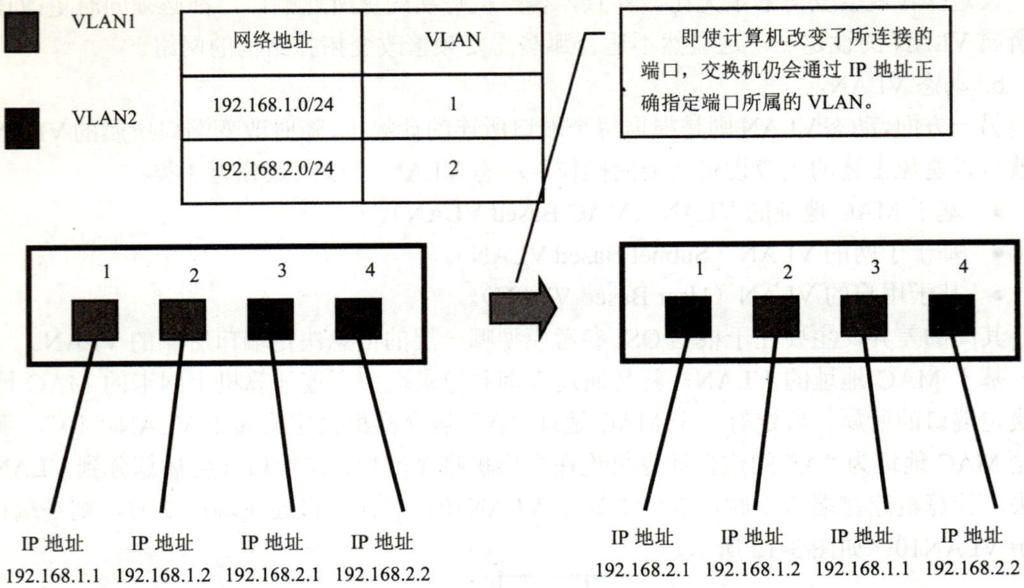

图 3-13　基于子网的 VLAN

因此，与基于 MAC 地址的 VLAN 相比，能够更为简便地改变网络结构。IP 地址是 OSI 参考模型中第三层的信息，所以我们可以理解为基于子网的 VLAN 是一种在 OSI 参考模型的第三层设定访问链接的方法。

基于用户的 VLAN，则是根据交换机各端口所连的计算机上当前登录的用户，来决定该端口属于哪个 VLAN。这里的用户识别信息，一般是计算机操作系统登录的用户，比如可以是 Windows 域中使用的用户名。这些用户名信息，属于 OSI 参考模型第四层以上的信息。

总的来说，决定端口所属 VLAN 时利用的信息在 OSI 中的层面越高，就越适于构建灵活多变的网络。

综上所述，设定访问链接的手法有静态 VLAN 和动态 VLAN 两种，其中动态 VLAN 又可以继续细分成几个小类。

其中基于子网的 VLAN 和基于用户的 VLAN 有可能是网络设备厂商使用独有的协议实现的，不同厂商的设备之间互连有可能出现兼容性问题；因此在选择交换机时，一定要注意事先确认。

表 3-4 总结了静态 VLAN 和动态 VLAN 的相关信息。

表 3-4　静态 VLAN 和动态 VLAN 的分析

种　类		解　说
静态 VLAN（基于端口的 VLAN）		将交换机的各端口固定指派给 VLAN
动态 VLAN	基于 MAC 地址的 VLAN	根据各端口所连计算机的 MAC 地址设定
	基于子网的 VLAN	根据各端口所连计算机的 IP 地址设定
	基于用户的 VLAN	根据端口所连计算机上登录用户设定

到此为止，我们学习的都是使用单台交换机设置 VLAN 时的情况。那么，如果需要设

置跨越多台交换机的 VLAN 时又如何呢？

在规划企业级网络时，很有可能会遇到隶属于同一部门的用户分散在同一座建筑物中的不同楼层的情况，这时可能就需要考虑到如何跨越多台交换机设置 VLAN 的问题了。假设有如图 3-14 所示的网络，且需要将不同楼层的 A、C 和 B、D 设置为同一个 VLAN。

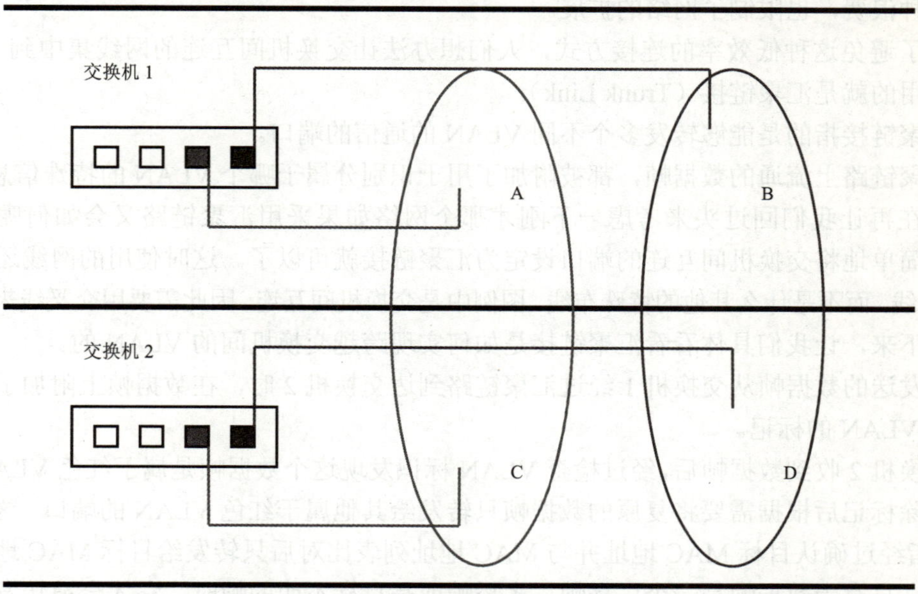

图 3-14 不同楼层的 VLAN 划分

这时最关键的就是"交换机 1 和交换机 2 该如何连接才好呢？"

最简单的方法，自然是在交换机 1 和交换机 2 上各设一个红、蓝 VLAN 专用的接口并互连了。如图 3-15 所示。

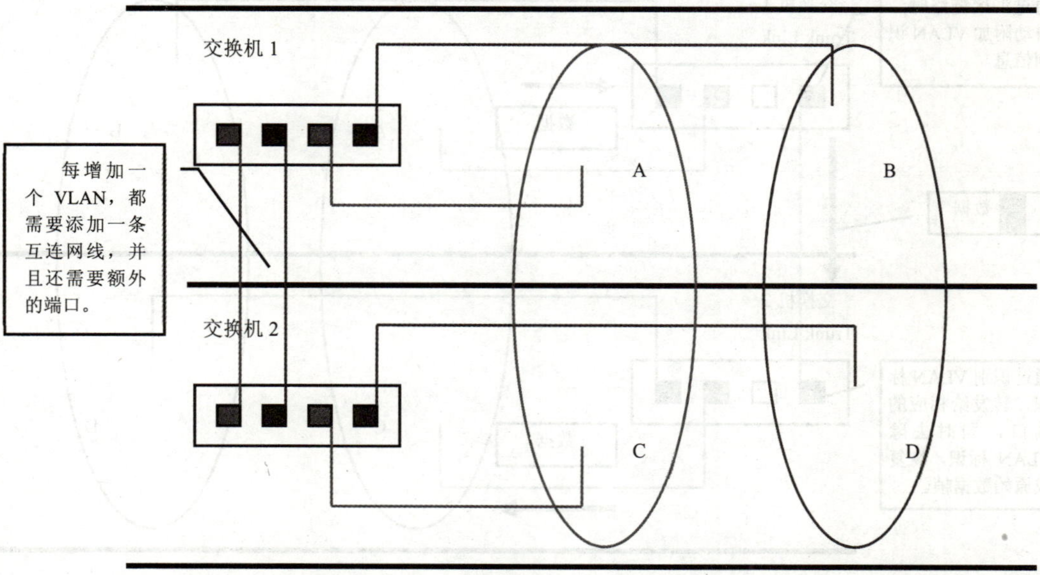

图 3-15 不同楼层的 VLAN 数据传输解决方案

但是，这个办法从扩展性和管理效率来看都不好。例如，在现有网络基础上再新建VLAN时，为了让这个VLAN能够互通，就需要在交换机间连接新的网线。建筑物楼层间的纵向布线是比较麻烦的，一般不能由基层管理人员随意进行。并且，VLAN越多，楼层间（严格地说是交换机间）互连所需的端口也越来越多，交换机端口的利用效率低是对资源的一种浪费，也限制了网络的扩展。

为了避免这种低效率的连接方式，人们想办法让交换机间互连的网线集中到一根上，这时使用的就是汇聚链接（Trunk Link）。

汇聚链接指的是能够转发多个不同VLAN的通信的端口。

汇聚链路上流通的数据帧，都被附加了用于识别分属于哪个VLAN的特殊信息。

现在再让我们回过头来考虑一下刚才那个网络如果采用汇聚链路又会如何呢？用户只需要简单地将交换机间互连的端口设定为汇聚链接就可以了。这时使用的网线还是普通的UTP线，而不是什么其他的特殊布线。图例中是交换机间互连，因此需要用交叉线来连接。

接下来，让我们具体看看汇聚链接是如何实现跨越交换机间的VLAN的。

A发送的数据帧从交换机1经过汇聚链路到达交换机2时，在数据帧上附加了表示属于红色VLAN的标记。

交换机2收到数据帧后，经过检查VLAN标识发现这个数据帧是属于红色VLAN的，因此去除标记后根据需要将复原的数据帧只转发给其他属于红色VLAN的端口。这时的转送，是指经过确认目标MAC地址并与MAC地址列表比对后只转发给目标MAC地址所连的端口。只有当数据帧是一个广播帧、多播帧或是目标不明的帧时，它才会被转发到所有属于红色VLAN的端口。

蓝色VLAN发送数据帧时的情形也与此相同。如图3-16所示。

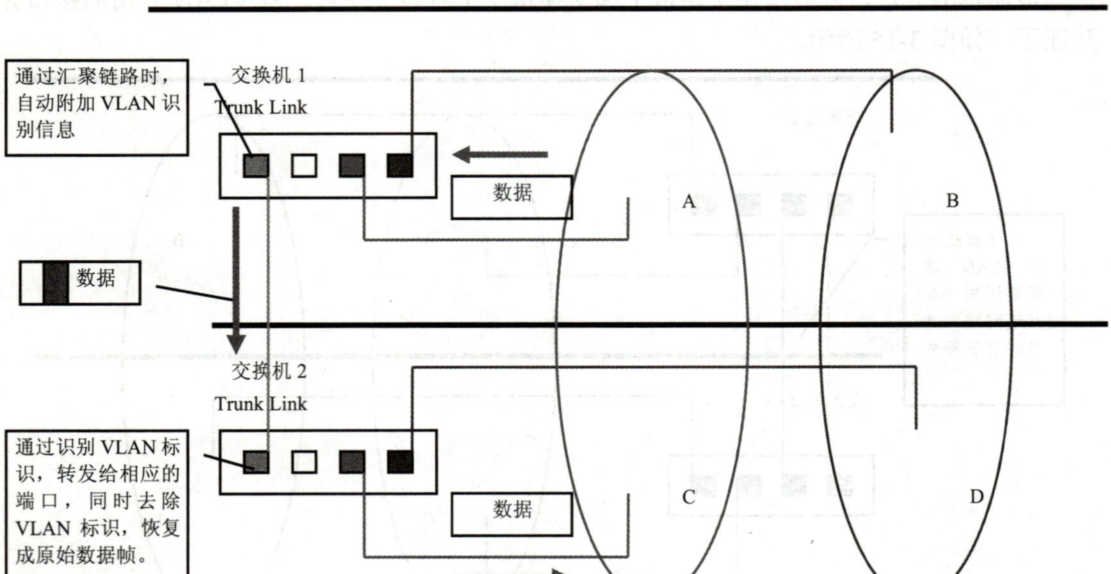

图3-16　带标签的VLAN帧传输

通过汇聚链路时附加的VLAN识别信息，有可能支持标准的“IEEE 802.1Q”协议，也可能是 Cisco 产品独有的“ISL（Inter Switch Link）”。如果交换机支持这些规格，那么用户就能够高效率地构筑横跨多台交换机的 VLAN。

另外，汇聚链路上流通着多个 VLAN 的数据，自然负载较重。因此，在设定汇聚链接时，有一个前提就是必须支持 100 Mbps 以上的传输速度。

另外，默认条件下，汇聚链接会转发交换机上存在的所有 VLAN 的数据。换一个角度看，可以认为汇聚链接（端口）同时属于交换机上所有的 VLAN。由于实际应用中很可能并不需要转发所有 VLAN 的数据，因此为了减轻交换机的负载，也为了减少对带宽的浪费，我们可以通过用户设定限制能够经由汇聚链路互连的 VLAN。

在交换机的汇聚链接上，可以通过对数据帧附加 VLAN 信息，构建跨越多台交换机的 VLAN。

附加 VLAN 信息的方法，最具有代表性的有 IEEE802.1Q。

IEEE802.1Q，俗称“Dot One Q”，是经过 IEEE 认证的对数据帧附加 VLAN 识别信息的协议。

在此，请大家先回忆一下以太网数据帧的标准格式。

IEEE802.1Q 所附加的 VLAN 识别信息，位于数据帧中“发送源 MAC 地址”与“类别域（Type Field）”之间。具体内容为 2 字节的 TPID 和 2 字节的 TCI，共计 4 字节。

在数据帧中添加了 4 字节的内容，那么 CRC 值自然也会有所变化。这时数据帧上的 CRC 是插入 TPID、TCI 后，对包括它们在内的整个数据帧重新计算后所得的值。如图 3-17 所示。

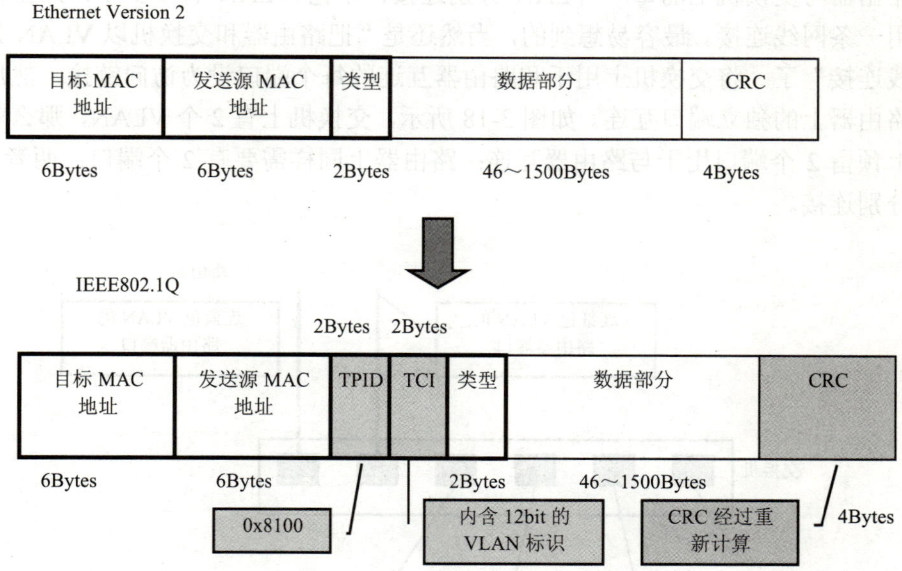

图 3-17　Ethernet 及 IEEE802.1Q

而当数据帧离开汇聚链路时，TPID 和 TCI 会被去除，这时还会进行一次 CRC 的重新计算。TPID 的值，固定为 0x8100。交换机通过 TPID，来确定数据帧内附加了基于 IEEE802.1Q 的 VLAN 信息。而实质上的 VLAN ID，是 TCI 中的 12 位元。由于总共有 12 位，因此最多可供识别 4096 个 VLAN。基于 IEEE802.1Q 附加的 VLAN 信息，就像在传递物品时附加的标签。因此，它也被称作“标签型 VLAN（Tagging VLAN）”。

VLAN 间路由的必要性。

根据目前为止学习的知识，我们已经知道两台计算机即使连接在同一台交换机上，只要所属的 VLAN 不同就无法直接通信。接下来我们将要学习的就是如何在不同的 VLAN 间进行路由，使分属不同 VLAN 的主机能够互相通信。

首先，先来复习一下为什么不同 VLAN 间不通过路由就无法通信。在 LAN 内的通信，必须在数据帧头中指定通信目标的 MAC 地址。而为了获取 MAC 地址，TCP/IP 协议下使用的是 ARP。ARP 解析 MAC 地址的方法，则是通过广播。也就是说，如果广播报文无法到达，那么就无从解析 MAC 地址，亦即无法直接通信。

计算机分属不同的 VLAN，也就意味着分属不同的广播域，自然收不到彼此的广播报文。因此，属于不同 VLAN 的计算机之间无法直接互相通信。为了能够在 VLAN 间通信，需要利用 OSI 参考模型中更高一层——网络层的信息（IP 地址）来进行路由。关于路由的具体内容，以后有机会再详细解说吧。

路由功能，一般主要由路由器提供。但在今天的局域网里，我们也经常利用带有路由功能的交换机——三层交换机（Layer 3 Switch）来实现。接下来就让我们分别看看使用路由器和三层交换机进行 VLAN 间路由时的情况。

在使用路由器进行 VLAN 间路由时，与构建横跨多台交换机的 VLAN 时的情况类似，我们还是会遇到"该如何连接路由器与交换机"这个问题。路由器和交换机的接线方式，大致有以下两种。

将路由器与交换机上的每个 VLAN 分别连接，不论 VLAN 有多少个，路由器与交换机都只用一条网线连接。最容易想到的，当然还是"把路由器和交换机以 VLAN 为单位分别用网线连接"了。将交换机上用于和路由器互连的每个端口设为访问链接，然后分别用网线与路由器上的独立端口互连。如图 3-18 所示，交换机上有 2 个 VLAN，那么就需要在交换机上预留 2 个端口用于与路由器互连；路由器上同样需要有 2 个端口；两者之间用 2 条网线分别连接。

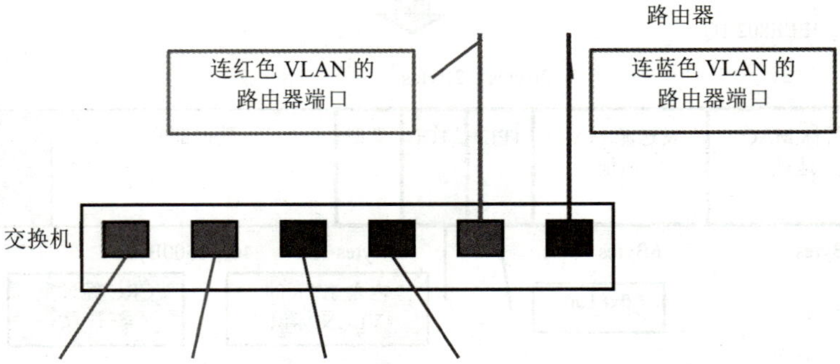

图 3-18　路由器解决 VLAN 的方案

如果采用这个办法，大家应该不难想象它的扩展性很成问题。每增加一个新的 VLAN，都需要消耗路由器的端口和交换机上的访问链接，而且还需要重新布设一条网线。而路由器，通常是不会带有太多 LAN 接口的。新建 VLAN 时，为了对应增加的 VLAN 所需的端口，就必须将路由器升级成带有多个 LAN 接口的高端产品，这部分成本、还有重新布线所带来的开销，都使得这种接线法成为一种不受欢迎的办法。

那么，第二种办法“不论 VLAN 数目多少，都只用一条网线连接路由器与交换机”呢？当使用一条网线连接路由器与交换机、进行 VLAN 间路由时，需要用到汇聚链接。

具体实现过程为：首先将用于连接路由器的交换机端口设为汇聚链接，而路由器上的端口也必须支持汇聚链路。双方用于汇聚链路的协议自然也必须相同。接着在路由器上定义对应各个 VLAN 的“子接口（Sub Interface）”。尽管实际与交换机连接的物理端口只有一个，但在理论上我们可以把它分割为多个虚拟端口。

VLAN 将交换机从逻辑上分割成了多台，因而用于 VLAN 间路由的路由器，也必须拥有分别对应各个 VLAN 的虚拟接口。如图 3-19 所示。

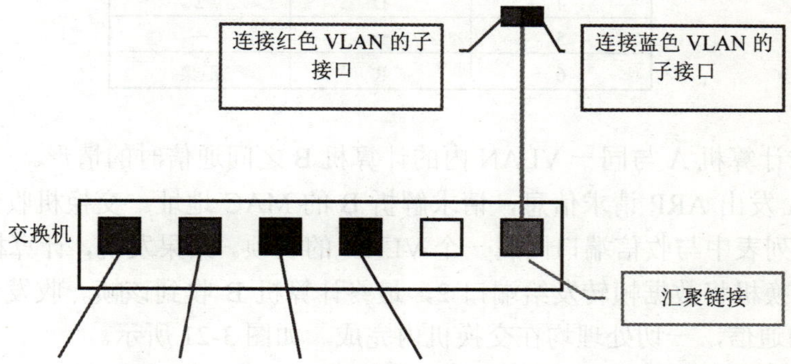

图 3-19 路由器解决 VLAN 的第二种方案

采用这种方法的话，即使之后在交换机上新建 VLAN，仍只需要一条网线连接交换机和路由器。用户只需要在路由器上新设一个对应新 VLAN 的子接口就可以了。与前面的方法相比，扩展性要强得多，也不用担心需要升级 LAN 接口数不足的路由器或是重新布线。

接下来，我们继续学习使用汇聚链路连接交换机与路由器时，VLAN 间路由是如何进行的。如图 3-20 所示，为各台计算机以及路由器的子接口设定 IP 地址。

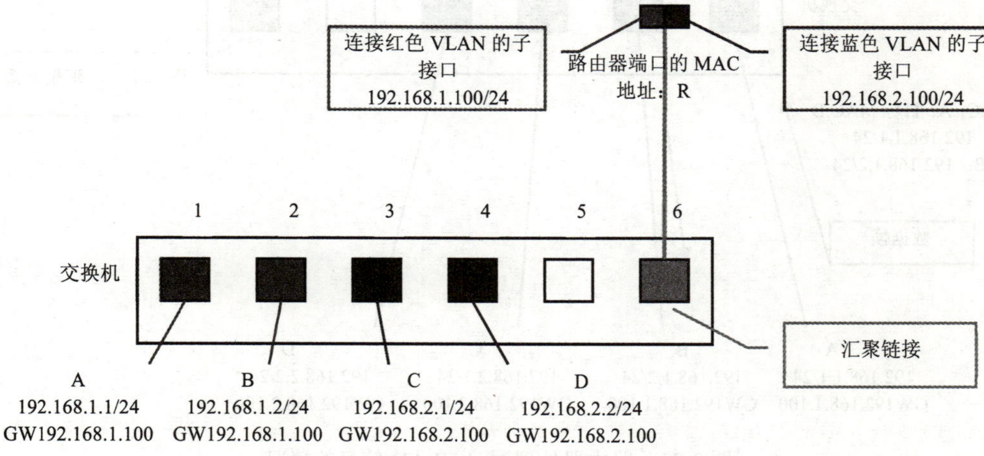

图 3-20 路由器子接口的使用

红色 VLAN（VLAN ID=1）的网络地址为 192.168.1.0/24，蓝色 VLAN（VLAN ID=2）的网络地址为 192.168.2.0/24。各计算机的 MAC 地址分别为 A/B/C/D，路由器汇聚链接端口的 MAC 地址为 R。交换机通过对各端口所连计算机 MAC 地址的学习，生成如下的 MAC 地址列表。如表 3-5 所示。

表 3-5　生成 MAC 地址列表

端口	MAC 地址	VLAN
1	A	1
2	B	1
3	C	2
4	D	2
5	—	—
6	R	汇聚

首先考虑计算机 A 与同一 VLAN 内的计算机 B 之间通信时的情形。

计算机 A 发出 ARP 请求信息，请求解析 B 的 MAC 地址。交换机收到数据帧后，检索 MAC 地址列表中与收信端口同属一个 VLAN 的表项。结果发现，计算机 B 连接在端口 2 上，于是交换机将数据帧转发给端口 2，最终计算机 B 收到该帧。收发信双方同属一个 VLAN 之内的通信，一切处理均在交换机内完成。如图 3-21 所示。

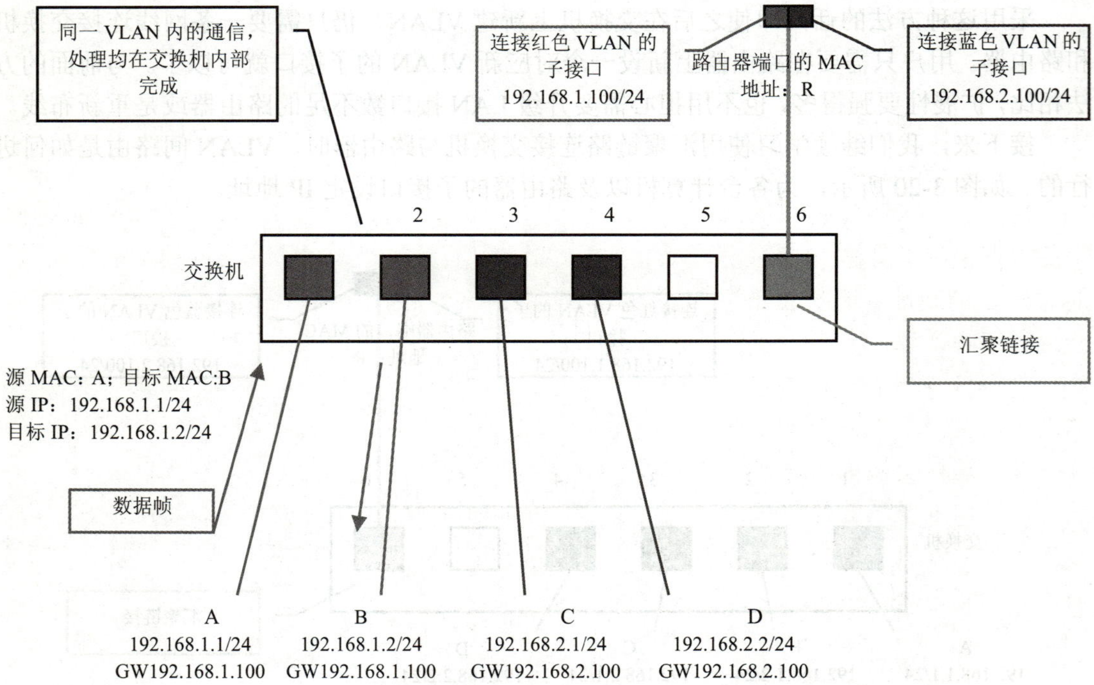

图 3-21　路由器处理同一 VLAN 信息的情况

接下来是这一讲的核心内容，不同 VLAN 间的通信。让我们来考虑一下计算机 A 与计算机 C 之间通信时的情况。如图 3-22 所示。

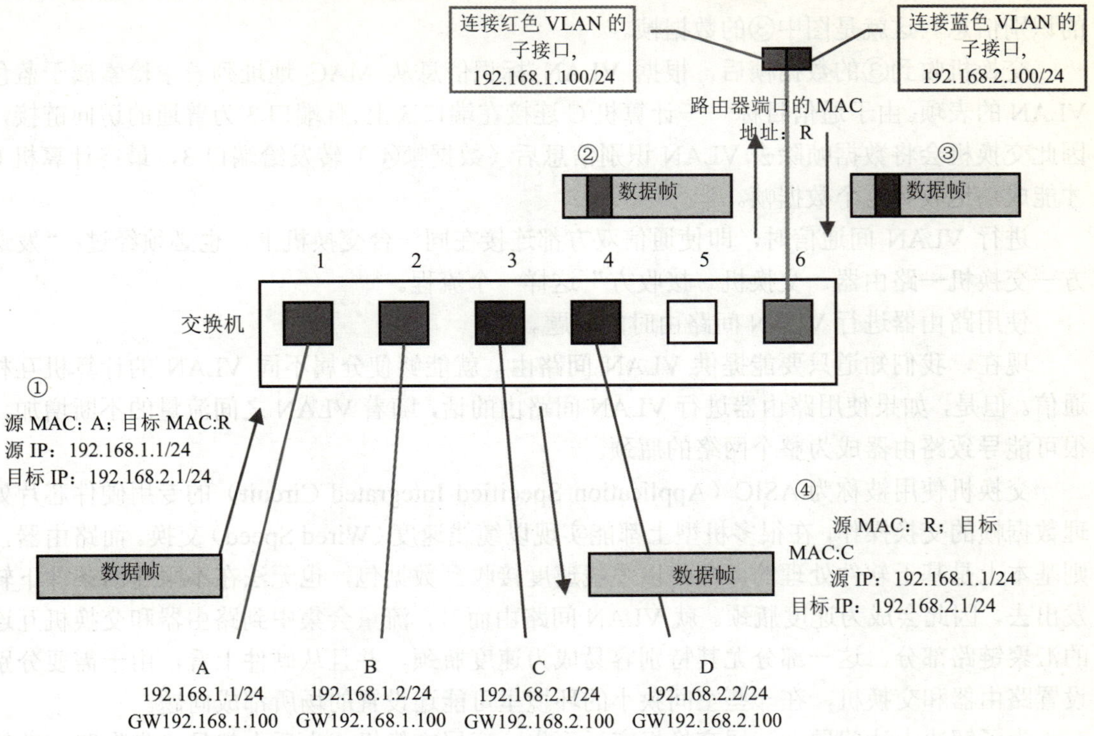

图 3-22　路由器处理不同 VLAN 间信息

计算机 A 从通信目标的 IP 地址（192.168.2.1）得出 C 与本机不属于同一个网段。因此会向设定的默认网关（Default Gateway，GW）转发数据帧。在发送数据帧之前，需要先用 ARP 获取路由器的 MAC 地址。

得到路由器的 MAC 地址 R 后，接下来就是按图中所示的步骤发送往 C 去的数据帧。①的数据帧中，目标 MAC 地址是路由器的地址 R、但内含的目标 IP 地址仍是最终要通信的对象 C 的地址。这一部分的内容，涉及到局域网内经过路由器转发时的通信步骤，有机会再详细解说吧。

交换机在端口 1 上收到①的数据帧后，检索 MAC 地址列表中与端口 1 同属一个 VLAN 的表项。由于汇聚链路会被看作属于所有的 VLAN，因此这时交换机的端口 6 也属于被参照对象。这样交换机就知道往 MAC 地址 R 发送数据帧，需要经过端口 6 转发。

从端口 6 发送数据帧时，由于它是汇聚链接，因此会被附加上 VLAN 识别信息。由于原先是来自红色 VLAN 的数据帧，因此如图中②所示，会被加上红色 VLAN 的识别信息后进入汇聚链路。路由器收到②的数据帧后，确认其 VLAN 识别信息，由于它是属于红色 VLAN 的数据帧，因此交由负责红色 VLAN 的子接口接收。

接着，根据路由器内部的路由表，判断该向哪里中继。

由于目标网络 192.168.2.0/24 是蓝色 VLAN，且该网络通过子接口与路由器直连，因此只要从负责蓝色 VLAN 的子接口转发就可以了。这时，数据帧的目标 MAC 地址被改写成计算机 C 的目标地址；并且由于需要经过汇聚链路转发，因此被附加了属于蓝色 VLAN 的识别信息。这就是图中③的数据帧。

交换机收到③的数据帧后，根据 VLAN 标识信息从 MAC 地址列表中检索属于蓝色 VLAN 的表项。由于通信目标——计算机 C 连接在端口 3 上、且端口 3 为普通的访问链接，因此交换机会将数据帧除去 VLAN 识别信息后（数据帧④）转发给端口 3，最终计算机 C 才能成功地收到这个数据帧。

进行 VLAN 间通信时，即使通信双方都连接在同一台交换机上，也必须经过：“发送方—交换机—路由器—交换机—接收方”这样一个流程。

使用路由器进行 VLAN 间路由时的问题。

现在，我们知道只要能提供 VLAN 间路由，就能够使分属不同 VLAN 的计算机互相通信。但是，如果使用路由器进行 VLAN 间路由的话，随着 VLAN 之间流量的不断增加，很可能导致路由器成为整个网络的瓶颈。

交换机使用被称为 ASIC（Application Specified Integrated Circuit）的专用硬件芯片处理数据帧的交换操作，在很多机型上都能实现以缆线速度（Wired Speed）交换。而路由器，则基本上是基于软件处理的。即使以缆线速度接收到数据包，也无法在不限速的条件下转发出去，因此会成为速度瓶颈。就 VLAN 间路由而言，流量会集中到路由器和交换机互连的汇聚链路部分，这一部分尤其特别容易成为速度瓶颈。并且从硬件上看，由于需要分别设置路由器和交换机，在一些空间狭小的环境里可能连设置的场所都成问题。

为了解决上述问题，三层交换机应运而生。三层交换机，本质上就是“带有路由功能的（二层）交换机”。路由属于 OSI 参考模型中第三层网络层的功能，因此带有第三层路由功能的交换机才被称为“三层交换机”。

关于三层交换机的内部结构，可以参照下面的简图，如图 3-23 所示。

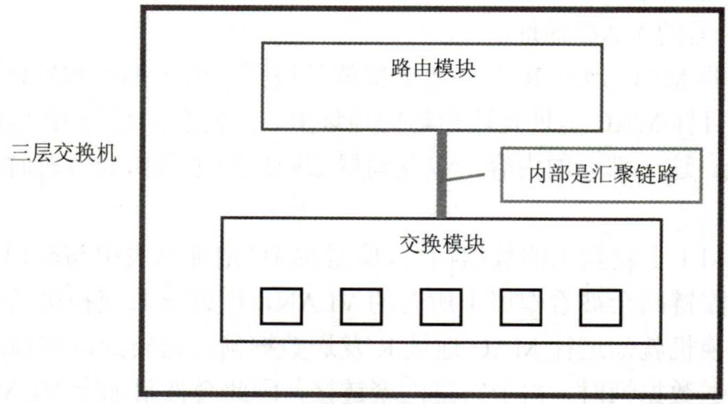

图 3-23　三层交换机的功能模块

在一台本体内，分别设置了交换机模块和路由器模块；而内置的路由模块与交换模块相同，使用 ASIC 硬件处理路由。因此，与传统的路由器相比，可以实现高速路由。并且，路由与交换模块是汇聚链接的，由于是内部连接，可以确保相当大的带宽。

使用三层交换机进行 VLAN 间路由（VLAN 内通信）。

在三层交换机内部数据究竟是怎样传播的呢？基本上，它和使用汇聚链路连接路由器与交换机时的情形相同。

假设有如图 3-24 所示的 4 台计算机与三层交换机互连。当使用路由器连接时，一般需要在 LAN 接口上设置对应各 VLAN 的子接口；而三层交换机则是在内部生成“VLAN 接口（VLAN Interface）”。VLAN 接口，是用于各 VLAN 收发数据的接口。（注：在 Cisco 的 Catalyst 系列交换机上，VLAN Interface 被称为 SVI——Switched Virtual Interface）

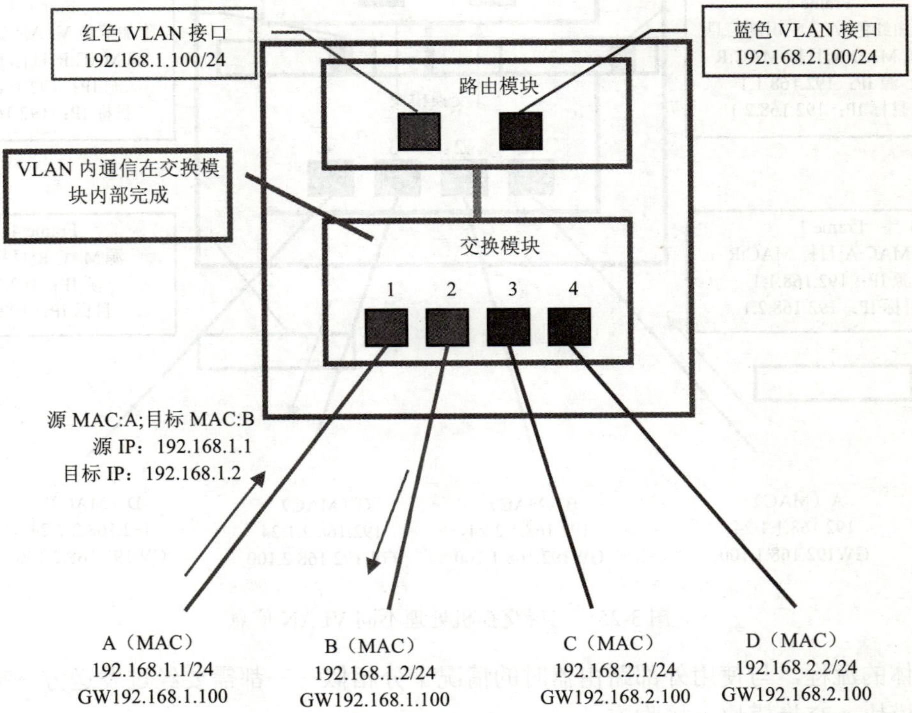

图 3-24　三层交换机处理同一 VLAN 信息

为了与使用路由器进行 VLAN 间路由对比，让我们同样来考虑一下计算机 A 与计算机 B 之间通信时的情况。首先是目标地址为 B 的数据帧被发到交换机；通过检索同一 VLAN 的 MAC 地址列表发现计算机 B 连在交换机的端口 2 上；因此将数据帧转发给端口 2。

接下来设想一下计算机 A 与计算机 C 间通信时的情形。针对目标 IP 地址，计算机 A 可以判断出通信对象不属于同一个网络，因此向默认网关发送数据（Frame 1）。

交换机通过检索 MAC 地址列表后，经由内部汇聚链接，将数据帧转发给路由模块。在通过内部汇聚链路时，数据帧被附加了属于红色 VLAN 的 VLAN 识别信息（Frame 2）。

路由模块在收到数据帧时，先由数据帧附加的 VLAN 识别信息分辨出它属于红色 VLAN，据此判断由红色 VLAN 接口负责接收并进行路由处理。因为目标网络 192.168.2.0/24 是直连路由器的网络、且对应蓝色 VLAN；因此，接下来就会从蓝色 VLAN 接口经由内部汇聚链路转发回交换模块。在通过汇聚链路时，这次数据帧被附加上属于蓝色 VLAN 的识别信息（Frame 3）。

交换机收到这个帧后，检索蓝色 VLAN 的 MAC 地址列表，确认需要将它转发给端口 3。由于端口 3 是通常的访问链接，因此转发前会先将 VLAN 识别信息除去（Frame 4）。最终，计算机 C 成功地收到交换机转发来的数据帧。如图 3-25 所示。

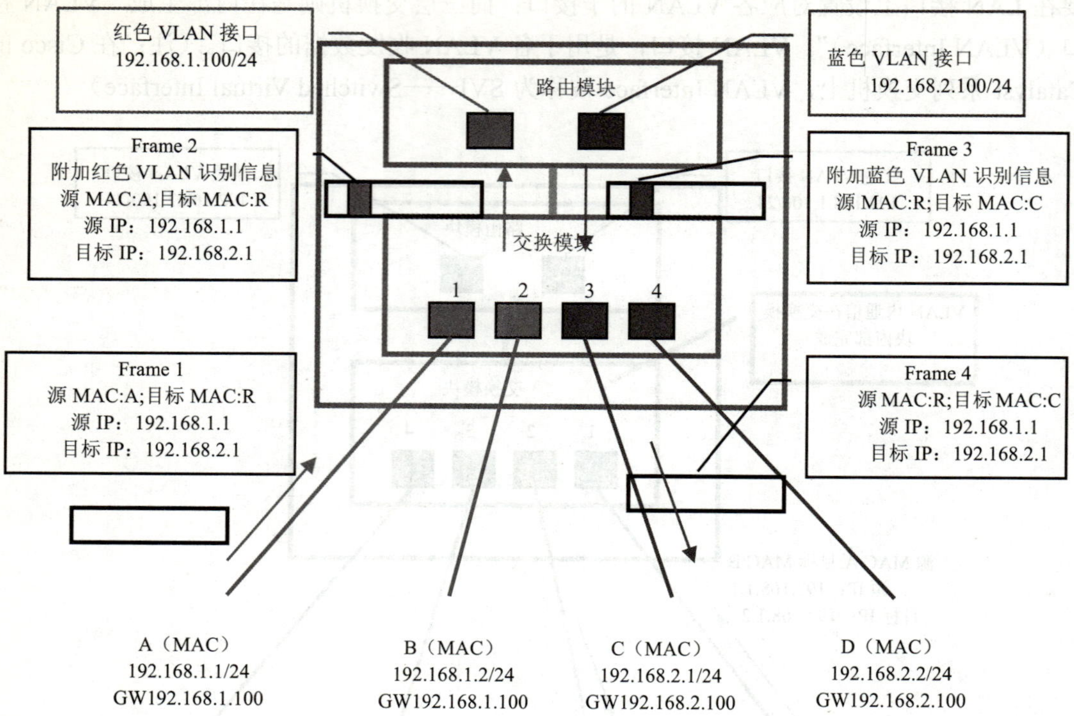

图 3-25　三层交换机处理不同 VLAN 信息

整体的流程，与使用外部路由器时的情况十分相似——都需要经过发送方→交换模块→路由模块→交换模块→接收方。

根据到此为止的学习，我们已经知道 VLAN 间路由，必须经过外部的路由器或是三层交换机的内置路由模块。但是，有时并不是所有的数据都需要经过路由器（或路由模块）。

例如，使用 FTP（File Transfer Protocol）传输容量为数 MB 以上的较大的文件时，由于 MTU 的限制，IP 协议会将数据分割成小块后传输、并在接收方重新组合。这些被分割的数据，“发送的目标”是完全相同的。发送目标相同，也就意味着同样的目标 IP 地址、目标端口号（注：特别强调一下，这里指的是 TCP/UDP 端口）。自然，源 IP 地址、源端口号也应该相同。这样一连串的数据流被称为“流（Flow）”。只要将流最初的数据正确地路由以后，后继的数据理应也会被同样地路由。

据此，后继的数据不再需要路由器进行路由处理；通过省略反复进行的路由操作，可以进一步提高 VLAN 间路由的速度。如图 3-26 所示。

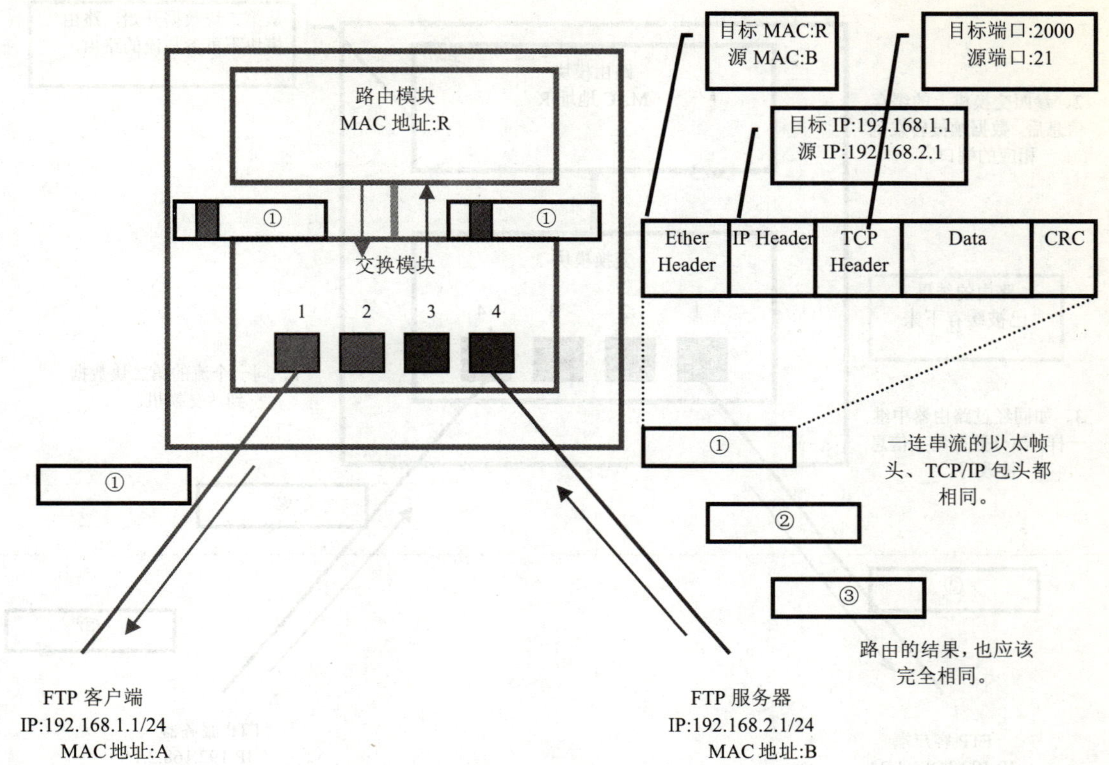

图 3-26 三层交换机处理不同 VLAN 标签

接下来，让我们具体考虑一下该如何使用三层交换机进行高速 VLAN 间路由。

首先，整个流的第一块数据，照常由交换机转发→路由器路由→再次由交换机转发到目标所连端口。这时，将第一块数据路由的结果记录到缓存里保存下来。需要记录的信息有：

- 目标 IP 地址；
- 源 IP 地址；
- 目标 TCP/UDP 端口号；
- 源 TCP/UDP 端口号；
- 接收端口号（交换机）；
- 转发端口号（交换机）；
- 转发目标 MAC 地址。

同一个流的第二块以后的数据到达交换机后，直接通过查询先前保存在缓存中的信息查出“转发端口号”后就可以转发给目标所连端口了。

这样一来，就不需要再一次经由内部路由模块中继，而仅凭交换机内部的缓存信息就足以判断应该转发的端口。

这时，交换机会对数据帧进行由路由器中继时相似的处理，例如改写 MAC 地址、IP 包头中的 TTL 和 Check Sum 校验码信息等，如图 3-27 所示。

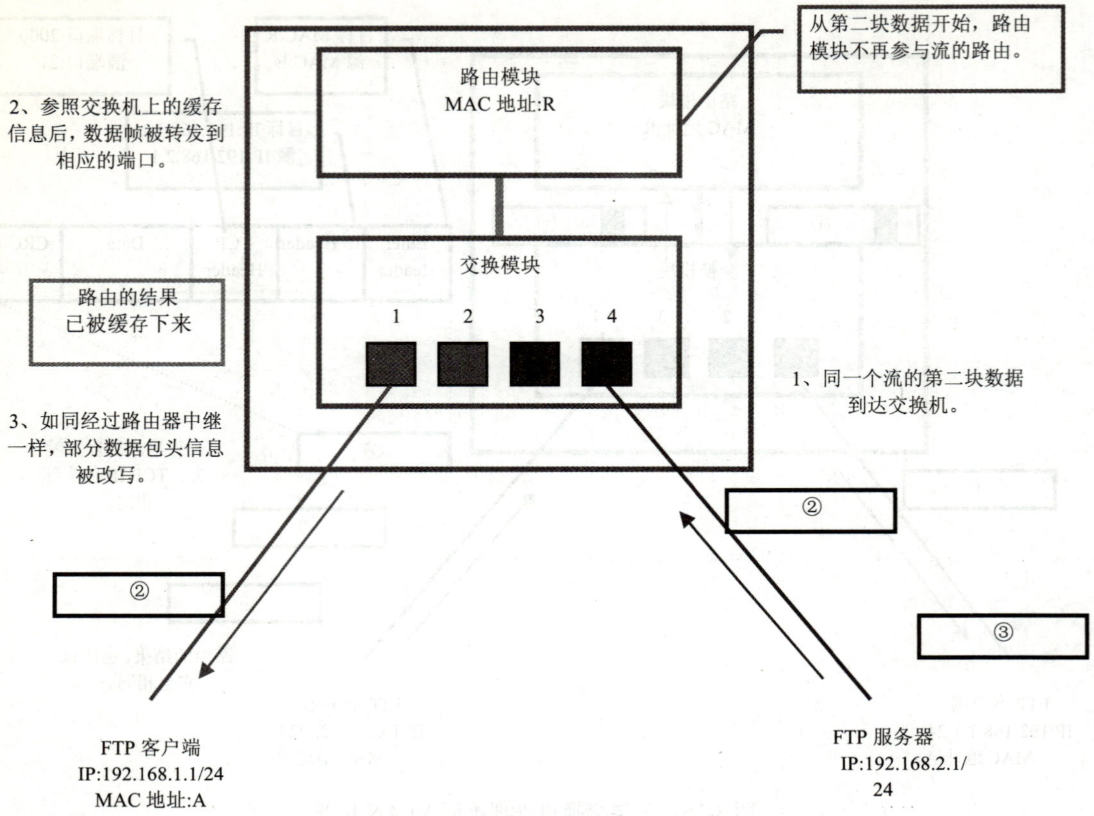

图 3-27　三层交换机流技术

通过在交换机上缓存路由结果，实现了以缆线速度（Wired Speed）接收发送方传输来数据的数据，并且能够全速路由、转发给接收方。

需要注意的是，类似的加速 VLAN 间路由的手法多由各厂商独有的技术所实现，并且该功能的称谓也因厂商而异。例如，在 Cisco 的 Catalyst 系列交换机上，这种功能被称为“多层交换（Multi Layer Switching）”。另外，除了三层交换机的内部路由模块，外部路由器中的某些机型也支持类似的高速 VLAN 间路由机制。

在 VLAN 知识点的最后，介绍一下如何使用路由器和三层交换机实现 VLAN 间通信。

a. 使用路由器实现 VLAN 间通信。

拓扑如图 3-28 所示。

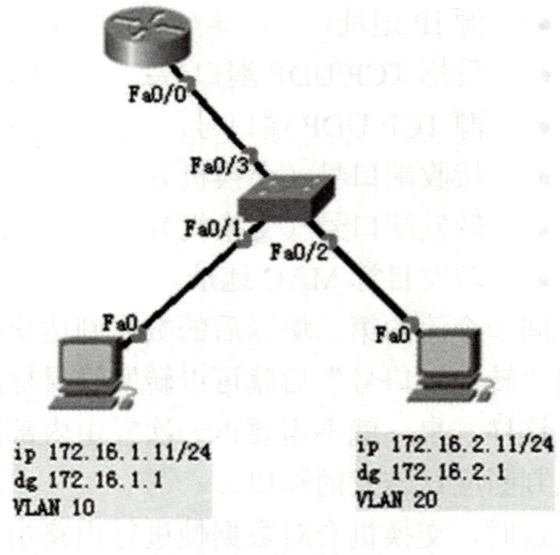

图 3-28　实验拓扑

按照以下几步进行：

（1） 计算机 IP、子网掩码、网关的配置，如图 3-29、图 3-30 所示。

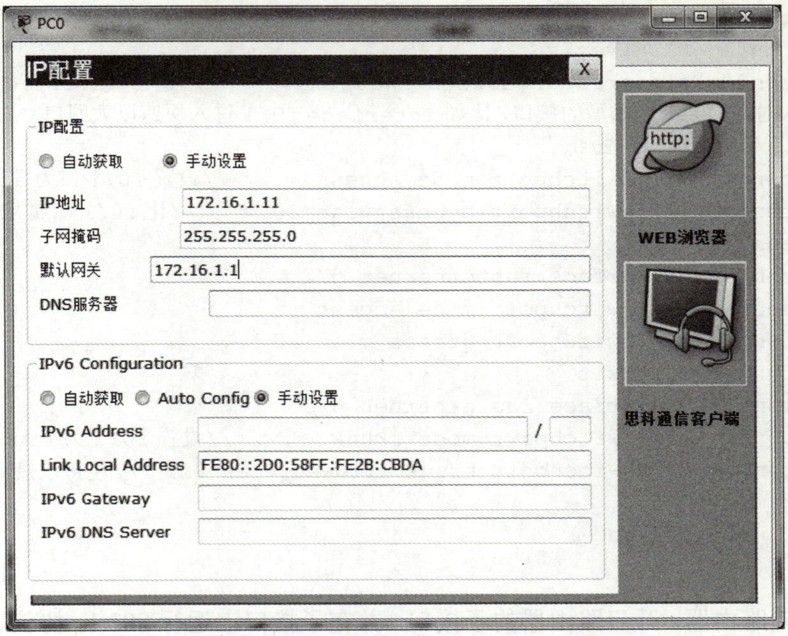

图 3-29　PC0 计算机 IP、子网掩码、网关的配置

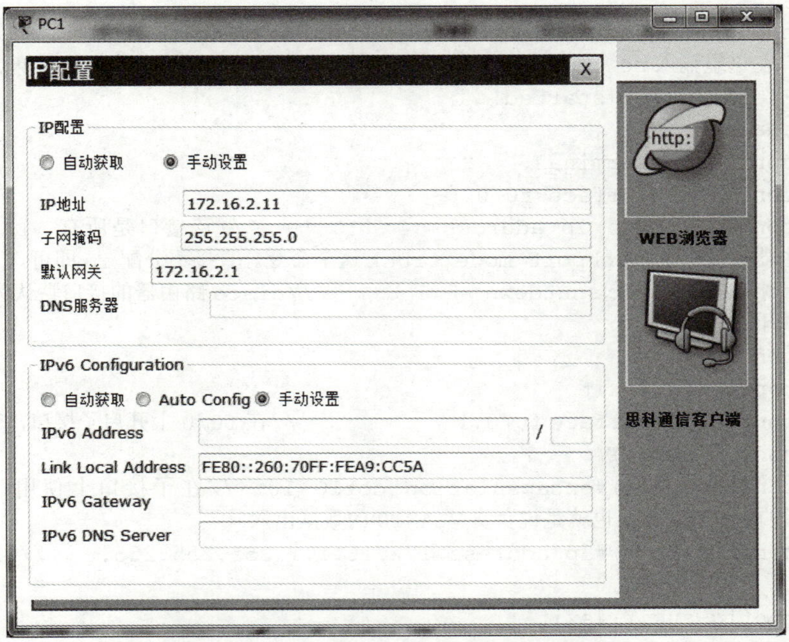

图 3-30　PC1 计算机 IP、子网掩码、网关的配置

（2） 交换机上划分 VLAN，规划对应的 access 口和 trunk 口，具体配置如下：

```
Switch>
Switch>enable                     //使用 enable 由用户模式进入特权模式
```

```
Switch#configure terminal              //使用该命令由特权模式进入全局配置模式
Switch(config)#vlan 10                 //使用 VLAN NUMBER 建立对应的 VLAN
Switch(config-vlan)#exit               //退出某一个模式或进程，返回上一级
Switch(config)#vlan 20
Switch(config-vlan)#exit
Switch(config)#interface fastethernet 0/1        //使用 interface INTERFACE
NUMBER 来进入对应的某一个类型的接口，比如 interface f0/1 进入快速以太网口 0/1，interface
serial 2/0 进入 serial 口 2/0。
Switch(config-if)#switchport mode access         //设置 f0/1 口为 access 口
Switch(config-if)#switchport access vlan 10      //让 f0/1 专属 VLAN 10
Switch(config-if)#exit
Switch(config)#interface fastethernet 0/2
Switch(config-if)#switchport mode access
Switch(config-if)#switchport access vlan 20
Switch(config-if)#exit
Switch(config)#interface fastethernet 0/3
Switch(config-if)#switchport mode trunk          //设置 f0/3 为 trunk 口
Switch(config-if)#switchport trunk allowed vlan all   //使得该接口可以传输带有
任何 VLAN tag 得到数据包。
Switch(config-if)#end
Switch#
```

（3）设置路由器，开启路由器的子接口，并在子接口上运行 802.1q 协议、定义 VLAN 网关地址。

```
Continue with configuration dialog? [yes/no]: no    //询问是否以对话的形式进
行路由器配置，在这里输入 no，如果 yes，每进行一步都需要与机器对话一次，比较麻烦
Press RETURN to get started!
Router>enable
Router#configure terminal
Router(config)#interface f0/0
Router(config-if)#no ip address                //该接口是所有 VLAN 的公共接口
(TRUNK)，路由器上没有 switchport mode trunk 这个命令。直接不分配 ip 即可。
Router(config-if)#no shutdown                  //cisco 路由器的接口默认关闭，需要使用
no shutdown 开启。
Router(config-if)#
Router(config-if)#exit
Router(config)#interface f0/0.1                //在 f0/0 上开启子接口，管理不同 VLAN
Router(config-subif)#
Router(config-subif)#encapsulation dot1Q 10    //在子接口上使用 802.1Q 协议
(VLAN)，10 指的是 VLAN10，也就是说负责 VLAN10 的数据出入
Router(config-subif)#ip address 172.16.1.1 255.255.255.0    //VLAN10 下计算
机的网关地址
Router(config-subif)#exit
Router(config)#interface f0/0.2
Router(config-subif)#
Router(config-subif)#encapsulation dot1Q 20
Router(config-subif)#ip address 172.16.2.1 255.255.255.0
Router(config-subif)#exit
Router(config)#
```

（4） 参看配置，验证。

a. 查看 VLAN 配置。

```
Switch#show vlan
VLAN Name                             Status    Ports
---- -------------------------------- --------- -------------------------------
1    default                          active    Fa0/4, Fa0/5, Fa0/6, Fa0/7
Fa0/8, Fa0/9, Fa0/10, Fa0/11
Fa0/12, Fa0/13, Fa0/14, Fa0/15
Fa0/16, Fa0/17, Fa0/18, Fa0/19
Fa0/20, Fa0/21, Fa0/22, Fa0/23
Fa0/24, Gig1/1, Gig1/2
10   VLAN0010                         active    Fa0/1
20   VLAN0020                         active    Fa0/2
```

查看运行配置，使用 show running-config。

b. 验证。

使用 VLAN10 内的计算机 Ping VLAN20 内的计算机，得到应答即可。

使用三层交换机实现 VLAN 间互通如图 3-31 所示。

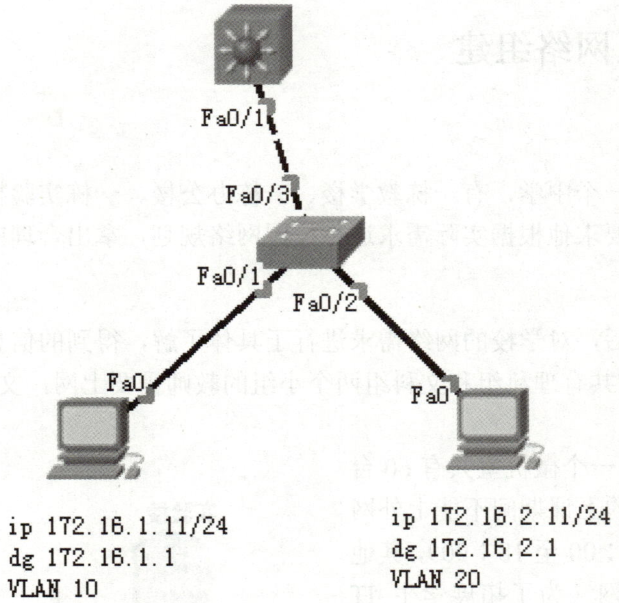

图 3-31 三层交换机实现 VLAN 间路由

计算机及二层交换机的配置同上，不同的是上一个实验中使用路由器实现 VLAN 互通，本实验使用三层交换机，在此仅给出三层交换机的配置：

```
Switch>
Switch>enable
Switch#configure terminal
Switch(config)#hostname Layer_3_switch    //使用 hostname name 来给设备命名
Layer_3_switch(config)#vlan 10                    //设置 VLAN
```

```
Layer_3_switch(config-vlan)#exit
Layer_3_switch(config)#vlan 20
Layer_3_switch(config-vlan)#exit
Layer_3_switch(config)#interface f0/1          //设置 f0/1 为 trunk 口
Layer_3_switch(config-if)#switchport mode trunk
Layer_3_switch(config-if)#switchport trunk allowed vlan all
Layer_3_switch(config-if)#exit
Layer_3_switch(config)#interface vlan 10        //三层交换机上开启 VLAN10 的
SVI 口
Layer_3_switch(config-if)#
Layer_3_switch(config-if)#ip address 172.16.1.1 255.255.255.0  //该 SVI 的
地址为 VLAN10 计算机的网关地址
Layer_3_switch(config-if)#exit
Layer_3_switch(config)#interface vlan 20
Layer_3_switch(config-if)#ip address 172.16.2.1 255.255.255.0
Layer_3_switch(config-if)#exit
Layer_3_switch(config)#ip routing  //ip routing 是开启三层交换机的路由功能，这
个一定要有！否则数据包只能转换到各自的 VLAN SVI 口，而不能在不同 VLAN 的 SVI 之间进行路由。
Layer_3_switch(config)#exit
Layer_3_switch#
```

案例二　园区网络组建

【案例描述】

现在我市新建一个中学，有一栋教学楼、一栋办公楼、一栋实验楼。小张是该校信息科的负责人，学校要求他根据实际需求进行校园网络规划，拿出合理的方案。

【案例分析】

小张接到任务后，对学校的网络需求进行了具体了解，得到的信息如下：

（1） 办公楼上共有理科组和文科组两个小组的教师需要上网，文科组有 30 人、理科组有 50 人。

（2） 实验楼有一个微机室共有 60 台电脑。要求微机室的上课期间不能上外网（每周一至周五的 8：00 至 18：00），其他时间可以供学生上网（为了拓展学生 IT 知识，在非上课期间免费开放）。另外有 30 个房间，每个房间需要一个网络接口，需要外网支持。

（3） 教学楼有 80 个教室，每个教室将有两个网络接口，连接外网。

（4） 三栋楼的布局如图 3-32 所示。

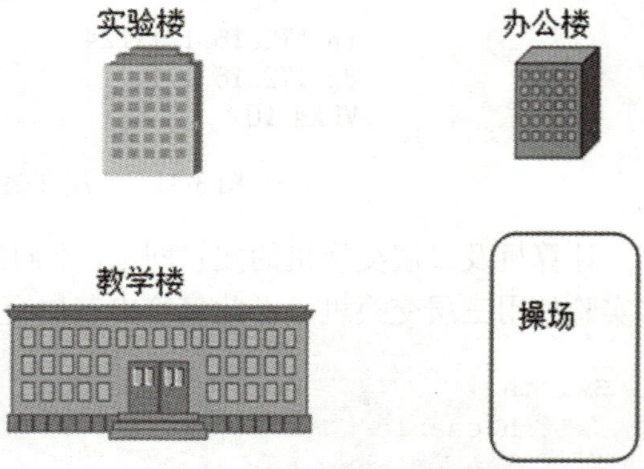

图 3-32　学校平面图

其中，实验楼与办公楼之间的距离是 100 m，实验楼与教学楼的距离是 70 m，

教学楼与办公楼的距离是 130 m。

小张找到当地的 ISP 提供商进行洽谈，想通过该 ISP 提供商连接校园网。该 ISP 提供商与校方签订合同，并给了一个连接 IP：10.10.10.2/24，供学校与之相连，要求使用串口。

【实施方案】

1. 网络选型

局域网技术较多，小张经过认真分析还是使用成熟的以太网技术来完成设计，根据学校的实际需求，小张决定使用路由技术+ACL+DHCP+VLAN 技术实现学校要求。

2. 联网方案

经过前期的实地考察，小张初步给出了一个联网方案。如图 3-33 所示。

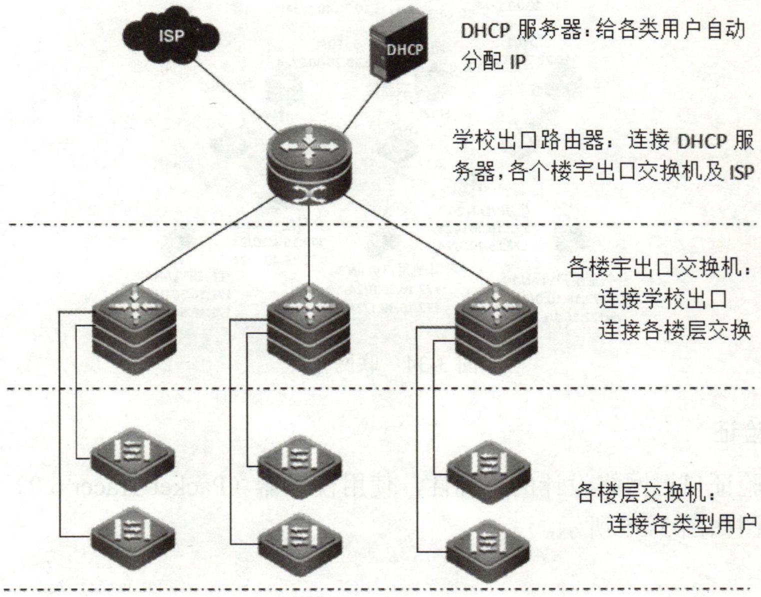
ISP
DHCP
DHCP 服务器：给各类用户自动分配 IP
学校出口路由器：连接 DHCP 服务器，各个楼宇出口交换机及 ISP
各楼宇出口交换机：
连接学校出口
连接各楼层交换
各楼层交换机：
连接各类型用户

图 3-33 联网方案

该方案也是目前简单园区网络中使用较多的类型。

3. 设备选型

接入交换机：各个楼宇内部，使用接入交换机来连接各类用户，便于 VLAN 的划分，隔离用户广播。

汇聚交换机：在各个楼宇的出口与学校出口路由器相连，主要功能是使用 VLAN 间互通，与路由器互通。

出口路由器：与 ISP 相连，负责对进出口数据进行过滤（放行或过滤）。

【实施步骤】

1. 规划 IP 地址

规划的 IP 地址如表 3-6 所示。

表 3-6 规划的 IP 地址

物理位置	VLAN 范围	IP 网段	默认网关	获取方式
教学楼	VLAN 10	172.16.10.0/24	172.16.10.1/24	DHCP
实验楼	VLAN 20	172.16.20.0/24	172.16.20.1/24	DHCP
	VLAN 30	172.16.30.0/24	172.16.30.1/24	DHCP
办公楼	VLAN 40	172.16.40.0/24	172.16.40.1/24	DHCP
	VLAN 50	172.16.50.0/24	172.16.50.1/24	DHCP

2. 规划网络拓扑

拓扑规划，如图 3-34 所示。

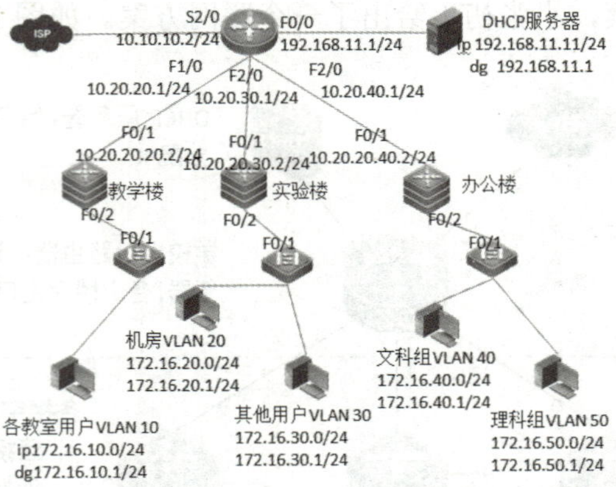

图 3-34 联网拓扑

3. 实验验证

小张为了验证自己网络设计的正确性，使用模拟器（Packet Tracer 6.0）进行了相关验证。实验拓扑图如图 3-35 所示。

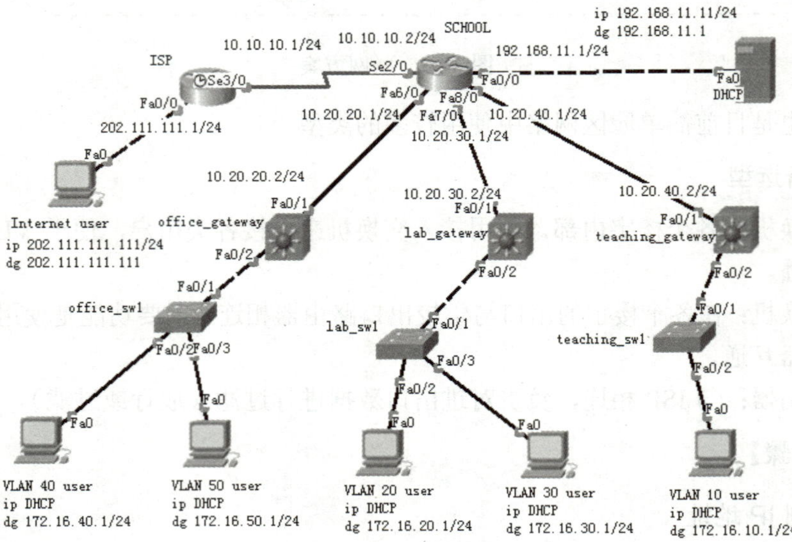

图 3-35 实验拓扑

配置步骤；

（1） 基本配置实现互通。

以教学楼到学校出口为例；

教学楼的楼层交换机 office_sw1：

a. 创建 LAN。

```
office_sw1#conf igure terminal
office_sw1(config)#vlan 40
office_sw1(config-vlan)#exit
office_sw1(config)#vlan 50
office_sw1(config-vlan)#exit
```

b. 设置接口模式。

```
office_sw1(config)#interface fastethernet 0/1
office_sw1(config-if)#switchport mode trunk
office_sw1(config-if)#exit
office_sw1(config)#interface fastethernet 0/2
office_sw1(config-if)#switchport mode access
office_sw1(config-if)#switchport access vlan 40
office_sw1(config-if)#exit
office_sw1(config)#interface fastethernet 0/3
office_sw1(config-if)#switchport mode access
office_sw1(config-if)#switchport access vlan 50
office_sw1(config-if)#exit
office_sw1(config)#
```

教学楼的出口交换机 office_gateway。

a. 创建 VLAN。

```
office_gateway(config)#vlan 40
office_gateway(config-vlan)#exit
office_gateway(config)#vlan 50
office_gateway(config-vlan)#exit
```

b. 设置 SVI。

```
office_gateway(config)#interface vlan 40
office_gateway(config-vlan)#ip address 172.16.40.1 255.255.255.0
office_gateway(config-vlan)#exit
office_gateway(config)#interface vlan 50
office_gateway(config-vlan)#ip address 172.16.50.1 255.255.255.0
office_gateway(config-vlan)#exit
```

c. 设置三层接口地址。

```
office_gateway(config)#interface fastethernet 0/1
office_gateway(config-if)#no switchport            //关闭二层接口特性，开启三层
接口模式
office_gateway(config-if)#ip address 10.20.20.2 255.255.255.255.0
```

d. 三层交换机上配置路由。

```
office_gateway(config)#ip routing              //开启三层交换机的路由功能
office_gateway(config)#router ospf 10
office_gateway(config-router)#network 172.16.40.0 0.0.0.255 area 0
office_gateway(config-router)#network 172.16.50.0 0.0.0.255 area 0
office_gateway(config-router)#network 10.20.20. 0.0.0.255 area 0
```

学校出口路由器设置。

a. 基本设置。

```
SCHOOL(config)#interface f0/0
SCHOOL(config-if)#ip address 192.168.11.1 255.255.255.0
SCHOOL(config-if)#no shutdown
SCHOOL(config-if)#exit
SCHOOL(config)#interface f6/0
SCHOOL(config-if)#ip address 1020.20.1 255.255.255.0
SCHOOL(config-if)#no shutdown
SCHOOL(config-if)#exit
SCHOOL(config)#interface s2/0
SCHOOL(config-if)#ip address 10.10.10.1 255.255.255.0
SCHOOL(config-if)#no shutdown
SCHOOL(config-if)#exit
```

b. 路由信息设置。

这里需要说明，在学校出口路由器上一般有两种路由，一种是内部的（OSPF、RIP、EIGRP 等），一种是默认路由（边界网络双方都不了解对方网络设置情况，使用默认路由最为合适），那么在内部路由信息出边界时，需要路由重分发。

```
SCHOOL(config)#router ospf 10
SCHOOL(config-router)#network 10.20.20.0 0.0.0.255 area 0
SCHOOL(config-router)#network 10.10.10.0 0.0.0.255 area 0
SCHOOL(config-router)#network 192.168.11.0  0.0.0.255 area 0
SCHOOL(config-router)# default-information originate      //设置该项表示在边界路由上把 ospf 转化为默认路由重分发
SCHOOL(config-router)#exit
SCHOOL(config)#ip route 0.0.0.0   0.0.0.0  s2/0     //通过该默认路由与 ISP 互连
```

（2） DHCP 配置。

a. 配置 DHCP 服务器。

打开 DHCP 服务器，在配置选项打开 DHCP 选项。

按照下图的配置方法，填写信息，具体如图 3-36 所示。

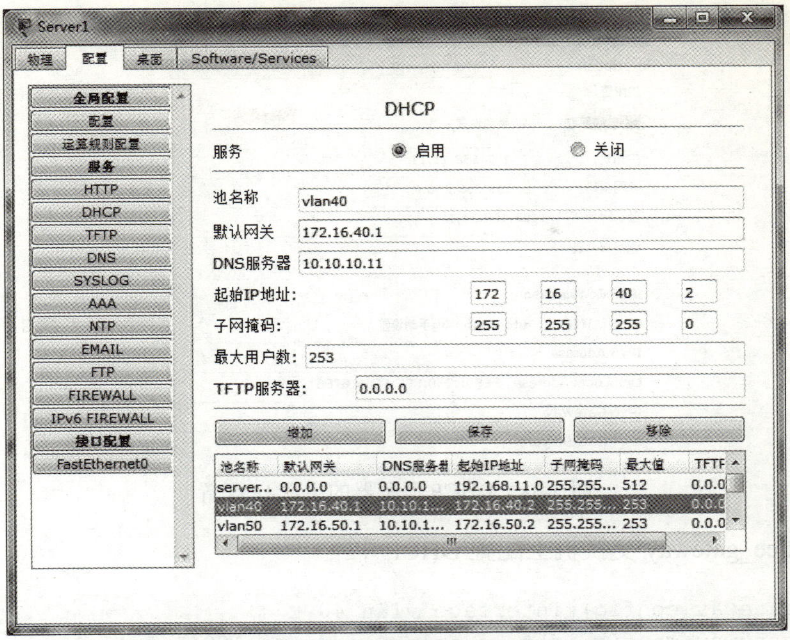

图 3-36　DHCP 地址池配置

最后点击“增加”按钮，然后再新建一个地址池，如图 3-37 所示。

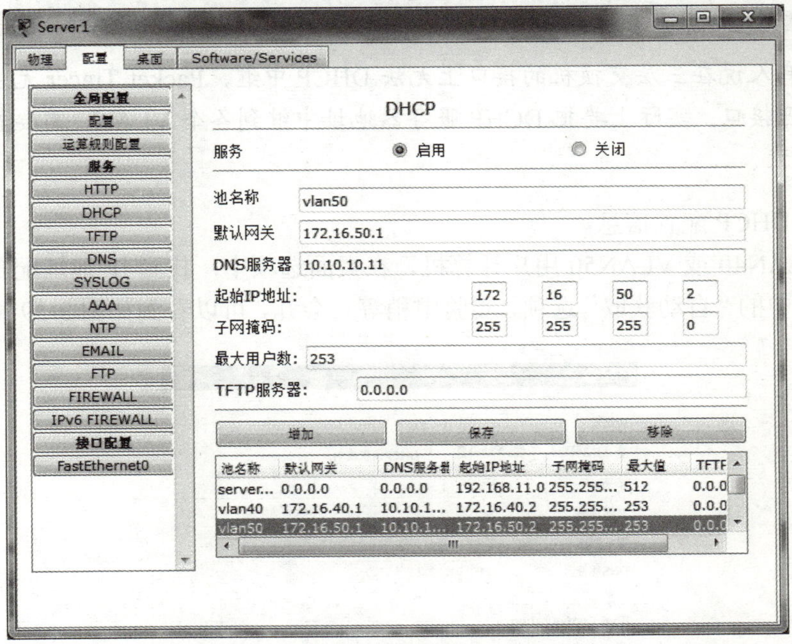

图 3-37　DHCP 配置

切记，最后点击“启用”选项，来启用 DHCP。

打开 DHCP 服务器的桌面选项，配置 DHCP 服务器地址如图 3-38 所示。

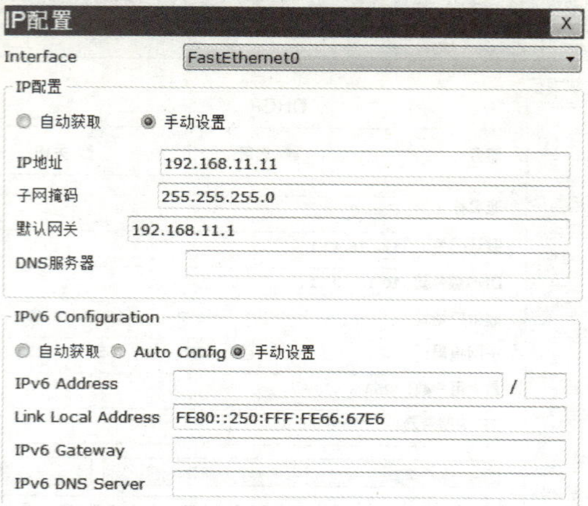

图 3-38　DHCP 服务器的主机 IP 配置

b. 在 office_gateway 交换机上配置 DHCP 中继。

```
office_gateway(config)#interface vlan 40
office_gateway(config-if)# ip helper-address 192.168.11.11
office_gateway(config-if)#exit
office_gateway(config)#interface vlan 50
office_gateway(config-if)# ip helper-address 192.168.11.11
office_gateway(config-if)#exit
```

注意：有人说在三层交换机的接口上无法 DHCP 中继，Packet Tracer 无法模拟，他们使用的是物理接口。实际上要把 DCHP 服务器地址中继到各个 VLAN，需要在三层交换机的虚接口进行。

c. 验证 DHCP 配置信息。

打开 VLAN40 或 VLAN50 用户计算机，在桌面选项中，找到 IP 地址配置，并打开，点击 IP 配置中的“自动获取”选项，实验中稍等一会儿，可以看到如图 3-39 所示的结果。

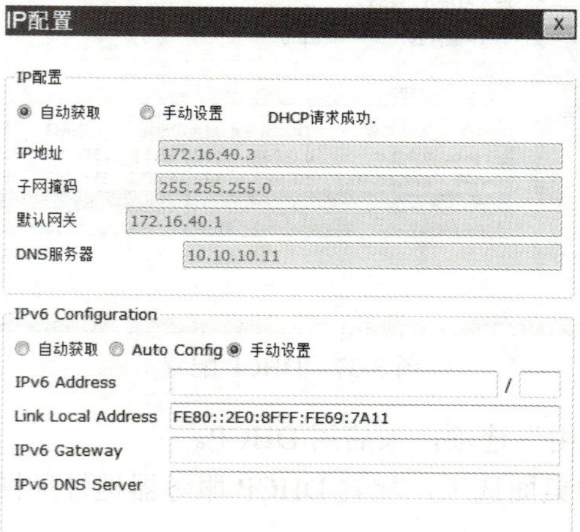

图 3-39　客户机通过 DHCP 获取 IP

（3） ISP 方配置。

为了验证与 ISP 实现了互通，我们假设 ISP 方有一台计算机 202.111.111.111/24，下面配置它的 IP，打开该计算机 IP 配置选项，配置如图 3-40 所示。

图 3-40　ISP 计算机配置

配置 ISP 路由器。

```
ISP(router)#interface S3/0
ISP(router-if)#ip address 10.10.10.1 255.255.255.0
ISP(router-if)#clock rate 64000
ISP(router-if)#no shutdown
ISP(router-if)#exit
ISP(router)#ip route 0.0.0.0  0.0.0.0  s3/0
```

（4） 验证 DHCP 服务正常工作，网络互通。

使用 VLAN40 或 VLAN50 下的计算机 Ping ISP 方的计算机，可以等到应答。

（5） 其他几个教学楼的出口交换机及楼层交换机配置方法与前面步骤类似，在此请读者自行完成。

（6） 配置访问控制列表，实现实验楼的微机室分段上网要求。

```
SCHOOL(config)#time-range worktime
SCHOOL(config-time-range)#periodic weekdays 8:00 to 18:00
SCHOOL(config-time-range)#exit
SCHOOL(config)#access-list 101 permit ip any any time-range worktime
SCHOOL(config)#interface  s2/0
SCHOOL(config-if)#ip access-group 101 out
```

需要说明的是 Packet Tracer 中无法使用 time-range 这个命令，我们可以使用 DynamipsGUI 或者 GNS3，读者可以自行学习一下二者的用法，对于二者网上都有大量的教程和源程序供下载。

相关知识

一、路由协议

路由器提供了在异构网络中的互连机制，实现将数据包从一个网络发送到另一个网络。路由就是指导 IP 数据包发送的路径信息。

路由工作包含两个基本的动作：

a. 确定最佳路径。

b. 通过网络传输信息。

在路由的过程中，后者也称为（数据）交换。交换相对来说比较简单，而选择路径很复杂。

metric 是路由算法用以确定到达目的地的最佳路径的计量标准，如路径长度。为了帮助选路，路由算法初始化并维护包含路径信息的路由表，路径信息根据使用的路由算法不同而不同。

路由算法根据许多信息来填充路由表。目的/下一跳地址对告知路由器到达该目的最佳方式是把分组发送给代表“下一跳”的路由器，当路由器收到一个分组，它就检查其目标地址，尝试将此地址与其“下一跳”相联系。

路由表还可以包括其他信息。路由表比较 metric 以确定最佳路径，这些 metric 根据所用的路由算法而不同。路由器彼此通信，通过交换路由信息维护其路由表，路由更新信息通常包含全部或部分路由表，通过分析来自其他路由器的路由更新信息，该路由器可以建立网络拓扑图。路由器间发送的另一个信息是链接状态广播信息，它通知其他路由器发送者的链接状态，链接信息用于建立完整的拓扑图，使路由器可以确定最佳路径。

（一）静态路由

静态路由是指由用户或网络管理员手工配置的路由信息。当网络的拓扑结构或链路的状态发生变化时，网络管理员需要手工去修改路由表中相关的静态路由信息。静态路由信息在缺省情况下是私有的，不会传递给其他的路由器。当然，网管员也可以通过对路由器进行设置使之成为共享的。静态路由一般适用于比较简单的网络环境，在这样的环境中，网络管理员易于清楚地了解网络的拓扑结构，便于设置正确的路由信息。

使用静态路由的另一个好处是网络安全保密性高。动态路由因为需要路由器之间频繁地交换各自的路由表，而对路由表的分析可以揭示网络的拓扑结构和网络地址等信息。因此，网络出于安全方面的考虑也可以采用静态路由。不占用网络带宽，因为静态路由不会产生更新流量。

静态路由的配置方法:

例子：

实验拓扑如图 3-41 所示。

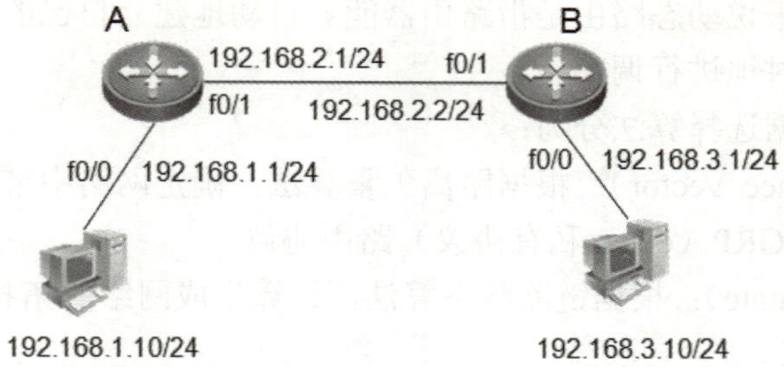

图 3-41 静态路由实验

```
router(config)#hostname A（更改路由器主机名）
A(config)#interface f0/0（进入接口 f0/0）
A(config-if)#ip address 192.168.1.1 255.255.255.0（设置接口 IP 地址和子网掩码）
A(config-if)#no shutdown（启用接口）
A(config)#interface f0/1
A(config-if)#ip address 192.168.2.1 255.255.255.0
A(config-if)#no shutdown
A(config)#ip route 192.168.3.0 255.255.255.0 f0/1（目标网段 IP 地址目标子网掩码送出接口（路由器 A））
```

或者

```
A(config)#ip route 192.168.3.0 255.255.255.0 192.168.2.2 （目标网段 IP 地址目标子网掩码下一路由器接口 IP 地址）
router(config)#hostname B
B(config)#interface f0/0
B(config-if)#ip address 192.168.3.1 255.255.255.0
B(config-if)#no shutdown
B(config)#interface f0/1
B(config-if)#ip address 192.168.2.2 255.255.255.0
B(config-if)#no shutdown
B(config)#ip route 192.168.1.0 255.255.255.0 192.168.2.1
```

或者：

```
B(config)#ip route 192.168.1.0 255.255.255.0 f0/1（目标网段 IP 地址 目标子网掩码送出接口（路由器 B））
```

默认路由是一种特殊的静态路由，指的是当路由表中与包的目的地址之间没有匹配的表项时路由器能够做出的选择。如果没有默认路由，那么目的地址在路由表中没有匹配表项的包将被丢弃。默认路由在某些时候非常有效，当存在末梢网络时，默认路由会大大简化路由器的配置，减轻管理员的工作负担，提高网络性能。

默认路由和静态路由的命令格式一样。只是把目的 IP 和子网掩码改成 0.0.0.0 和 0.0.0.0。

刚才那个例子，可以配置为：

```
A(config)#ip route 0.0.0.0  0.0.0.0 192.168.2.2
B(config)#ip route 0.0.0.0  0.0.0.0 192.168.2.1
```

动态路由，简单来说动态路由是指路由器能够自动地建立自己的路由表，并且能够根据实际情况的变化适时地进行调整。

动态路由协议根据选择算法分为：

距离矢量（Distance Vector）：根据距离矢量算法，确定网络中节点的方向与距离。包括：RIP 路由协议及 IGRP（cisco 私有协议）路由协议。

链路状态（Link-state）：根据链路状态算法，计算生成网络的拓扑。包括：OSPF 路由协议与 IS-IS 路由协议。

（二）OSPF

本节主要介绍 OSPF，RIP 读者可自行查阅相关资料了解。

OSPF 是围绕着图论中的一个著名算法——E.W.Dijkstra 的最短路径算法设计的。

OSPF（Open Shortest Path First，开放式最短路径优先）是一个内部网关协议（Interior Gateway Protocol，简称 IGP），用于在单一自治系统（Autonomous System，AS）内决策路由。链路是路由器接口的另一种说法，因此 OSPF 也称为接口状态路由协议。OSPF 通过路由器之间通告网络接口的状态来建立链路状态数据库，生成最短路径树，每个 OSPF 路由器使用这些最短路径构造路由表。OSPF 路由协议是一种典型的链路状态（OSPF，Open Shortest Path First，开放最短路径优先）是一个内部网关协议，用于在单一自治系统内决策路由。

链路是路由器接口的另一种说法，因此 OSPF 也称为接口状态路由协议。OSPF 通过路由器之间通告网络接口的状态来建立链路状态数据库，生成最短路径树，每个 OSPF 路由器使用这些最短路径构造路由表。

OSPF 路由协议是一种典型的链路状态（Link-state）的路由协议，一般用于同一个路由域内。在这里，路由域是指一个自治系统 （Autonomous System），即 AS，它是指一组通过统一的路由政策或路由协议互相交换路由信息的网络。在这个 AS 中，所有的 OSPF 路由器都维护一个相同的描述这个 AS 结构的数据库，该数据库中存放的是路由域中相应链路的状态信息，OSPF 路由器正是通过这个数据库计算出其 OSPF 路由表的。

作为一种链路状态的路由协议，OSPF 将链路状态广播数据包 LSA（Link State Advertisement）传送给在某一区域内的所有路由器，这一点与距离矢量路由协议不同。运行距离矢量路由协议的路由器是将部分或全部的路由表传递给与其相邻的路由器。

1. OSPF 的数据包

OSPF 的包类型：

（1） HELLO 包。

（2） Database Description 数据库的描述 DBD 可靠。

（3） Link-state Request 链路状态请求包 LSR 可靠。

（4） Link-state Update 链路状态更新包 LSU 可靠。

（5） Link-state Acknowledment 链路状态确认包 LSACK。

Hello 协议的目的：

（1） 用于发现邻居。

（2） 在成为邻居之前，必须对 Hello 包里的一些参数协商成功。

（3） Hello 包在邻居之间扮演着 keepalive 的角色。

（4） 允许邻居之间的双向通信。

（5） 它在 NBMA（Nonbroadcast Multi-access）网络上选举 DR 和 BDR（NBMA 中默认 30s 发送一次，多路访问和点对点网络上默认 10s 发送一次）。

Hello Packet 包含以下信息：

（1） 源路由器的 RID。

（2） 源路由器的 Area ID。

（3） 源路由器接口的掩码。

（4） 源路由器接口的认证类型和认证信息。

（5） 源路由器接口的 Hello 包发送的时间间隔。

（6） 源路由器接口的无效时间间隔。

（7） 优先级。

（8） DR/BDR。

（9） 五个标记位（Flag Bit）。

（10） 源路由器的所有邻居的 RID。

2. OSPF 的网络类型

OSPF 定义的 5 种网络类型：

（1） 点到点网络，比如 T1 线路，是连接单独的一对路由器的网络，点到点网络上的有效邻居总是可以形成邻接关系的，在这种网络上，OSPF 包的目标地址使用的是 224.0.0.5，这个组播地址称为 AllSPFRouters。

（2） 广播型网络，比如以太网，Token Ring 和 FDDI，这样的网络上会选举一个 DR 和 BDR，DR/BDR 发送的 OSPF 包的目标地址为 224.0.0.5，运载这些 OSPF 包的帧的目标 MAC 地址为 0100.5E00.0005；而除了 DR/BDR 以外的 OSPF 包的目标地址为 224.0.0.6，这个地址叫 AllDRouters。

（3） NBMA 网络，比如 X.25、Frame Relay 和 ATM，不具备广播的能力，因此邻居要人工来指定，在这样的网络上要选举 DR 和 BDR，OSPF 包采用 unicast 的方式。

（4） 点到多点网络是 NBMA 网络的一个特殊配置，可以看成是点到点链路的集合。在这样的网络上不选举 DR 和 BDR。

（5） 虚链接：OSPF 包是以 unicast 的方式发送。

所有的网络也可以归纳成 2 种网络类型：

（1） 传输网络（Transit Network）。

（2） 末节网络（Stub Network）。

3. OSPF 的 DR 及 BDR

OSPF 路由器在完全邻接之前，所经过的几个状态：

（1） Down：初始化状态。

（2） Attempt：只适于 NBMA 网络，在 NBMA 网络中邻居是手动指定的，在该状态下，路由器将使用 HelloInterval 取代 PollInterval 来发送 Hello 包。

（3） Init：表明在 DeadInterval 里收到了 Hello 包，但是 2-Way 通信仍然没有建立起来。

（4） Two-way：双向会话建立。

（5） ExStart：信息交换初始状态，在这个状态下，本地路由器和邻居将建立 Master/Slave 关系，并确定 DD Sequence Number，接口等级高的成为 Master。

（6） Exchange：信息交换状态，本地路由器向邻居发送数据库描述包，并且会发送 LSR 用于请求新的 LSA。

（7） Loading：信息加载状态，本地路由器向邻居发送 LSR 用于请求新的 LSA。

（8） Full：完全邻接状态，这种邻接出现在 Router LSA 和 Network LSA 中。

在 DR 和 BDR 出现之前，每一台路由器和它的邻居之间成为完全网状的 OSPF 邻接关系，这样 5 台路由器之间将需要形成 10 个邻接关系，同时将产生 25 条 LSA。而且在多址网络中，还存在自己发出的 LSA 从邻居的邻居发回来，导致网络上产生很多 LSA 的拷贝，所以基于这种考虑，产生了 DR 和 BDR。

DR 将完成如下工作：

（1） 描述这个多址网络和该网络上剩下的其他相关路由器。

（2） 管理这个多址网络上的 flooding 过程。

（3） 同时为了冗余性，还会选取一个 BDR，作为双备份之用。

DR BDR 选取规则：

DR BDR 选取是以接口状态机的方式触发的。

（1）路由器的每个多路访问（Multi-Access）接口都有个路由器优先级（Router Priority），8 位长的一个整数，范围是 0 到 255，Cisco 路由器默认的优先级是 1，优先级为 0 的话将不能选举为 DR/BDR。优先级可以通过命令 ip ospf priority 进行修改。

（2） Hello 包里包含了优先级的字段，还包括了可能成为 DR/BDR 的相关接口的 IP 地址。

（3） 当接口在多路访问网络上初次启动的时候，它把 DR/BDR 地址设置为 0.0.0.0，同时设置等待计时器（Wait Timer）的值等于路由器无效间隔（Router Dead Interval）。

DR BDR 选取过程：

（1） 在和邻居建立双向（2-Way）通信之后，检查邻居的 Hello 包中 Priority，DR 和 BDR 字段，列出所有可以参与 DR/BDR 选举的邻居。所有的路由器声明它们自己就是 DR/BDR（Hello 包中 DR 字段的值就是它们自己的接口地址；BDR 字段的值就是它们自己的接口地址）。

（2） 从这个有参与选举 DR/BDR 权的列表中，创建一组没有声明自己就是 DR 的路由器的子集（声明自己是 DR 的路由器将不会被选举为 BDR）。

（3） 如果在这个子集里，不管有没有宣称自己就是 BDR，只要在 Hello 包中 BDR 字段就等于自己接口的地址，优先级最高的就被选举为 BDR；如果优先级都一样，RID 最高的选举为 BDR。

（4） 如果在 Hello 包中 DR 字段就等于自己接口的地址，优先级最高的就被选举为 DR；如果优先级都一样，RID 最高的选举为 DR；如果选出的 DR 不能工作，那么新选举的 BDR 就成为 DR，再重新选举一个 BDR。

（5） 要注意的是，当网络中已经选举了 DR/BDR 后，又出现了 1 台新的优先级更高的路由器，DR/BDR 是不会重新选举的。

（6） DR/BDR 选举完成后，DRother 只和 DR/BDR 形成邻接关系。所有的路由器将组播 Hello 包到 AllSPFRouters 地址 224.0.0.5，以便它们能跟踪其他邻居的信息，即 DR 将洪泛 update packet 到 224.0.0.5；DRother 只组播 update packet 到 AllDRouter 地址 224.0.0.6，只有 DR/BDR 监听这个地址。

4. OSPF 邻居关系

邻接关系建立的 4 个阶段：

（1） 邻居发现阶段。

（2） 双向通信阶段：Hello 报文都列出了对方的 RID，则 BC 完成。

（3） 数据库同步阶段。

（4） 完全邻接阶段：full adjacency。

邻居关系的建立和维持都是靠 Hello 包完成的，在一般的网络类型中，Hello 包是每经过 1 个 HelloInterval 发送一次，有 1 个例外：在 NBMA 网络中，路由器每经过一个 PollInterval 周期发送 Hello 包给状态为 Down 的邻居（其他类型的网络是不会把 Hello 包发送给状态为 Down 的路由器的）。Cisco 路由器上 PollInterval 默认 60s Hello Packet 以组播的方式发送给 224.0.0.5，在 NBMA 类型，点到多点和虚链路类型网络，以单播发送给邻居路由器。邻居可以通过手工配置或者 Inverse-ARP 发现。

单区域 OSPF 配置：

```
Router(config)#router ospf [process-id]
```

创建 OSPF 路由进程：

process-id 只是在本路由器有效。

```
Router(config-router)# network [ address ] [ inverse-mask ] area [ area-id ]
```

address 和 inverse-mask 为网络（或接口）地址和 wildcard mask。

area-id 为区域号。

下图是一个配置实例，拓扑如图 3-42 所示。

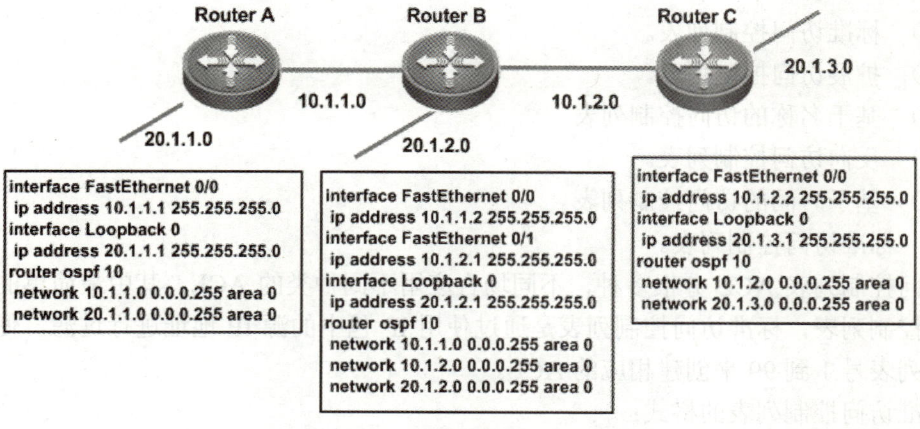

图 3-42 OSPF 单区域配置

二、访问控制列表

（一）什么是 ACL

访问控制列表简称为 ACL，访问控制列表使用包过滤技术，在路由器上读取第三层及第四层包头中的信息如源地址、目的地址、源端口、目的端口等，根据预先定义好的规则对包进行过滤，从而达到访问控制的目的。该技术初期仅在路由器上支持，近些年来已经扩展到三层交换机，部分最新的二层交换机也开始提供 ACL 的支持了。

（二）访问控制列表使用原则

由于 ACL 涉及的配置命令很灵活，功能也很强大，所以我们不能只通过一个小小的例子就完全掌握全部 ACL 的配置。在介绍例子前为大家将 ACL 设置原则罗列出来，方便各位读者更好地消化 ACL 知识。

（1） 最小特权原则。

只给受控对象完成任务所必需的最小的权限。也就是说被控制的总规则是各个规则的交集，只满足部分条件的是不容许通过规则的。

（2） 最靠近受控对象原则。

所有的网络层访问权限控制。也就是说在检查规则时是采用自上而下在 ACL 中一条条检测的，只要发现符合条件了就立刻转发，而不继续检测下面的 ACL 语句。

（3） 默认丢弃原则。

在 Cisco 路由交换设备中默认最后一句为 ACL 中加入了 DENY ANY ANY，也就是丢弃所有不符合条件的数据包。这一点要特别注意，虽然我们可以修改这个默认，但未改前一定要引起重视。

由于 ACL 是使用包过滤技术来实现的，过滤的依据又仅仅只是第三层和第四层包头中的部分信息，这种技术具有一些固有的局限性，如无法识别到具体的人，无法识别到应用内部的权限级别等。因此，要达到端到端的权限控制目的，需要和系统级及应用级的访问权限控制结合使用。

（三）分类

（1） 标准访问控制列表。

（2） 扩展访问控制列表。

（3） 基于名称的访问控制列表。

（4） 反向访问控制列表。

（5） 基于时间的访问控制列表。

1） 标准访问控制列表。

访问控制列表 ACL 分很多种，不同场合应用不同种类的 ACL。其中最简单的就是标准访问控制列表，标准访问控制列表是通过使用 IP 包中的源 IP 地址进行过滤，使用的访问控制列表号 1 到 99 来创建相应的 ACL。

标准访问控制列表的格式：

标准访问控制列表是最简单的 ACL。

它的具体格式如下：access-list ACL 号 permit|deny host ip 地址

例如：access-list 10 deny host 192.168.1.1 这句命令是将所有来自 192.168.1.1 地址的数据包丢弃。

当然我们也可以用网段来表示，对某个网段进行过滤。命令如下：access-list 10 deny 192.168.1.0 0.0.0.255。

通过上面的配置将来自 192.168.1.0/24 的所有计算机数据包进行过滤丢弃。为什么后面的子网掩码表示的是 0.0.0.255 呢？这是因为 Cisco 规定在 ACL 中用反向掩码表示子网掩码，反向掩码为 0.0.0.255 的代表它的子网掩码为 255.255.255.0。

小提示：对于标准访问控制列表来说，默认的命令是 HOST，也就是说 access-list 10 deny 192.168.1.1 表示的是拒绝 192.168.1.1 这台主机数据包通信，可以省去我们输入 host 命令。

标准访问控制列表实例一如下所示。

网络环境介绍：

我们采用如图 3-43 所示的网络结构。路由器连接了两个网段，分别为 172.16.4.0/24，172.16.3.0/24。在 172.16.4.0/24 网段中有一台服务器提供 WWW 服务，IP 地址为 172.16.4.13。

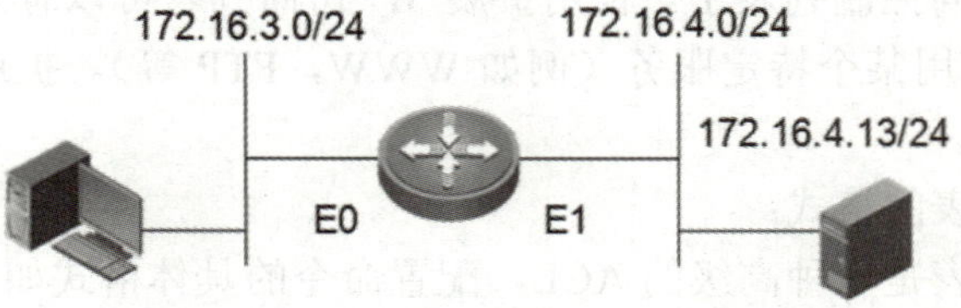

图 3-43 标准访问控制列表实例环境

实例 1：禁止 172.16.4.0/24 网段中除 172.16.4.13 这台计算机访问 172.16.3.0/24 的计算机。172.16.4.13 可以正常访问 172.16.3.0/24。

路由器配置命令：

```
Router(config)#access-list 1 permit host 172.16.4.13 设置ACL，容许172.16.4.13的数据包通过。
Router(config)#access-list 1 deny any     设置ACL，阻止其他一切IP地址进行通信传输。
Router(config)#int e 1   进入E1端口。
Router(config-if)#ip access-group 1 in将ACL 1宣告。
```

经过设置后 E1 端口就只容许来自 172.16.4.13 这个 IP 地址的数据包传输出去了。来自其他 IP 地址的数据包都无法通过 E1 传输。

小提示：由于 Cisco 默认添加了 DENY ANY 的语句在每个 ACL 中，所以上面的 access-list 1 deny any 这句命令可以省略。另外在路由器连接网络不多的情况下也可以在 E0 端口使用 ip access-group 1 out 命令来宣告，宣告结果和上面最后两句命令效果一样。

标准访问控制列表实例二如下所示。

配置任务：禁止 172.16.4.13 这个计算机对 172.16.3.0/24 网段的访问，而 172.16.4.0/24 中的其他计算机可以正常访问。

路由器配置命令：

```
Router(config)#access-list 1 deny host 172.16.4.13  设置 ACL，禁止 172.16.4.13
的数据包通过
Router(config)#access-list 1 permit any   设置 ACL，容许其他地址的计算机进行通
信
Router(config)#int e 1   进入 E1 端口
Router(config-if)#ip access-group 1 in 将 ACL1 宣告，同理可以进入 E0 端口后使用
ip access-group 1 out 来完成宣告。
```

配置完毕后除了 172.16.4.13 其他 IP 地址都可以通过路由器正常通信，传输数据包。

总结：标准 ACL 占用路由器资源很少，是一种最基本最简单的访问控制列表格式。应用比较广泛，经常在要求控制级别较低的情况下使用。如果要更加复杂的控制数据包的传输就需要使用扩展访问控制列表了，它可以满足我们到端口级的要求。

2） 扩展访问控制列表。

上面我们提到的标准访问控制列表是基于 IP 地址进行过滤的，是最简单的 ACL。那么如果我们希望将过滤细到端口怎么办呢？或者希望对数据包的目的地址进行过滤。这时候就需要使用扩展访问控制列表了。使用扩展 IP 访问列表可以有效地容许用户访问物理 LAN 而并不容许他使用某个特定服务（例如 WWW，FTP 等）。扩展访问控制列表使用的 ACL 号为 100 到 199。

扩展访问控制列表的格式：

扩展访问控制列表是一种高级的 ACL，配置命令的具体格式如下：access-list ACL 号 [permit|deny] [协议] [定义过滤源主机范围] [定义过滤源端口] [定义过滤目的主机访问] [定义过滤目的端口]。

例如：access-list 101 deny tcp any host 192.168.1.1 eq www 这句命令是将所有主机访问 192.168.1.1 这个地址网页服务（WWW）TCP 连接的数据包丢弃。

小提示：同样在扩展访问控制列表中也可以定义过滤某个网段，当然和标准访问控制列表一样需要我们使用反向掩码定义 IP 地址后的子网掩码。

扩展访问控制列表的实例：

网络环境介绍：

我们采用如图 3-44 所示的网络结构。路由器连接了两个网段，分别为 172.16.4.0/24、172.16.3.0/24。在 172.16.4.0/24 网段中有一台服务器提供 WWW 服务，IP 地址为 172.16.4.13。

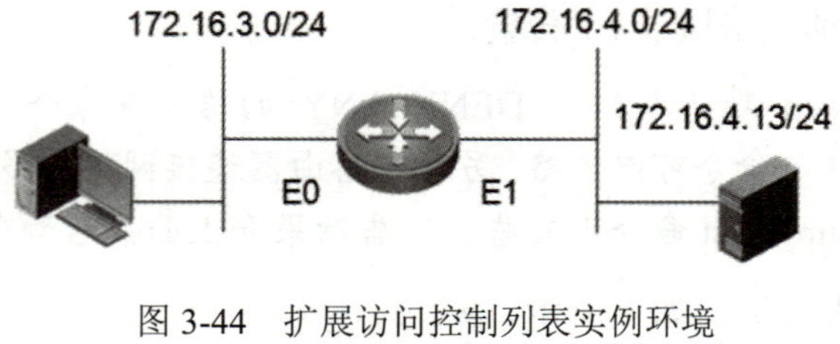

图 3-44 扩展访问控制列表实例环境

配置任务：禁止 172.16.3.0 的计算机访问 172.16.4.0 的计算机，包括那台服务器，不过唯独可以访问 172.16.4.13 上的 WWW 服务，而其他服务不能访问。

路由器配置命令：

```
Router (config) #access-list 101 permit tcp any 172.16.4.13 0.0.0.0 eq www
设置ACL101,容许源地址为任意IP,目的地址为172.16.4.13主机的80端口即WWW服务。由于CISCO默认添加DENY ANY的命令，所以ACL只写此一句即可。
Router(config)#int e 0    进入E1端口
Router(config-if)#ip access-group 101 out    将ACL101宣告出去
```

设置完毕后，172.16.3.0 的计算机就无法访问 172.16.4.0 的计算机了，就算是服务器 172.16.4.13 开启了 FTP 服务也无法访问，唯独可以访问的就是 172.16.4.13 的 WWW 服务了。而 172.16.4.0 的计算机访问 172.16.3.0 的计算机没有任何问题。

扩展 ACL 有一个最大的好处就是可以保护服务器，例如很多服务器为了更好地提供服务，都是暴露在公网上的，如果所有端口都对外界开放，很容易招来黑客和病毒的攻击，通过扩展 ACL 可以将除了服务端口以外的其他端口都封锁掉，降低了被攻击的几率。如本例就是仅仅将 80 端口对外界开放。

总结：扩展 ACL 功能很强大，它可以控制源 IP、目的 IP、源端口、目的端口等，能实现相当精细的控制，扩展 ACL 不仅读取 IP 包头的源地址/目的地址，还要读取第四层包头中的源端口和目的端口的 IP。不过它存在一个缺点，那就是在没有硬件 ACL 加速的情况下，扩展 ACL 会消耗大量的路由器 CPU 资源。所以当使用中低档路由器时应尽量减少扩展 ACL 的条目数，将其简化为标准 ACL 或将多条扩展 ACL 合一是最有效的方法。

3） 基于名称的访问控制列表。

不管是标准访问控制列表还是扩展访问控制列表都有一个弊端，那就是当设置好 ACL 的规则后发现其中的某条有问题，希望进行修改或删除的话只能将全部 ACL 信息都删除。也就是说修改一条或删除一条都会影响到整个 ACL 列表。这一个缺点影响了我们的工作，给我们带来了繁重的负担。不过我们可以用基于名称的访问控制列表来解决这个问题。

（1） 基于名称的访问控制列表的格式。

```
ip access-list [standard|extended] [ACL名称]
```

例如：ip access-list standard softer 就建立了一个名为 softer 的标准访问控制列表。

（2） 基于名称的访问控制列表的使用方法。

当我们建立了一个基于名称的访问列表后，就可以进入到这个 ACL 中进行配置了。

例如我们添加三条 ACL 规则：

```
permit 1.1.1.1 0.0.0.0
permit 2.2.2.2 0.0.0.0
permit 3.3.3.3 0.0.0.0
```

如果我们发现第二条命令应该是 2.2.2.1 而不是 2.2.2.2，如果使用不是基于名称的访问控制列表的话，使用 no permit 2.2.2.2 0.0.0.0 后整个 ACL 信息都会被删除掉。正是因为使用了基于名称的访问控制列表，我们使用 no permit 2.2.2.2 0.0.0.0 后第一条和第三条指令依然存在。

总结：如果设置 ACL 的规则比较多的话，应该使用基于名称的访问控制列表进行管理，这样可以减轻很多后期维护的工作，方便我们随时进行调整 ACL 规则。

4） 反向访问控制列表。

我们使用访问控制列表除了合理管理网络访问以外还有一个更重要的方面，那就是防范病毒，我们可以将平时常见病毒传播使用的端口进行过滤，将使用这些端口的数据包丢弃。这样就可以有效地防范病毒的攻击。

不过即使再科学的访问控制列表规则也可能会因为未知病毒的传播而无效，毕竟未知病毒使用的端口是我们无法估计的，而且随着防范病毒数量的增多会造成访问控制列表规则过多，在一定程度上影响了网络访问的速度。这时我们可以使用反向控制列表来解决以上的问题。

（1） 反向访问控制列表的用途。

反向访问控制列表属于 ACL 的一种高级应用。它可以有效地防范病毒。通过配置反向 ACL 可以保证 AB 两个网段的计算机互相 Ping，A 可以 Ping 通 B 而 B 不能 Ping 通 A。

说得通俗些的话就是传输数据可以分为两个过程，首先是源主机向目的主机发送连接请求和数据，然后是目的主机在双方建立好连接后发送数据给源主机。反向 ACL 控制的就是上面提到的连接请求。

（2） 反向访问控制列表的格式。

反向访问控制列表格式非常简单，只要在配置好的扩展访问列表最后加上 established 即可。我们还是通过实例为大家讲解。

反向访问控制列表配置实例如下所示。

网络环境介绍：

我们采用如图 3-45 所示的网络结构。路由器连接了两个网段，分别为 172.16.4.0/24、172.16.3.0/24。在 172.16.4.0/24 网段中的计算机都是服务器，我们通过反向 ACL 设置保护这些服务器免受来自 172.16.3.0 这个网段的病毒攻击。

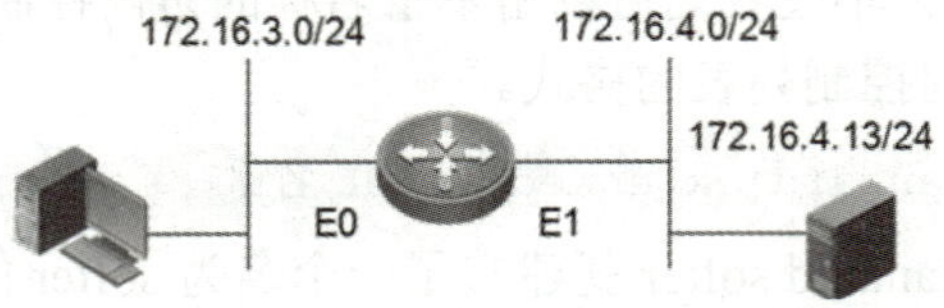

图 3-45 反向访问控制列表实例环境

配置实例：禁止病毒从 172.16.3.0/24 这个网段传播到 172.16.4.0/24 这个服务器网段。

路由器配置命令：

```
Router(config)#access-list 101 permit tcp 172.16.3.0 0.0.0.255 172.16.4.0 0.0.0.255 established
```

定义 ACL101，容许所有来自 172.16.3.0 网段的计算机访问 172.16.4.0 网段中的计算机，前提是 TCP 连接已经建立。当 TCP 连接没有建立是不容许 172.16.3.0 访问 172.16.4.0 的。

```
Router(config)#int e 1      进入 E1 端口
Router(config-if)#ip access-group 101 out     将 ACL101 宣告出去
```

设置完毕后病毒就不会轻易地从 172.16.3.0 传播到 172.16.4.0 的服务器区了。因为病毒要想传播都是主动进行 TCP 连接的，由于路由器上采用反向 ACL 禁止了 172.16.3.0 网段的 TCP 主动连接，因此病毒无法顺利传播。

小提示：检验反向 ACL 是否顺利配置的一个简单方法就是拿 172.16.4.0 里的一台服务器 Ping 在 172.16.3.0 中的计算机，如果可以 Ping 通的话，再用 172.16.3.0 那台计算机 Ping172.16.4.0 的服务器，Ping 不通则说明 ACL 配置成功。

通过上文配置的反向 ACL 会出现一个问题，那就是 172.16.3.0 的计算机不能访问服务器的服务了，假如图中 172.16.4.13 提供了 WWW 服务的话也不能正常访问。解决的方法是在 ESTABLISHED 那句前头再添加一个扩展 ACL 规则，例如：access-list 101 permit tcp 172.16.3.0 0.0.0.255 172.16.4.13 0.0.0.0 eq www。

这样根据“最靠近受控对象原则”，即在检查 ACL 规则时是采用自上而下在 ACL 中一条条检测的，只要发现符合条件了就立刻转发，而不继续检测下面的 ACL 语句。172.16.3.0 的计算机就可以正常访问该服务器的 WWW 服务了，而下面的 ESTABLISHED 防病毒命令还可以正常生效。

5） 基于时间的访问控制列表。

上面我们介绍了标准 ACL 与扩展 ACL，实际上我们只要掌握了这两种访问控制列表就可以应付大部分过滤网络数据包的要求了。不过实际工作中总会有人提出这样或那样的苛刻要求，这时我们还需要掌握一些关于 ACL 的高级技巧。基于时间的访问控制列表就属于高级技巧之一。

（1） 基于时间的访问控制列表用途。

可能公司会遇到这样的情况，要求上班时间不能上 QQ，下班可以上或者平时不能访问某网站只有到了周末可以。对于这种情况仅仅通过发布通知规定是不能彻底杜绝员工非法使用的问题的，这时基于时间的访问控制列表应运而生。

（2） 基于时间的访问控制列表的格式。

基于时间的访问控制列表由两部分组成，第一部分是定义时间段，第二部分是用扩展访问控制列表定义规则。这里我们主要讲解下定义时间段，具体格式如下：

```
time-range 时间段名称
absolute start [小时：分钟] [日月年] [end] [小时：分钟] [日月年]
```

例如：

```
time-range softer
absolute start 0:00 1 may 2005 end 12:00 1 june 2005
```

意思是定义了一个时间段，名称为 softer，并且设置了这个时间段的起始时间为 2005 年 5 月 1 日零点，结束时间为 2005 年 6 月 1 日中午 12 点。我们通过这个时间段和扩展 ACL 的规则结合就可以指定出针对自己公司时间段开放的基于时间的访问控制列表了。当然我们也可以定义工作日和周末，具体要使用 periodic 命令。我们将在下面的配置实例中为大家详细介绍。

配置实例如下：

要想使基于时间的 ACL 生效需要我们配置下面的命令：

（1） 定义时间段及时间范围。

（2） ACL 自身的配置，即将详细的规则添加到 ACL 中。

（3） 宣告 ACL，将设置好的 ACL 添加到相应的端口中。

网络环境介绍：

我们采用如图 3-46 所示的网络结构。路由器连接了两个网段，分别为 172.16.4.0/24、172.16.3.0/24。在 172.16.4.0/24 网段中有一台服务器提供 FTP 服务，IP 地址为 172.16.4.13。

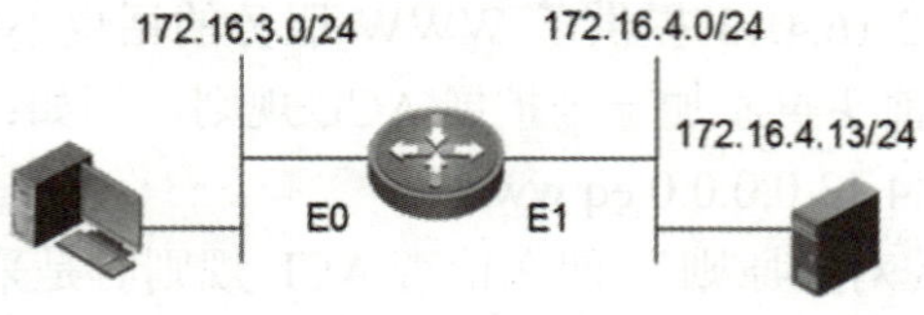

图 3-46　基于时间的访问控制列表实例环境

配置任务：只容许 172.16.3.0 网段的用户在周末访问 172.16.4.13 上的 FTP 资源，工作时间不能下载该 FTP 资源。

路由器配置命令：

```
    Router(config)#time-range softer 定义时间段名称为 softer
    Router(config)#periodic weekend 00:00 to 23:59    定义具体时间范围，为每周周末（6，日）的 0 点到 23 点 59 分。当然可以使用 periodic weekdays 定义工作日或跟星期几定义具体的周几。
    Router(config)#access-list 101 deny tcp any 172.16.4.13 0.0.0.0 eq ftp time-range softer    设置 ACL，禁止在时间段 softer 范围内访问 172.16.4.13 的 FTP 服务。
    Router(config)#access-list 101 permit ip any any    设置 ACL，容许其他时间段和其他条件下的正常访问。
    Router(config)#int e 1    进入 E1 端口。
    Router(config-if)#ip access-group 101 out    宣告 ACL101。
```

基于时间的 ACL 比较适合于时间段的管理，通过上面的设置，172.16.3.0 的用户就只能在周末访问服务器提供的 FTP 资源了，平时无法访问。

关于 DHCP 的知识，请读者参考第五章。

案例三　虚拟专用网组建

【案例描述】

某网络公司总部设在郑州，驻马店设有分部。因业务需要，分部与总部之间需要频繁的网络通信，因商业机密，一些数据传输需要受到保护。小宋是该单位网络管理员，现业务主管要他拿出一个合理的网络方案。

【案例分析】

小宋接到任务后，深入了解一下实际需求，归纳如下：

（1） 原来总部和分部网络已经通过 ISP 与互联网相通。

（2） 总部和分部可以自由访问外网。

（3） 牵涉到总部和分部的数据传输时，数据需要加密。

（4） 避免内部地址泄漏。

【实施方案】

1. 网络选型

因网络安全技术较多，考虑到总部和分部都已经有网络存在，并且已经通过 ISP 互连，小宋决定使用 VPN 及 NAT 技术实现公司要求。

2. 联网方案

经过前期的实地考察，小张初步给出了一个联网方案，如图 3-47 所示。

图 3-47 公司网络初步方案

平时总部或分部访问外网时，数据无需加密，直接访问。当总部与分部数据通信时，使用 VPN。

3. 设备选型

该方案中，小宋经过查看，原来的公司出口路由器已经带有 VPN 及 NAT 功能，所以小宋决定依然使用原有设备。经过相应的配置来达到公司要求。

【实施步骤】

1. 规划 IP

经过查看，小宋发现，总部和分部已经规划好 IP 地址，并且已经连接 Internet，具体如图 3-48 所示。

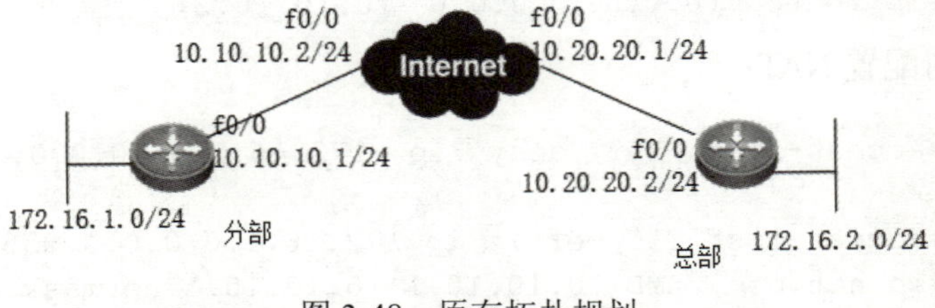

图 3-48 原有拓扑规划

2. 配置及验证

小宋在总部与分部之间使用 IPSec VPN 技术，实现单位要求，规划了拓扑，如图 3-49 所示。

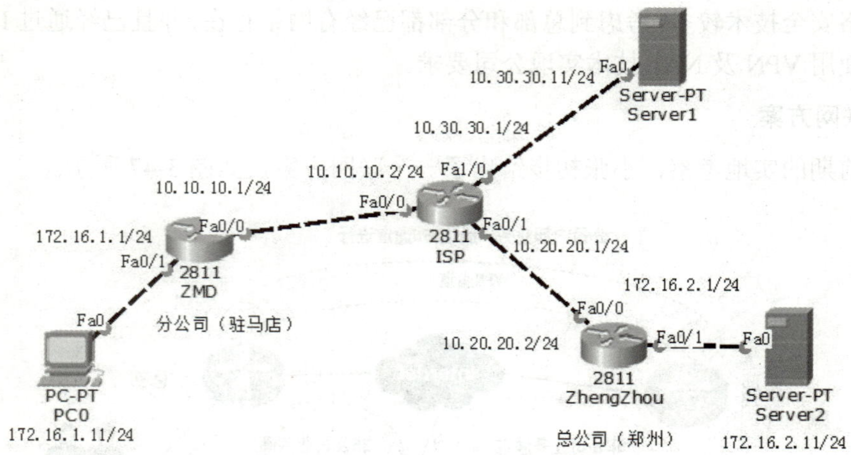

图 3-49　现有实验拓扑

图中路由器 ZMD 代表分公司的出口路由器，ISP 模拟 Internet 网络，ZhengZhou 代表总公司。

PC0 来模拟分公司用户，Server1 模拟 Internet 业务，Server2 模拟总部。

（1）　配置步骤。

驻马店分公司基础配置：

```
Router(config)#hostname ZMD
ZMD(config)#interface f0/1
ZMD(config-if)# ip add 172.16.1.1 255.255.255.0
ZMD(config-if)#no shutdown
ZMD(config-if)#exit
ZMD(config)#
ZMD(config)#interface f0/0
ZMD(config-if)# ip add 10.10.10.1 255.255.255.0
ZMD(config-if)#no shutdown
ZMD(config-if)#exit
ZMD(config)#
```

驻马店分公司配置路由：

```
ZMD(config)#ip route 0.0.0.0  0.0.0.0  10.10.10.2
```

驻马店分公司配置 NAT：

```
ZMD(config)#access-list  111  deny  ip  172.16.1.0  0.0.0.255  172.16.2.0
0.0.0.255
ZMD(config)#access-list 111 permit ip 172.16.1.0 0.0.0.255 any
ZMD(config)#ip nat pool ZMD 10.10.10.1 10.10.10.1 netmask 255.255.255.0
ZMD(config)#ip nat inside source list 111 pool ZMD overload
```

```
ZMD(config)#interface f0/1
ZMD(config-if)# ip nat inside
ZMD(config-if)#exit
ZMD(config)#
ZMD(config)#interface f0/0
ZMD(config-if)# ip nat outside
ZMD(config-if)#exit
ZMD(config)#
```

驻马店分公司配置 IPSec VPN：

```
ZMD(config)# access-list 101 permit ip 172.16.1.0 0.0.0.255 172.16.2.0
0.0.0.255
ZMD(config)# crypto isakmp policy 1 建立 IKE 策略，策略号为 1
ZMD (config-isakmp)#encryption 3des 使用 3des 加密技术
ZMD(config-isakmp)#hash md5        hash 算法为 MD5
ZMD(config-isakmp)#authentication pre-share 使用预共享的密码进行身份验证
ZMD(config-isakmp)#exit
ZMD(config)#crypto isakmp key zmdtozz address 10.20.20.2 设置密钥及 VPN 的另
一端
ZMD(config)#crypto ipsec transform-set ciscozmd ah-sha-hmac esp-3des 定义
传输中对数据加密和完整性验证的方法集，ciscozmd 为一个关键词。
ZMD(config)#crypto map zmdtozz 1 ipsec-isakmp 创建加密 map
ZMD(config-crypto-map)#set peer 10.20.20.2 标识对方路由器 IP 地址
ZMD(config-crypto-map)#set transform-set ciscozmd 指定加密图使用的 IPSEC 交换集
ZMD(config-crypto-map)#match address 101 用 ACL 来定义加密的通信过滤
ZMD(config-crypto-map)#exit
ZMD(config)#interface f0/0
ZMD(config-if)# crypto map zmdtozz 在接口上使用加密图
ZMD(config-if)#exit
ZMD(config)#
```

ISP 设置：

```
Router(config)#hostname ISP
ISP (config)#interface f0/0
ISP (config-if)# ip add 10.10.10.2 255.255.255.0
ISP (config-if)#no shutdown
ISP (config-if)#exit
ISP (config)#interface f0/1
ISP (config-if)# ip add 10.20.20.1 255.255.255.0
ISP (config-if)#no shutdown
ISP (config-if)#exit
ISP (config)#interface f1/0
ISP (config-if)# ip add 10.30.30.1 255.255.255.0
ISP (config-if)#no shutdown
ISP (config-if)#exit
```

郑州总公司基础配置：

```
Router(config)#hostname ZhengZhou
ZMD(config)#interface f0/1
```

```
ZHENGZHOU(config-if)# ip add 172.16.2.1 255.255.255.0
ZHENGZHOU(config-if)#no shutdown
ZHENGZHOU(config-if)#exit
ZHENGZHOU(config)#
ZHENGZHOU(config)#interface f0/0
ZHENGZHOU(config-if)# ip add 10.20.20.2 255.255.255.0
ZHENGZHOU(config-if)#no shutdown
ZHENGZHOU(config-if)#exit
ZHENGZHOU(config)#
```

郑州总公司配置路由：

```
ZHENGZHOU(config)#ip route 0.0.0.0  0.0.0.0  10.20.20.1
```

郑州总公司配置NAT：

```
ZHENGZHOU(config)#access-list 111 deny ip 172.16.2.0 0.0.0.255 172.16.1.0
0.0.0.255
ZHENGZHOU(config)#access-list 111 permit ip 172.16.2.0 0.0.0.255 any
ZHENGZHOU(config)#ip nat pool Zhengzhou 10.20.20.2 10.10.10.2 netmask
255.255.255.0
ZHENGZHOU(config)#ip nat inside source list 111 pool Zhengzhou overload
ZHENGZHOU(config)#interface f0/1
ZHENGZHOU(config-if)# ip nat inside
ZHENGZHOU(config-if)#exit
ZHENGZHOU(config)#
ZHENGZHOU(config)#interface f0/0
ZHENGZHOU(config-if)# ip nat outside
ZHENGZHOU(config-if)#exit
ZHENGZHOU(config)#
```

郑州总公司配置IPSec VPN：

```
ZHENGZHOU(config)# access-list 101 permit ip 172.16.2.0 0.0.0.255 172.16.1.0
0.0.0.255
ZHENGZHOU(config)# crypto isakmp policy 1
ZHENGZHOU (config-isakmp)#encryption 3des
ZHENGZHOU(config-isakmp)#hash md5
ZHENGZHOU(config-isakmp)#authentication pre-share
ZHENGZHOU(config-isakmp)#exit
ZHENGZHOU(config)#crypto isakmp key zmdtozz address 10.20.20.2
ZHENGZHOU(config)#crypto ipsec transform-set ciscozmd ah-sha-hmac esp-3des
ZHENGZHOU(config)#crypto map zmdtozz 1 ipsec-isakmp
ZHENGZHOU(config-crypto-map)#set peer 10.20.20.2
ZHENGZHOU(config-crypto-map)#set transform-set ciscozmd
ZHENGZHOU(config-crypto-map)#match address 101
ZHENGZHOU(config-crypto-map)#exit
ZHENGZHOU(config)#interface f0/0
ZHENGZHOU(config-if)# crypto map zmdtozz
ZHENGZHOU(config-if)#exit
ZHENGZHOU(config)#
```

（2）　验证。

可以在特权模式下，使用 show 来显示一些信息。

```
show crypto isakmp policy 显示 isakmp 策略
show crypto isakmp sa 显示 isakmp 安全关系
show crypto ipsec sa 显示 sa 表
show crypto ipsec transform-set 显示 transform-set 设置
```

我们首先使用计算机 PC 0 Ping 一下 server1（10.30.30.11），然后使用 show crypto ipsec sa。

```
MD#show crypto ipsec sa
```

可以看到类似如下的信息：

```
inbound esp sas:
inbound ah sas:
inbound pcp sas:
outbound esp sas:
outbound ah sas:
outbound pcp sas:
```

再使用该计算机 Ping 一下 server2，使用 show crypto ipsec sa 查看一下结果。

```
ZMD#show crypto ipsec sa
```

可以看到类似如下的信息：

```
inbound esp sas:
spi: 0x73EB1635(1944786485)
transform: esp-3des ,
in use settings ={Tunnel, }
conn id: 2008, flow_id: FPGA:1, crypto map: zmdtozz
sa timing: remaining key lifetime (k/sec): (4525504/3583)
IV size: 16 bytes
replay detection support: Y
Status: ACTIVE
inbound ah sas:
spi: 0x1A296984(438921604)
transform: ah-sha-hmac ,
in use settings ={Tunnel, }
conn id: 2008, flow_id: FPGA:1, crypto map: zmdtozz
sa timing: remaining key lifetime (k/sec): (4525504/3583)
IV size: 16 bytes
replay detection support: Y
Status: ACTIVE
inbound pcp sas:
outbound esp sas:
spi: 0x451E6346(1159619398)
transform: esp-3des ,
in use settings ={Tunnel, }
conn id: 2009, flow_id: FPGA:1, crypto map: zmdtozz
sa timing: remaining key lifetime (k/sec): (4525504/3583)
```

```
IV size: 16 bytes
replay detection support: Y
Status: ACTIVE
outbound ah sas:
spi: 0x23916398(596730776)
transform: ah-sha-hmac ,
in use settings ={Tunnel, }
conn id: 2009, flow_id: FPGA:1, crypto map: zmdtozz
sa timing: remaining key lifetime (k/sec): (4525504/3583)
IV size: 16 bytes
replay detection support: Y
Status: ACTIVE
outbound pcp sas:
```

我们可以看到 inbound ah sas 和 outbound ah sas 显示使用了 Tunnel 模式。当然两次结果都显示 Ping 通，可是第一次没有使用 VPN，而第二次则使用的是 IPSec VPN。

说明：本次试验需要使用 GNS3 来进行，Packettracer 不支持。

相关知识

1. NAT

NAT 英文全称是“Network Address Translation”，中文意思是“网络地址转换”，它是一个 IETF（Internet Engineering Task Force，Internet 工程任务组）标准，允许一个整体机构以一个公用 IP（Internet Protocol）地址出现在 Internet 上。顾名思义，它是一种把内部私有网络地址（IP 地址）翻译成合法网络 IP 地址的技术。

简单地说，NAT 就是在局域网内部网络中使用内部地址，而当内部节点要与外部网络进行通信时，就在网关（可以理解为出口，打个比方就像院子的门一样）处，将内部地址替换成公用地址，从而在外部公网（internet）上正常使用，NAT 可以使多台计算机共享 Internet 连接，这一功能很好地解决了公共 IP 地址紧缺的问题。通过这种方法，可以只申请一个合法 IP 地址，就把整个局域网中的计算机接入 Internet 中。这时，NAT 屏蔽了内部网络，所有内部网计算机对于公用网络来说是不可见的，而内部网计算机用户通常不会意识到 NAT 的存在。这里提到的内部地址，是指在内部网络中分配给节点的私有 IP 地址，这个地址只能在内部网络中使用，不能被路由（一种网络技术，可以实现不同路径转发）。虽然内部地址可以随机挑选，但是通常使用的是下面的地址：10.0.0.0～10.255.255.255，172.16.0.0～172.31.255.255，192.168.0.0～192.168.255.255。NAT 将这些无法在互联网上使用的保留 IP 地址翻译成可以在互联网上使用的合法 IP 地址。而全局地址，是指合法的 IP 地址，它是由 NIC（网络信息中心）或者 ISP（网络服务提供商）分配的地址，对外代表一个或多个内部局部地址，是全球统一的可寻址的地址。

NAT 功能通常被集成到路由器、防火墙、ISDN 路由器或者单独的 NAT 设备中。比如 Cisco 路由器中已经加入这一功能，网络管理员只需在路由器的 IOS 中设置 NAT 功能，就可以实现对内部网络的屏蔽。再比如防火墙将 WEB Server 的内部地址 192.168.1.1 映射为外部地址 202.96.23.11，外部访问 202.96.23.11 地址实际上就是访问 192.168.1.1。另外资金有限的小型企业来说，现在通过软件也可以实现这一功能。

NAT 有三种类型：静态 NAT（Static NAT）、动态地址 NAT（Pooled NAT）、网络地址端口转换 NAPT（Port－Level NAT）。

其中静态 NAT 设置起来是最为简单和最容易实现的一种，内部网络中的每个主机都被永久映射成外部网络中的某个合法的地址。而动态地址 NAT 则是在外部网络中定义了一系列的合法地址，采用动态分配的方法映射到内部网络。NAPT 则是把内部地址映射到外部网络的一个 IP 地址的不同端口上。根据不同的需要，三种 NAT 方案各有利弊。

动态地址 NAT 只是转换 IP 地址，它为每一个内部的 IP 地址分配一个临时的外部 IP 地址，主要应用于拨号，对于频繁的远程联接也可以采用动态 NAT。当远程用户连接上之后，动态地址 NAT 就会分配给他一个 IP 地址，用户断开时，这个 IP 地址就会被释放而留待以后使用。

网络地址端口转换 NAPT（Network Address Port Translation）是人们比较熟悉的一种转换方式。NAPT 普遍应用于接入设备中，它可以将中小型的网络隐藏在一个合法的 IP 地址后面。NAPT 与动态地址 NAT 不同，它将内部连接映射到外部网络中的一个单独的 IP 地址上，同时在该地址上加上一个由 NAT 设备选定的 TCP 端口号。

2. IPSec VPN

IPSec VPN 即指采用 IPSec 协议来实现远程接入的一种 VPN 技术，IPSec 全称为 Internet Protocol Security，是由 Internet Engineering Task Force（IETF）定义的安全标准框架，用以提供公用和专用网络的端对端加密和验证服务。

IPsec 协议工作在 OSI 模型的第三层，使其在单独使用时适于保护基于 TCP 或 UDP 的协议，如安全套接子层（SSL）就不能保护 UDP 层的通信流。这就意味着，与传输层或更高层的协议相比，IPsec 协议必须处理可靠性和分片的问题，这同时也增加了它的复杂性和处理开销。相对而言，SSL/TLS 依靠更高层的 TCP（OSI 的第四层）来管理可靠性和分片。

IPSec 是一个框架性架构，具体由两类协议组成：

（1） AH 协议（Authentication Header，使用较少）：可以同时提供数据完整性确认、数据来源确认、防重放等安全特性；AH 常用摘要算法（单向 Hash 函数）MD5 和 SHA1 实现该特性。

（2） ESP 协议（Encapsulated Security Payload，使用较广）：可以同时提供数据完整性确认、数据加密、防重放等安全特性；ESP 通常使用 DES、3DES、AES 等加密算法实现数据加密，使用 MD5 或 SHA1 来实现数据完整性。

为何 AH 使用较少呢？因为 AH 无法提供数据加密，所有数据在传输时以明文传输，而 ESP 提供数据加密；其次 AH 因为提供数据来源确认（源 IP 地址一旦改变，AH 校验失败），所以无法穿越 NAT。当然，IPSec 在极端的情况下可以同时使用 AH 和 ESP 实现最完整的安全特性，但是此种方案极其少见。

介绍完 IPSec VPN 的场景和 IPSec 协议组成，再来看一下 IPSec 提供的两种封装模式（传输 Transport 模式和隧道 Tunnel 模式）。

传输 Transport 模式。如图 3-50 所示。

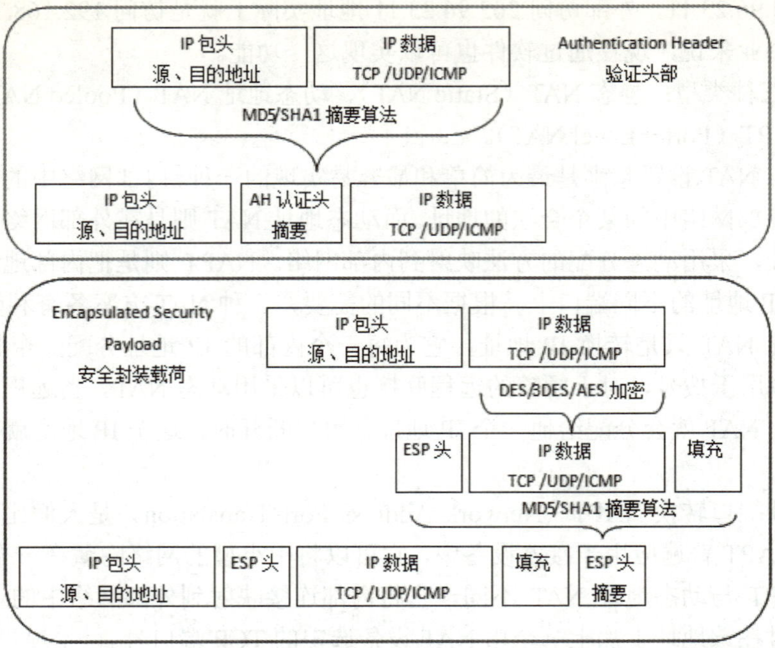

图 3-50　传输 Transport 模式

隧道 Tunnel 模式。如图 3-51 所示。

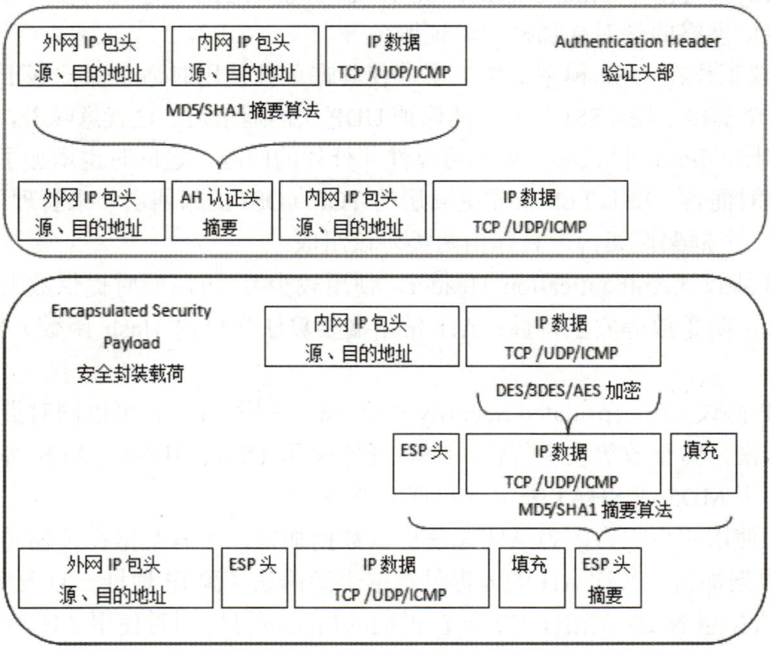

图 3-51　隧道 Tunnel 模式

传输模式和隧道模式的区别：

（1）　传输模式在 AH、ESP 处理前后 IP 头部保持不变，主要用于 End-to-End 的应用场景。

（2）　隧道模式则在 AH、ESP 处理之后再封装了一个外网 IP 头，主要用于 Site-to-Site 的应用场景。

从上图（图 3-50、图 3-51）我们还可以验证上一节所介绍 AH 和 ESP 的差别。图 3-52 是对传输模式、隧道模式适用于何种场景的说明。

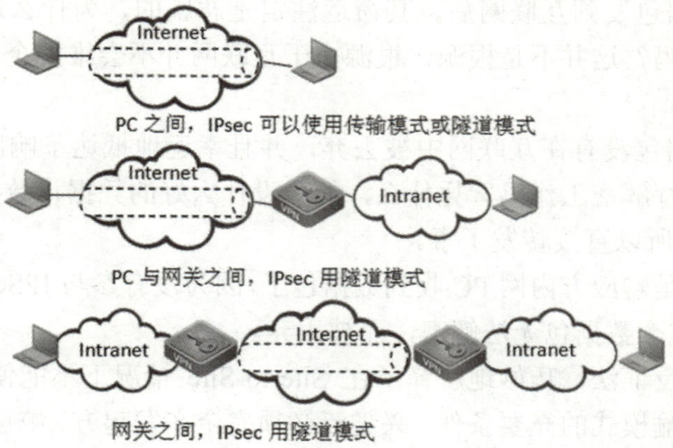
Internet
PC 之间，IPsec 可以使用传输模式或隧道模式
Internet
Intranet
PC 与网关之间，IPsec 用隧道模式
Intranet
Internet
Intranet
网关之间，IPsec 用隧道模式

图 3-52　传输模式、隧道模式适用场景

从图 3-52 对比可以看出：

（1）　隧道模式可以适用于任何场景。

（2）　传输模式只能适合 PC 到 PC 的场景。

隧道模式虽然可以适用于任何场景，但是隧道模式需要多一层 IP 头（通常为 20 字节长度）开销，所以在 PC 到 PC 的场景，建议还是使用传输模式。

为了使大家有个更直观的了解，我们看看图 3-53，分析一下为何在 Site-to-Site 场景中只能使用隧道模式：

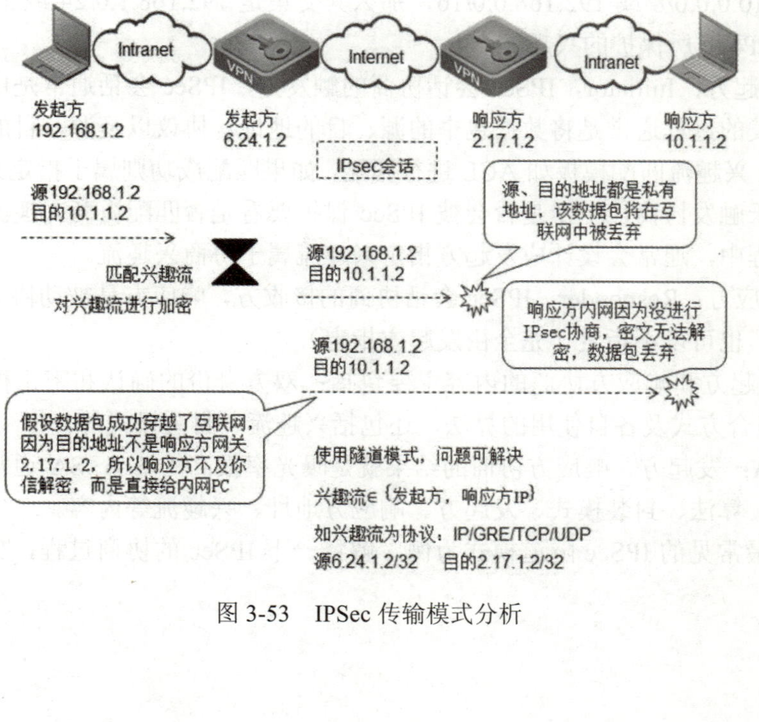
Intranet
Internet
Intranet
发起方
192.168.1.2
发起方
6.24.1.2
响应方
2.17.1.2
响应方
10.1.1.2
IPsec会话
源192.168.1.2
目的10.1.1.2
源、目的地址都是私有地址，该数据包将在互联网中被丢弃
源192.168.1.2
目的10.1.1.2
匹配兴趣流
对兴趣流进行加密
响应方内网因为没进行IPsec协商，密文无法解密，数据包丢弃
源192.168.1.2
目的10.1.1.2
假设数据包成功穿越了互联网，因为目的地址不是响应方网关2.17.1.2，所以响应方不及你信解密，而是直接给内网PC
使用隧道模式，问题可解决
兴趣流∈{发起方，响应方IP}
如兴趣流为协议：IP/GRE/TCP/UDP
源6.24.1.2/32　目的2.17.1.2/32

图 3-53　IPSec 传输模式分析

如图 3-53 所示，如果发起方内网 PC 发往响应方内网 PC 的流量满足网关的兴趣流匹配条件，发起方使用传输模式进行封装：

（1） IPSec 会话建立在发起方、响应方两个网关之间。

（2） 由于使用传输模式，所以 IP 头部并不会有任何变化，IP 源地址是 192.168.1.2，目的地址是 10.1.1.2。

（3） 这个数据包发到互联网后，其命运注定是悲剧的，为什么这么讲，就因为其目的地址是 10.1.1.2 吗？这并不是根源，根源在于互联网并不会维护企业网络的路由，所以丢弃的可能性很大。

（4） 即使数据包没有在互联网中被丢弃，并且幸运地抵达了响应方网关，那么我们指望响应方网关进行解密工作吗？凭什么，的确没什么好的凭据，数据包的目的地址是内网 PC 的 10.1.1.2，所以直接转发了事。

（5）最悲剧的是响应方内网 PC 收到数据包了，因为没有参与 IPSec 会话的协商会议，没有对应的 SA，这个数据包无法解密，而被丢弃。

我们利用这个反证法，巧妙地解释了在 Site-to-Site 情况下不能使用传输模式的原因。并且提出了使用传输模式的充要条件：兴趣流必须完全在发起方、响应方 IP 地址范围内的流量。比如在图 3-53 中，发起方 IP 地址为 6.24.1.2，响应方 IP 地址为 2.17.1.2，那么兴趣流可以是源 6.24.1.2/32、目的是 2.17.1.2/32，协议可以是任意的，倘若数据包的源、目的 IP 地址稍有不同，则要使用隧道模式。

3. IPSec 协商

IPSec 除了一些协议原理外，我们更关注的是协议中涉及到方案制定的内容：

（1） 兴趣流：IPSec 是需要消耗资源的保护措施，并非所有流量都需要 IPSec 进行处理，而需要 IPSec 进行保护的流量就称为兴趣流，最后协商出来的兴趣流是由发起方和响应方所指定兴趣流的交集，如发起方指定兴趣流为 192.168.1.0/24 或 10.0.0.0/8，而响应方的兴趣流为 10.0.0.0/8 或 192.168.0.0/16，那么其交集是 192.168.1.0/24 或 10.0.0.0/8，这就是最后会被 IPSec 所保护的兴趣流。

（2） 发起方：Initiator，IPSec 会话协商的触发方，IPSec 会话通常是由指定兴趣流触发协商，触发的过程通常是将数据包中的源、目的地址、协议以及源、目的端口号与提前指定的 IPSec 兴趣流匹配模板如 ACL 进行匹配，如果匹配成功则属于指定兴趣流。指定兴趣流只是用于触发协商，至于是否会被 IPSec 保护要看是否匹配协商兴趣流，但是在通常实施方案过程中，通常会设计成发起方指定兴趣流属于协商兴趣流。

（3） 响应方：Responder，IPSec 会话协商的接收方，响应方是被动协商，响应方可以指定兴趣流，也可以不指定（完全由发起方指定）。

（4） 发起方和响应方协商的内容主要包括：双方身份的确认和密钥种子刷新周期、AH/ESP 的组合方式及各自使用的算法，还包括兴趣流、封装模式等。

（5） SA：发起方、响应方协商的结果就是曝光率很高的 SA，SA 通常是包括密钥及密钥生存期、算法、封装模式、发起方、响应方地址、兴趣流等内容。

我们以最常见的 IPSec 隧道模式为例，解释一下 IPSec 的协商过程，如图 3-54 所示。

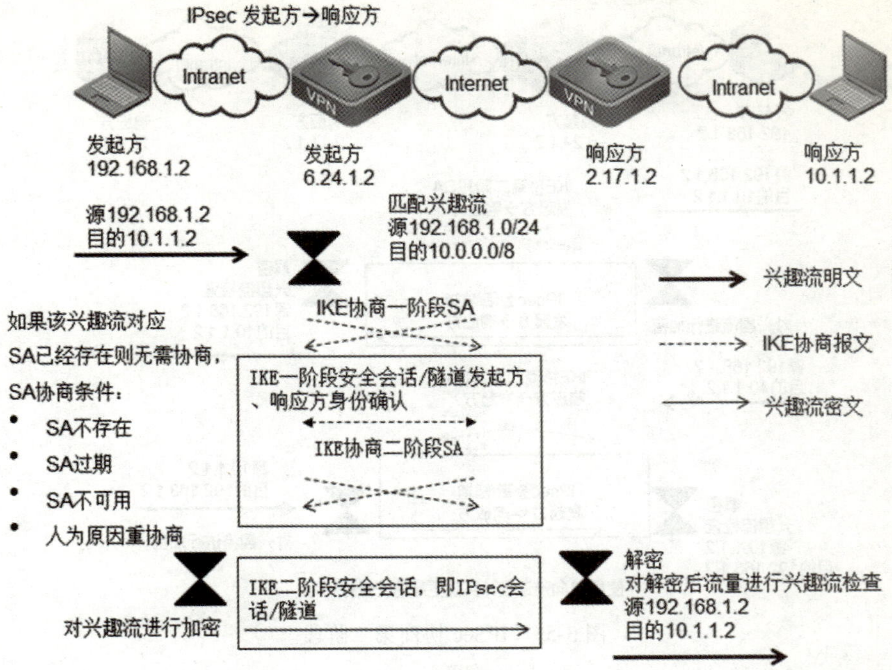

图 3-54　兴趣流触发的 IPSec 协商流程

上图描述了由兴趣流触发的 IPSec 协商流程，原生 IPSec 并无身份确认等协商过程，在方案上存在诸多缺陷，如无法支持发起方地址动态变化情况下的身份确认、密钥动态更新等。伴随 IPSec 出现的 IKE（Internet Key Exchange）协议专门用来弥补这些不足：

（1） 发起方定义的兴趣流是源 192.168.1.0/24 目的 10.0.0.0/8，所以在接口发送发起方内网 PC 发给响应方内网 PC 的数据包，能够得以匹配。

（2） 满足兴趣流条件，在转发接口上检查 SA 不存在、过期或不可用，都会进行协商，否则使用当前 SA 对数据包进行处理。

（3） 协商的过程通常分为两个阶段，第一阶段是为第二阶段服务，第二阶段是真正的为兴趣流服务的 SA，两个阶段协商的侧重有所不同，第一阶段主要确认双方身份的正确性，第二阶段则是为兴趣流创建一个指定的安全套件，其最显著的结果就是第二阶段中的兴趣流在会话中是密文。

IPSec 中安全性还体现在第二阶段 SA 永远是单向的，如图 3-55 所示。

从图 3-55 可以发现，在协商第二阶段 SA 时，SA 是分方向性的，发起方到响应方所用 SA 和响应放到发起方 SA 是单独协商的，这样做的好处在于即使某个方向的 SA 被破解并不会波及到另一个方向的 SA。这种设计类似于双向车道设计。

密钥管理协议 ISAKMP，提供共享安全信息。Internet 密钥管理协议被定义在应用层，IETF 规定了 Internet 安全协议和 ISAKMP（Internet Security Association and Key Management Protocol）来实现 IPSec 的密钥管理，为身份认证的 SA 设置以及密钥交换技术。

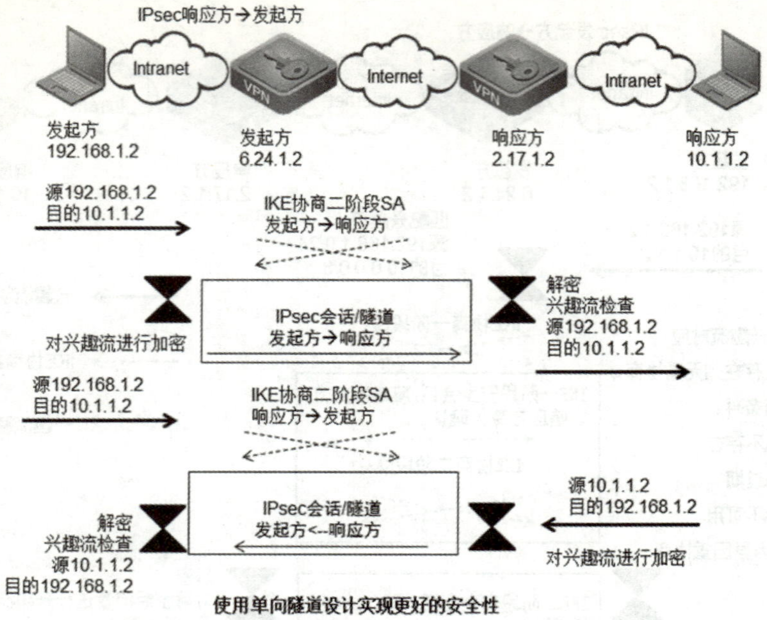

图 3-55　IPSec 协商第二阶段

IPSec 的安全特性主要有：

（1）　不可否认性。

“不可否认性”可以证实消息发送方是唯一可能的发送者，发送者不能否认发送过消息。“不可否认性”是采用公钥技术的一个特征，当使用公钥技术时，发送方用私钥产生一个数字签名随消息一起发送，接收方用发送者的公钥来验证数字签名。由于在理论上只有发送者才唯一拥有私钥，也只有发送者才可能产生该数字签名，所以只要数字签名通过验证，发送者就不能否认曾发送过该消息。但“不可否认性”不是基于认证的共享密钥技术的特征，因为在基于认证的共享密钥技术中，发送方和接收方掌握相同的密钥。

（2）　反重播性。

“反重播”确保每个 IP 包的唯一性，保证信息万一被截取复制后，不能再被重新利用、重新传输回目的地址。该特性可以防止攻击者截取破译信息后，再用相同的信息包冒取非法访问权（即使这种冒取行为发生在数月之后）。

（3）　数据完整性。

防止传输过程中数据被篡改，确保发出数据和接收数据的一致性。IPSec 利用 Hash 函数为每个数据包产生一个加密检查和，接收方在打开包前先计算检查和，若包遭篡改导致检查和不相符，数据包即被丢弃。

（4）　数据可靠性（加密）。

在传输前，对数据进行加密，可以保证在传输过程中，即使数据包遭截取，信息也无法被读。该特性在 IPSec 中为可选项，与 IPSec 策略的具体设置相关。

（5）　认证。

数据源发送信任状，由接收方验证信任状的合法性，只有通过认证的系统才可以建立通信连接。

本章小结

本章结合三个案例介绍了 VLAN、DHCP、ACL、NAT、OSPF、IPSec VPN 等技术，主要是想通过这三个案例让读者明白这些技术在实际中的应用。

习题

一、选择题

1. 在 VLAN 中定义 VLAN 的好处有（　　）。

A．广播控制　　B．网络监控　　C．安全性　　D．流量管理

2. 关于 VLAN，下面说法正确的是（　　）。

A．隔离广播域

B．相互通信要通过三层设备

C．可以限制网上的计算机互相访问的权限

D．只能在同一交换机上的主机进行逻辑分组

3. IPSEC 中推荐使用的转换方式是:（　　）。（多选）

A．AH　　B．AH+ESP（加密）

C．ESP（验证＋加密）　　D．ESP（加密）

E．AH+ESP（验证＋加密）

二、填空题

1. 交换机的端口为__________时，能够转发多个不同 VLAN 的通信的端口。
2. 能够实现不同 VLAN 间通信的设备有__________和__________。
3. IPSec 提供的两种封装模式分别为__________模式和__________模式。
4. OSPF 是典型的__________协议，与距离矢量路由协议有本质区别。
5. NAT 分为__________ NAT 和__________ NAT。

三、简答题

1. 简述划分 VLAN 的方法有哪些？
2. 访问控制列表有哪些类型？

实训项目

组建一个校园网络，要求如下：

（1）内部规划好 IP 地址及 VLAN，要求用户能够动态获取 IP 地址。

（2）内部使用动态路由。

（3）出口路由器（与 ISP 相联）上使用 NAT。

（4）防止外网用户 Ping 本地主机。

自己确定组网方案规划拓扑图，选用设备，并使用模拟器验证。

第4章　网络综合布线

教学目标：

通过本章的学习，使学习者了解综合布线的标准及设计要点，掌握综合布线系统及各子系统的功能，熟悉综合布线的施工和验收过程及应注意的事项。

教学内容：

本章主要介绍网络综合布线系统，包括：

（1）网络综合布线的标准及设计要点。

（2）网络综合布线各子系统的功能及布线架构。

（3）综合布线的施工和验收过程及应注意的事项。

教学重点与难点：

（1）综合布线各子系统的功能实施。

（2）综合布线的施工和验收工作。

案例一　办公室网络综合布线

【案例描述】

小明及同事6人搬进新办公室，室内没有布网线，墙上的信息面板也没有装，办公室张主任让小明对新办公室进行网络综合布线，使同事之间进行网络互连及信息交换。

【案例分析】

如要对办公室网络进行布线，首先做出办公室网络的需求分析，其次撰写设计方案，统计材料清单及预算，最后进行相应的施工，实现上述功能。

【实施方案】

需要根据办公室网络布线的详细需求进行分析，并画出网络拓扑图，再根据需求分析的情况制定详细的施工方案，确立组建网络布线的原则，选定一种既经济又实用的网络布线方式，完成本案例。

1. 组建原则

实用性：满足办公自动化和计算机网络系统对布线的需求。能兼容数据、图像的传输，并可与外部网络连接。

灵活性：为开放式结构，能支持多种计算机数据系统，在应用上能支持会议电视、多媒体等系统的需要。即任一信息点能够连接不同类型的设备，如计算机、打印机、终端或电话、传真机。

模块化：布线系统中，除去固定在建筑物内的线缆外，其余所有的接插件都是积木式的标准件，以方便管理和使用。

扩充性：布线系统是可扩充的，以便将来有更大的发展时，很容易将设备扩展进去。本方案采用树状星型结构，以支持目前和将来各种网络的应用。通过跳线和不同的网络设备，可以实现各种不同逻辑拓扑结构的网络，系统扩充时仅需在相关的“树叉”上添入新的线缆就可以实现。

标准性：满足最新、最高的布线系统标准（如行业标准：CECS 72:97 和 CECS 89:97、国际标准：ISO/IEC 11801：2002、国标：GB/T50311-2000 等），本方案要求满足目前最新的技术标准（草案）的要求。

可靠性：在设计中充分考虑到系统的长期可靠性。本方案从简单实用的方向出发，以具有高可靠性的机架型配线系统为核心，添入了使线缆不会对模块产生拉力的线缆管理器和不会对接头产生拉力的跳线管理器，努力提高系统可靠性和安全性。

经济性：在满足应用要求的基础上，尽可能降低造价，实现最优的性能价格比。

2. 辅材选型

自从 TIA/EIA 于 1991 年首先推出超五类布线标准后，在十几年的时间里，综合布线的应用环境发生了翻天覆地的变化，传统五类系统在现在的高速网络环境中，特别是千兆以太网应用中，已无法满足用户使用的要求。目前超五类产品系列，以其优越精密的线对平行传输和阻抗匹配技术，使其 UTP 布线系统端对端（Point to Point）信道的衰减 Attenuation、近端串音衰耗 NEXT、ACR 等指标，都大大超过 TIA/EIA 568-B 及 ISO/IEC 11801 行业标准。

3. 布线方案

经过对办公室实际查看，办公室有 6 位工作人员，每人有 1 台计算机联网，两两合署办公，共有 3 张大办公桌，绘制出办公室平面图如图 4-1 所示。通过分析，办公室只有 1 个信息点，6 台计算机需要上网，需要购置 1 台小型交换机，为了美观需要购置 PVC 槽板进行铺设，办公室网络布线线路如图 4-2 所示。

4. 线材选型

超 5 类网线：超 5 类具有衰减小，串扰少，并且具有更高的衰减与串扰的比值（ACR）和信噪比、更小的时延误差，性能得到很大提高。超 5 类线的最大传输速率为 250 Mbps。

信息面板：通常指信息插座面板，因长和宽均为 86 毫米，因此又称为 86 信息面板，有明装和暗装两种。

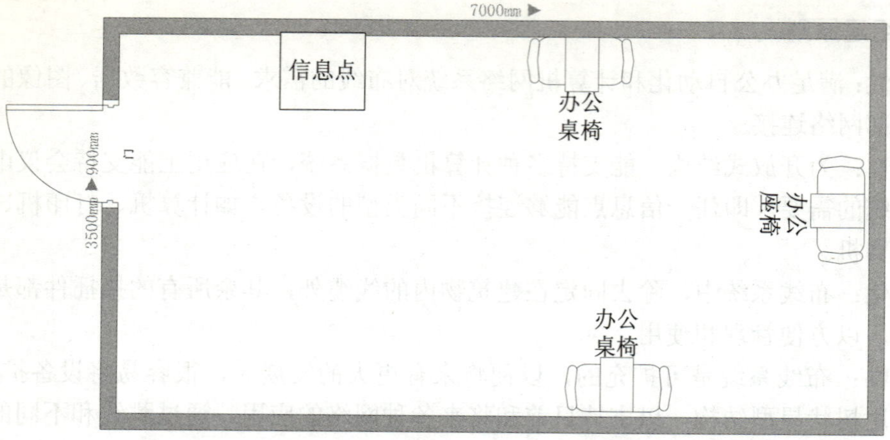

图 4-1 办公室平面图

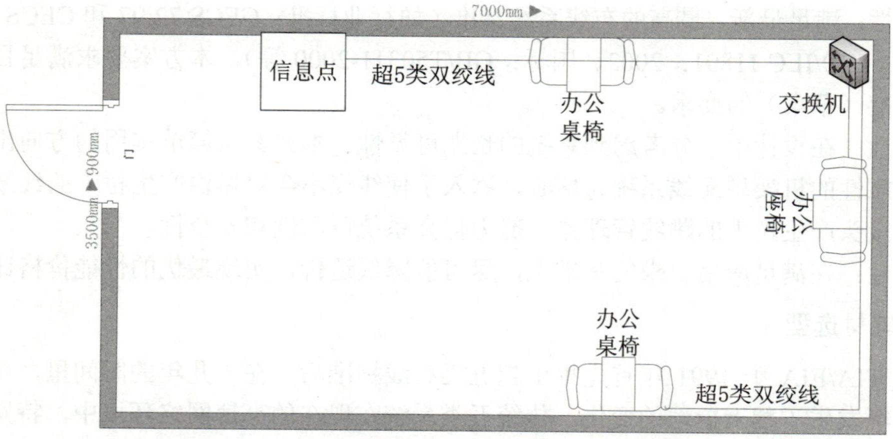

图 4-2 办公室网络布线图

PVC 槽板：PVC 线槽即聚氯乙烯线槽（PVC = Polyvinyl chloride，聚氯乙烯，一种合成材料），一般通用叫法有行线槽，电气配线槽，走线槽等。采用 PVC 塑料制造，具有绝缘、防弧、阻燃自熄等特点，主要用于电气设备内部布线，在 1200 V 及以下的电气设备中对敷设其中的导线起机械防护和电气保护作用。使用产品后，配线方便，布线整齐，安装可靠，便于查找、维修和调换线路。PVC 线槽的品种规格很多，从型号上讲有：PVC-20 系列、PVC-25 系列、PVC-25F 系列、PVC-30 系列、PVC-40 系列、PVC-40Q 系列等。从规格上讲有：20 mm*12 mm，25 mm*12.5 mm，25 mm*25 mm，30 mm*15 mm，40 mm*20 mm，14 mm*24 mm，18 mm*38 mm 等。

网线钳：用来压接网线或电话线和水晶头的工具，因地域不一样名称也不尽一样：网络端子钳、网络钳、线缆压著钳、网线钳等。按功能分单用、两用、三用。8P（可压接 8 芯线：网线 RJ-45）两用的其实就是上面规格的组合：4P+6P 或 4P+8P 或 6P+8P，三用的就是 4P+6P+8P，功能齐全，一般都带有剥线和剪线的功能。

【实施步骤】

按照实施方案的要求，步骤如下：

第一步：根据需求，购置网络布线相关产品。

以 6 人、6 台计算机为例计算，所需网络相关产品如表 4-1 所示。

表 4-1 网络布线产品清单

设备名称	功 能	数 量	用 途
信息面板模块套装	信息点安装	1 套	连接办公室与楼宇网络
交换机	8 口交换	1 台	连接办公室相关设备
网线	超 5 类	1 箱	根据所需长度来计算，自己制作或到市场上购买
RJ-45	水晶头	1 盒	自己制作网线才需要
压线钳	网络线压制	1 把	自己制作网线才需要

第二步：信息面板安装。

将双绞线从线槽或线管中通过进线孔拉入信息插座底盒中；为便于端接、维修和变更，线缆从底盒拉出后预留 15 cm 左右后将多余部分剪去；端接信息模块如图 4-3 所示；将容余线缆盘于底盒中；将信息模块插入面板中；合上面板，紧固螺钉，插入标识，完成安装。

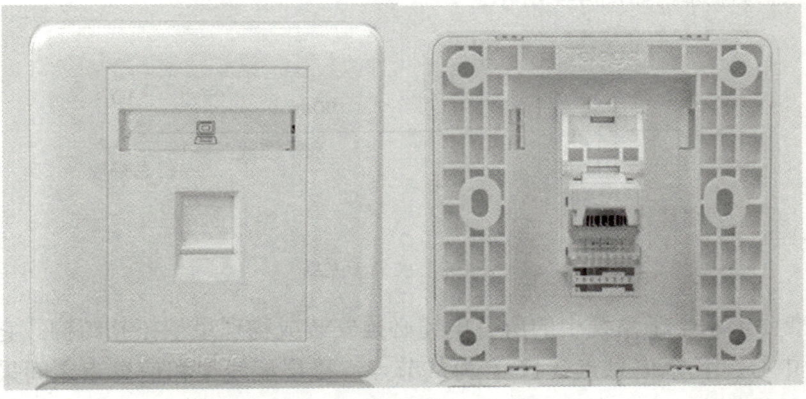

图 4-3 信息面板结构图

第三步：办公室布线电缆走线。

办公室电缆可以直接走天花板架，放入线槽，埋入墙中，工业标准允许在接近连接地方引入结合点。

1） 采用走吊顶的轻型槽型电缆桥架的方式；

2） 采用地面线槽走线方式。

第四步：网络测试。

当 6 台计算机 IP 配置后，在系统的命令提示符状态下输入 Ping 命令对计算机、无线路由器、互联网进行联通性测试。

至此，办公室局域网组建就大功告成了。

案例二　水平子系统网络综合布线

【案例描述】

小明公司中标了一栋办公大楼的网络综合布线项目，公司通过分析，小明比较适合负责水平子系统的综合布线任务，若你是小明，怎么来实施该项目？

【案例分析】

如要对大楼水平子系统的网络综合布线，首先做出水平子系统布线的需求分析，其次撰写设计方案，统计材料清单及预算，最后进行相应的施工，实现上述功能。

【实施方案】

1. 组建原则

水平布线子系统是综合布线系统结构的一部分，具有面广、点多、线长的特点。

水平子系统从工作区的信息点延伸到楼层配线间的管理子系统，由工作区的信息点、信息点至楼层配线设备（FD）的水平电缆或光缆、楼层配线设备（FD）、设备缆线和跳线等组成，CP 点为可选。如图 4-4 所示。

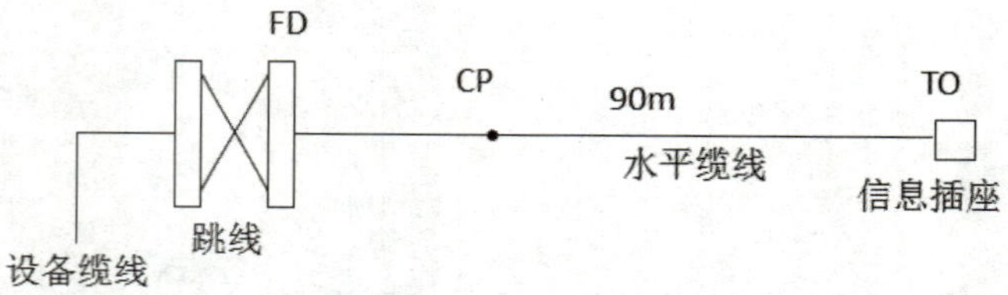

图 4-4　水平子系统

布线标准要求水平子系统中的所有电缆必须安装成物理星型拓扑结构。它以楼层配线架（FD）为中心，各个信息点（TO）为从节点，楼层配线架和信息点之间采取独立的线路互相连接，形成以 FD 为中心向外辐射的星型网状态，如图 4-5 所示。水平子系统的线缆一端与工作区的信息点端接，另一端与楼层配线间的配线架相连接。

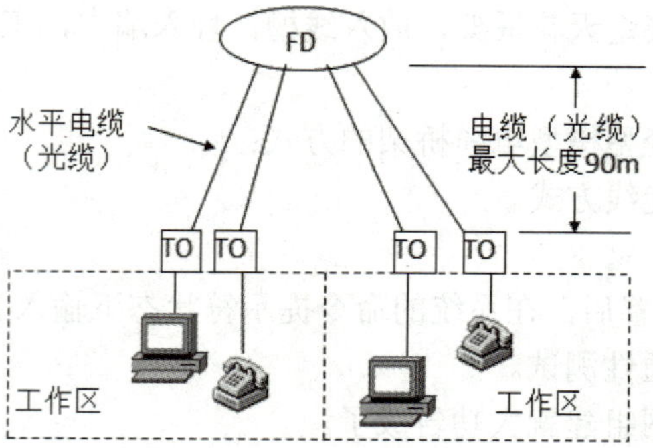

图 4-5　水平子系统布线拓扑

按照 GB50311－2007 国家标准的规定，水平缆线属于水平子系统中，对于缆线的长度作了统一规定，水平子系统各缆线长度应符合图 4-6 的划分并应符合下列要求：

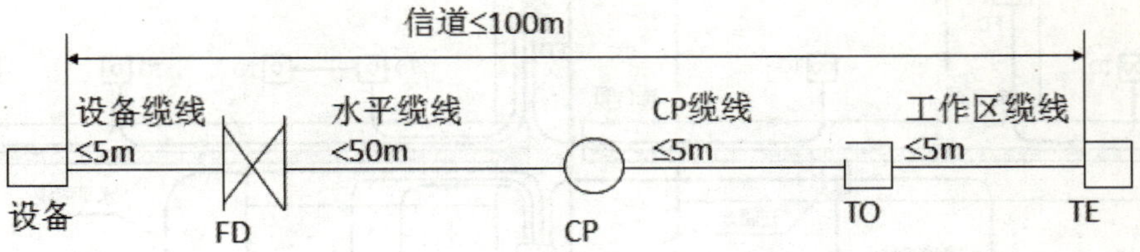

图 4-6 水平子系统缆线划分

水平子系统信道的最大长度不应大于 100 m。其中水平缆线长度不大于 90 m；工作区设备缆线、电信间配线设备的跳线和设备缆线之和不应大于 10 m，当大于 10 m 时，水平缆线长度（90 m）应适当减少。楼层配线设备（FD）跳线、设备缆线及工作区设备缆线各自的长度不应大于 5 m。

2. 选型标准

选择水平子系统的缆线，要根据建筑物信息的类型、容量、带宽和传输速率来确定。按照水平子系统对缆线及长度的要求，在水平子系统楼层配线间到工作区的信息点之间。对于计算机网络和电话语音系统，应优先选择 4 对非屏蔽双绞线电缆；对于屏蔽要求较高的场合，可选择 4 对屏蔽双绞线；对于有线电视系统，应选择 75 的同轴电缆；对于传输速率高或保密性要求高的场合，可采用室内多模或单模光缆直接布设到桌面的方案。

由于在大多数设计中，水平子系统是被封闭在吊顶、墙面或地面中的，所以可以认为水平子系统是不可更改的永久性系统，因此选择水平缆线要求一步到位，即按用户的长远需求配置较高规格的双绞线对称电缆，保证用户不必破坏建筑结构，去维修或更换水平子系统。

根据 ANSI /TIA/EIA-568-B.1 标准，在水平子系统中推荐采用的线缆型号为：

（1） 4 线对 100 非屏蔽双绞线（UTP）对称电缆。

（2） 4 线对 100 屏蔽双绞线（ScTP）对称电缆。

（3） 50/125mm 多模光缆。

（4） 62.5/125mm 多模光缆。

3. 布线方案

1） 地板下敷设线缆方式。

（1） 暗埋管布线法。

地板下暗埋管布线法是将金属管道或阻燃高强度 PVC 管直接埋入混凝土楼板或墙体中，并从配线间向各信息点敷设，如图 4-7 所示。暗埋管布线方式和新建建筑物同时设计施工。

暗管的转弯角度应大于 90°，在路径上每根暗管的转弯角度不得多于 2 个，并不应有 S 弯出现，有弯头的管道长度超过 20m 时，应设置管线过线盒装置；在有 2 个弯时，不超过 15m 应设置过线盒。

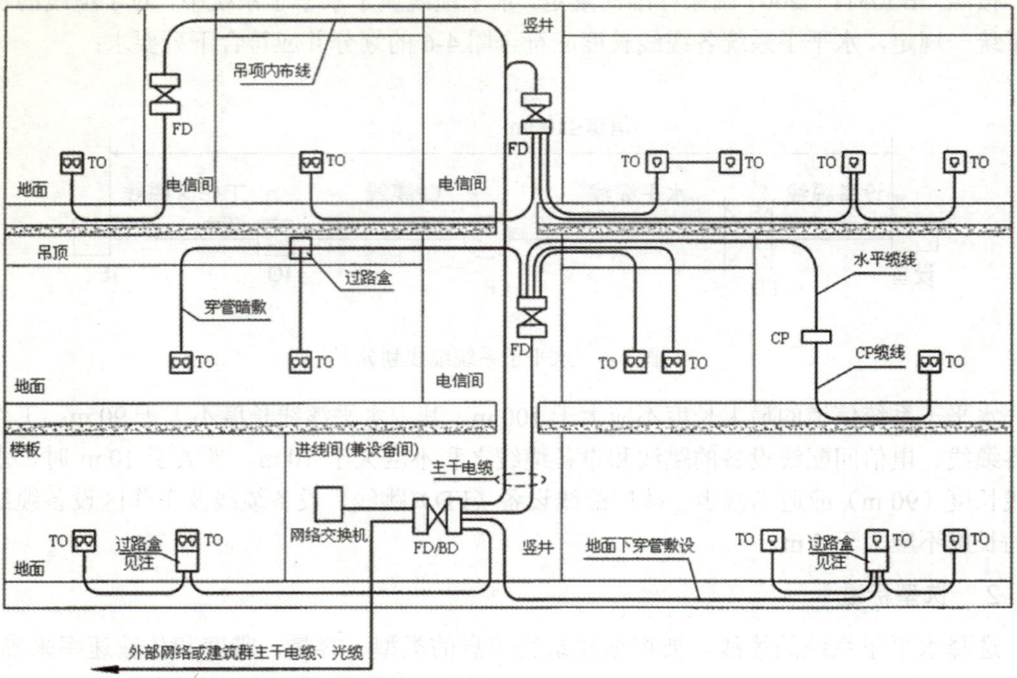

图 4-7　暗埋管布线方式

设置在墙面的信息点布线路经宜使用暗埋钢管或 PVC 管，对于信息点较少的区域管线可以直接铺设到楼层的设备间机柜内，对于信息点比较多的区域先将每个信息点管线分别铺设到楼道或者吊顶上，然后集中进入到楼道或者吊顶上安装的线槽或者桥架。

新建公共建筑物墙面暗埋管的路经一般有两种做法，第一种做法是从墙面插座向上垂直埋管到横梁，然后在横梁内埋管到楼道本层墙面出口。如图 4-8 所示。第二种做法是从墙面插座向下垂直埋管到横梁，然后在横梁内埋管到楼道下层墙面出口，如图 4-9 所示。

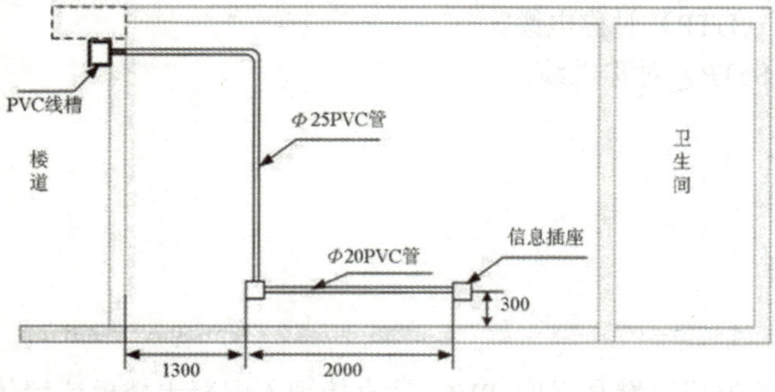

图 4-8　同层水平子系统暗埋管

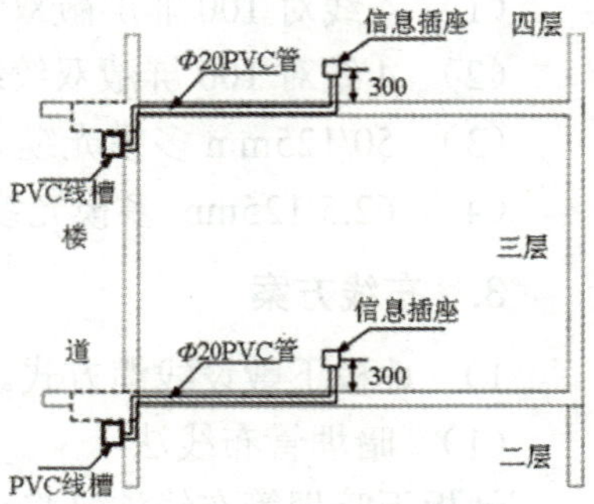

图 4-9　不同层水平子系统暗埋管

（2） 地面线槽布线方式。

地面线槽方式就是由电线间出来的线缆走地面线槽到地面出线盒或由过线盒出来的支管到墙上的信息出口。由于地面出线盒和过线盒不依赖于墙或柱体直接走地面垫层，因此这种方式比较适用于大开间或需要打隔断的场合。地面线槽方式就是将长方形的线槽打在地面垫层中（垫层厚度应为 6.5 cm），每隔 4～8 m 设置一个过线盒或出线盒（在支路上出线盒也起分线盒的作用），直到信息出口的接线盒。地面线槽布线如图 4-10 所示。强、弱电可以走同路由相邻的线槽，而且可以接到同一出线盒的各自插座，金属线槽应接地屏蔽，这种方式要求楼板较厚，造价较贵，多用于高档办公楼。若楼层信息点较多，应同时采用地面线槽与天花板吊顶内敷设线槽相结合的方式。

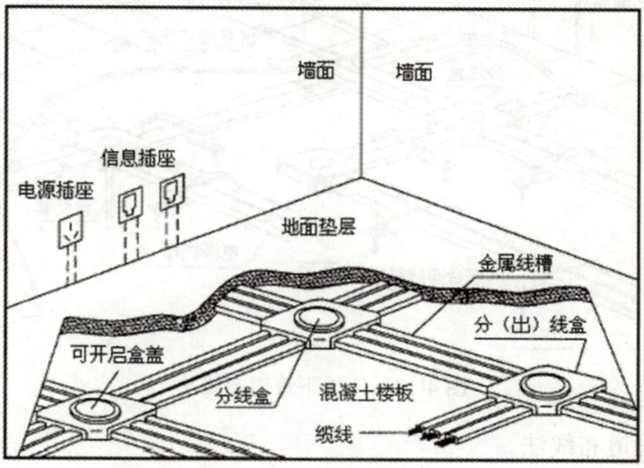

图 4-10　地面金属线槽布线法

（3）　预埋金属线槽与电缆沟槽结合布线法。

预埋金属线槽与电缆沟槽结合的布线方法是地面线槽布线方法的扩展，适合于大开间或需要隔断的场所，如图 4-11 所示。沟槽内电缆为主干布线路由，分束引入各预埋线槽，再在线槽上的出口处安装信息插座，不同种类的线缆应分槽或同槽分室（用金属板隔开）布放，线槽高度不宜超过 25 mm，电缆沟槽的宽度宜小于 600 mm。其与地面线槽布线方法相似，但其容量较大，适用于电缆条数较多的场合。缺点是安装施工难度大，造价也高。

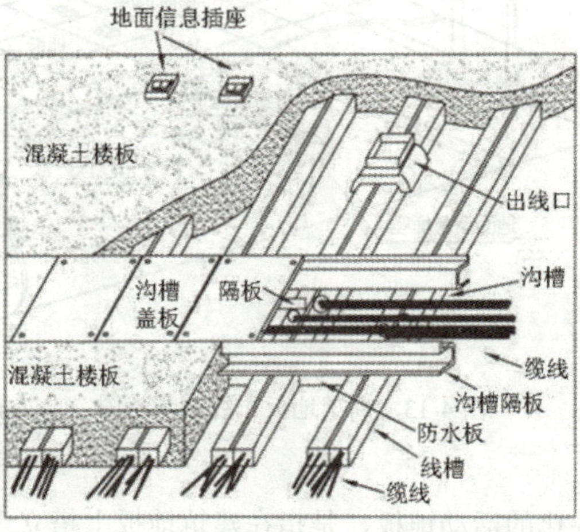

图 4-11　预埋金属线槽与电缆沟槽结合布线法

（4） 地板下线槽布线法。

地板下线槽布线法是由电线间出来的线缆走线槽到地面出线盒或墙上的信息插座。如图 4-12 所示。强、弱电线槽宜分开，每隔 4～8 m 或转弯处设置一个分线盒或出线盒。这种方法可提供良好的机械性保护、减少电气干扰、提高安全性，但安装费用较贵，并增加了楼面负荷，适用于大型建筑物或大开间工作环境。

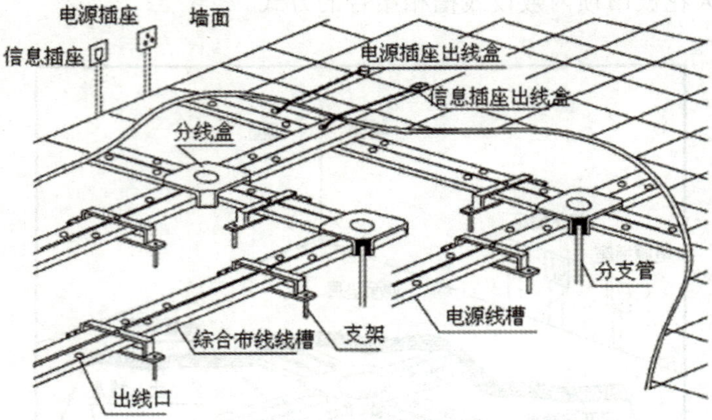

图 4-12 地板下管道布线法

（5） 地板下管道布线法。

地板下管道布线法和地板下线槽布线法类似，但安装费用较低，且外观良好，适合于普通办公室和家居布线，如图 4-13 所示。

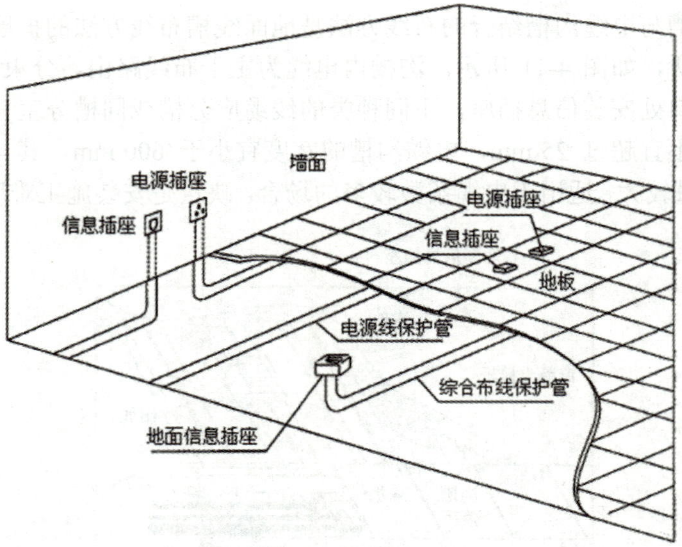

图 4-13 高架地板布线法示意图

（6） 地板布线方式。

高架地板是一种模块化的活动地板，是指在建筑地板上搭立一个金属支架（固定在建筑物地板上的铝质或钢质锁定支架），在金属支架上放置一定规格的具有一定强度的木质或塑料或其他材料的方块地板，其中某些地板留有信息出口，作为地盒安装时使用。任何一块方板都能活动，以便维护检修或敷设拆除电缆。架空地板常用于计算机机房、设备间或大开间办公室。架空地板布线如图 4-14 所示。

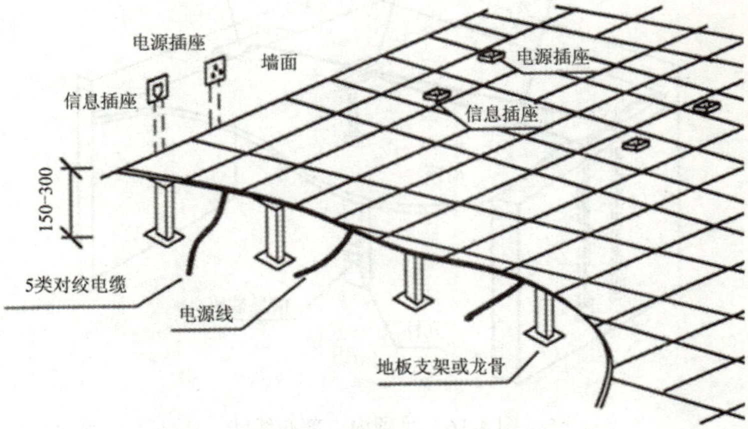

图 4-14　高架地板布线法示意图

2）天花板吊顶内敷设线缆方式。

（1）吊顶内分区方式。

将天花板内的空间分成若干各小区，敷设大容量电缆。从楼层配线间利用管道或直接敷设到每个分区中心，由小区的分区中心分别把线缆经过墙壁或立柱引到信息点，也可在中心设置适配器，将大容量电缆分成若干根小电缆再引到信息点。如图 4-15 所示。这种方法配线容量大，经济实用，工程造价低，灵活性强，能适应今后变化，但线缆在管道敷设时会受到限制，施工不太方便。

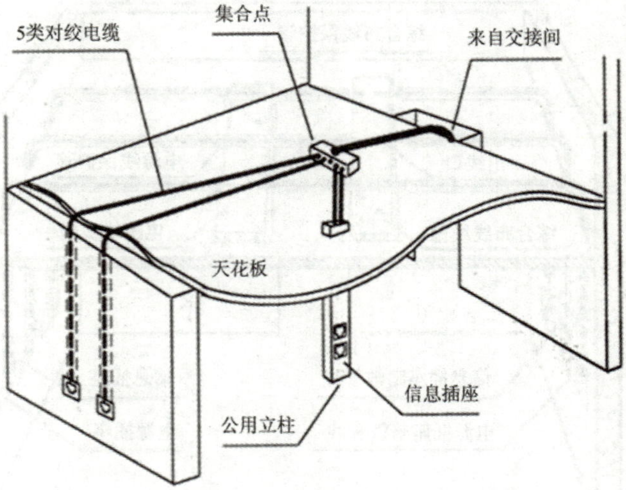

图 4-15　吊顶内分区布线法

（2）吊顶内内部布线方式。

吊顶内内部布线方式是指从楼层配线间将电缆直接辐射到信息点。如图 4-16 所示。内部布线的方式的灵活性最大，不受其他因素限制，经济实用，无需使用其他设施且电缆独立敷设传输信号不会互相干扰，但需要的线缆条数较多。

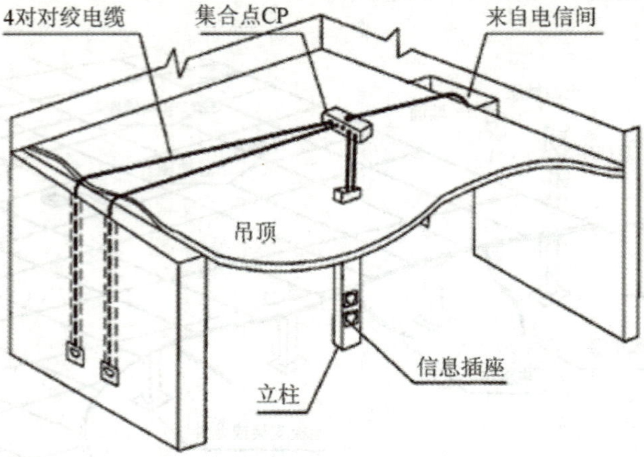

图 4-16　吊顶内内部布线法

（3）　吊顶线槽、管道与墙内暗管结合布线法。

适用于大型建筑物或布线系统较复杂的场合。线槽通常安装在吊顶内或悬挂在天花板上，用在大型建筑物或布线比较复杂而需要有额外支撑物的场合。用横梁式线槽将线缆引向所要布线的区域。由配线间出来的线缆先走吊顶内的线槽，到各房间后，经分支线槽从横梁式电缆管道分叉后将电缆穿过一段支管引向墙柱或墙壁，沿墙而下直到信息出口；或沿墙而上，在上一层楼板钻一个孔，将电缆引到上一层的信息出口，最后端接在用户的信息点上。如图 4-17 所示。线槽可选用金属线槽、也可选用阻燃、高强度的 PVC 槽，通常有单件扣合方式和双件扣合方式两种类型。并配有各种规格的转弯线槽、T 字形线槽等。

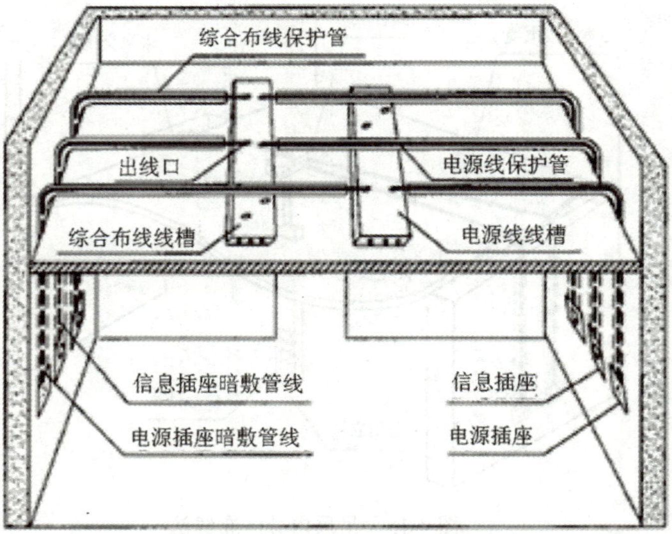

图 4-17　吊顶线槽墙体支管式

3）墙体暗管方式。

建筑物土建设计时，已考虑综合布线管线设计，水平布线路由由配线间经吊顶或地板下进入各房间后，采用墙体内预埋暗管的方式，将线缆布放到信息点。

明敷设布线方式主要用于既没有天花板吊顶又没有预埋管槽的建筑物的综合布线系统。适用于已建的建筑物。在现有建筑物中选用和设计新的缆线敷设方法时，必须注意不应损害原有建筑物的结构强度和影响建筑物内部布局风格。

通常采用走廊槽式桥架和墙面线槽相结合的方式设计布线路由。通常水平布线路由从楼层配线间的 FD 开始，经走廊槽式桥架，用支管到各房间，再经墙面线槽将线缆布放至信息插座（一般为明装）。当布放的线缆较少时，从配线间到工作区信息插座布线时也可全部采用墙面线槽方式。

（1）走廊槽式桥架方式。

走廊槽式桥架是指将线槽用吊杆或拖臂架设在走廊的上方，如图 4-18 所示。线槽一般采用镀锌或镀彩两种金属线槽，镀锌线槽相对较便宜，镀彩线槽抗氧化性能好。当线缆较少时也可采用高强度 PVC 线槽。槽式桥架方式设计施工方便，最大的缺陷是线槽明敷，影响建筑物的美观。

目前，各高校校园网建设，企事业单位内部局域网建设中，老式学生宿舍、办公楼既没有预埋管道又没有天花板时，通常采用这种方式。

图 4-18　走廊槽式桥架方式

（2）墙面线槽方式。

墙面线槽方式适用于既没有天花板吊顶又没有预埋槽管的已建建筑物的水平布线。如图 4-19 所示。墙面线槽的规格有 20 mm*10 mm、40 mm*20 mm、60 mm*30 mm、100 mm*30 mm 等型号，根据线缆的多少选择合适的线槽，主要用在房间内布线，当楼层信息点较少时也用于走廊布线，和走廊槽式桥架方式一样，墙面线槽设计施工方便，但线槽明敷，影响建筑物的美观。

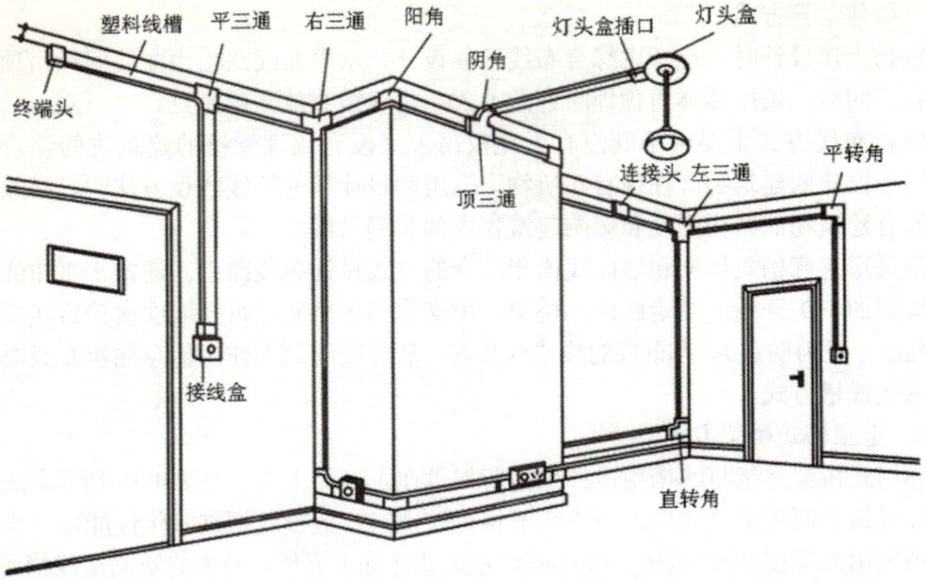

图 4-19 墙面线槽方式

（3） 护壁板管道布线法。

护壁板管道是一个沿建筑物墙壁护壁板或踢脚板以及木墙裙内敷设的金属或塑料管道。如图 4-20 所示。这种布线结构便于直接布放电缆。通常用在墙壁上装有较多信息插座的楼层区域。

电缆管道的前面盖板是可活动的，插座可装在沿管道附近位置上。当选用金属管道时，电力电缆和通信电缆由连接接地的金属隔板隔离开来，目的是防止电磁干扰。

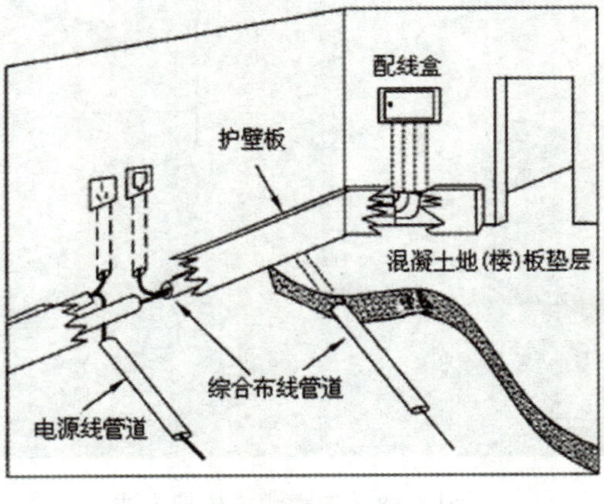

图 4-20 护壁板管道布线

（4） 地板导管布线法。

采用这种布线方式时，地板上的胶皮或金属导管可用来保护沿地板表面敷设的裸露电缆，如图 4-21 所示。在这种方式中，电缆穿放在这些导管内，导管又固定在地板上，而盖板紧固在导管基座上。信息插座一般以墙上安装为主，地板上的信息插座应设在不影响活动的地位。地板上导管布线法具有快速和容易安装的优点，适于通行量不大的区域（如各个办公室等）和不是通道的场合（如靠墙壁的区域），工程费用较低。一般不要在过道上主楼层区使用这种布线方式。

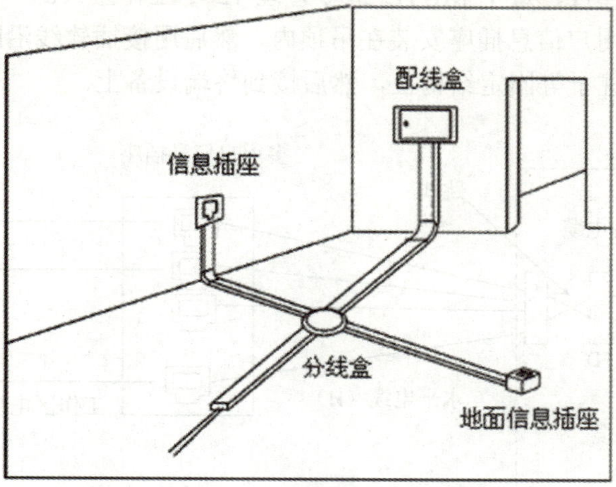

图 4-21　地板导管布线法

（5）　模压电缆管道布线法。

模压管道是一种金属模压件，固定在接近顶棚（或天花板）与墙壁结合处的过道和房间的墙上。如图 4-22 所示。管道可以把模压件连接到配线间。在模压件后面，小套管穿过墙壁，以便使电缆经套管穿放到房间；在房间内，另外的模压件将连接到插座的电缆隐蔽起来。虽然这一方法一般说来已经过时，但在旧建筑物中仍可采用，但这一方法的灵活性较差。

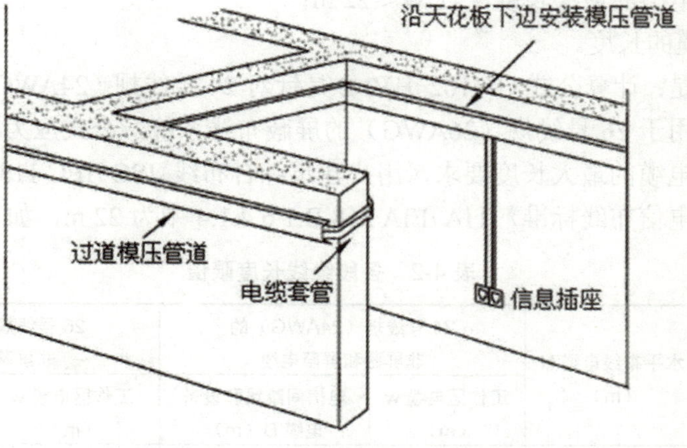

图 4-22　模制管道布线法

4.　综合布线方案设计

1）　多用户信息插座设计。

多用户信息插座（Multi—User Telecommunications Outlet，MUTO）是指将多个多种信息模块组合在一起的信息插座，处于水平子系统水平电缆的终端点，它相当于将多个工作区的信息插座集中设置于一个汇聚的箱体，完成水平电缆的集线，在业务使用时再通过工作区的设备缆线延伸至终端设备。按照从配线间到 MUTO，然后从 MUTO 到工作区设备的链路连接方式进行连接，每个 MUTO 最多管理 12 个工作区（24～36 个信息点），如图 4-23 所示。通常，多用户信息插座安装在吊顶内，然后用接插软线沿隔断、墙壁或墙柱而下，或安装在墙面或柱子等固定结构上，然后接到终端设备上。

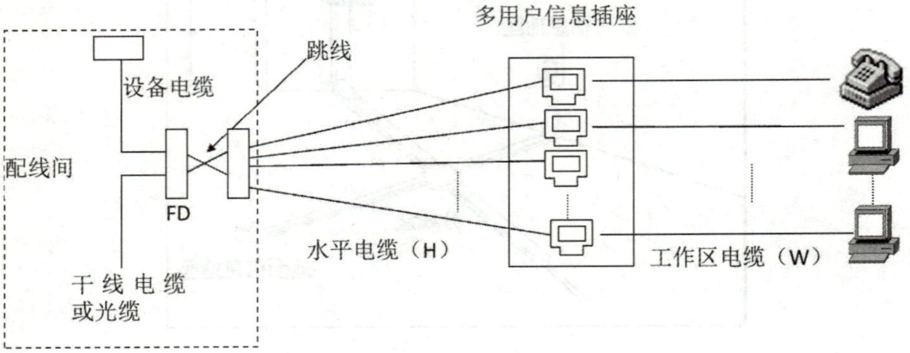

图 4-23　多用户信息插座方案示意图

采用多用户信息插座时，每一个多用户插座包括适当的备用量在内，宜能支持 12 个工作区所需的 8 位模块通用插座；各段缆线长度可按表 4-2 选用，也可按下式计算：

$C=(102-H)/1.2$

$W=C-5$

式中 $C=W+D$：工作区电缆、电信间跳线和设备电缆的长度之和；

D：电信间跳线和设备电缆的总长度；

W：工作区电缆的最大长度，且 $W \leq 22$ m；

H：水平电缆的长度。

需要注意的是：计算公式 $C=(102-H)/1.2$ 是针对 24 号线规（24AWG）的非屏蔽和屏蔽布线而言，如应用于 26 号线规（26AWG）的屏蔽布线系统，公式应为 $C-(102-H)/1.5$。

工作区设备电缆的最大长度要求,《用户建筑综合布线》ISO /IEC 11801 2002 中为 20 m，但在《商业建筑电信布线标准》TIA /EIA 568 B.1 6.4.1.4 中为 22 m，如表 4-2 所示。

表 4-2　各段缆线长度限值

电缆总长度（m）	水平布线电缆 H（m）	24 号线规（24AWG）的非屏蔽和屏蔽电缆		26 号线规（26AWG）的非屏蔽和屏蔽电缆	
		工作区电缆 w（m）	电信间跳线和设备电缆 D（m）	工作区电缆 w（m）	电信间跳线和设备电缆 D（m）
100	90	5	5	4	4
99	85	9	5	7	4
98	80	13	5	11	4
97	25	17	5	14	4
97	70	22	5	17	4

2）集合点布线设计。

集合点（CP）与多用户信息插座布线设计的不同点主要为设置位置不一样，集合点设置于水平电缆的路由位置。它相当于将水平电缆一截为二，并为此引出了 CP 链路（CP 至 FD）和 CP 缆线（CP 至 TO）的内容，而且，CP 点对于电缆 / 光缆链路都是适用的。在工程实施中，实际上将水平缆线分成两个阶段完成，CP 链路在前期土建施工阶段布放，CP 缆线在房屋装修时安装。如图 4-24 所示。

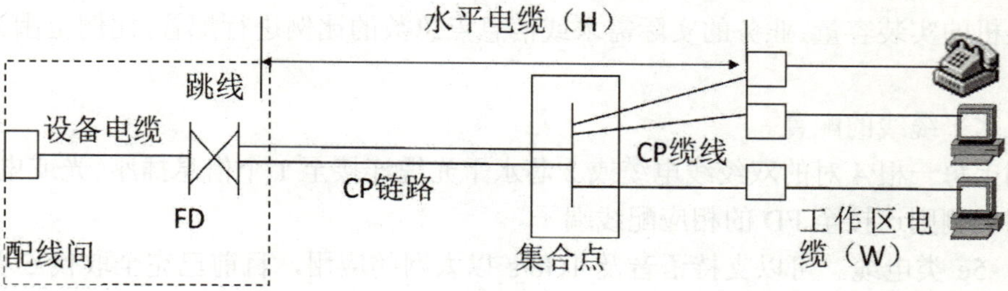

图 4-24　多用户信息插座方案示意图

采用集合点布线设计时应注意以下几点：

（1）集合点配线设备与 FD 之间水平线缆的长度应大于 15 m；

（2）集合点配线设备容量宜以满足 12 个工作区信息点需求设置；

（3）同一个水平电缆路由不允许超过一个集合点（CP）；

（4）从集合点引出的 CP 线缆应终接于工作区的信息插座或多用户信息插座上；

（5）集合点可用模块化表面安装盒（6 口、12 口）、配线架、区域布线盒（6 口）等；

（6）CP 点由无跳线的连接器件组成，在电缆与光缆的永久链路中都可以存在。

设置集合点的目的是针对那些偶尔进行重组的场合，不像多用户信息插座所针对时重组非常频繁的办公区，集合点应该容纳尽量多的工作区。

3）水平子系统配置设计要求。

水平子系统应根据下列要求进行设计：

（1）根据工程提出的近期和远期终端设备的设置要求，用户性质、网络构成及实际需要确定建筑物各层需要安装信息插座模块的数量及其位置，配线应留有扩展余地。

（2）水平子系统缆线应采用非屏蔽或屏蔽 4 对对绞电缆，在需要时也可采用室内多模或单模光缆。

（3）每一个工作区信息插座模块（电、光）数量不宜少于 2 个，并满足各种业务的需求。

（4）底盒数量应以插座盒面板设置的开口数确定，每一个底盒支持安装的信息点数量不宜大于 2 个。

（5）光纤信息插座模块安装的底盒大小应充分考虑到水平光缆（2 芯或 4 芯）终接处的光缆盘留空间和满足光缆对弯曲半径的要求。

（6）工作区的信息插座模块应支持不同的终端设备接入，每一个 8 位模块通用插座应连接 t 根 4 对对绞电缆；对每一个双工或 2 个单工光纤连接器件及适配器连接 1 根 2 芯光缆。

（7） 从电信间至每一个工作区水平光缆宜按 2 芯光缆配置。光纤至工作区域满足用户群或大客户使用时，光纤芯数至少应有 2 芯备份，按 4 芯水平光缆配置。

（8） 连接至电信间的每一根水平电缆 /光缆应终接于相应的配线模块，配线模块与缆线容量相适应。

（9） 电信间 FD 主干侧各类配线模块应按电话交换机、计算机网络的构成及主干电缆/光缆的所需容量要求及模块类型和规格的选用进行配置。

（10） 电信间 FD 采用的设备缆线和各类跳线宜按计算机网络设备的使用端口容量和电话交换机的实装容量、业务的实际需求或信息点总数的比例进行配置，比例范围为 25%～50%。

4） 水平缆线的配置。

原则上每一根 4 对的双绞线电缆或 2 芯水平光缆连接至 1 个信息插座（光或电端口）；在电信间一侧则连接至 FD 的相应配线端子。

（1） 5e 类电缆。可以支持语音及 1Gb/s 以太网的应用，目前已完全取代 5 类产品。能完全满足语音业务应用，并有发展的余地。

（2） 6 类电缆。可以支持语音及 1Gb/s 到 10Gb/s 以内的以太网的应用。

（3） 6e 类电缆。可以支持语音及 10Gb/s 以太网的应用。

（4） 光缆。可以支持 1Gb/s 到 10Gb/s 以太网的应用。

5） 光纤至桌面配置。

光纤至桌面（FTTD）的应用，光插座应可以支持单个终端采用光口时的应用，也可以满足某一工作区域组成的计算机网络主干端口对外部网络的连接作用。如果光纤布放至桌面，再加上综合业务的配线箱（网络设备和配线设备的组合箱体）的接入，可为末端大客户的用户提供一种全程的网络解决方案，具有一定的应用前景。光纤的路由形成大致有以下几种方式，以此作为对前面提到的光纤信道构成作补充说明，如图 4-25 所示。

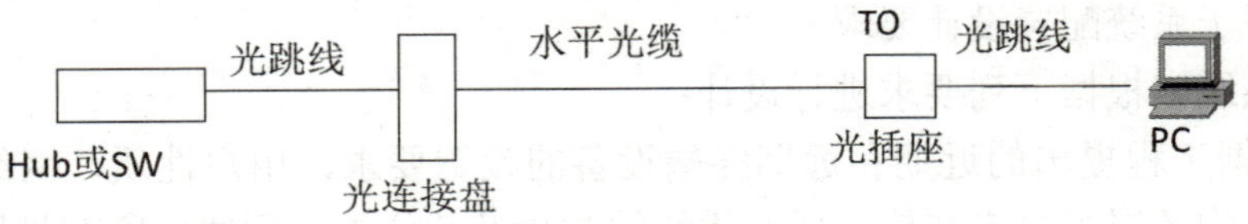

图 4-25 光纤信道构成

（1） 工作区光插座配置。

工作区光插座可以从 ST、SC、或超小型的 SFF（LC、MTJ、VF45）中去选用。但应考虑到连接器的光损耗指标、支持应用网络的传输速率要求、连接口与光纤之间的连接施工方式及产品的造价等因素综合考虑。

光插座（耦合器）与光纤的连接器件应配套使用，并根据产品的构造及所连接光纤的芯数分成单工与双工的性能。一般从网络设备光端口的工作状态出发，可采用双口光插座连接 2 芯光纤，完成信号的收、发，如果考虑光口的备份与发展，也可按 2 个双口光插座配置。

（2） 水平光缆与光跳线配置。

水平光缆的芯数可以根据工作区光信息插座的容量确定为 2 芯或 4 芯光缆。

水平光缆一般情况下采用 62.5m 或 50m 的多模光缆，如果工作区的终端设备或自建的网络跨过大楼的计算机网络而直接与外部的 Internet 网进行互通时，为避免多模 /单模光纤相连时转换，也可采用单模光缆，如图 4-26 所示。

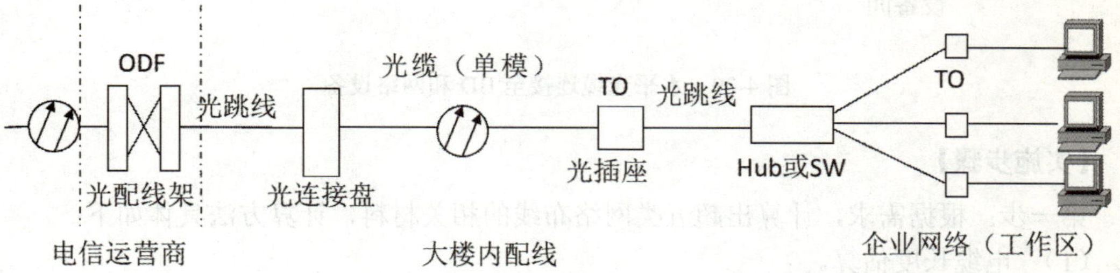

图 4-26 水平光缆与光跳线配置

在图 4-27 中，工作区企业网络的网络设备直接通过单模光缆连接至电信运营商光配线架或相应通信设施完成宽带信息业务的接入。

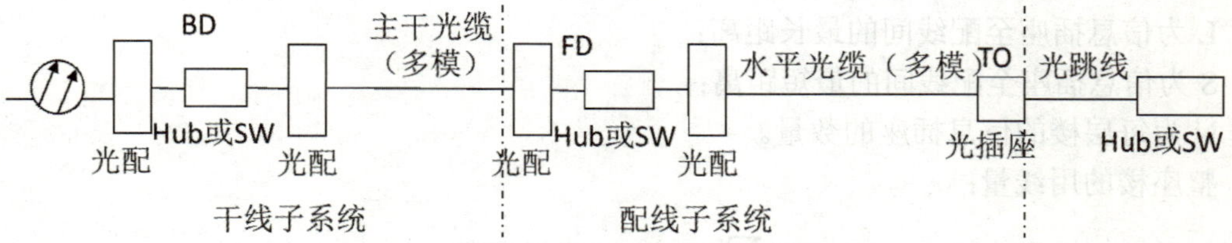

图 4-27 计算机局域网及配线网络与外部网络连接

当然也可采用多模光缆经过大楼的计算机局域网及配线网络与外部网络连接，如图 4-28 所示。

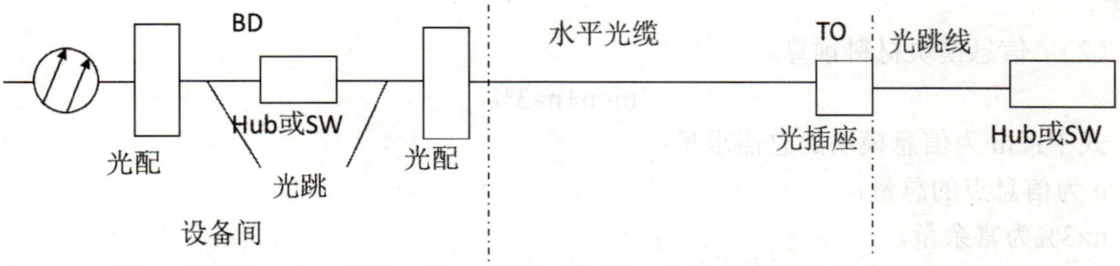

图 4-28 计算机局域网及配线网络与外部网络连接

由于光纤在网络中的应用传输距离远远大于双绞线电缆，因此，水平光缆（多模）也可以直接连接至大楼的 BD 光配线设备和网络设备与外部网络建立通信，如图 4-29 所示。

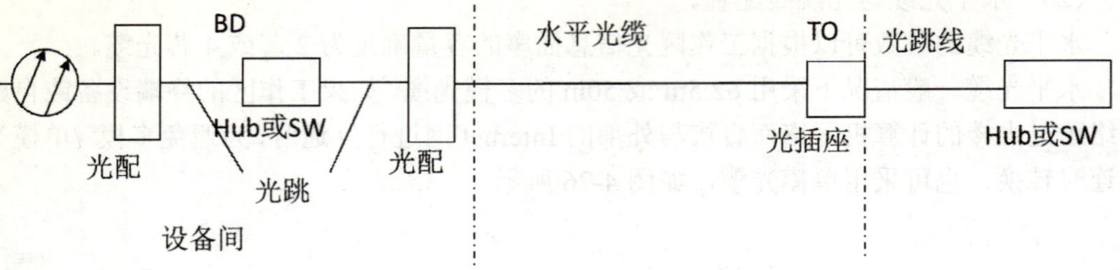

图 4-29　水平光缆连接至 BD 和网络设备

【实施步骤】

第一步：根据需求，计算出超五类网络布线的相关材料，计算方法具体如下：

（1）　电缆长度估算。

平均电缆长度=（信息插座至配线间的最长距离+信息插座至配线间的最短距离）/2

总电缆长度=平均电缆长度+备用部分（平均电缆长度的 10%）+端接容余量 6 米

每层楼的用线量计算公式如下：

$$C=[0.55\times(L+S)+6]\times N$$

式中：C 为每层楼的用线量；

L 为信息插座至配线间的最长距离；

S 为信息插座至配线间的最短距离；

N 为每层楼的信息插座的数量。

整座楼的用线量：

$$W=\sum MC \text{（M 为楼层数）}$$

每层楼用线量：C=[0.55(69+28)+6]×(48×2)=5697.6m

整座楼用线量：W=M×C=5697.6×5=28488 m

电缆订购数量：W/305=28488/305=93.4（箱）（不够一箱时按一箱计），网线需求约为 94 箱。

（2）　信息模块材料预算。

$$m=n+n\times 3\%$$

式中：m 为信息模块的总需求量；

n 为信息点的总量；

n×3%为富余量。

每层楼信息模块数量：m=n+n×3%=48×2+48×2×3%=98.88≈99（个）

整座楼信息模块数量：m×5=99×5=495（个）

（3）　RJ-45 头材料预算。

$$m=n\times 4+n\times 4\times 5\%$$

式中：m 为 RJ-45 的总需求量；

n 为信息点的总量；

n×4×5%为富余量。

每层楼 RJ-45 头数量：m=n×4+n×4×5%=48×2×4+48×2×4×5%=403.2≈404（个）

整座楼 RJ-45 头数量：m×5=404×5=2020（个）

第二步：购置网络布线相关产品如表 4-3 所示。

表 4-3　网络布线相关产品清单

产品名称	规格型号	数　量	单价（元）	小计（元）
网线	大唐保镖 T2905 超五类非屏蔽网线	94 箱	312	29328
信息模块	大唐保镖超 5 类网络模块 DT2803-5	495	13	6435
信息面板	大唐保镖单孔面板 DT2801-1	495	6	2970
RJ-45 头	大唐保镖超五类水晶头 DT2802-5	2020	1	2020
合计				40753

第三步：准备网络布线施工相关工具，如表 4-4 所示。

表 4-4　网络布线施工工具清单

工具名称	功　能	数　量
压线钳	对网线接头进行制作	10 把
打线钳	对信息模块网线进行压制	10 把
测线仪	对网络连通性进行测试	2 个
标识工具	对网络线进行贴标识	1 台套
电锤	对部分混凝土、砖墙等硬性材料上开孔	1
角磨机	用于玻璃钢切削和打磨的一种磨具	1
拉钉枪	用于铝、铁、不锈钢板材的铆接	1
剥线钳	对网线进行剥线	10

第四步：制定详细的施工进度及人员分工。

成立施工小组，对小组成员安全、施工质量、工期进展等进行部署和教育。

第五步：对场地进行施工。

确定每个工作区离设备间的距离，并逐一进行穿网线；

对每个工作区离设备间的网线进行端接；

对每个工作区的信息模块进行压制和面板安装；

对每个工作区离设备间的网线端接进行测试，测试连接正确后，对网线进行粘贴标识；

对工程进行扫尾工作，整理竣工资料及工程交接工作。

至此，水平子系统网络综合布线工程结束。

相关知识

一、综合布线系统

依照 2007 年 10 月 1 日起实施的国家标准《综合布线系统工程设计规范》（GB 50311—2007），综合布线系统工程宜按下列七个部分进行设计，如图 4-30 所示。

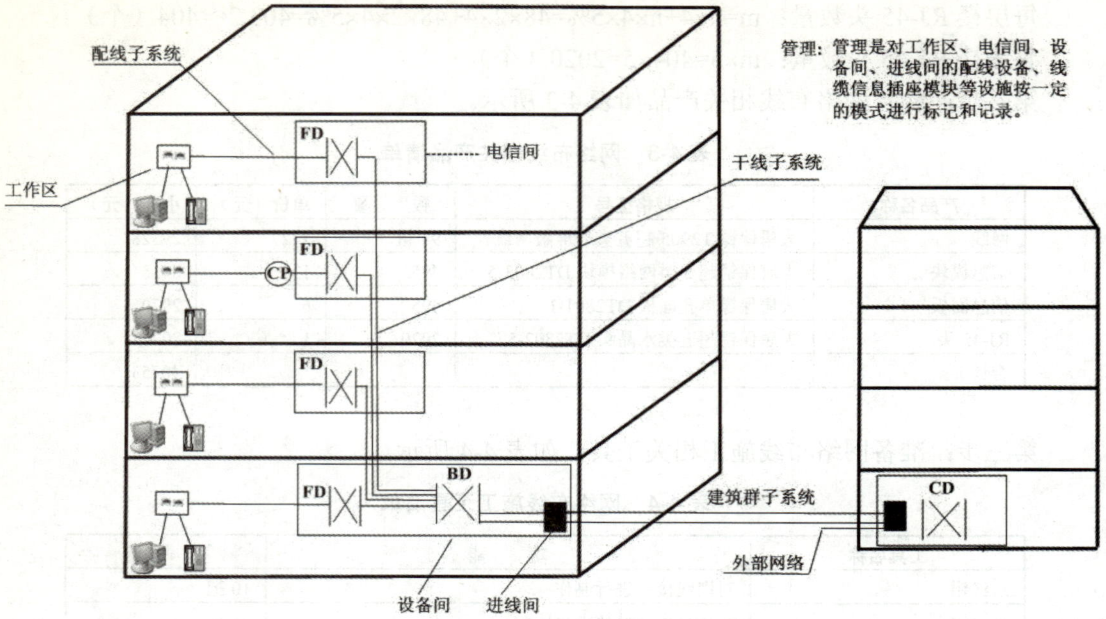

图 4-30　综合布线系统示意图

1. 工作区子系统

工作区子系统又称为服务区子系统，它是由 RJ-45 跳线与信息插座所连接的设备（终端或工作站）组成的。其中，信息插座有墙上型、地面型、桌上型等多种，如图 4-31 所示。

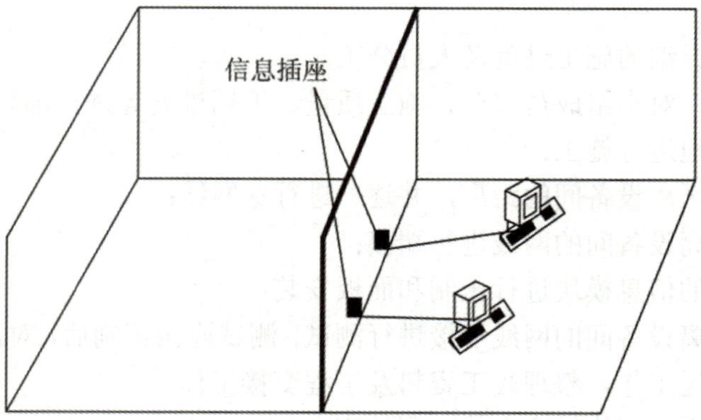

图 4-31　工作区子系统

工作区子系统设计时要注意如下要点：

（1） 从 RJ-45 插座到设备间的连线要采用双绞线，一般不要超过 5 m；

（2） RJ-45 插座须安装在墙壁上或不易碰到的地方，插座距离地面需 30 cm 以上，如图 4-32 所示；

（3） 插座和插头（与双绞线）不要接错线序。

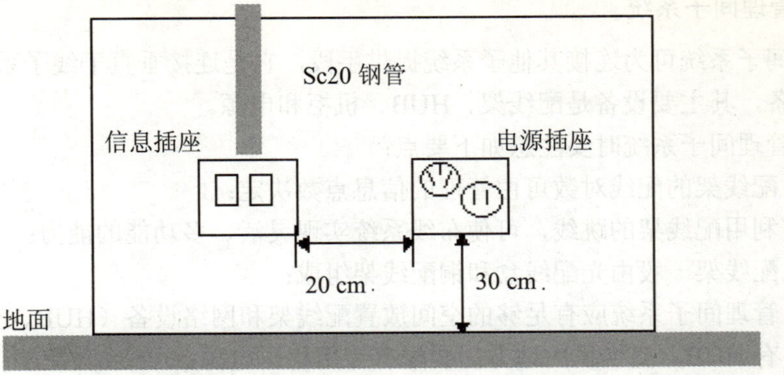

图 4-32　插座位置

2. 水平干线子系统

水平干线子系统也称为水平子系统。如图 4-33 所示，水平干线子系统是整个布线系统的一部分，它是从工作区的信息插座到管理间子系统的配线架，结构一般为星型拓扑结构。它与垂直干线子系统的区别在于：水平干线子系统总是在一个楼层上，仅与信息插座和管理间连接。

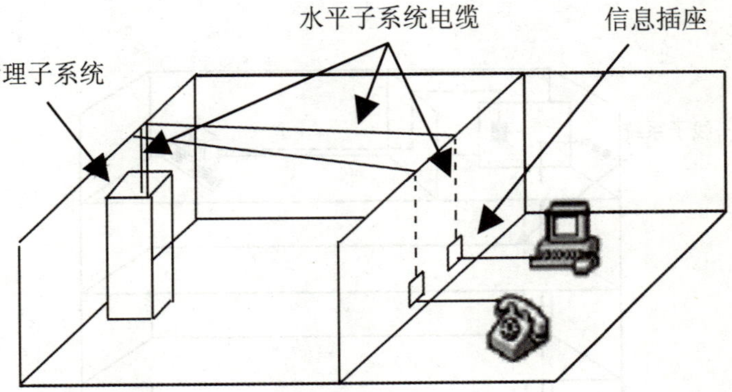

图 4-33　水平干线子系统

在水平干线子系统的设计中，综合布线的设计必须具有全面介质设施方面的知识，能够向用户或用户的决策者提供完善而又经济的设计。

设计水平干线子系统时需注意如下要点：

（1）　水平干线子系统的线缆一般为双绞线；

（2）　长度一般不超过 90 m；

（3）　用线必须走线槽，最好天花板吊顶内布线，尽量不走地面线槽；

（4）　采用 5 类非屏蔽双绞线，传输速率可达 100 Mbps；

（5）　确定介质布线的方法和线缆的走向；

（6）　计算水平区所需的线缆长度。

3. 管理间子系统

管理间子系统可为连接其他子系统提供手段，它是连接垂直干线子系统和水平干线子系统的设备，其主要设备是配线架、HUB、机柜和电源。

设计管理间子系统时要注意如下要点：

（1） 配线架的配线对数可由管理的信息点数决定；

（2） 利用配线架的跳线，可使布线系统实现灵活、多功能的能力；

（3） 配线架一般由光配线盒和铜配线架组成；

（4） 管理间子系统应有足够的空间放置配线架和网络设备（HUB、交换机等）；

（5） 有 HUB、交换机的地方需要配有专用稳压电源；

（6） 保持一定的温度和湿度，保养好设备。

4. 垂直干线子系统

垂直干线子系统也称骨干子系统，如图 4-34 所示，它是整个建筑物综合布线系统的一部分。它提供建筑物的干线电缆，负责连接管理间子系统到设备间子系统。一般使用光缆或选用大对数的非屏蔽双绞线。该子系统通常是在两个单元之间特别是在位于中央节点的公共系统设备处提供多个线路设施。该子系统是由所有的布线电缆组成，或由导线和光缆以及将此光缆连到其他地方的相关支撑硬件组合而成的。传输介质可包括一幢多层建筑物楼层之间垂直布线的内部电缆，或从主要单元如计算机房或设备间和其他干线接线间接来的电缆。

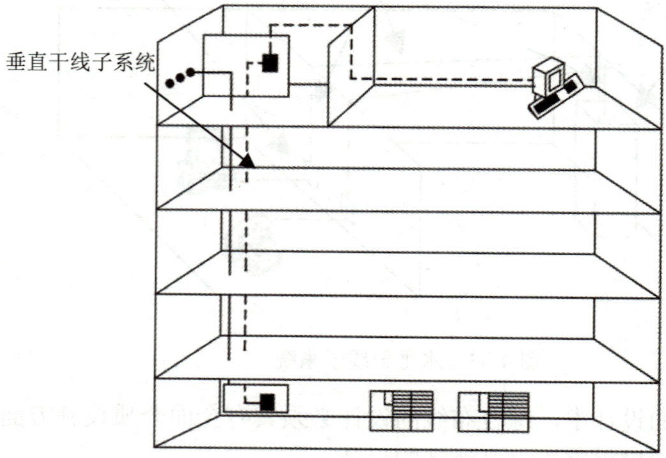

图 4-34 垂直干线子系统

设计垂直干线子系统时要注意如下要点：

（1） 垂直干线子系统一般选用光缆，以提高传输速率；

（2） 光缆可选用多模或单模的；

（3） 垂直干线电缆的拐弯处，不要直角拐弯，要有一定的弧度，以防光缆受损；

（4） 垂直干线电缆要防遭破坏（如埋在路面下，要防止挖路、修路对电缆造成的危害），架空电缆要防止雷击等；

（5） 确定每层楼的干线需求；

（6） 满足整幢大楼干线需求和防雷击的设施。

5. 建筑群子系统

建筑群子系统是将一个建筑物中的电缆延伸到另一个建筑物的通信设备和装置，通常是由光缆和相应设备组成的，如图 4-35 所示。建筑群子系统是综合布线系统的一部分，它支持楼宇之间通信所需的硬件，其中包括导线电缆、光缆以及防止电缆上的脉冲电压进入建筑物的电气保护装置。

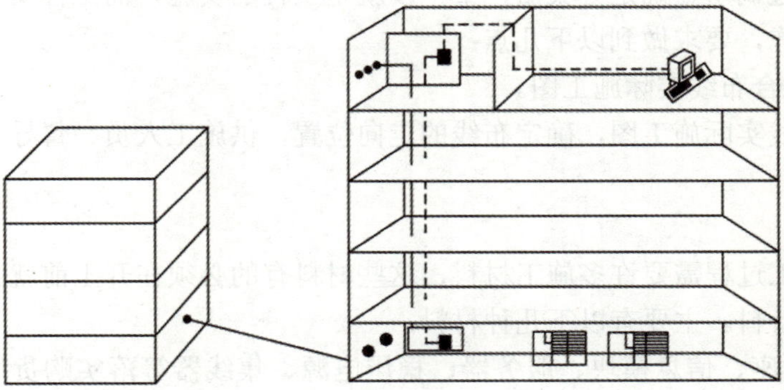

图 4-35 建筑群子系统

在建筑群子系统中，会遇到室外铺设电缆的问题，一般有三种情况：架空电缆、直埋电缆、地下管道电缆或者它们的组合，具体情况应根据现场的环境来决定。设计时的要点与垂直干线子系统的要点相同。

6. 设备间子系统

设备间子系统也称设备子系统。设备间子系统由电缆、连接器和相关支撑硬件组成，如图 4-36 所示。它把各种公共系统设备的多种不同设备互连起来，其中包括邮电部门的光缆、同轴电缆、程控交换机等。

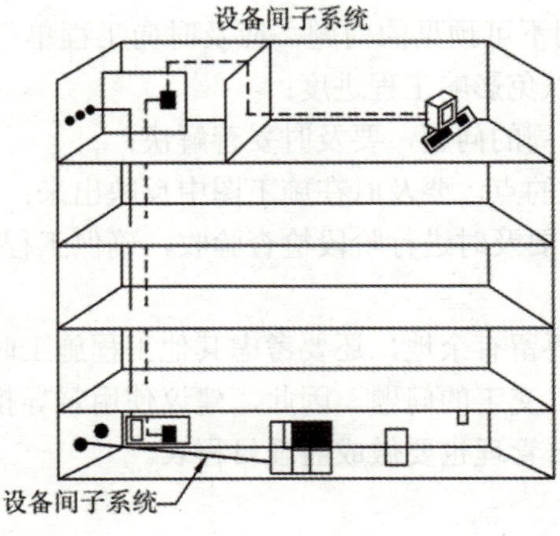

图 4-36 设备间子系统

设计设备间子系统时注意的要点如下：

（1） 设备间要有足够的空间，保障设备的存放；

（2） 设备间要有良好的工作环境，如温度、湿度等；

（3） 设备间的建设标准应按机房建设标准设计。

二、综合布线的施工

1. 布线工程开工前的准备工作

网络工程经过调研、确定方案后，下一步就是工程的实施，而工程实施的第一步就是开工前的准备工作，要求做到以下几点：

（1） 设计综合布线实际施工图。

设计综合布线实际施工图，确定布线的走向位置，供施工人员、督导人员和主管人员使用。

（2） 备料。

网络工程施工过程需要许多施工材料，这些材料有的必须在开工前就备好料，有的可以在开工过程中备料。主要有以下几种材料：

① 绞线、插座、信息模块、服务器、稳压电源、集线器等落实购货厂商，并确定提货日期。

② 符合规格的塑料槽板、PVC 防火管、蛇皮管、自攻螺丝等布线用料就位。

③ 集线器是集中供电时，应准备好导线、铁管并制订好电器设备安全措施，且供电线路必须按民用建筑标准规范进行；

④ 施工进度表（要留有适当的余地，施工过程中意想不到的事情随时可能发生，并可能要求立即协调）。

（3） 向施工单位提交开工报告。

2. 施工过程中要注意的事项

（1） 施工现场督导人员要认真负责，及时处理施工进程中出现的各种情况，协调处理各方意见；

（2） 如果现场施工碰到不可预见的问题，应及时向工程单位汇报，并提出解决办法供工程单位当场研究解决，以免影响工程进度；

（3） 对工程单位计划不周的问题，要及时妥善解决；

（4） 对工程单位新增加的点，要及时在施工图中反映出来；

（5） 对部分场地或工段要及时进行阶段检查验收，确保工程质量；

（6） 制定工程进度表。

在制定工程进度表时，要留有余地，还要考虑其他工程施工时可能对本工程带来的影响，避免出现不能按时完工、交工的问题。因此，建议使用督导指派任务表、工作时间施工表。督导人员对工程的监督管理也要做成监理日程表。

3. 测试

要测试的对象如下：

（1） 工作间到设备间连通状况；

（2） 主干线连通状况；

（3） 信息传输速率、衰减率、距离接线图、近端串扰等因素。

4. 工程施工结束后的注意事项

工程施工结束后的注意事项如下：

（1） 清理现场，保持现场清洁、美观。

（2） 对墙洞、竖井等交接处要进行修补。

（3） 各种剩余材料汇总，并把剩余材料集中放置一处，并登记还可使用的数量。

（4） 做总结材料。总结材料主要有：开工报告、布线工程图、施工过程报告、测试报告、使用报告和工程验收所需的验收报告。

5. 综合布线的验收

对网络工程验收是施工方向用户方移交的正式手续，也是用户对工程的认可。验收是用户对网络工程施工工作的认可，检查工程施工是否符合设计要求和有关施工规范。用户要确认，工程是否达到了原来的设计目标，质量是否符合要求，是否有不符合原设计中有关施工规范的地方。

验收共分两部分进行，第一部分是物理验收；第二部分是文档验收。

6. 现场（物理）验收

甲方、乙方共同组成一个验收小组，对已竣工的工程进行验收。网络综合布线系统，物理上的主要验收点如下。

1） 工作区子系统验收。

对于众多的工作区不可能逐一验收，而是由甲方抽样挑选工作间。其验收的重点如下：

（1） 线槽走向、布线是否美观大方，符合规范；

（2） 信息座是否按规范进行安装；

（3） 信息座安装是否做到一样高、平、牢固；

（4） 信息面板是否都固定牢靠。

2） 水平干线子系统验收。

水平干线验收主要验收点如下：

（1） 槽安装是否符合规范；

（2） 槽与槽，槽与槽盖是否接合良好；

（3） 托架、吊杆是否安装牢靠；

（4） 水平干线与垂直干线、工作区交接处是否出现裸线，有没有按规范去做；

（5） 水平干线槽内的线缆有没有固定。

3） 垂直干线子系统验收。

垂直干线子系统的验收除了类似于水平干线子系统的验收内容外，还要检查楼层与楼层之间的洞口是否封闭，以防成为一个隐患点；线缆是否按间隔要求固定，拐弯线缆是否留有孤度。

4） 管理间、设备间子系统验收。

主要检查设备安装是否规范、整洁。甲方验收不一定要等工程结束时才进行，往往有的内容是随时验收的，通常要检查的项目如下：

（1） 环境要求，施工材料的检查和安全、防火要求；

（2） 检查设备安装；

（3） 双绞线电缆和光缆安装；

（4） 室外光缆的布线；

（5） 线缆终端安装。

5） 文档与系统测试验收。

文档验收主要是检查乙方是否按协议或合同规定的要求，交付所需要的文档。系统测试验收就是由甲方组织的专家组，对信息点进行有选择的测试，检验测试结果。需要测试的内容如下：

（1） 电缆的性能测试。

① 5类线要求：接线图、长度、衰减、近端串扰要符合规范；

② 超5类线要求：接线图、长度、衰减、近端串扰、时延、时延差要符合规范。

（2） 光纤的性能测试。

① 类型（单模/多模、根数等）是否正确；

② 衰减；

③ 反射。

（3） 系统接地。

当验收通过后，就进行鉴定程序，形成正式文档。

本章小结

综合布线系统的设计、实施与验收是网络工程建设中的一个重要环节，它关系到网络性能、投资效益、使用效果和日常维护等多方面的问题，也是整个计算机网络系统中不可分割的部分。本章阐述了综合布线的概念、优点、标准及设计要点，重点是应用广泛的建筑与建筑群综合布线系统结构各子系统的功能，包含主要设备以及设计中应注意的要点，介绍了在综合布线的施工和验收过程中应注意的事项。

习题

简答题

1. 什么是综合布线系统？它与传统的布线比较有哪些优点？
2. 试述楼宇结构化综合布线系统的组成、功能以及各模块的主要设备有哪些？
3. 布线系统常用哪些通信介质？以太网的传输介质可以选用哪些？为什么？
4. 综合布线的标准及设计要点有哪些？
5. 综合布线施工过程中应注意的主要事项有哪些？
6. 针对某个单位进行网络综合布线，大致的设计步骤是什么，应该特别注意哪些问题？

实训项目

1. 参观校园教学楼综合布线系统

（1） 实训目标。

了解综合布线原则，掌握网络综合布线的需求设计，熟练掌握网络综合布线。

（2） 实训要求。

描绘出校园网教学楼的网络综合布线结构图；统计出校园网教学楼的设备、布线及网络线路铺设的方式方法。

2. 教学楼网络综合布线

（1） 实训目标。

了解网络综合布线方案，掌握网络综合布线的实施步骤，熟练掌握网络综合布线的测试。

（2） 实训要求。

现场勘测该校园网子系统，掌握大楼建筑结构，熟悉用户需求，确定布线路由和信息点分布；根据勘测结果及建筑结构图，给出该大楼的综合布线图，包含网络设备点和信息点；在现有的综合布线方案基础上给出改进方案，包括设备、布线、信息点和网络设备铺设的多方改进方案。

第 5 章　网络服务与应用

教学目标：

通过本章的学习，了解基于 Windows Server 2003 主流服务器配置技术与原理，熟练掌握虚拟机 VMWare 软件的安装与使用，以及在服务器上配置 DHCP、Web、FTP、远程访问服务等。

教学内容：

本章主要介绍网络操作系统服务器的配置与应用，内容包括：

（1） 认识网络操作系统和 VWWare 虚拟机。

（2） 搭建 WWW 服务和 FTP 服务。

（3） 搭建 DHCP 服务。

（4） Windows 远程访问服务。

教学重点与难点：

（1） 网络服务的基本原理。

（2） 网络服务器配置的方法。

案例一　网络操作系统和 VMware 虚拟机的安装与使用

【案例描述】

小明是院系实验室的学生管理员，需要在网站服务器上配置并发布网页、自动分配 IP 地址等服务，由于小明初步接触该知识，需要在计算机上虚拟网络操作系统。

【案例分析】

根据以上情况分析，小明的指导老师刘老师建议小明先在自己的电脑上做模拟环境的测试，推荐小明采用 VMware 虚拟机软件，并在该软件上安装网络操作系统进行测试。这样做有两个好处：一是可以节省硬件资源；二是在虚拟机上安装、部署此类服务，对物理机的硬件和软件几乎没有什么危害。

【实施方案】

为在一台物理机上模拟出多台不同真实操作系统的环境，刘老师给小明在最常用的虚拟机软件 VMware、Virtual PC、VirtualBox 中选择了前者，通过一系列的讲解和实践逐步解决问题，最后完成整个项目。

为了实现本项目中的任务，对虚拟机操作系统进行安装与配置，并实现虚拟机上网与通信。网络环境配置如表 5-1 所示。

表 5-1 宿主机和虚拟机系统及 IP 分配

PC	类　型	名　称	操作系统	IP 地址
1	宿主机	PC1	Windows 7	192.168.1.6
2	虚拟机	PC2	Windows Server 2003	192.168.1.11
3	虚拟机	PC3	Windows Server 2003	192.168.1.12
4	虚拟机	PC4	Windows XP	192.168.1.13

【实施步骤】

按照实施方案的要求，步骤如下：

（1） 首先安装 VMware Workstation，双击下载的安装包，如图 5-1 所示。

图 5-1 VMware Workstation 安装包

（2） 进入欢迎向导，单击“下一步”，如图 5-2 所示。

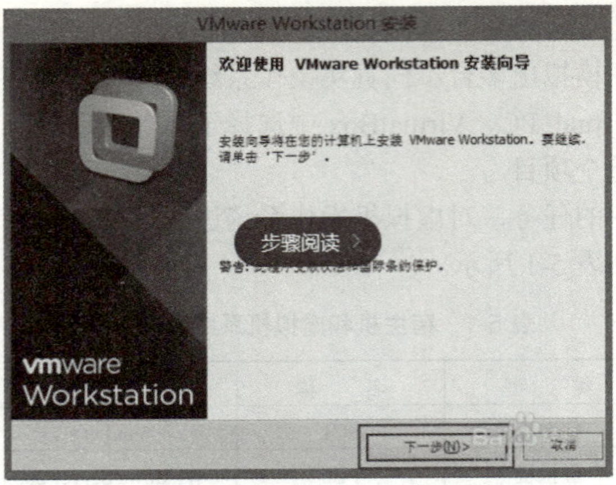
VMware Workstation 安装
欢迎使用 VMware Workstation 安装向导
安装向导将在您的计算机上安装 VMware Workstation。要继续，请单击“下一步”。
步骤阅读
vmware
Workstation
下一步(N)>
取消

图 5-2　VMware Workstation 安装向导

（3）　先勾取“我接受许可协议中的条款”，然后单击“下一步”，如图 5-3 所示。

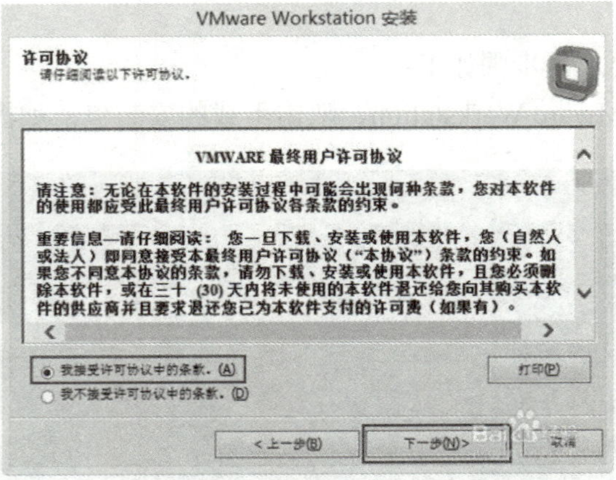
VMware Workstation 安装
许可协议
请仔细阅读以下许可协议。
VMWARE 最终用户许可协议
请注意：无论在本软件的安装过程中可能会出现何种条款，您对本软件的使用都应受此最终用户许可协议各条款的约束。
重要信息—请仔细阅读：您一旦下载、安装或使用本软件，您（自然人或法人）即同意接受本最终用户许可协议（“本协议”）条款的约束。如果您不同意本协议的条款，请勿下载、安装或使用本软件，且您必须删除本软件，或在三十 (30) 天内将未使用的本软件退还给您向其购买本软件的供应商并且要求退还您已为本软件支付的许可费（如果有）。
我接受许可协议中的条款。(A)
我不接受许可协议中的条款。(D)
打印(P)
< 上一步(B)
下一步(N)>
取消

图 5-3　接受 VMware Workstation 安装协议

（4）　单击“自定义”，如图 5-4 所示。

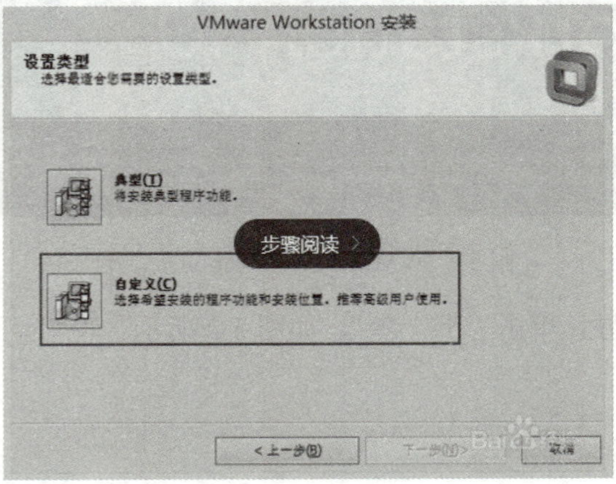
VMware Workstation 安装
设置类型
选择最适合您需要的设置类型。
典型(T)
将安装典型程序功能。
步骤阅读
自定义(C)
选择希望安装的程序功能和安装位置。推荐高级用户使用。
< 上一步(B)
下一步(N)>
取消

图 5-4　VMware Workstation 安装路径选择

（5） 更改安装的路径，然后单击“下一步”，如图 5-5 所示。

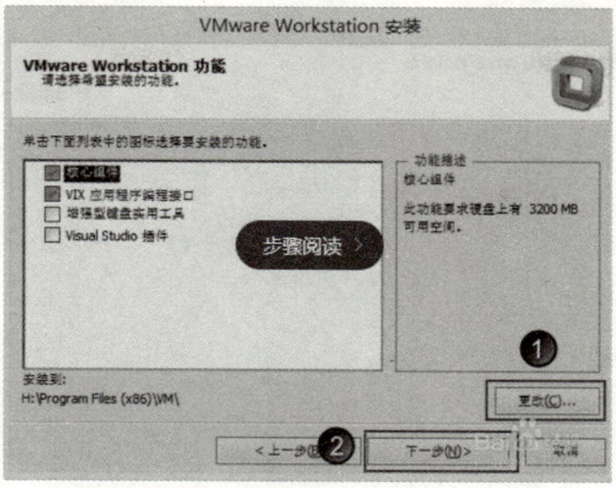

图 5-5　VMware Workstation 功能安装选择

（6） 更改你的共享主机存储路径（最好和 VMware 安装到同一目录下方便以后更新或者删除），然后单击“下一步”，如图 5-6 所示。

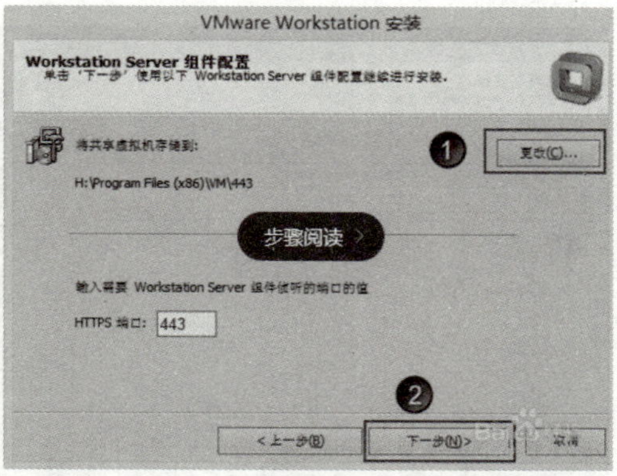

图 5-6　VMware Workstation 组建配置选择

（7） 然后快捷方式创建（为了干净性只要桌面创建），然后单击“下一步”，如图 5-7 所示。

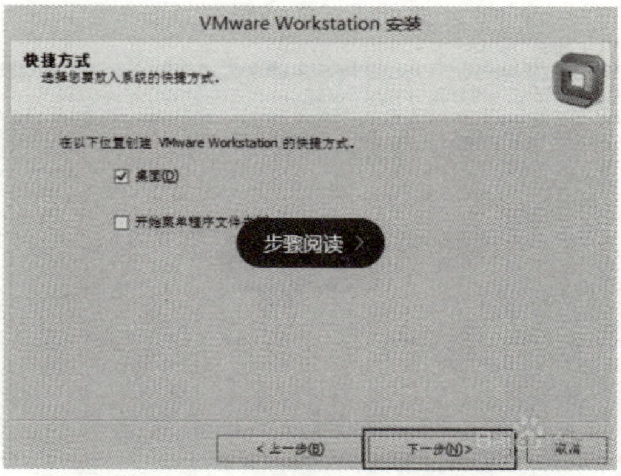

图 5-7　VMware Workstation 快捷方式创建

（8） 以上都设置好了，然后单击“继续”，如图 5-8 所示。

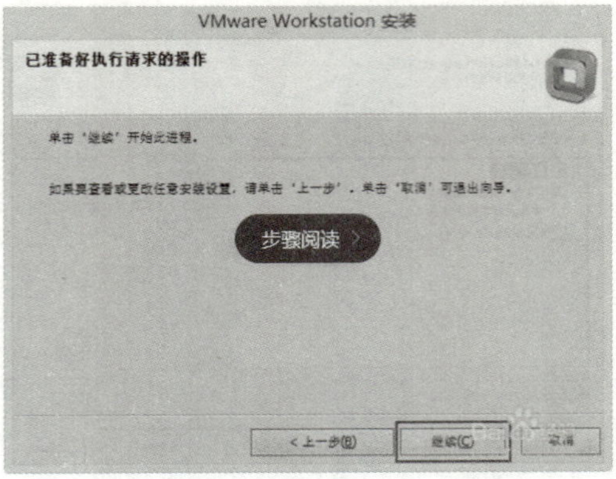

图 5-8 VMware Workstation 安装

（9）输入 VMware 的注册码：HY6KR-F6201-DZKX8-ZU27P-330MH（若输入不正确，请上百度搜之），然后点输入，如图 5-9 所示。

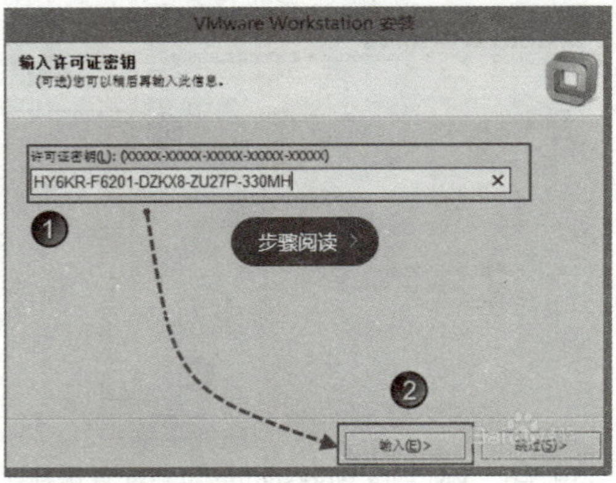

图 5-9 输入 VMware Workstation 的注册码

（10） 双击桌面上的 VMware Workstation 图标，即可运行 VMware Workstation 10，如图 5-10 所示。

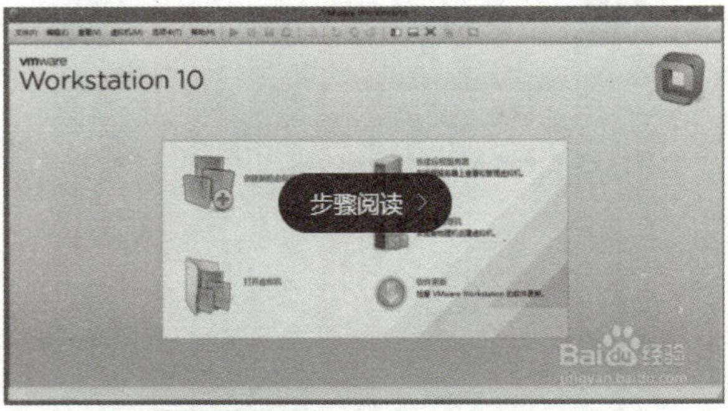

图 5-10 VMware Workstation 运行界面

（11）首先从网上下载装有 Windows Server 2003 系统的镜像文件，其文件扩展名为 ISO。点击菜单“文件”→“新建虚拟机向导”，如图 5-11 所示。

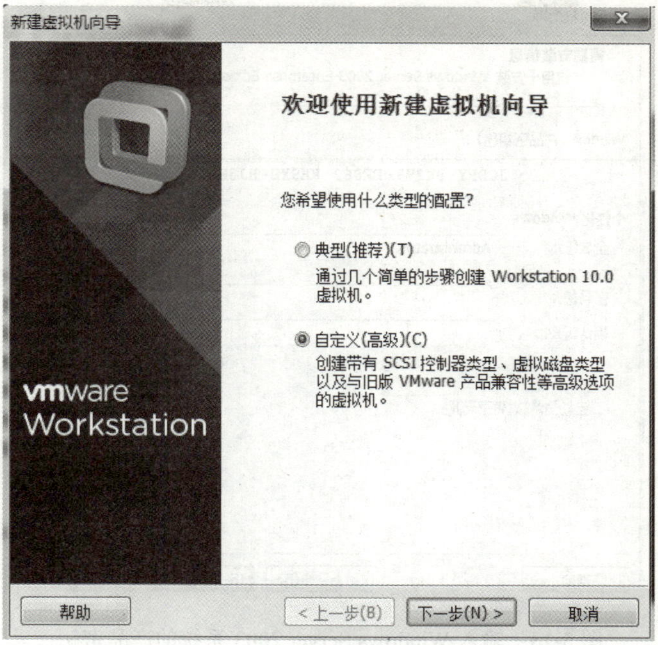

图 5-11　新建虚拟机安装向导

（12） 将镜像文件加载到虚拟光驱中，如图 5-12 所示。

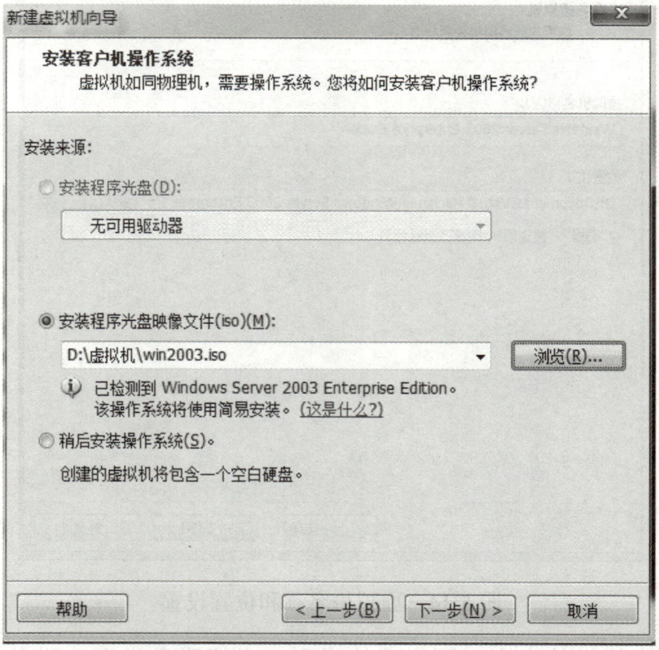

图 5-12　添加 Windows Server 2003 系统的镜像文件到虚拟光驱中

（13） 输入 Windows Server 2003 系统的镜像文件的密钥 SN，单击下一步，如图 5-13 所示。

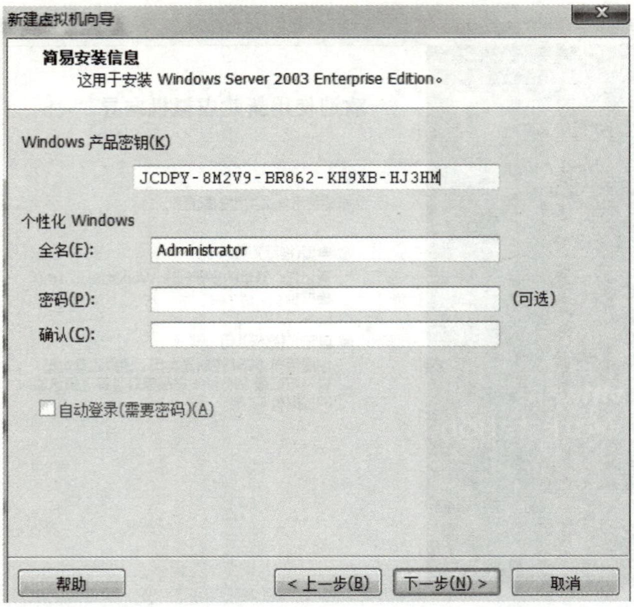

图 5-13 输入 Windows Server 2003 系统的产品密钥

（14） 设置好虚拟机的名字和保存位置，单击下一步，如图 5-14 所示。

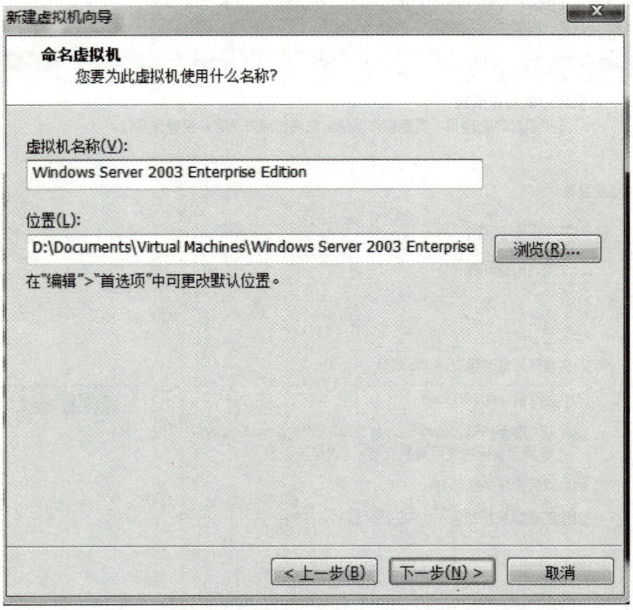

图 5-14 虚拟机名称和位置设置

（15） 配置好虚拟机的内存、网络连接类型、虚拟磁盘类型、磁盘文件名称和保存位置、最后创建配置好的虚拟机硬件设置，如图 5-15 所示。

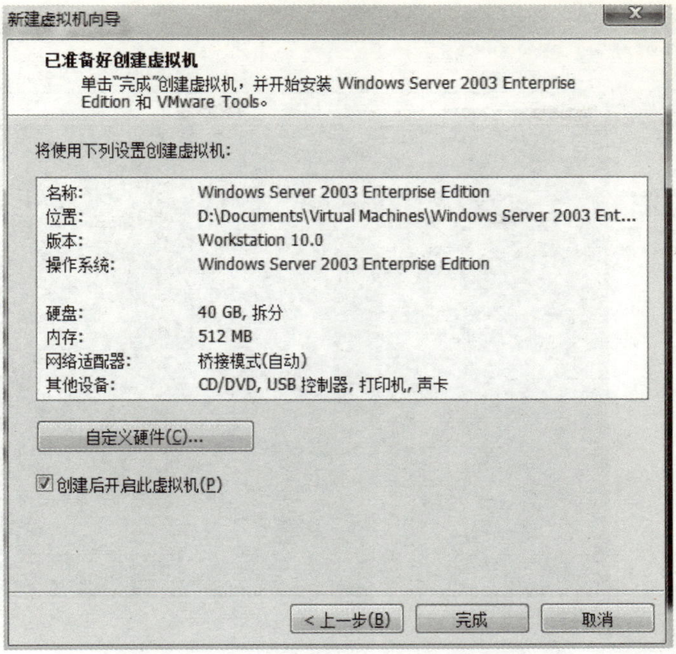

图 5-15　虚拟机硬件配置

（16） 重启虚拟机，开始安装操作系统，过程如图 5-16、图 5-17 所示。

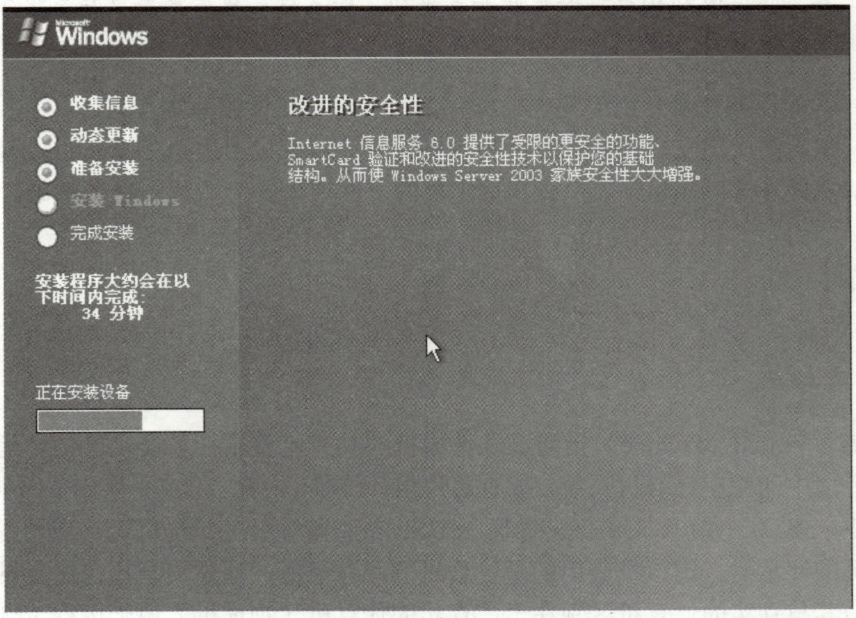

图 5-16　Windows Server 2003 系统的安装

（17） 用同样的方法分别在 VMware 上安装 Windows Server 2003 系统和 Windows XP 系统，使计算机的名称分别为 PC2、PC3、PC4。

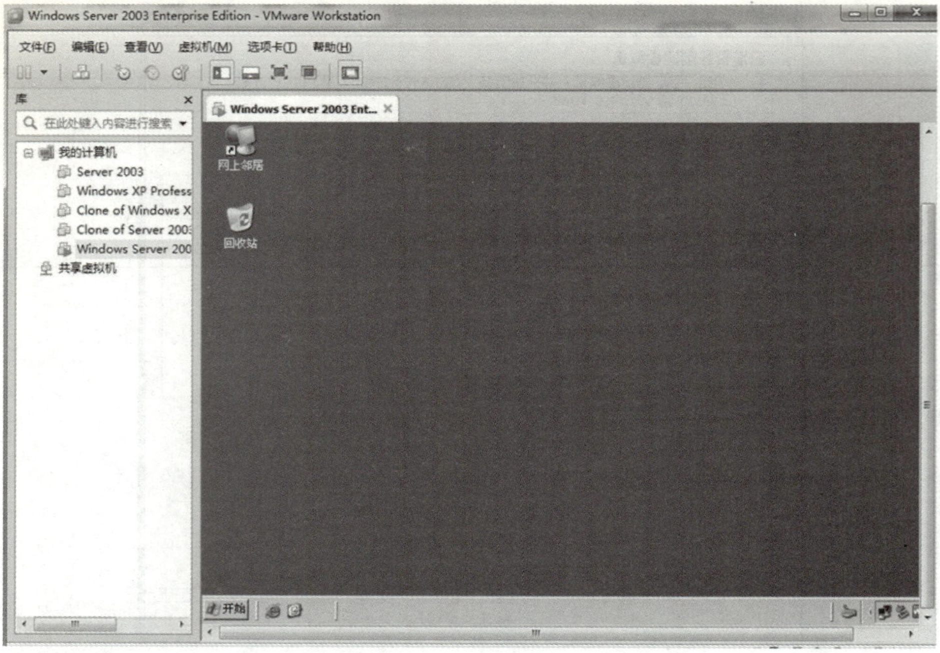

图 5-17　运行 Windows Server 2003 系统的虚拟机

【提示】在安装操作系统后，需要在菜单“虚拟机”→“安装 VMware Tools”下安装 VMware 工具，此类驱动相当于给硬件安装驱动，安装后完成后需要重启系统生效，这样在使用虚拟机系统时更方便，系统功能更完善。

（18） 本次任务主要介绍配置虚拟机并使其上网与通信的基本步骤。

至此，本案例成功安装 VMware 虚拟软件，并在计算机上虚拟了 Windows Server 2003 和 Windows XP 系统，并配置虚拟机和宿主机的上网通信，为后续项目做基础。

相关知识

一、虚拟机

虚拟机（Virtual Machine）指通过软件模拟的具有完整硬件系统功能的、运行在一个完全隔离环境中的完整计算机系统，拥有芯片组、CPU、内存、显卡、声卡、网卡、软驱、硬盘、光驱、串口、并口、USB 控制器、SCSI 控制器等设备，提供这个应用程序的窗口就是虚拟机的显示器，虚拟机借用的是物理机的硬件资源。通常用户用来进行网络测试和模拟仿真，其与真实的计算机区别在于：真实的计算机（物理机）用于运行 VMware 虚拟机软件，常被称为“宿主机”，而虚拟机 VMware 在虚拟机软件中运行。

安装操作系统的方法，一般有 3 种。

在硬件环境中，一个磁盘只能安装一个操作系统。若要安装多个操作系统，就必须有多个独立的磁盘，例如，在 C 盘中安装 Windows XP，在 D 盘中安装 Windows Server 2003。

在硬件环境中，一个磁盘安装多个操作系统。例如，在 C 盘中安装 Windows XP，仍在 C 盘中安装 Windows Server 2003。这种方式非常不安全，因为一个操作系统瘫痪，直接影响其他操作系统。

在软件环境中，一个 VMware 虚拟机软件中可以安装多个虚拟操作系统，例如本实践案例中，可以装 3 个 Windows Server 2003 虚拟机和 1 个 Windows XP。这种方式方便各种实验及测试，包括本实例中的服务器配置及计算机通信调试实验测试。

虚拟机软件可以在计算机平台和终端用户之间建立一种环境，而终端用户则是基于这个软件所建立的环境来操作软件。在计算机科学中，虚拟机是指可以像真实机器一样运行程序的计算机的软件实现。常用虚拟机软件有 VirtualBox、Virtual PC、VMware Workstation，由于 VMware Workstation 使用方便，功能强大，所以本案例使用该软件。

二、宿主机和虚拟机的网络连接模式

在虚拟机 VMware 中，要配置虚拟机连上外网 Internet，需要相应的配置，基本上分为以下三种模式。

1. bridged（桥接模式）

在此种模式下，VMware 虚拟出来的操作系统就像是局域网中的一台独立的主机，它可以访问网内任何一台机器。在 bridged 模式下，用户需要手工为虚拟系统配置 IP 地址、子网掩码，而且还要和宿主机器处于同一网段，这样虚拟系统才能和宿主机器进行通信。同时，由于这个虚拟系统是局域网中的一个独立的主机系统，那么就可以手工配置它的 TCP/IP 信息，以实现通过局域网的网关或路由器访问互联网。使用 bridged 模式的虚拟系统和宿主机器的关系，就像连接在同一个 Hub 上的两台电脑。想让它们相互通信，你就需要为虚拟系统配置 IP 地址和子网掩码，否则就无法通信。如果用户想利用 VMware 在局域网内新建一个虚拟服务器，为局域网用户提供网络服务，就应该选择 bridged 模式。

2. NAT（网络地址转换模式）

使用 NAT 模式，就是让虚拟系统借助 NAT（网络地址转换）功能，通过宿主机器所在的网络来访问公网。也就是说，使用 NAT 模式可以实现在虚拟系统里访问互联网。NAT 模式下的虚拟系统的 TCP/IP 配置信息是由 VMnet8（NAT）虚拟网络的 DHCP 服务器提供的，无法进行手工修改，因此虚拟系统也就无法和本局域网中的其他真实主机进行通信。采用 NAT 模式最大的优势是虚拟系统接入互联网非常简单，用户不需要进行任何其他的配置，只需要宿主机器能访问互联网即可。这种方式也可以实现 Host OS 与 Guest OS 的双向访问。但网络内其他机器不能访问 Guest OS，Guest OS 可通过 Host OS 用 NAT 协议访问网络内其他机器。NAT 方式的 IP 地址配置方法是由 VMware 的虚拟 DHCP 服务器中分配一个 IP，如果用户想利用 VMware 安装一个新的虚拟系统，在虚拟系统中不用进行任何手工配置就能直接访问互联网，建议采用 NAT 模式。

3. host-only（主机模式）

在某些特殊的网络调试环境中，要求将真实环境和虚拟环境隔离开，这时用户就可采用 host-only 模式。在 host-only 模式中，所有的虚拟系统是可以相互通信的，但虚拟系统和真实的网络是被隔离开的。提示：在 host-only 模式下，虚拟系统和宿主机器系统是可以相互通信的，相当于这两台机器通过双绞线互连。在 host-only 模式下，虚拟系统的 TCP/IP 配置信息（如 IP 地址、网关地址、DNS 服务器等），都是由 VMnet1（host-only）虚拟网络的 DHCP 服务器来动态分配的。若用户想利用 VMware 创建一个与网内其他机器相隔离的虚拟系统，进行某些特殊的网络调试工作，可以选择 host-only 模式。

本例中宿主机为 Windows 7 操作系统，上网方式为笔记本使用无线网卡上网，宿主机 PC1 的 IP 地址为 192.168.1.6，如图 5-18 所示。

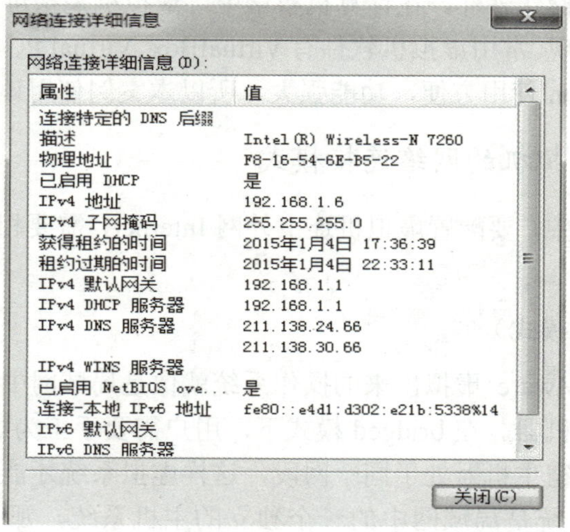

图 5-18　宿主机 PC1 的 IP 地址信息

启动 PC2，并在菜单“虚拟机”→“设置”→“网络适配器”中将网络连接方式修改为 bridged，如图 5-19 所示。

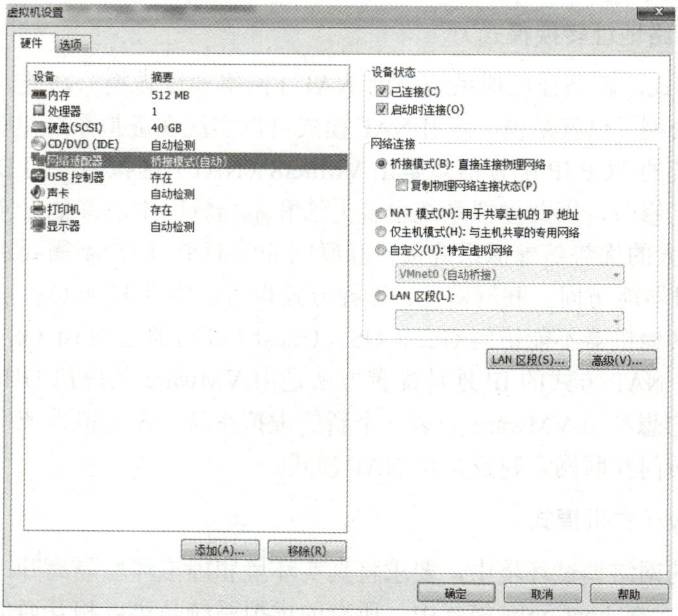

图 5-19　设置虚拟机 PC2 的网络连接类型

启动 PC2，右击 PC2 桌面上的“网上邻居”图标，在弹出的快捷菜单中选择“属性”命令，然后右击“本机连接”图标，单击“TCP/IP”选项，IP 地址设置，如图 5-20 所示。

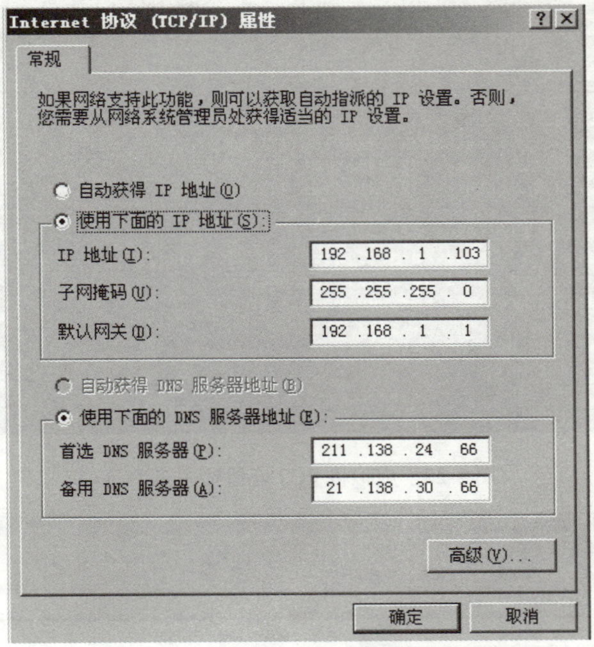
Internet 协议 (TCP/IP) 属性
常规
如果网络支持此功能，则可以获取自动指派的 IP 设置。否则，
您需要从网络系统管理员处获得适当的 IP 设置。
自动获得 IP 地址(O)
使用下面的 IP 地址(S):
IP 地址(I): 192 . 168 . 1 . 103
子网掩码(U): 255 . 255 . 255 . 0
默认网关(D): 192 . 168 . 1 . 1
自动获得 DNS 服务器地址(B)
使用下面的 DNS 服务器地址(E):
首选 DNS 服务器(P): 211 . 138 . 24 . 66
备用 DNS 服务器(A): 21 . 138 . 30 . 66
高级(V)...
确定
取消

图 5-20　设置虚拟机 PC2 的 IP 地址信息

在“开始”→“运行”菜单里面输入命令行 cmd，在 CD 命令提示符下输入 ipconfig/all 命令，如图 5-21 所示。

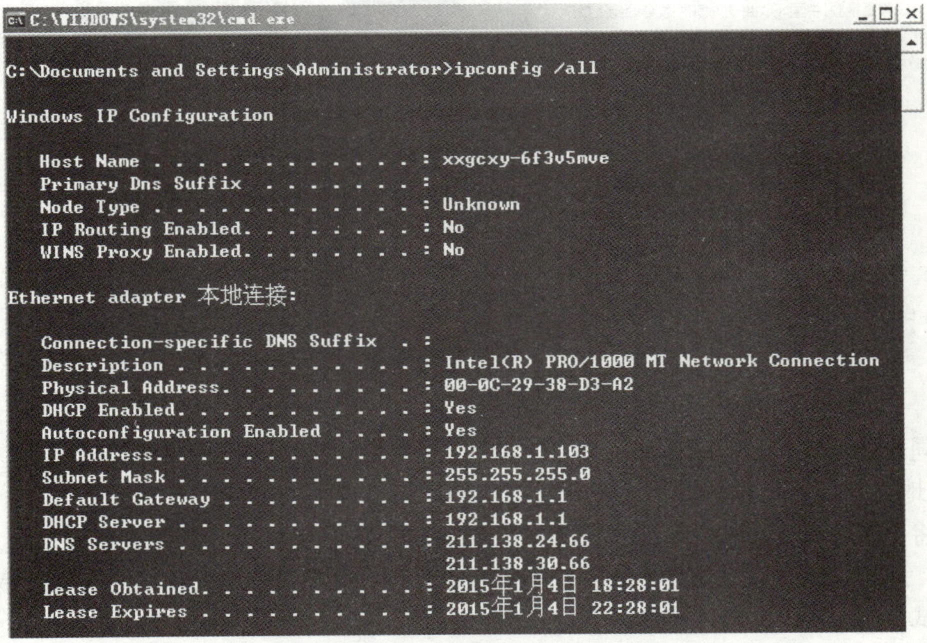
C:\WINDOWS\system32\cmd.exe
C:\Documents and Settings\Administrator>ipconfig /all
Windows IP Configuration
Host Name . . . . : xxgcxy-6f3v5mve
Primary Dns Suffix . . . . :
Node Type . . . . : Unknown
IP Routing Enabled. . . . . : No
WINS Proxy Enabled. . . . . : No
Ethernet adapter 本地连接:
Connection-specific DNS Suffix . :
Description . . . . : Intel(R) PRO/1000 MT Network Connection
Physical Address. . . . . : 00-0C-29-38-D3-A2
DHCP Enabled. . . . . : Yes
Autoconfiguration Enabled . . . . : Yes
IP Address. . . . . : 192.168.1.103
Subnet Mask . . . . : 255.255.255.0
Default Gateway . . . . : 192.168.1.1
DHCP Server . . . . : 192.168.1.1
DNS Servers . . . . : 211.138.24.66
211.138.30.66
Lease Obtained. . . . . : 2015年1月4日 18:28:01
Lease Expires . . . . : 2015年1月4日 22:28:01

图 5-21　查看虚拟机 PC2 的 IP 地址信息

用 Ping 命令测试宿主机和虚拟机的连通性，测试结果如图 5-22、图 5-23 所示。

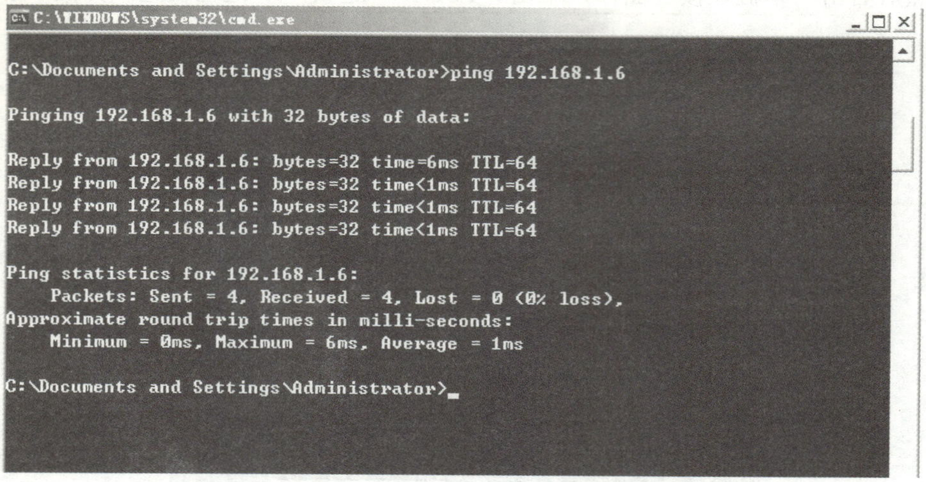
C:\WINDOWS\system32\cmd.exe
C:\Documents and Settings\Administrator>ping 192.168.1.6
Pinging 192.168.1.6 with 32 bytes of data:
Reply from 192.168.1.6: bytes=32 time=6ms TTL=64
Reply from 192.168.1.6: bytes=32 time<1ms TTL=64
Reply from 192.168.1.6: bytes=32 time<1ms TTL=64
Reply from 192.168.1.6: bytes=32 time<1ms TTL=64
Ping statistics for 192.168.1.6:
Packets: Sent = 4, Received = 4, Lost = 0 (0% loss),
Approximate round trip times in milli-seconds:
Minimum = 0ms, Maximum = 6ms, Average = 1ms
C:\Documents and Settings\Administrator>

图 5-22　虚拟机 PC2 连通宿主机 PC1

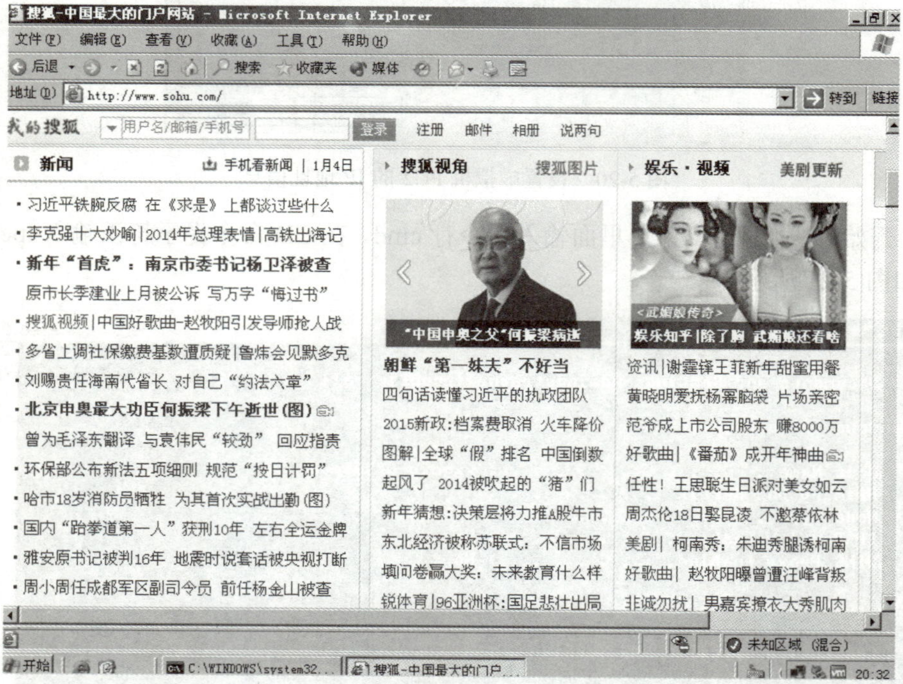
搜狐-中国最大的门户网站 - Microsoft Internet Explorer
文件(F) 编辑(E) 查看(V) 收藏(A) 工具(T) 帮助(H)
地址(D) http://www.sohu.com/
新闻
搜狐视角
娱乐·视频
习近平铁腕反腐 在《求是》上都谈过些什么
李克强十大妙喻|2014年总理表情|高铁出海记
新年“首虎”：南京市委书记杨卫泽被查
原市长季建业上月被公诉 写万字“悔过书”
搜狐视频|中国好歌曲-赵牧阳引发导师抢人战
多省上调社保缴费基数遭质疑|鲁炜会见默多克
刘赐贵任海南代省长 对自己“约法六章”
北京申奥最大功臣何振梁下午逝世(图)
曾为毛泽东翻译 与袁伟民“较劲” 回应指责
环保部公布新法五项细则 规范“按日计罚”
哈市18岁消防员牺牲 为其首次实战出勤(图)
国内“跆拳道第一人”获刑10年 左右全运金牌
雅安原书记被判16年 地震时说套话被央视打断
周小周任成都军区副司令员 前任杨金山被查

图 5-23　虚拟机 PC2 上网

用同样的方法可以设置 PC3、PC4 的网络连接方式都为 bridged（桥接模式），分别设置其 IP 地址，同样可以测试宿主机、虚拟机的网络是连通的。

若将 PC2、PC3、PC4 与宿主机的网络连接方式设置为 NAT，则其测试方法和上述大致相同，所不同的是在 NAT 方式下，不需要设置虚拟机的 IP 地址，改为自动获取即可。经过测试，四台 PC 机仍可连通。

案例二　FTP 服务器和 Web 服务器的搭建和使用

【案例描述】

小明的梦想是成为网络技能高手，今天去网络中心实践，李主任就给他下达了工作任务："小明，你负责把网络中心的新网站发布一下，并且把网络中心服务器上的资源以 FTP 服务的方式共享给全校师生，使全校师生更方便地了解网络中心，也更方便给其他用户提供服务。"

【案例分析】

经过对网络资源的查询，小明发觉要发布网站和共享 FTP 资源，必须首先在服务器上安装 IIS，然后才能完成李主任交代的任务。

【实施方案】

若要完成李主任交给小明的任务，则必须在网络中心服务器上进行配置，包括安装适合服务器的 IIS 服务，然后才能在服务器上发布网络中心新闻，并将网络中心软件资源以 FTP 的形式共享给其他用户。

【实施步骤】

（1） 启动虚拟机 PC1（操作系统为 Windows server 2003）：打开"控制面板"，然后单击启动"添加/删除程序"，在弹出的对话框中选择"添加/删除 Windows 组件"，在 Windows 组件向导对话框中选中"应用程序服务器"→"Internet 信息服务（IIS）"，然后单击"下一步"，按向导指示，完成对 IIS 的安装，如图 5-24 所示。

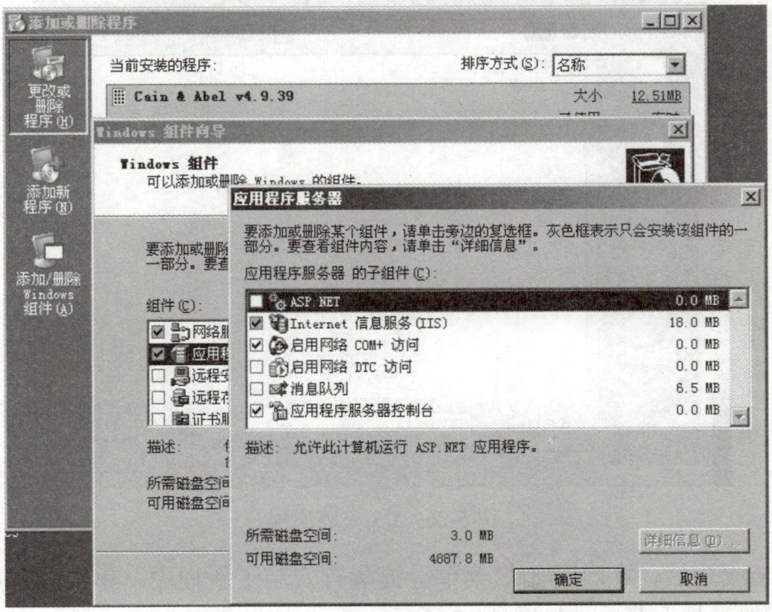

图 5-24　在 Windows Server 2003 系统中安装并配置 IIS

（2） 选中 IIS 对话框中的详细信息，出现如图 5-25 所示，在“万维网服务”和“文件传输协议服务”两个组件前面打勾，并单击“确定”按钮。

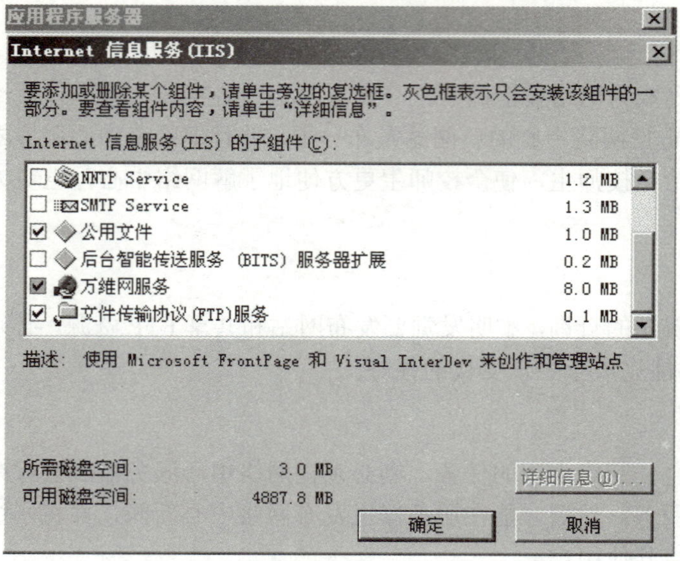

图 5-25　配置 IIS

（3） 若在安装的过程中弹出如图 5-26 所示的对话框，则单击“确定”按钮，在 IIS 6.0 文件包里找到安装所需的文件。

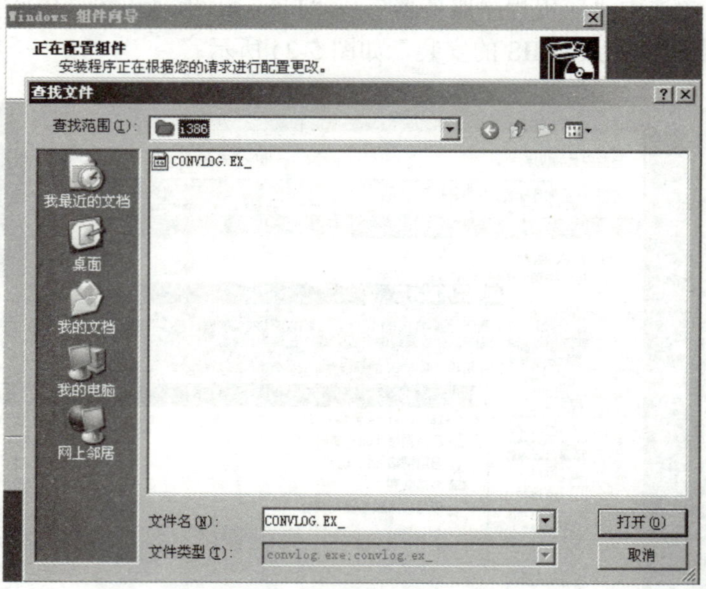

图 5-26　IIS 安装流程

（4） 安装成功后，在“开始”菜单会提醒有安装了新程序，单击“开始”→“所有程序”→“管理工具”菜单，如图 5-27 所示。

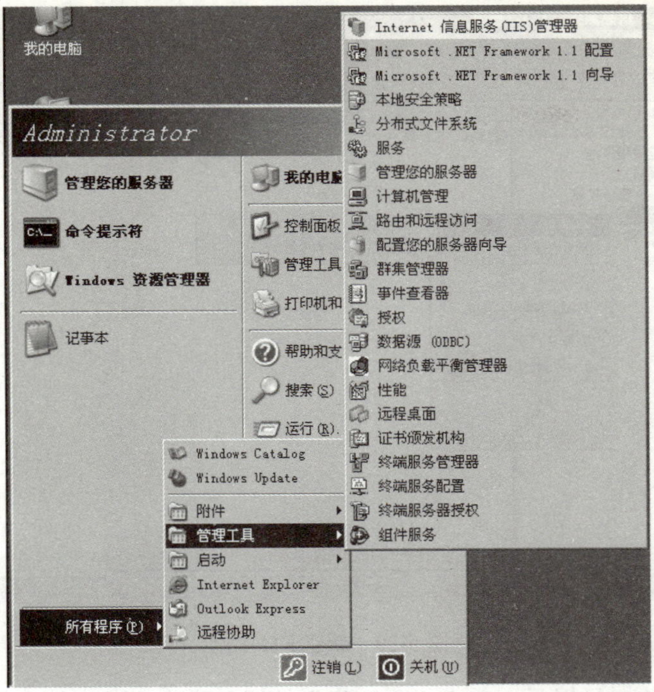

图 5-27　IIS 安装完成效果

（5）打开菜单中的 IIS 管理器，单击菜单中的“FTP 站点”选项，如图 5-28 所示。

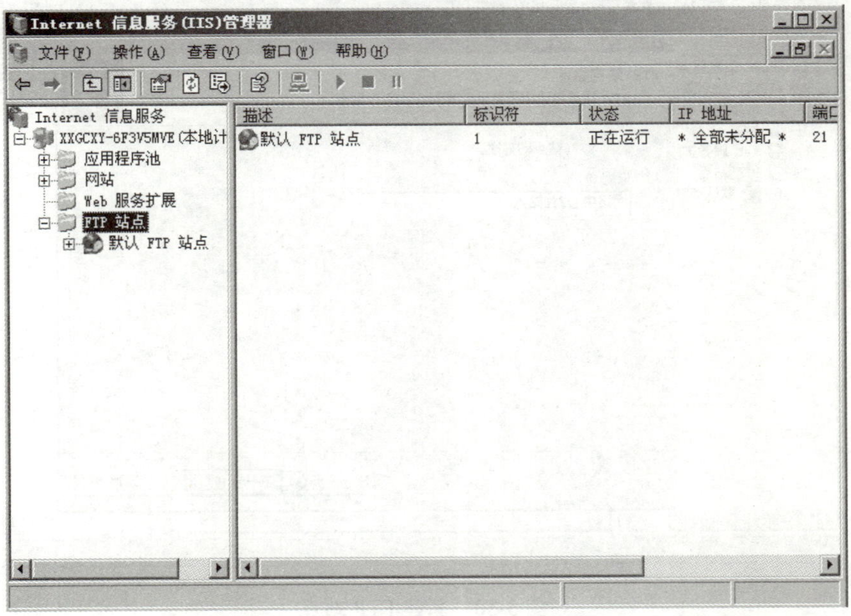

图 5-28　IIS 的默认 FTP 站点

（6）选中“FTP 站点”选项，选择“新建”→“FTP 站点”命令，如图 5-29 所示。

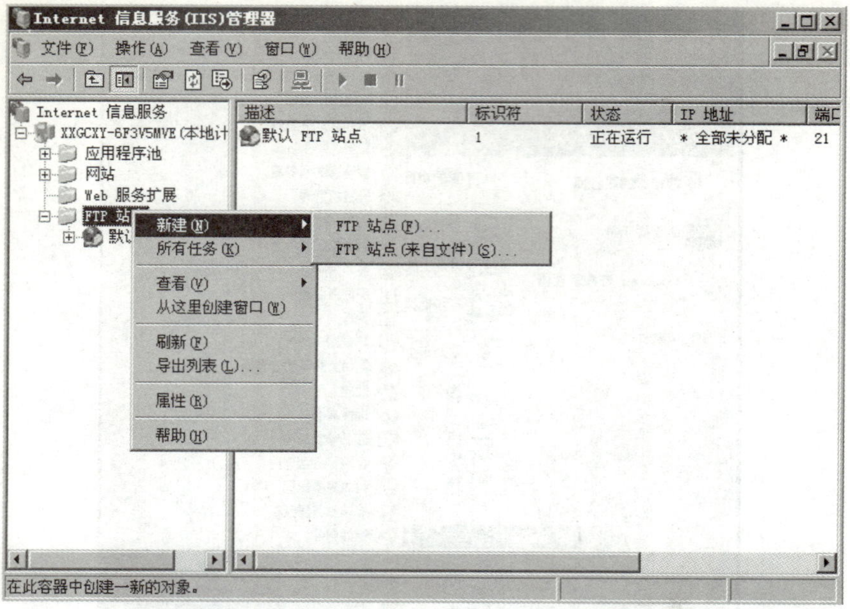

图 5-29　新建 FTP 站点

(7)　按照安装向导提示，单击“下一步”按钮，弹出“FTP 站点创建向导”对话框，在站点描述中输入“网络中心 FTP 站点”，如图 5-30 所示。

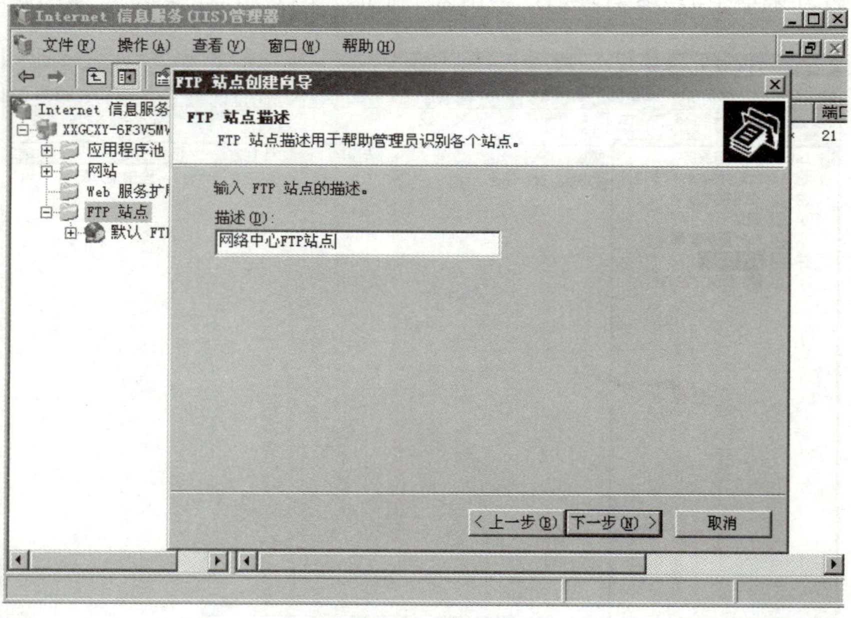

图 5-30　新建 FTP 站点

(8)　单击“下一步”按钮，输入 IP 地址，此时选择虚拟机 PC1 的 IP 地址，并输入 FTP 端口号的值（应为整数，范围为 0 至 65535），默认值是 21，如图 5-31 所示。

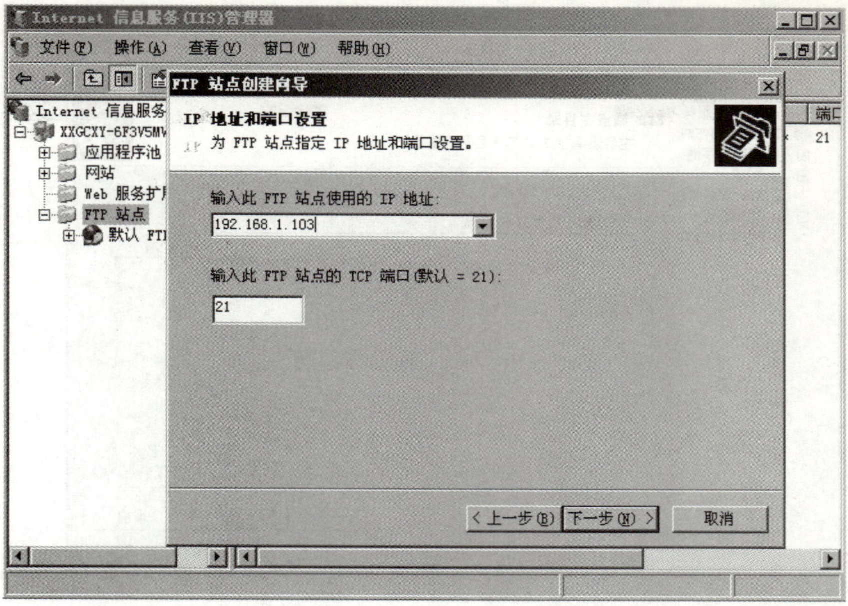
Internet 信息服务(IIS)管理器
文件(F) 操作(A) 查看(V) 窗口(W) 帮助(H)
FTP 站点创建向导
IP 地址和端口设置
为 FTP 站点指定 IP 地址和端口设置。
输入此 FTP 站点使用的 IP 地址:
192.168.1.103
输入此 FTP 站点的 TCP 端口(默认 = 21):
21
< 上一步(B) 下一步(N) > 取消

图 5-31 FTP 站点 IP 地址和端口号设置

（9） 设置 FTP 的用户权限限制，此时选择默认选项，如图 5-32 所示。

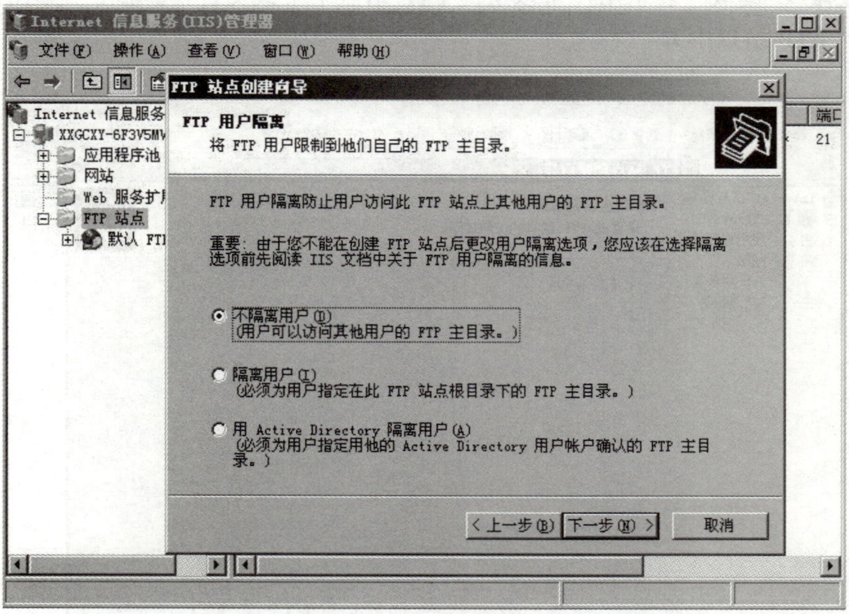
Internet 信息服务(IIS)管理器
文件(F) 操作(A) 查看(V) 窗口(W) 帮助(H)
FTP 站点创建向导
FTP 用户隔离
将 FTP 用户限制到他们自己的 FTP 主目录。
FTP 用户隔离防止用户访问此 FTP 站点上其他用户的 FTP 主目录。
重要: 由于您不能在创建 FTP 站点后更改用户隔离选项，您应该在选择隔离选项前先阅读 IIS 文档中关于 FTP 用户隔离的信息。
不隔离用户(D)
(用户可以访问其他用户的 FTP 主目录。)
隔离用户(I)
(必须为用户指定在此 FTP 站点根目录下的 FTP 主目录。)
用 Active Directory 隔离用户(A)
(必须为用户指定用他的 Active Directory 用户帐户确认的 FTP 主目录。)
< 上一步(B) 下一步(N) > 取消

图 5-32 FTP 用户隔离设置

（10） 单击“下一步”按钮，设置 FTP 站点的主目录路径，单击“浏览”按钮选择对应的路径即可，如图 5-33 所示。

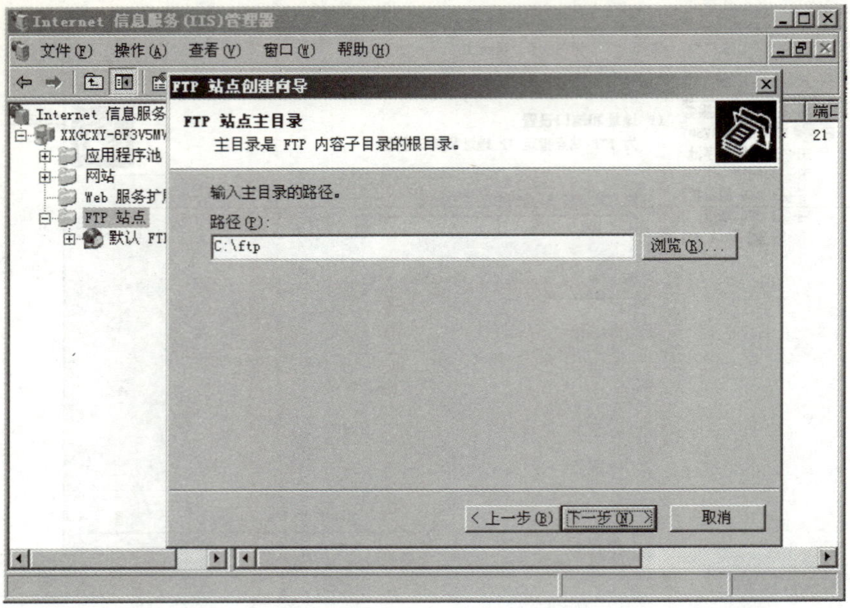

图 5-33 FTP 站点主目录设置

（11） 单击“下一步”，出现如图 5-34 所示的界面，在此界面中设置用户对此 FTP 站点的访问权限（“读取”表示用户可以从此 FTP 站点中下载文件，“写入”表示用户可以上传文件到此 FTP 站点中）。

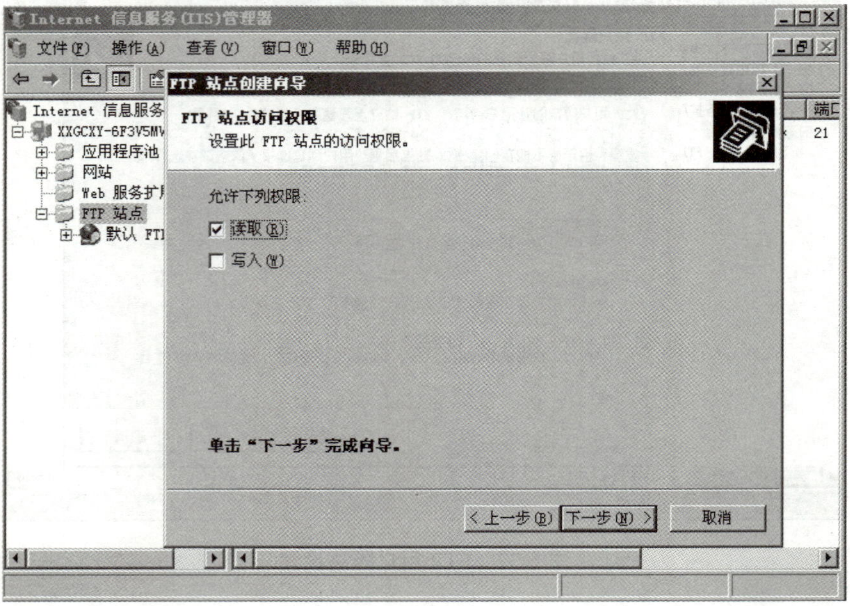

图 5-34 FTP 站点用户读写权限设置

（12） 单击“下一步”按钮，然后单击“完成”按钮，即可完成 FTP 站点的创建，返回到 IIS 管理器平台主界面上，创建好的 FTP 站点如图 5-35 所示。

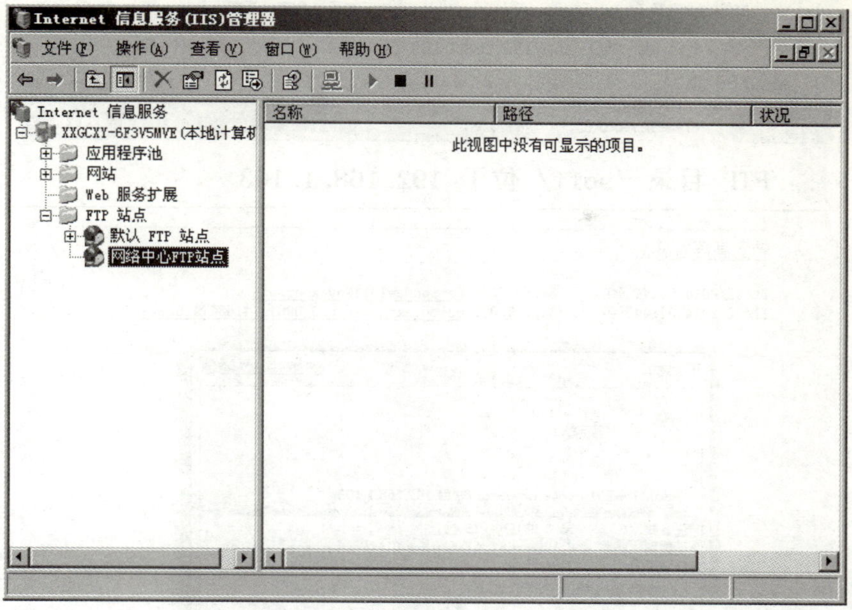

图 5-35 网络中心 FTP 站点

（13）在浏览器中输入网络中心 FTP 站点网址：ftp://192.168.1.103，然后单击回车键，效果如图 5-36 所示。

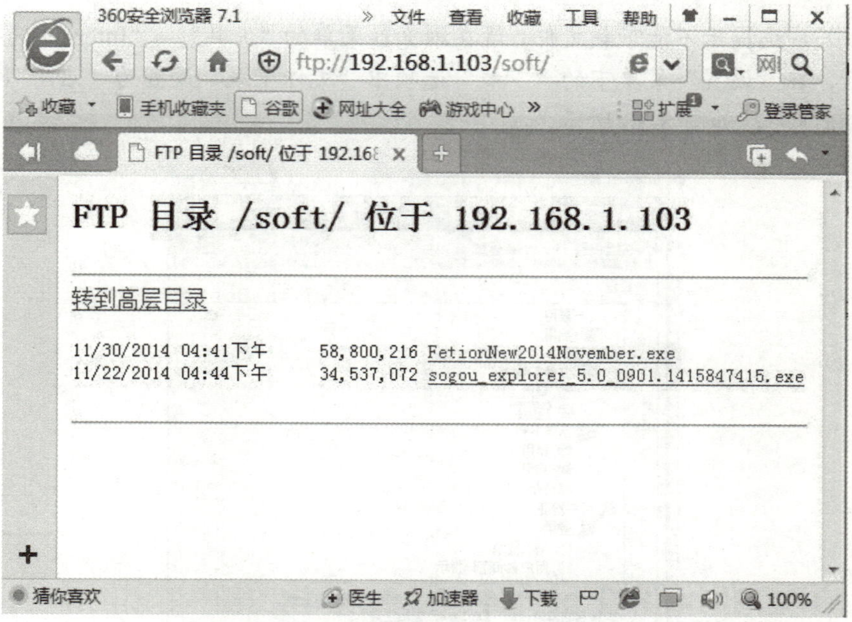

图 5-36 访问网络中心 FTP 站点资源

（14）找到所需的资源，单击右键，选择“目标另存为”，可保存下载的资源，如图 5-37 所示。

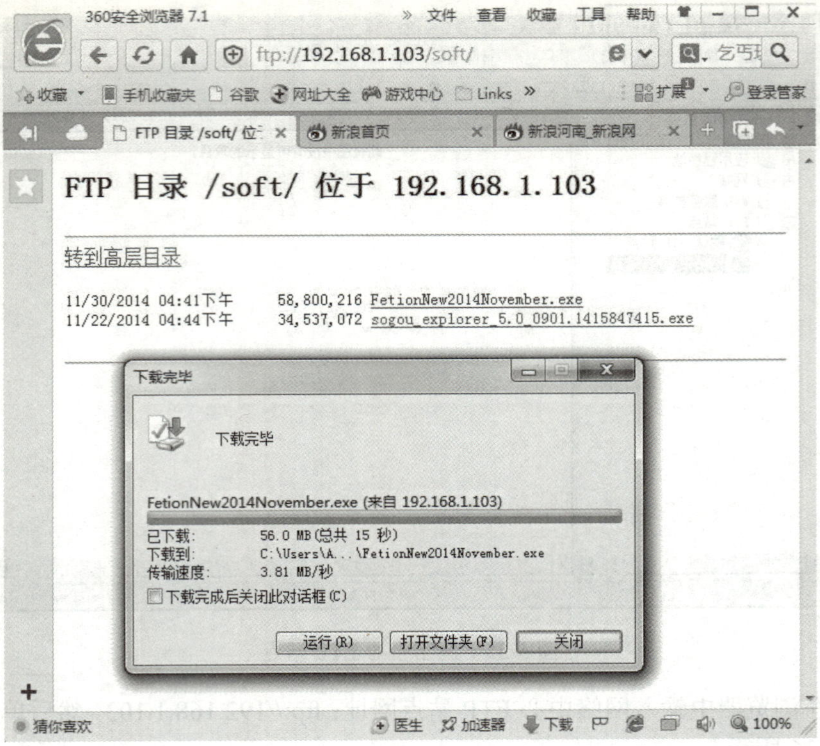

图 5-37　下载、保存网络中心 FTP 站点资源

提示：若系统提示不能下载文件，请在浏览器菜单的“工具”→“Internet 选项”→“安全”选项卡，在“设置”菜单下的“下载”选项中“文件下载”设置为“启用”，然后单击“确定”按钮即可，如图 5-38 所示。

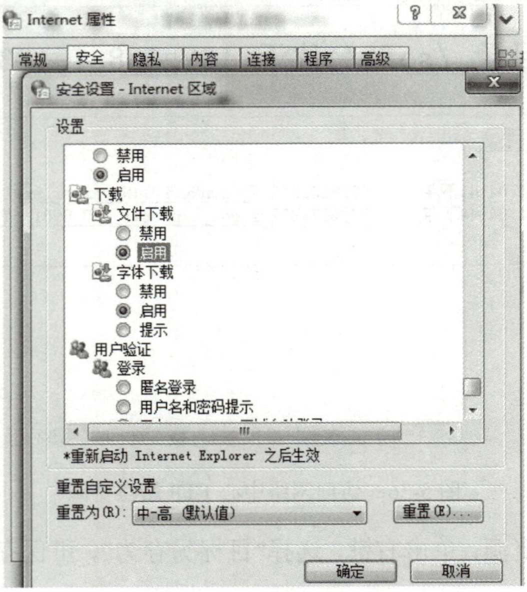

图 5-38　启用文件下载选项

（15）在 IIS 服务控制台中，选择“网络中心 FTP 站点”，选择“属性”命令，弹出 FTP 服务器属性设置面板，则可在该面板中设置 FTP 站点的相关参数，如图 5-39 所示。

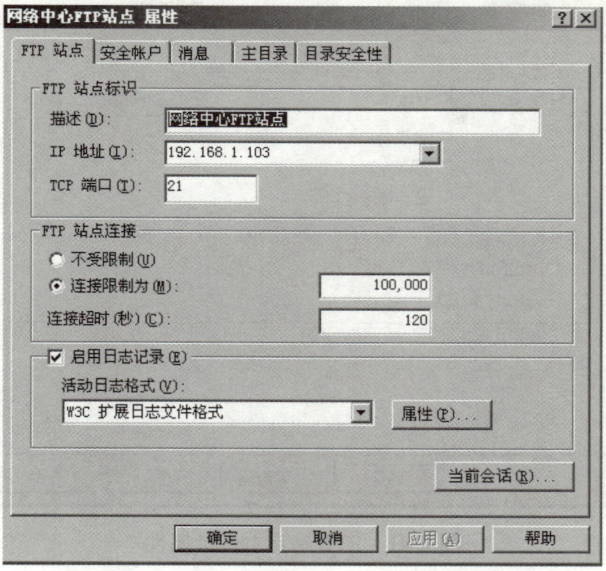

图 5-39　FTP 站点属性

（16）切换到“消息”选项卡，设置用户访问本站点的欢迎信息、最大连接数，如图 5-40 所示。

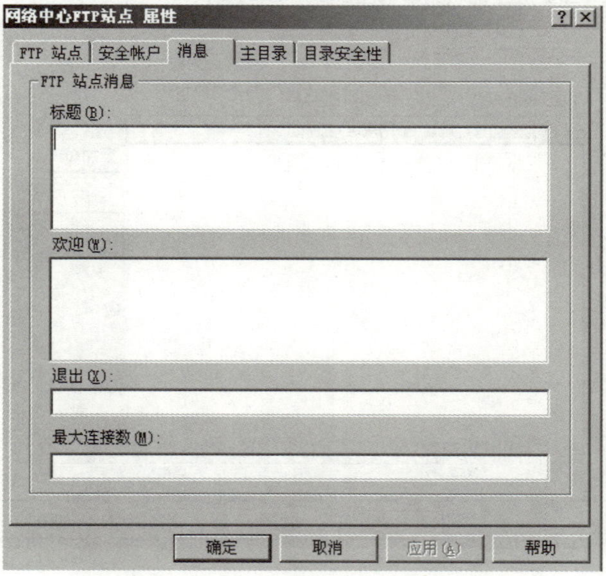

图 5-40　FTP 站点消息属性

（17）切换到“主目录”选项卡，设置 FTP 的读写属性、FTP 站点目录，如图 5-41 所示。

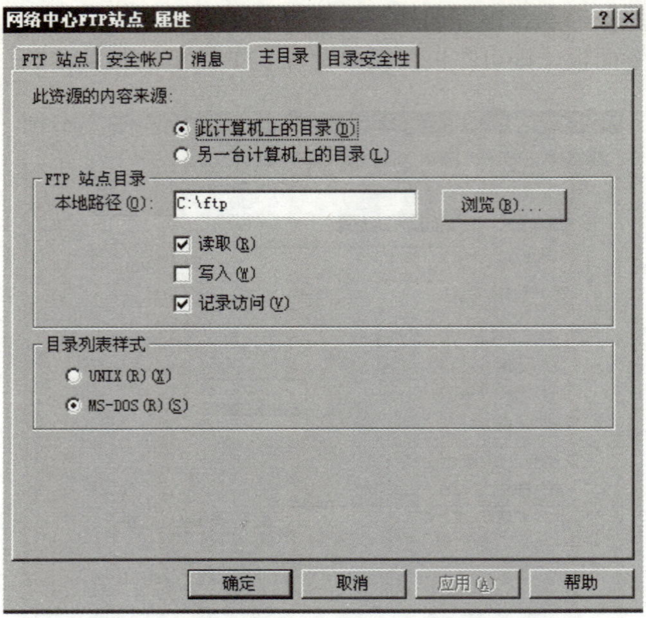

图 5-41　FTP 站点主目录属性

（18） 单击“目录安全性”选项卡，可以设置在局域网中哪些主机可以访问此 FTP 站点，哪些主机不可以访问此 FTP 站点，如图 5-42 所示。

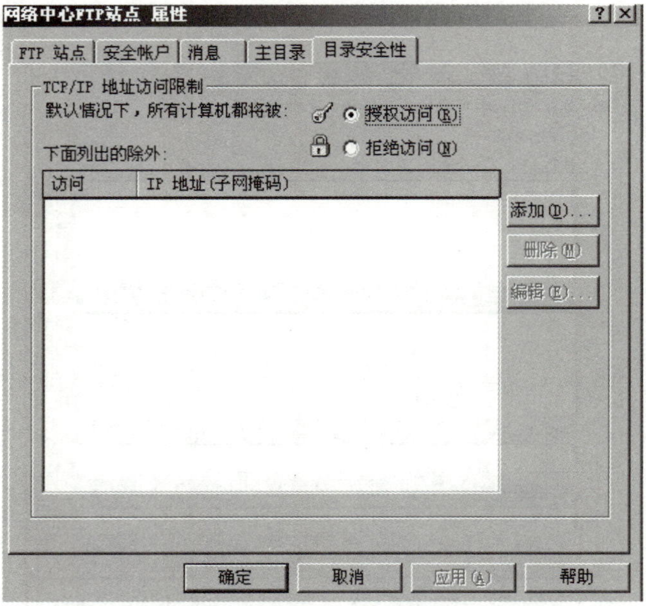

图 5-42　FTP 站点目录安全性属性

（19） 单击“安全帐户”选项卡，则可以创建受限访问的 FTP 站点，如图 5-43 所示。

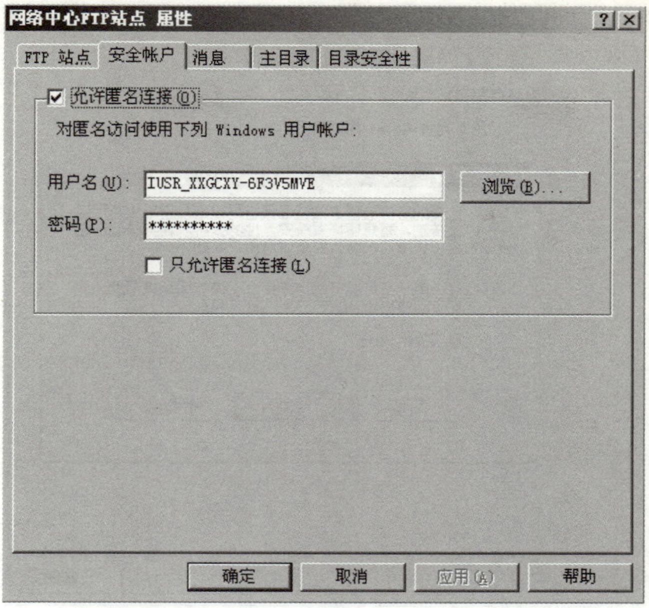

图 5-43　FTP 站点安全帐户属性

（20） 首先在控制面板中创建用户名为“zhangsan”，密码为“123456”的帐户。单击“浏览”按钮，选择“高级”选项，点击“立即查找”按钮，将“zhangsan”帐户添加进去，单击“确定”按钮，如图 5-44 所示。

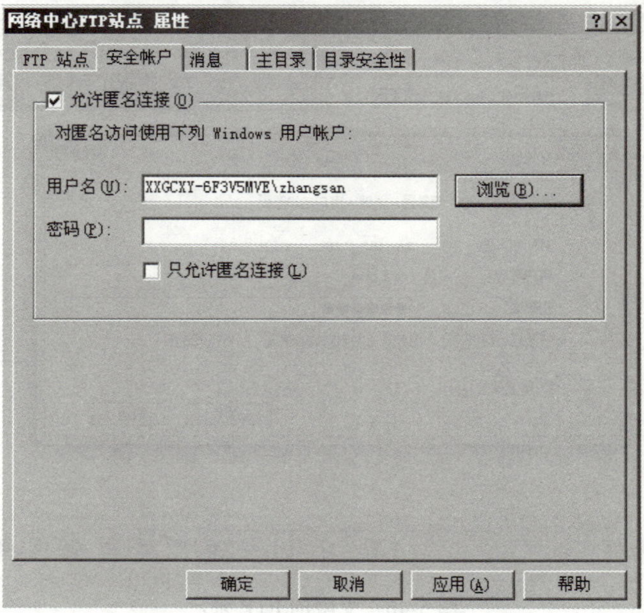

图 5-44　添加在 zhangsan 帐户

（21） 取消“允许匿名连接”前面的勾，弹出如图 5-45 所示的警告对话框，选择“是”按钮。

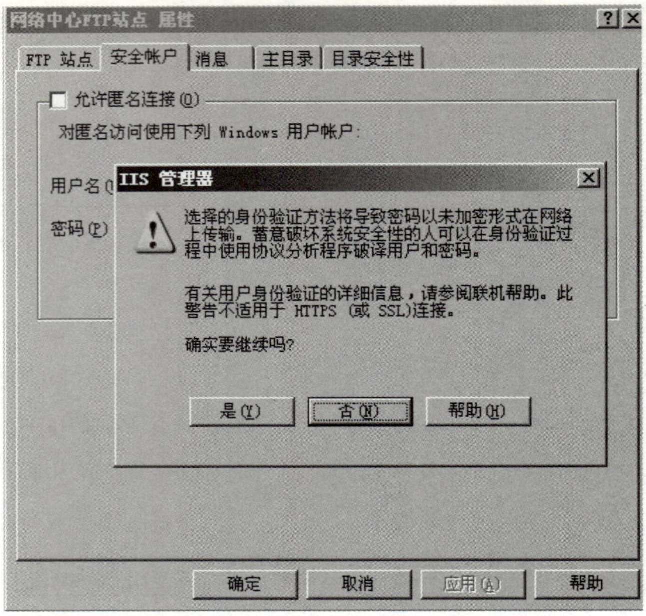

图 5-45　设置受限的 FTP 帐户

（22）在浏览器中输入网络中心 FTP 站点网址：ftp://192.168.1.103，然后单击回车键，则会弹出如图 5-46 所示的页面。

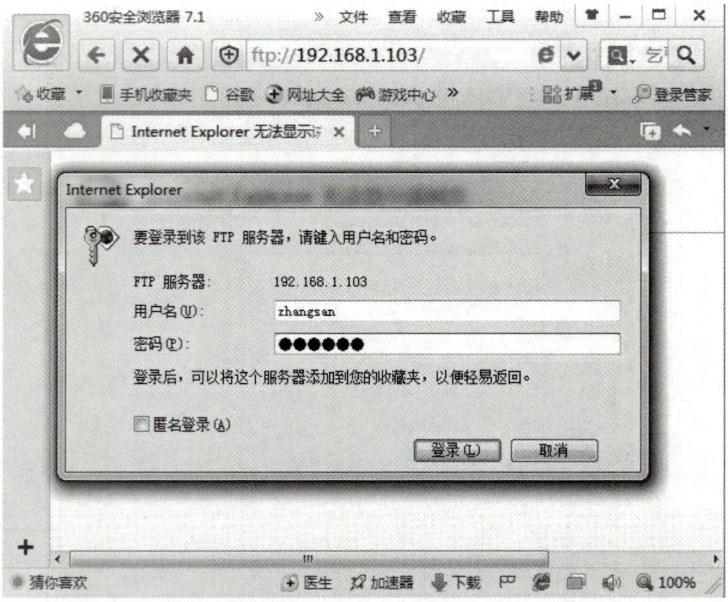

图 5-46　受限的 FTP 帐户

（23）分别在用户名和密码中输入字符窜“zhangsan”、“123456”，单击“登录”按钮，即可登录到网络中心 FTP 资源站点，如图 5-47 所示。

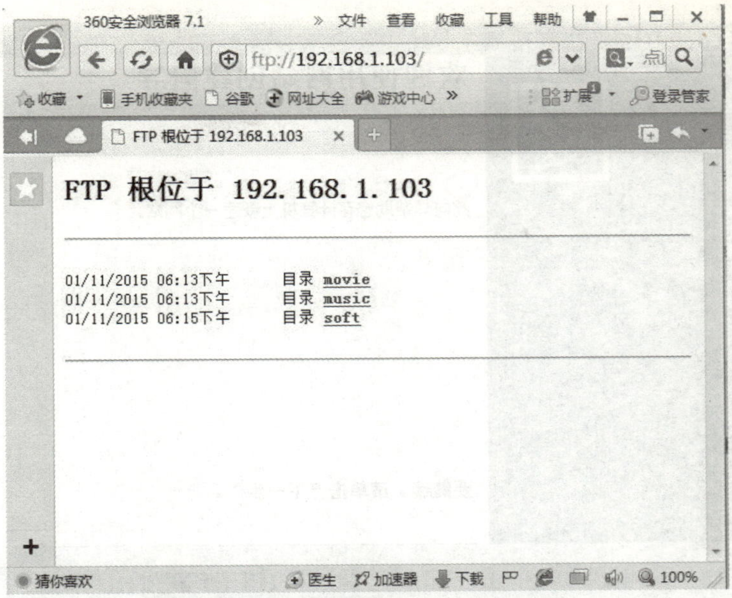

图 5-47　登录成功后的 FTP 资源网站

（24） 从“开始”菜单中打开 IIS 管理器，用鼠标单击“网站”，选择“新建”→“网站”命令，如图 5-48 所示。

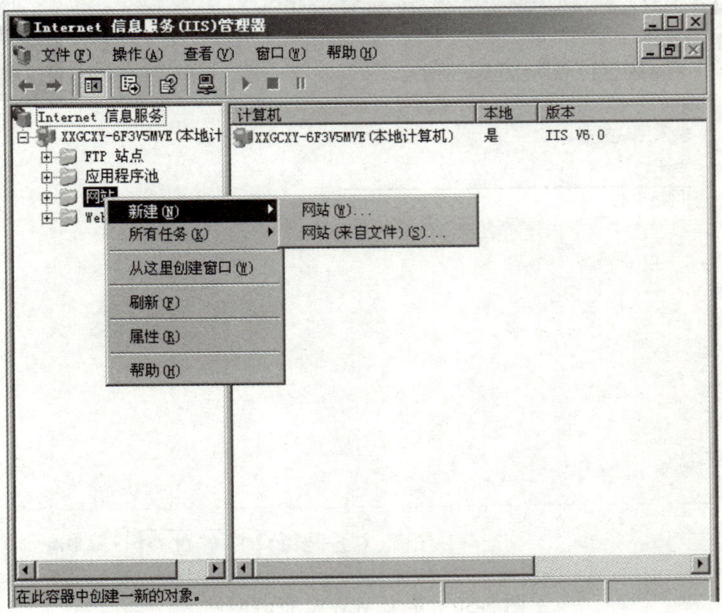

图 5-48　在 IIS 平台新建 WWW 资源网站

（25） 出现如下图 5-49 所示的页面向导，单击“下一步”按钮。

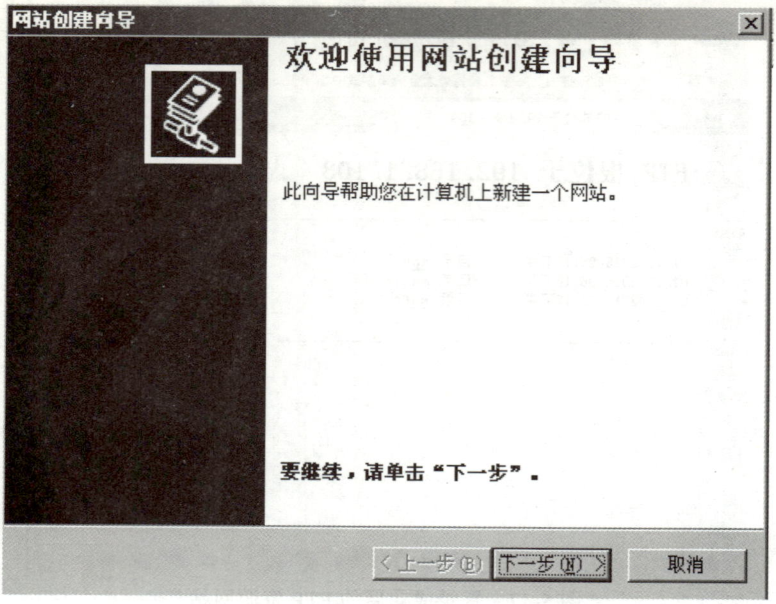

图 5-49　新建 WWW 资源网站向导

（26）　输入对网站资源的描述，单击“下一步”按钮，如图 5-50 所示。

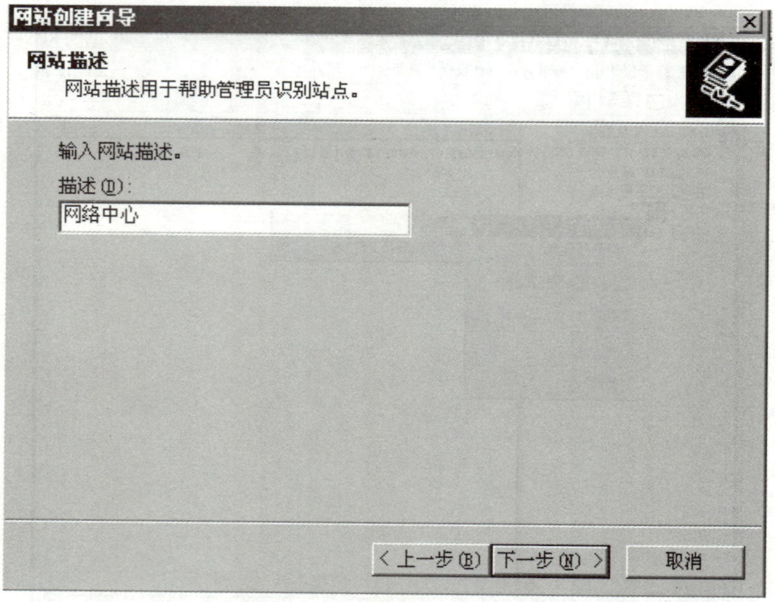

图 5-50　定义 WWW 资源网站

（27）　对该网站的 IP 地址、端口号进行设置，此时选择本机 IP 地址 192.168.1.103 为 WWW 服务器 IP 地址，端口号默认为 80，如图 5-51 所示。

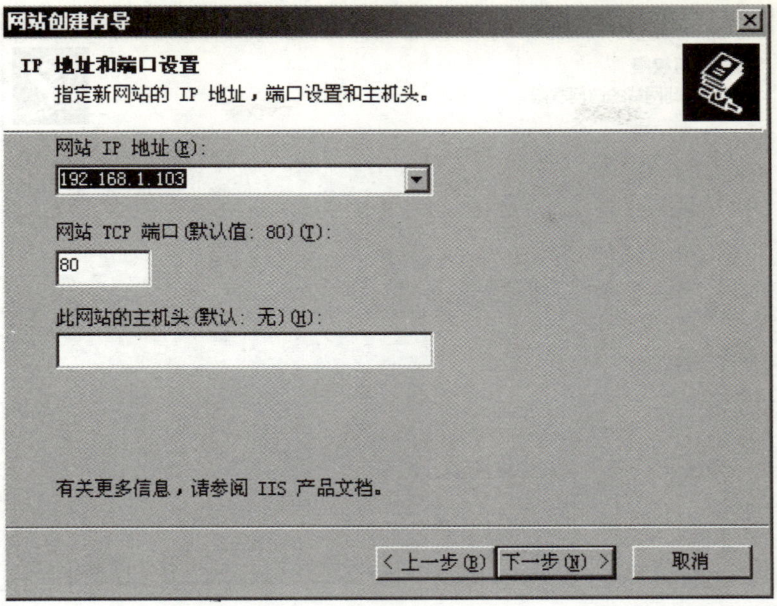

图 5-51　定义 WWW 资源网站服务器 IP 和端口号信息

（28）设置网站的主目录，单击下一步，如图 5-52 所示。

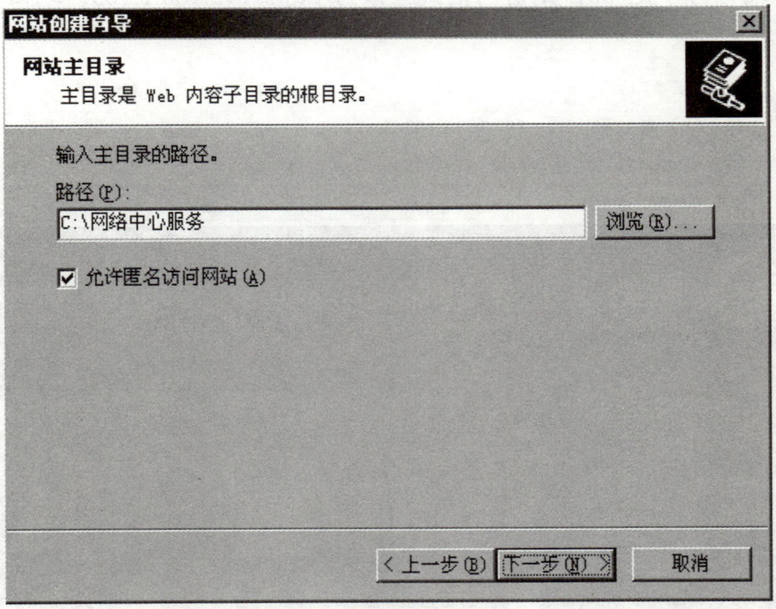

图 5-52　设置 WWW 资源服务总目录

（29）设置访问网站的权限，然后依次单击“下一步”按钮和“完成“按钮，如图 5-53 所示。

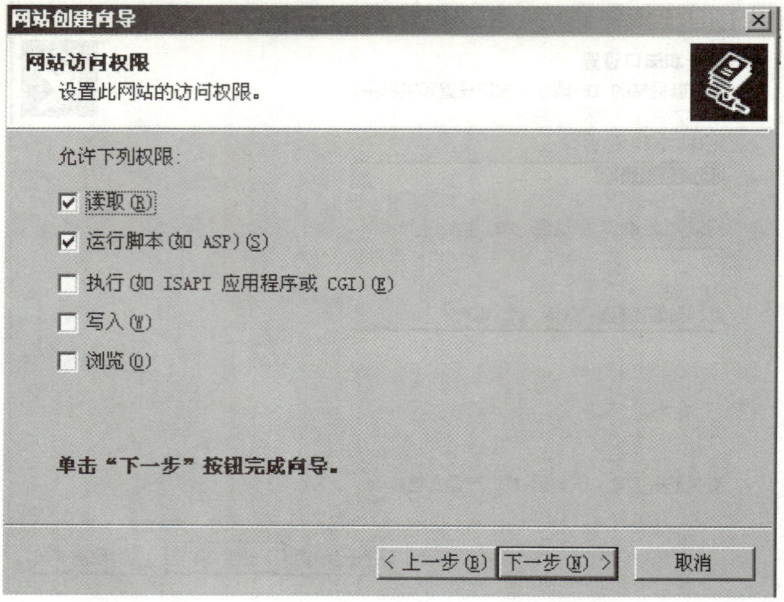

图 5-53　WWW 服务器读写权限设置

（30）打开浏览器，在地址栏中输入 http://192.168.1.103，单击回车键，此时需要注意，若网站的默认端口号不是 80，则访问格式应该为 http://192.168.1.103：端口号，结果如图 5-54 所示。

图 5-54　WWW 服务器访问效果

（31）在 IIS 管理器中选中“网络中心”，然后单击鼠标右键，选择“属性”，默认为“网站”选项卡，如图 5-55 所示。

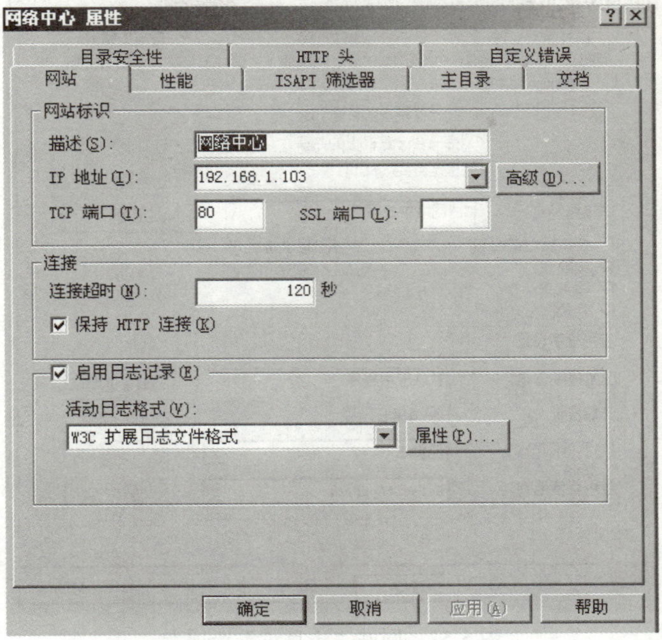

图 5-55　网站默认属性

（32） 切换到“性能”选项卡，可设置带宽限制和网站连接数，如图 5-56 所示。

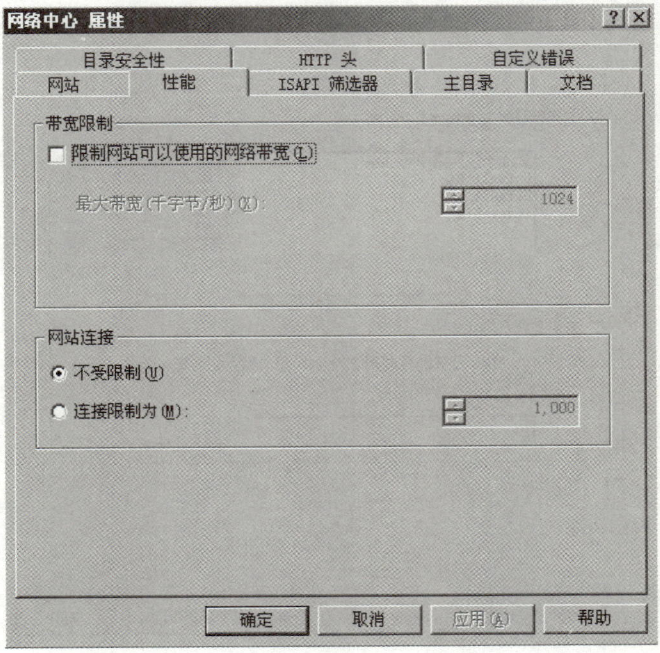

图 5-56 网站“性能”选项卡

（33） 切换到“主目录”选项卡，可设置网络中心站点的本地路径、读写权限、应用程序位置等信息，如图 5-57 所示。

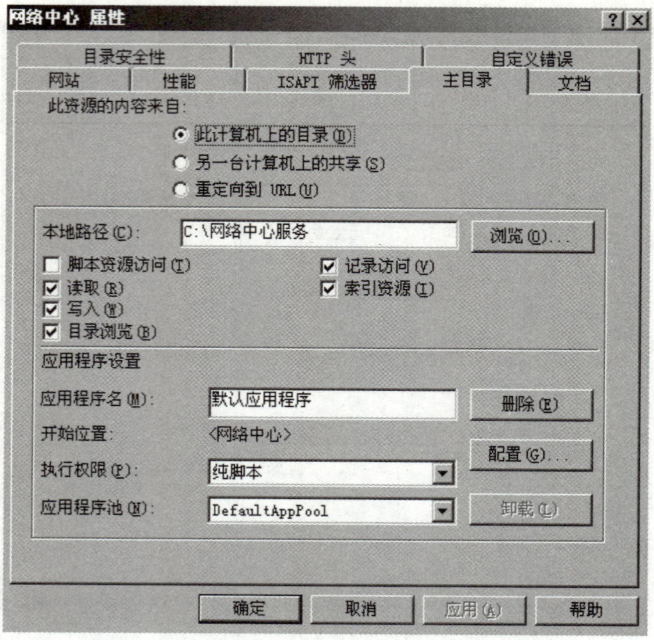

图 5-57 网站“主目录”选项卡

（34） 切换到“文档”选项卡，可设置网站的启用默认内容文档，即指定网站首页的文件名，如图 5-58 所示。

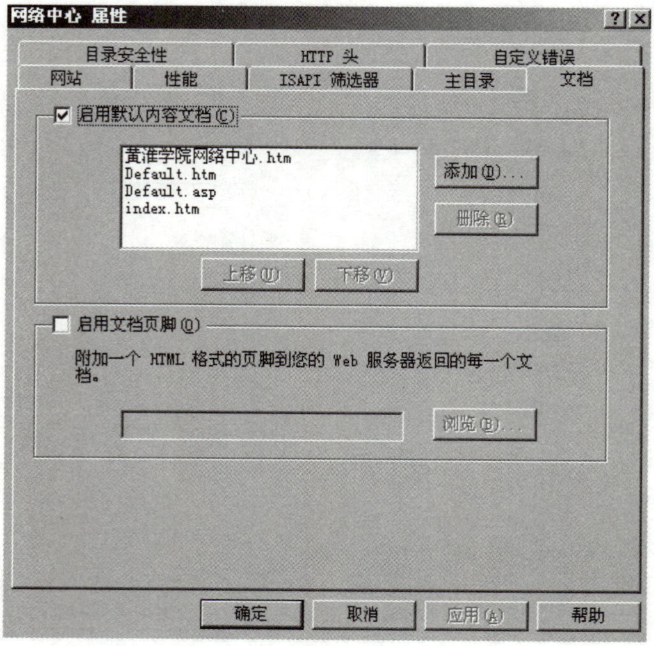

图 5-58 网站“文档”选项卡

（35）切换到“目录安全性”选项卡，可通过身份验证、IP 地址、域名限制等方式来限制用户对网络资源的访问，如图 5-59 所示。

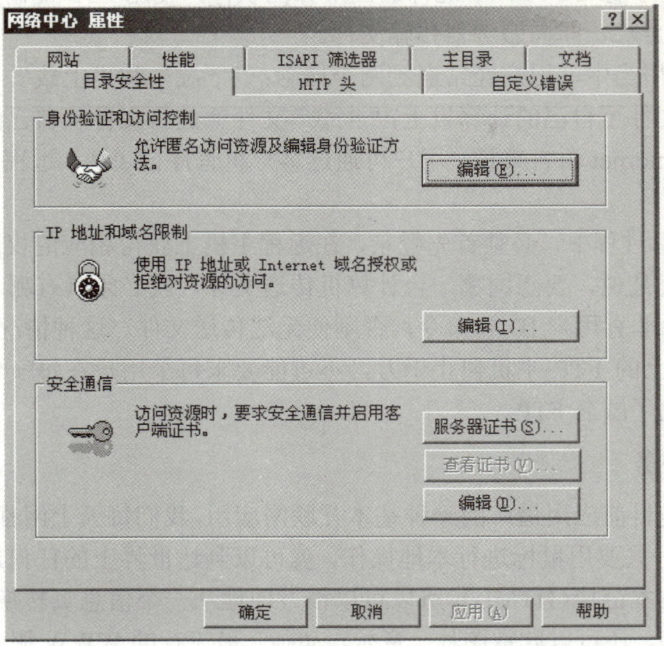

图 5-59 网站“目录安全性”选项卡

至此，本案例中的网页发布和 FTP 服务器配置已经完成。

相关知识

1. IIS

IIS（Internet Information Services，互联网信息服务），是由微软公司提供的基于运行 Microsoft Windows 的互联网基本服务。最初是 Windows NT 版本的可选包，随后内置在 Windows 2000、Windows XP Professional 和 Windows Server 2003 一起发行，但在 Windows XP Home 版本上并没有 IIS。IIS 是一种 Web（网页）服务组件，其中包括 Web 服务器、FTP 服务器、NNTP 服务器和 SMTP 服务器，分别用于网页浏览、文件传输、新闻服务和邮件发送等方面，它使得在网络（包括互联网和局域网）上发布信息成了一件很容易的事。IIS 的版本从早期的 1.0 到最新的 7.0，其中适合 Windows Server 2003 的是 IIS 6.0。Windows Server 2003 的 IIS 版本是 5.0，Windows XP 的 IIS 版本是 5.1，Windows Server 2008 的 IIS 版本是 7.0。本项目中就以 IIS 6.0 为学习对象，在虚拟机 Windows Server 2003 上安装 IIS，并配置 Web 服务器和 FTP 服务器。首先从网上下载 IIS 6.0 安装包，并复制到虚拟机上。

2. FTP

FTP（File Transfer Protocol）是 TCP/IP 网络上两台计算机传送文件的协议，FTP 是在 TCP/IP 网络和 Internet 上最早使用的协议之一。尽管 Web 已经替代了 FTP 的大多数功能，

FTP 仍然是通过 Internet 把文件从客户机复制到服务器上的一种途径。FTP 客户机可以给服务器发出命令来下载文件，上传文件，创建或改变服务器上的目录。原来的 FTP 软件多是命令行操作，有了像 CUTEFTP 这样的图形界面软件，使用 FTP 传输变得方便易学。主要使用它进行“上载”，即向服务器传输文件。

在 FTP 的使用当中，用户经常遇到两个概念：“下载”和“上载”。“下载”文件就是从远程主机拷贝文件至自己的计算机上；“上载”文件就是将文件从自己的计算机中拷贝至远程主机上。用 Internet 语言来说，用户可通过客户机程序向（从）远程主机上载（下载）文件。

在 FTP 的使用过程中，必须首先登录，在远程主机上获得相应的权限以后，方可上传或下载文件。也就是说，要想同哪一台计算机传送文件，就必须具有哪一台计算机的适当授权。换言之，除非有用户 ID 和口令，否则便无法传送文件。这种情况违背了 Internet 的开放性，Internet 上的 FTP 主机何止千万，不可能要求每个用户在每一台主机上都拥有帐号，因此就衍生出了匿名 FTP。

3. WWW 服务

WWW 服务是目前应用最广的一种基本互联网应用，我们每天上网都要用到这种服务。通过 WWW 服务，只要用鼠标进行本地操作，就可以到达世界上的任何地方。由于 WWW 服务使用的是超文本链接(HTML)，所以可以很方便地从一个信息页转换到另一个信息页。它不仅能查看文字，还可以欣赏图片、音乐、动画。最流行的 WWW 服务的程序就是微软的 IE 浏览器。万维网并不等同互联网，万维网只是互联网所能提供的服务之一，是靠着互联网运行的一项服务。

4. 端口

端口（Port）可分为虚拟端口和物理端口，其中虚拟端口指计算机内部或交换机路由器内的端口，不可见。例如计算机中的 80 端口、21 端口、23 端口等。物理端口又称为接口，是可见端口，计算机背板的 RJ-45 网口，交换机路由器集线器等 RJ-45 端口。电话使用 RJ11 插口也属于物理端口的范畴。本实训所指的端口不是指物理意义上的端口，而是特指 TCP/IP 协议中的端口，是逻辑意义上的端口。如果把 IP 地址比作一间房子，端口就是出入这间房子的门。真正的房子只有几个门，但是一个 IP 地址的端口可以有 65536（即 2^{16}）个之多。端口是通过端口号来标记的，端口号只有整数，范围是从 0 到 65535（$2^{16}-1$）。需要注意的是，若多个不同内容的站点使用同一个域名或 IP 地址时，必须更改 TCP 端口号才能正常访问，否则该站点不能启动。端口号可分为以下三大类。

（1） 周知端口（Well Known Ports）。

周知端口是众所周知的端口号，范围从 0 到 1023，其中 80 端口分配给 WWW 服务，21 端口分配给 FTP 服务等。用户在 IE 的地址栏里输入一个网址时一般是不必指定端口号的，因为在默认情况下 WWW 服务的端口是“80”。

网络服务是可以使用其他端口号的，如果不是默认的端口号则应该在地址栏上指定端口号，方法是在地址后面加上冒号“:”（半角），再加上端口号。比如使用“8080”作为 WWW 服务的端口，则需要在地址栏里输入“网址：8080”。

但是有些系统协议使用固定的端口号，它是不能被改变的，比如 139 端口专门用于 NetBIOS 与 TCP/IP 之间的通信，不能手动改变。

（2） 动态端口（Dynamic Ports）。

动态端口的范围是从 49152 到 65535，之所以称为动态端口，是因为它一般不固定分配某种服务，而是动态分配。

（3） 注册端口。

端口 1024 到 49151，分配给用户进程或应用程序。这些进程主要是用户选择安装的一些应用程序，而不是已经分配好了公认端口的常用程序。这些端口在没有被服务器资源占用的时候，可以提供给用户端动态选用为源端口。

案例三　DHCP 服务器的搭建和使用

【案例描述】

李主任今天交给小明一项任务：让他去学校计算中心的每台计算机都设置 IP，学校的计算中心有机房 5 个，每个机房有 100 台 PC，总计大约有 500 台计算机需要设置 IP，并让他在半天的时间内完成该任务。

【案例分析】

500 台计算机都要设置 IP、子网掩码、网关、DNS 服务器，工作量比较大，时间紧任务重，人工设置很容易重复，又有可能冲突，对小明来说是个不小的难题。

经过对网络资源的查询，小明发觉要完成计算机 IP 地址的配置，基本方法有两种：一是人工手动配置；二是让 DHCP 服务器自动来分配 IP 地址，前者适合网络用户比较少的情况，而后者适合在大中型网络中，让服务器自动为客户机分配 IP、网关、DNS 信息，可以快速提高工作效率，并且能减少 IP 地址故障的可能性。

【实施方案】

若要完成李主任交给的任务，小明决定先在虚拟机上模拟并学习如何配置 DHCP 服务器，这就需要在服务器上首先配置 DHCP 服务器组件，并在客户机上将 IP 地址设置为自动获取方式。

为了实现本项目中的任务，启动虚拟机中的操作系统，并实现虚拟机上网与通信，网络环境配置如表 5-2 所示。

表 5-2　宿主机和虚拟机 IP 分配

PC	类　型	名　称	操作系统	IP 地址
1	宿主机	PC1	Windows 7	192.168.1.133
2	虚拟机	PC2	Windows Server 2003	192.168.1.103
3	虚拟机	PC3	Windows Server 2003	
4	虚拟机	PC4	Windows XP	

【实施步骤】

（1） 启动虚拟机 PC1（操作系统为 Windows Server 2003）：打开“控制面板”，然后单击启动“添加/删除程序”，在弹出的对话框中选择 “添加/删除 Windows 组件”，在 Windows 组件向导对话框中选中“网络服务”，选中右下方的“详细信息”选项，在网络服务对话框网络服务的子组件列表中选中“动态主机配置协议（DHCP）”复选框。依次单击“确定”、“下一步”、“完成”按钮，如图 5-60 所示。

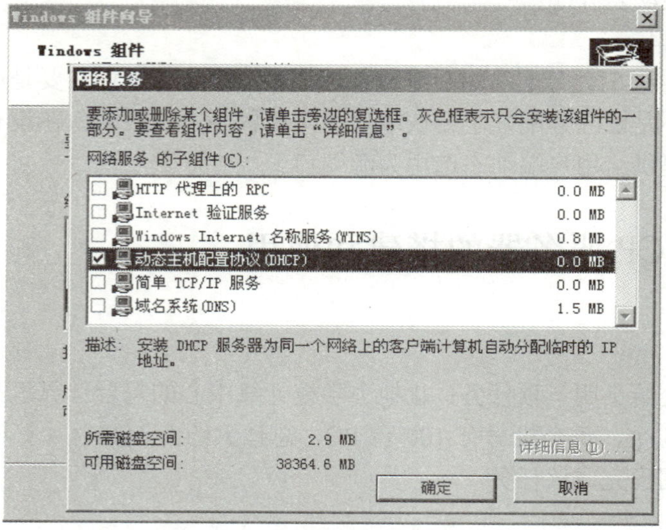

图 5-60　在添加或删除程序中安装 DHCP 服务

（2） 安装完成后，单击“开始”菜单会提醒有安装了新程序，单击“开始”→“所有程序”→“管理工具”菜单，如图 5-61 所示。

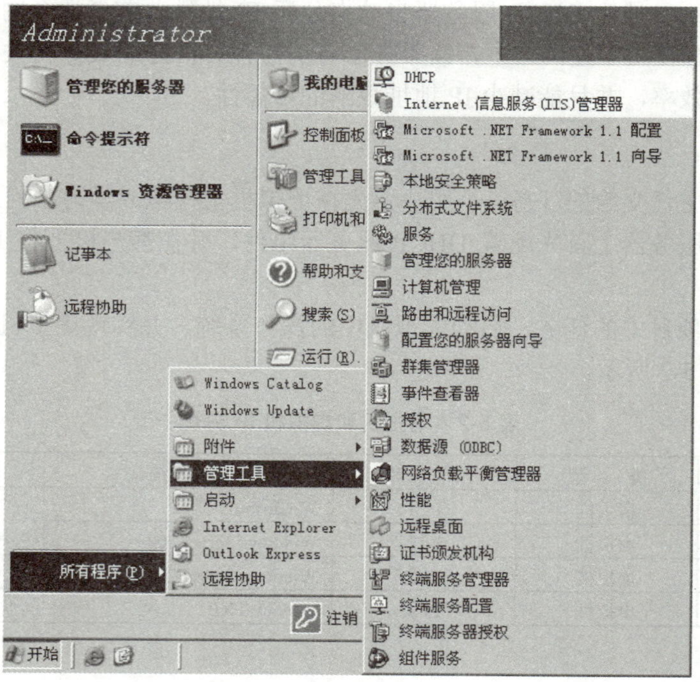

图 5-61　安装成功的 DHCP 服务

（3） 用鼠标左键单击菜单上的“DHCP”服务，如图 5-62 所示。

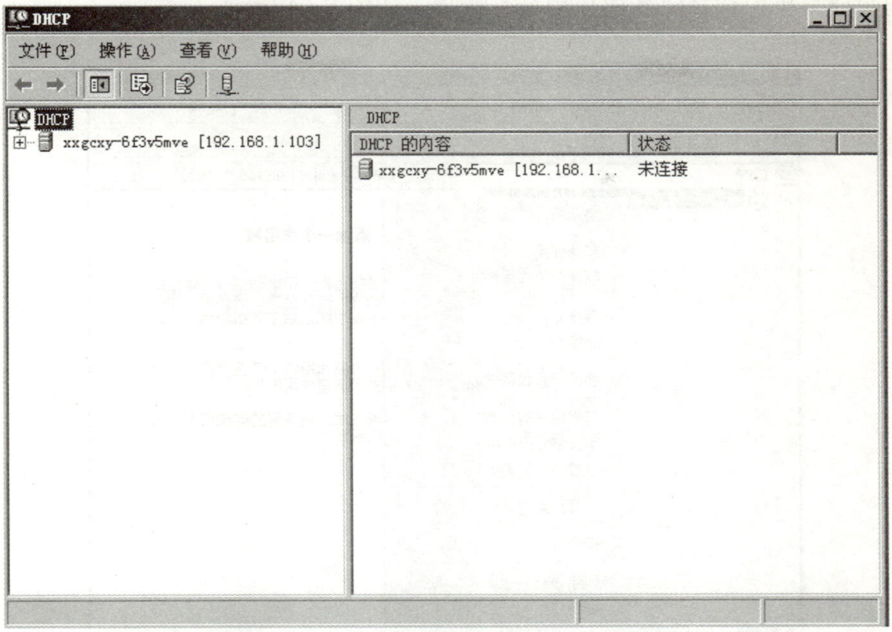

图 5-62 DHCP 服务界面

（4） 由于需要把 PC2 作为服务器，首先需要把 PC2 的 IP 地址设定为固定 IP 地址，IP 地址等信息如图 5-63 所示。

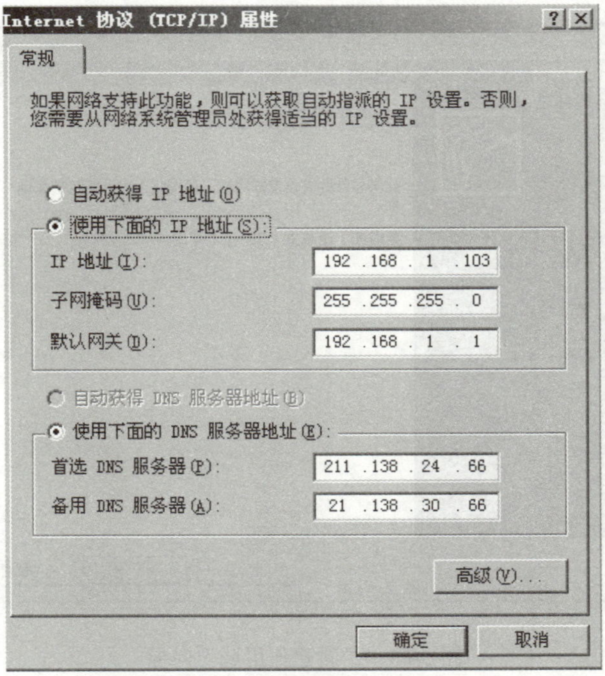

图 5-63 DHCP 服务器 PC2 的 IP 设置

（5） 选中 DHCP 服务器名（本实训中就是计算机名），在服务器名上点击鼠标右键，在出现的快捷菜单中选择“新建作用域”选项，如图 5-64 所示。

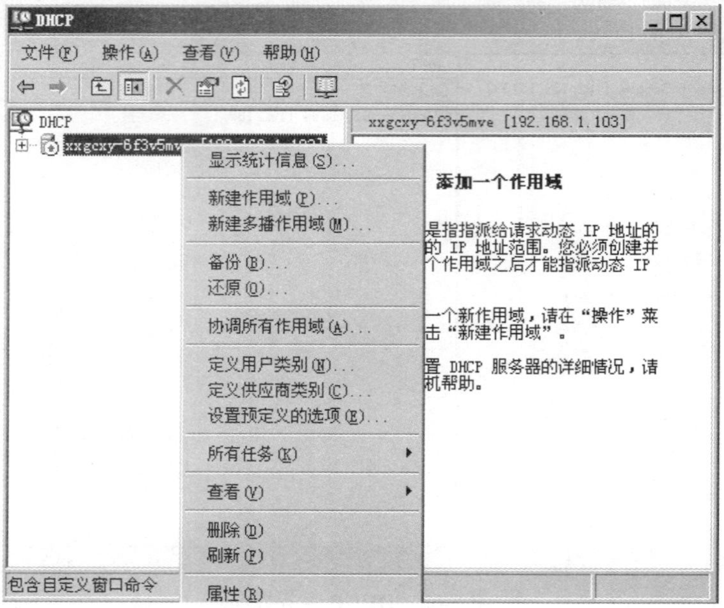

图 5-64 “新建作用域”选项

（6） 出现如图 5-65 所示，单击“下一步 ”按钮。

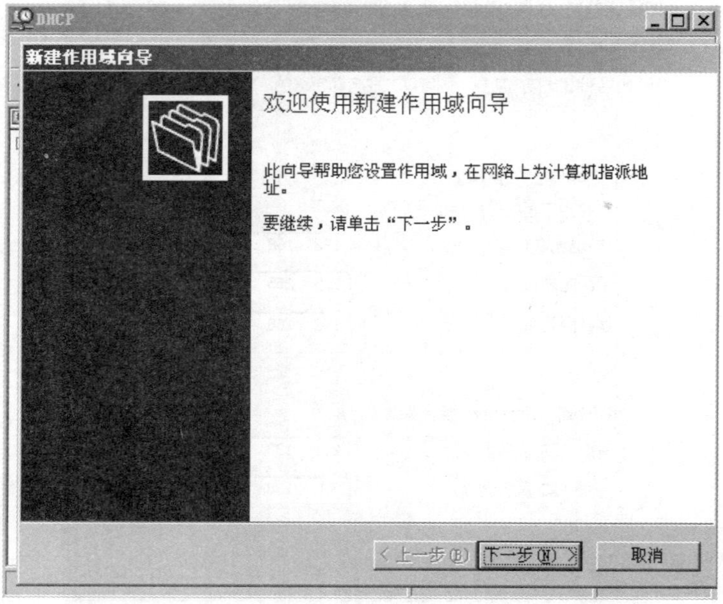

图 5-65 “新建作用域”向导

（7） 单击“下一步”按钮，出现如图 5-66 所示的“作用域名”向导，分别在“名称”、“描述”中输入“hhxy”和“计算中心”。

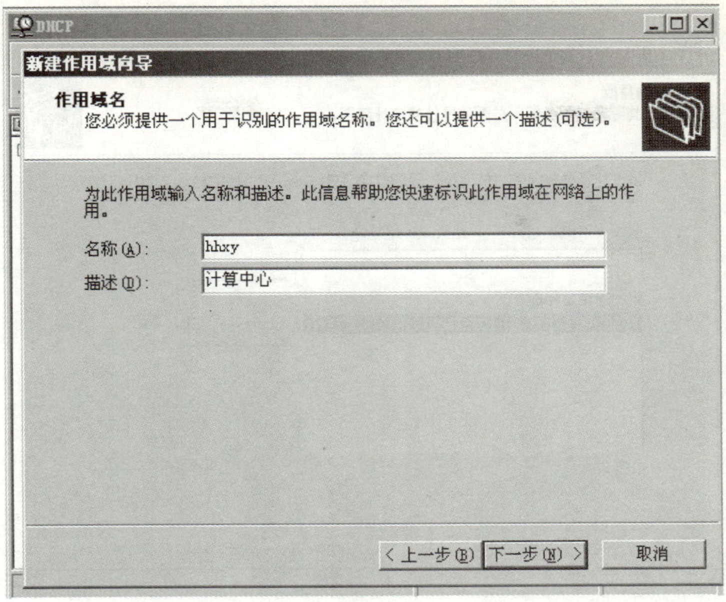
DHCP
新建作用域向导
作用域名
您必须提供一个用于识别的作用域名称。您还可以提供一个描述(可选)。
为此作用域输入名称和描述。此信息帮助您快速标识此作用域在网络上的作用。
名称(A):
hhxy
描述(D):
计算中心
< 上一步(B)
下一步(N) >
取消

图 5-66 填写“作用域名”选项

(8) 单击“下一步”按钮，在“IP 地址范围”选项中设置起始 IP 地址和结束 IP 地址分别为：192.168.1.100 和 192.168.1.110，子网掩码为 255.255.255.0，如图 5-67 所示。

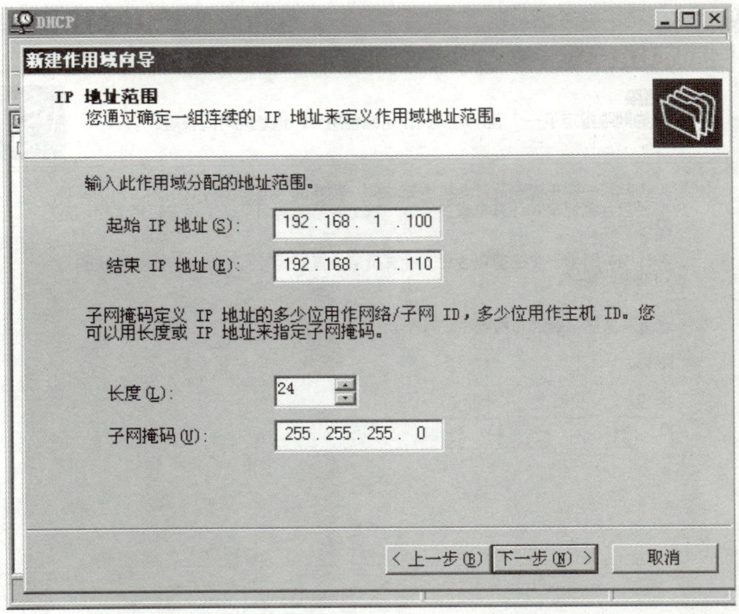
DHCP
新建作用域向导
IP 地址范围
您通过确定一组连续的 IP 地址来定义作用域地址范围。
输入此作用域分配的地址范围。
起始 IP 地址(S):
192 . 168 . 1 . 100
结束 IP 地址(E):
192 . 168 . 1 . 110
子网掩码定义 IP 地址的多少位用作网络/子网 ID，多少位用作主机 ID。您可以用长度或 IP 地址来指定子网掩码。
长度(L):
24
子网掩码(U):
255 . 255 . 255 . 0
< 上一步(B)
下一步(N) >
取消

图 5-67 填写“IP 地址范围”、“子网掩码”选项

(9) 单击“下一步”按钮，在 IP 地址排除范围中输入排除范围为：192.168.1.103 和 192.168.1.104，单击右方的“添加”按钮，如图 5-68 所示。

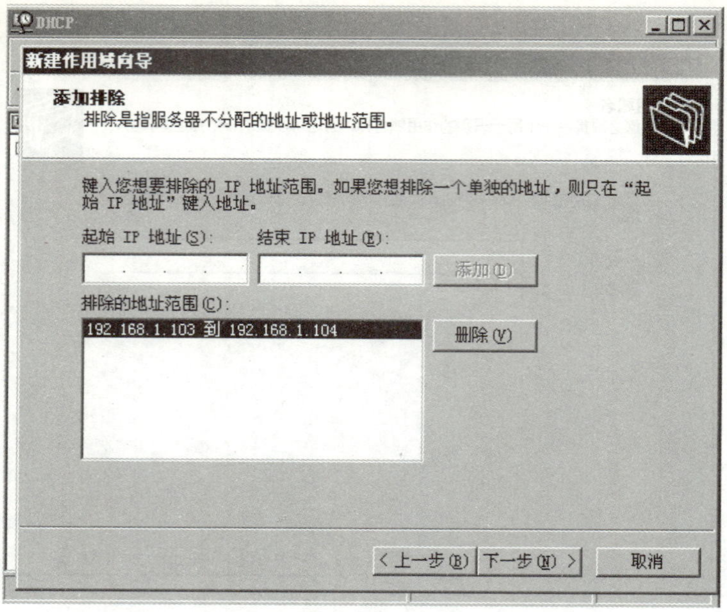
DHCP
新建作用域向导
添加排除
排除是指服务器不分配的地址或地址范围。
键入您想要排除的 IP 地址范围。如果您想排除一个单独的地址，则只在“起始 IP 地址”键入地址。
起始 IP 地址(S):
结束 IP 地址(E):
添加(D)
排除的地址范围(C):
192.168.1.103 到 192.168.1.104
删除(V)
< 上一步(B)
下一步(N) >
取消

图 5-68　添加被排除的 IP 地址范围

（10） 单击“下一步”按钮，设置 DHCP 服务器的租约期限，默认为 8 天，此时设置为 2 个小时，如图 5-69 所示。

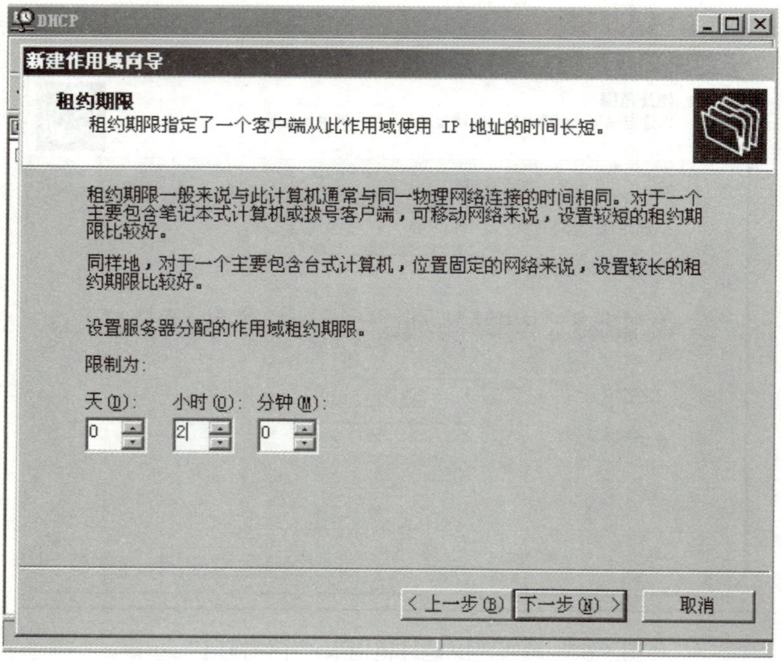
DHCP
新建作用域向导
租约期限
租约期限指定了一个客户端从此作用域使用 IP 地址的时间长短。
租约期限一般来说与此计算机通常与同一物理网络连接的时间相同。对于一个主要包含笔记本式计算机或拨号客户端，可移动网络来说，设置较短的租约期限比较好。
同样地，对于一个主要包含台式计算机，位置固定的网络来说，设置较长的租约期限比较好。
设置服务器分配的作用域租约期限。
限制为:
天(D):
小时(O):
分钟(M):
0
2
0
< 上一步(B)
下一步(N) >
取消

图 5-69　“租约期限”设置

（11） 单击“下一步”按钮，出现配置“DHCP”选项，如图 5-70 所示，选择“是”选项。

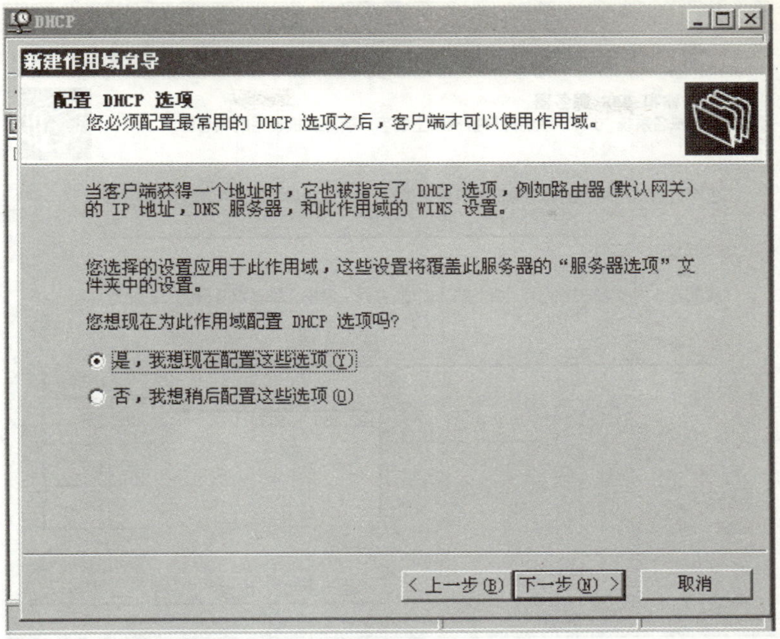
DHCP
新建作用域向导
配置 DHCP 选项
您必须配置最常用的 DHCP 选项之后，客户端才可以使用作用域。
当客户端获得一个地址时，它也被指定了 DHCP 选项，例如路由器(默认网关)的 IP 地址，DNS 服务器，和此作用域的 WINS 设置。
您选择的设置应用于此作用域，这些设置将覆盖此服务器的“服务器选项”文件夹中的设置。
您想现在为此作用域配置 DHCP 选项吗?
是，我想现在配置这些选项(Y)
否，我想稍后配置这些选项(O)
< 上一步(B)
下一步(N) >
取消

图 5-70　配置 DHCP 选项

（12）单击“下一步”按钮，出现设置网关页面，单击“添加”按钮，如图 5-71 所示。

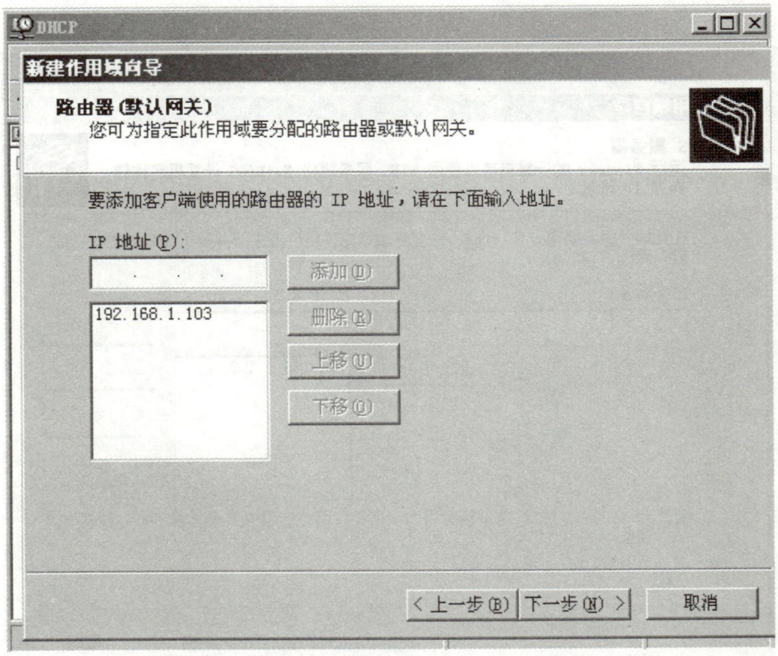
DHCP
新建作用域向导
路由器(默认网关)
您可为指定此作用域要分配的路由器或默认网关。
要添加客户端使用的路由器的 IP 地址，请在下面输入地址。
IP 地址(P):
添加(D)
192.168.1.103
删除(R)
上移(U)
下移(O)
< 上一步(B)
下一步(N) >
取消

图 5-71　配置网关选项

（13）单击“下一步”按钮，出现设置 DNS 服务器页面，单击“添加”按钮，如图 5-72 所示。

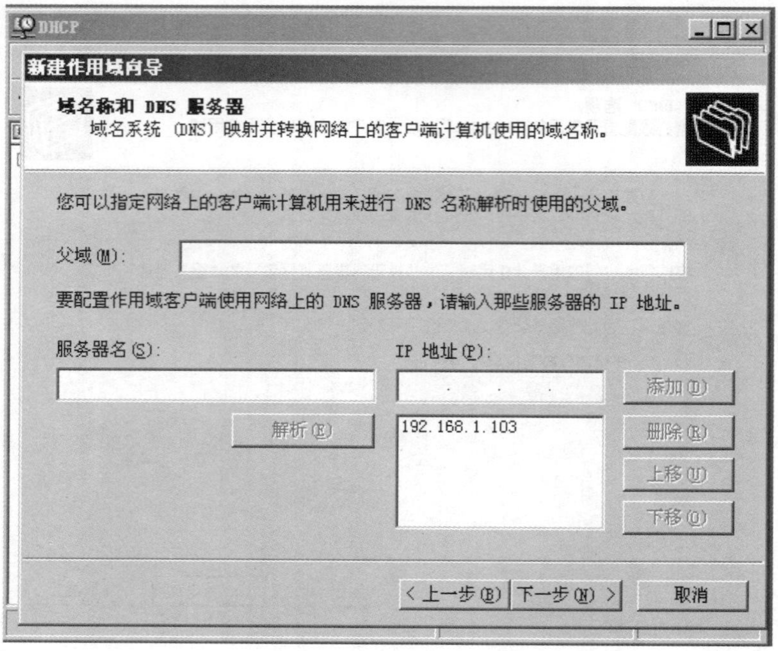
DHCP
新建作用域向导
域名称和 DNS 服务器
域名系统 (DNS) 映射并转换网络上的客户端计算机使用的域名称。
您可以指定网络上的客户端计算机用来进行 DNS 名称解析时使用的父域。
父域(M):
要配置作用域客户端使用网络上的 DNS 服务器，请输入那些服务器的 IP 地址。
服务器名(S):
IP 地址(P):
添加(D)
解析(E)
192.168.1.103
删除(R)
上移(U)
下移(O)
< 上一步(B)
下一步(N) >
取消

图 5-72　配置 DNS 服务器选项

（14） 单击“下一步”按钮，出现设置 WINS 服务器页面，单击“添加”按钮，如图 5-73 所示。

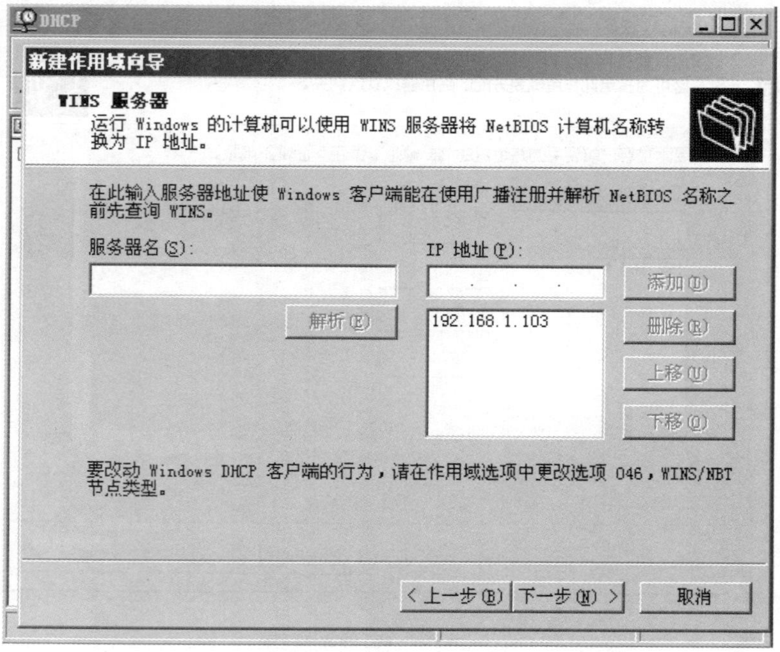
DHCP
新建作用域向导
WINS 服务器
运行 Windows 的计算机可以使用 WINS 服务器将 NetBIOS 计算机名称转换为 IP 地址。
在此输入服务器地址使 Windows 客户端能在使用广播注册并解析 NetBIOS 名称之前先查询 WINS。
服务器名(S):
IP 地址(P):
添加(D)
解析(E)
192.168.1.103
删除(R)
上移(U)
下移(O)
要改动 Windows DHCP 客户端的行为，请在作用域选项中更改选项 046，WINS/NBT 节点类型。
< 上一步(B)
下一步(N) >
取消

图 5-73　配置 WINS 服务器选项

（15） 单击“下一步”按钮，选择“是，我想现在激活此作用域”选项按钮，依次单击“下一步”、“完成”按钮，完成 DHCP 服务器的配置，如图 5-74 所示。

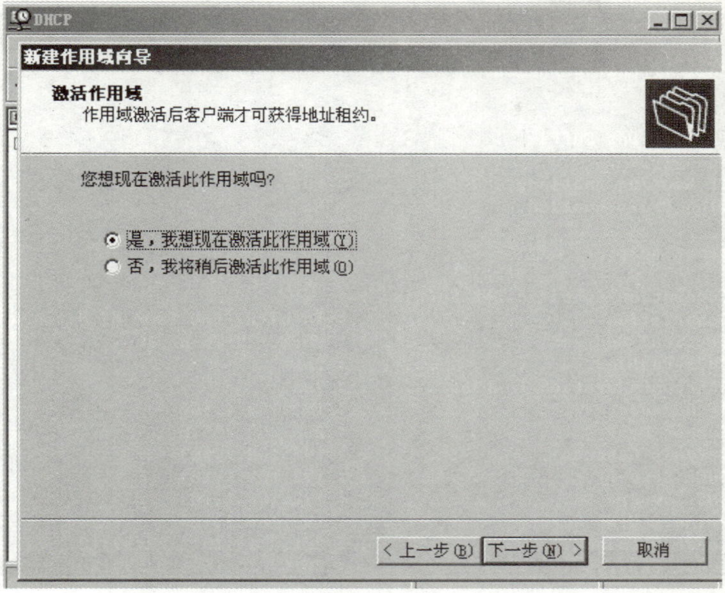

图 5-74　激活作用域选项

（16） 启动 PC3（操作系统为 Windows Server 2003），在“本地连接”→“属性”→“TCP/IP 属性”中设置 IP 地址为自动获取，自动获取 DNS 服务器地址。如图 5-75 所示。

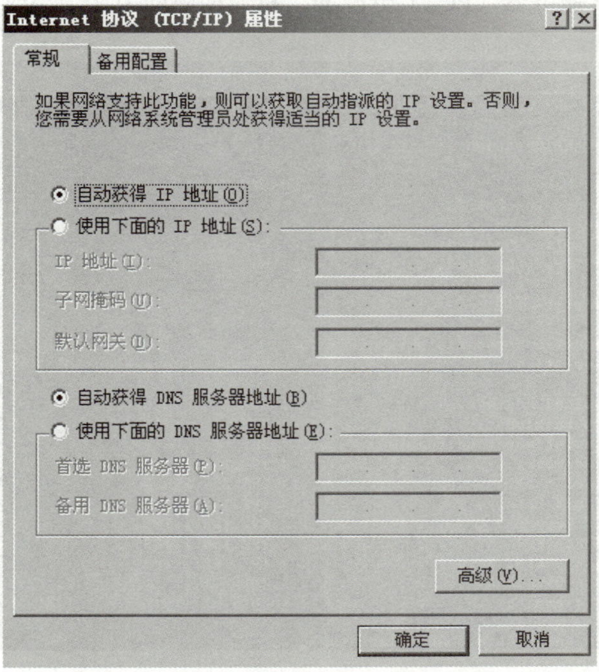

图 5-75　设置 PC2 的 IP 为自动获取类型

（17） 在“开始”→“运行”菜单中输入命令“CMD”，进入 DOS 命令提示符，输入“ipconfig /all”命令，查看本机 IP 配置信息，如图 5-76 所示。

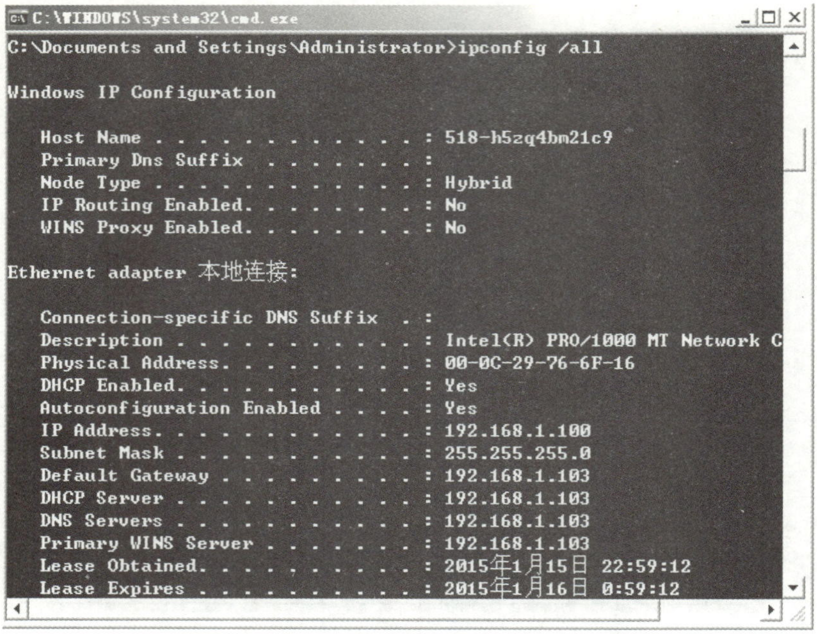
C:\WINDOWS\system32\cmd.exe
C:\Documents and Settings\Administrator>ipconfig /all
Windows IP Configuration
Host Name . . . . : 518-h5zq4bm21c9
Primary Dns Suffix . . . . :
Node Type . . . . : Hybrid
IP Routing Enabled. . . . . : No
WINS Proxy Enabled. . . . . : No
Ethernet adapter 本地连接:
Connection-specific DNS Suffix . :
Description . . . . : Intel(R) PRO/1000 MT Network C
Physical Address. . . . . : 00-0C-29-76-6F-16
DHCP Enabled. . . . . : Yes
Autoconfiguration Enabled . . . . : Yes
IP Address. . . . . : 192.168.1.100
Subnet Mask . . . . : 255.255.255.0
Default Gateway . . . . : 192.168.1.103
DHCP Server . . . . : 192.168.1.103
DNS Servers . . . . : 192.168.1.103
Primary WINS Server . . . . : 192.168.1.103
Lease Obtained. . . . . : 2015年1月15日 22:59:12
Lease Expires . . . . : 2015年1月16日 0:59:12

图 5-76　查看 PC3 的 IP 地址信息

（18） 从图 5-76 中可以查看出，PC3 的 IP 地址是所有 DHCP 服务器（PC2）分配的，租约期限为 2 个小时。同理，启动 PC4，可以得出图 5-77 所示。从图中可以看出，PC4 的 IP 地址是所有 DHCP 服务器（PC2）分配的，租约期限同为 2 个小时。

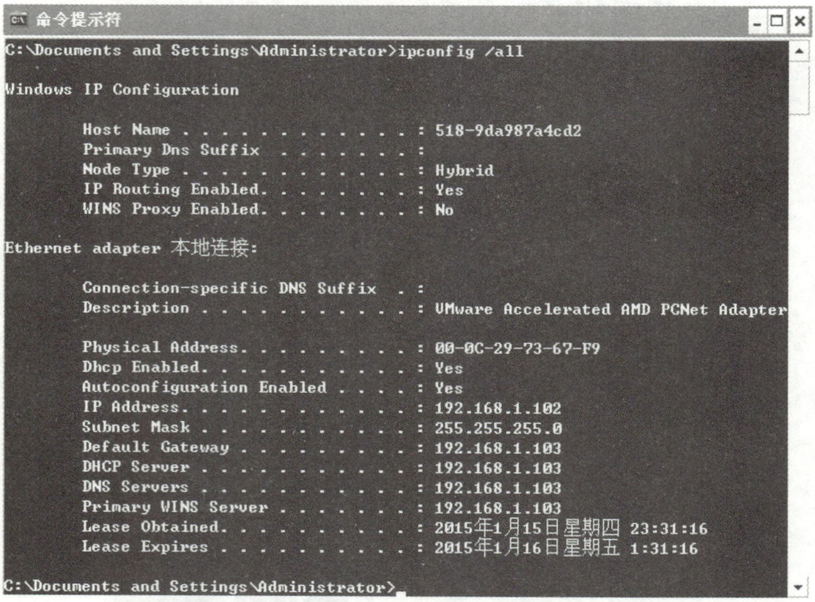
命令提示符
C:\Documents and Settings\Administrator>ipconfig /all
Windows IP Configuration
Host Name . . . . : 518-9da987a4cd2
Primary Dns Suffix . . . . :
Node Type . . . . : Hybrid
IP Routing Enabled. . . . . : Yes
WINS Proxy Enabled. . . . . : No
Ethernet adapter 本地连接:
Connection-specific DNS Suffix . :
Description . . . . : VMware Accelerated AMD PCNet Adapter
Physical Address. . . . . : 00-0C-29-73-67-F9
Dhcp Enabled. . . . . : Yes
Autoconfiguration Enabled . . . . : Yes
IP Address. . . . . : 192.168.1.102
Subnet Mask . . . . : 255.255.255.0
Default Gateway . . . . : 192.168.1.103
DHCP Server . . . . : 192.168.1.103
DNS Servers . . . . : 192.168.1.103
Primary WINS Server . . . . : 192.168.1.103
Lease Obtained. . . . . : 2015年1月15日星期四 23:31:16
Lease Expires . . . . : 2015年1月16日星期五 1:31:16
C:\Documents and Settings\Administrator>

图 5-77　查看 PC4 的 IP 地址信息

（19）在 DHCP 服务器 PC2 中的 DHCP 控制台上用鼠标左键单击"地址租约"选项，则可在服务器中查看客户端分配到的 IP 地址信息，如图 5-78 所示。

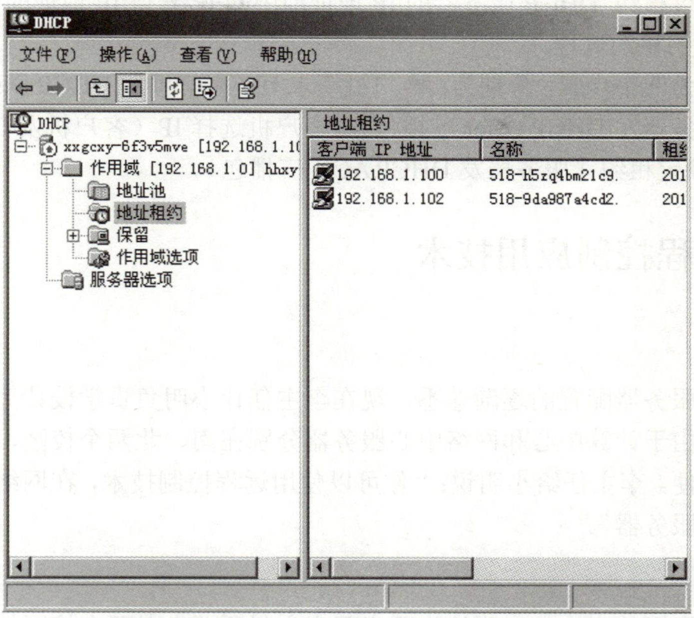

图 5-78 在 DHCP 服务器中查看客户机分配的 IP 地址信息

至此，本案例中的对客户机进行 DHCP 自动获取 IP 地址的配置已经完成。

相关知识

两台连接到互联网上的电脑相互之间通信，必须有各自的 IP 地址，由于 IP 地址资源有限，宽带接入运营商不能做到给每个报装宽带的用户都分配一个固定的 IP 地址（所谓固定 IP 就是即使在用户不上网的时候，别人也不能用这个 IP 地址，这个资源一直被用户所独占），所以要采用 DHCP 方式对上网的用户进行临时的地址分配。也就是用户的电脑连上网，DHCP 服务器才从地址池里临时分配一个 IP 地址给用户，每次上网分配的 IP 地址可能会不一样，这跟当时 IP 地址资源有关。当下线的时候，DHCP 服务器可能就会把这个地址分配给之后上线的其他电脑。这样就可以有效节约 IP 地址，既保证了网络通信，又提高了 IP 地址的使用率。

为了便于统一规划和管理网络中的 IP 地址，DHCP（Dynamic Host Configure Protocol，动态主机配置协议）应运而生了。这种网络服务有利于对校园网络中的客户机 IP 地址进行有效管理，而不需要一个一个手动指定 IP 地址。

在 DHCP 的工作原理中，DHCP 服务器提供了三种 IP 分配方式：自动分配（Automatic allocation）、手动分配和动态分配（Dynamic Allocation）。

自动分配是当 DHCP 客户机第一次成功地从 DHCP 服务器获取一个 IP 地址后，就永久地使用这个 IP 地址。手动分配是由 DHCP 服务器管理员专门指定的 IP 地址。动态分配是当客户机第一次从 DHCP 服务器获取到 IP 地址后，并非永久使用该地址，每次使用完后，DHCP 客户机就需要释放这个 IP，供其他客户机使用。

客户机是通过租约 DHCP 服务器的 IP 地址池中的 IP 获得 IP 地址的。获得 IP 地址的过程叫做 DHCP 的租约过程。

租约过程分为四个步骤，分别为：客户机请求 IP（客户机发 DHCP Discover 广播包）、服务器响应（服务器发 DHCP Offer 广播包）、客户机选择 IP（客户机发 DHCP Request 广播包）、服务器确定租约（服务器发 DHCP ACK 广播包）。

案例四　远程控制应用技术

【案例描述】

随着小明对服务器配置的逐渐熟悉，现在李主任让小明负责学校计算中心和网络中心服务器的管理，由于计算中心和网络中心服务器分别在南、北两个校区，距离较远，小明来回奔波很不方便。李主任给小明说："你可以使用远程控制技术，在网络中心服务器上来控制计算中心的服务器"。

【案例分析】

经过对网络资源的查询，小明认为要实现李主任所要求对两个校区的服务器同时进行管理，远程控制是个比较方便和快捷的技术，能节省小明的大量时间和精力。而实现远程控制的方法有很多，总体可以分为两种方法：一是利用 Windows 系统自带的远程桌面功能；二是利用第三方远程控制软件如 Teamviewer 等来实现。

【实施方案】

若要完成李主任交给小明的任务，小明决定先在虚拟机上模拟并学习如何配置远程控制，为了实现本项目中的任务，启动虚拟机中的操作系统，并实现虚拟机上网与通信。网络环境配置如下表 5-3 所示。

表 5-3　宿主机和虚拟机 IP 配置

PC	类　型	名　称	操作系统	IP 地址
1	宿主机	PC1	Windows 7	192.168.1.133
2	虚拟机	PC3	Windows XP	192.168.1.102

【实施步骤】

（1）本实训中宿主机安装 Windows 7 系统，虚拟机安装 Windows XP 系统，首先启动虚拟机 PC3，在桌面上用鼠标右键单击“我的电脑”图标，选择“系统属性”，如图 5-79 所示。

（2）选择“远程”选项卡，选择“允许用户远程连接到此计算机”选项，如图 5-80 所示。

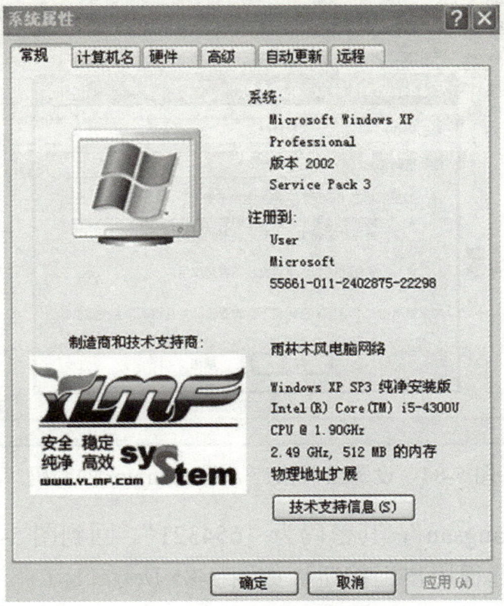

图 5-79　PC3 的系统属性

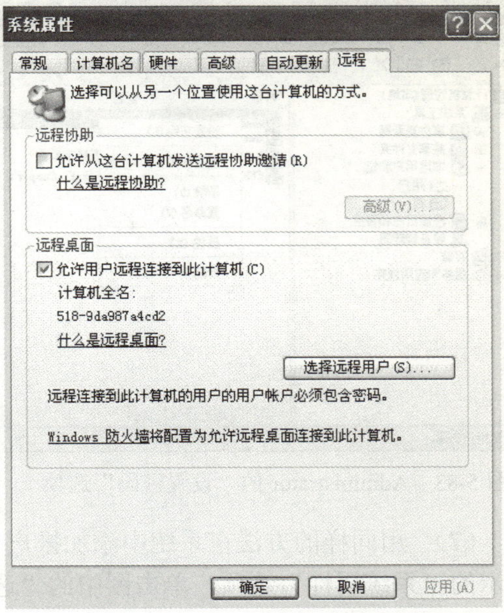

图 5-80　远程桌面配置

（3）从图 5-80 所示可以看出，远程连接到此计算机的用户的用户帐户必须包含密码，系统当前登录的帐户为 Administrator，需要为该帐户添加密码。在桌面上用鼠标右键单击“我的电脑”图标，选择“管理”选项，如图 5-81 所示。

（4） 在菜单“系统工具”→“本地用户和组”下面单击“本地用户和组”选项。如图 5-82 所示。

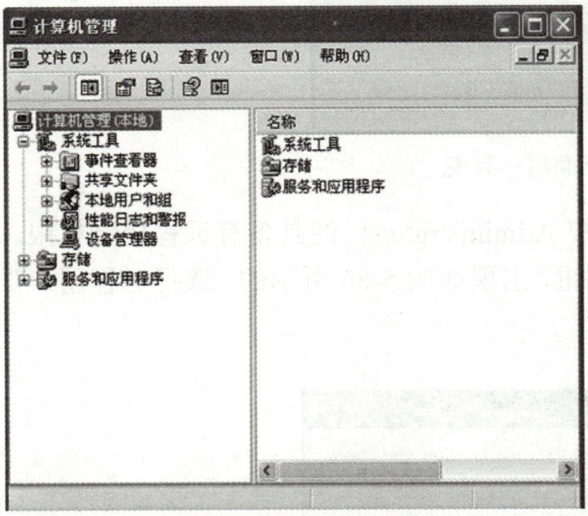

图 5-81　“计算机管理”属性

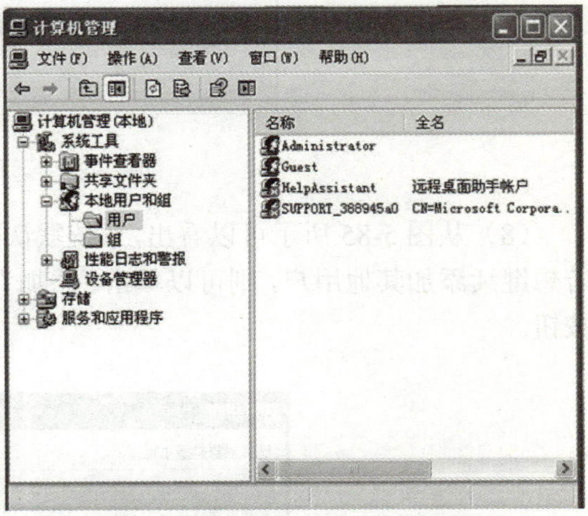

图 5-82　PC3 的“本地用户和组”选项

（5） 在“计算机管理”窗口中用鼠标选中当前帐户“Administrator”，单击鼠标右键，选择“设置密码”选项，如图 5-83 所示。

（6） 设置密码为“123456”，单击“确定”按钮，如图 5-84 所示。

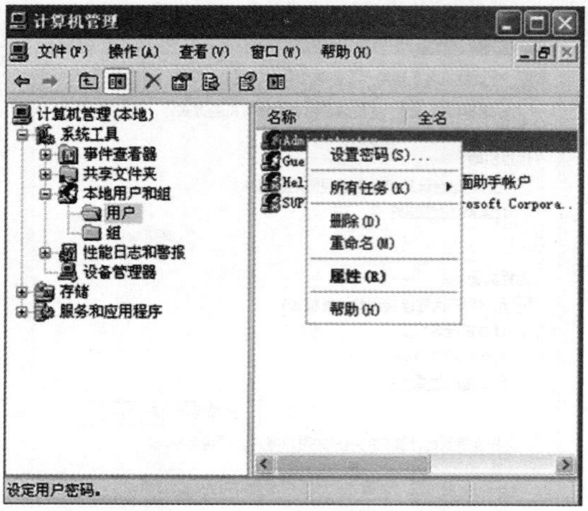

图 5-83 Administrator 的“设置密码”选项

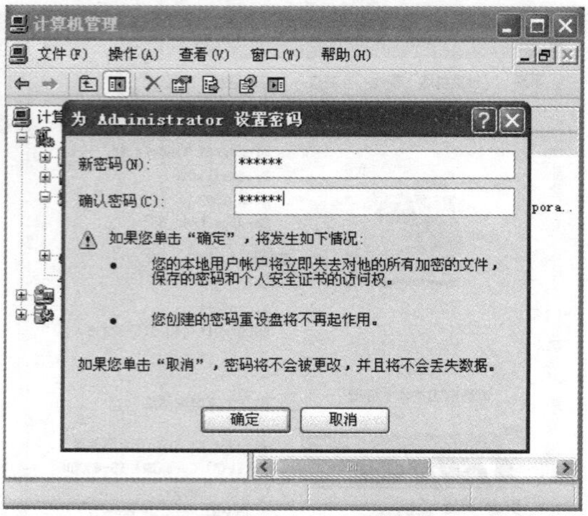

图 5-84 设置当前帐户 Administrator 的密码

（7） 用同样的方法在系统中添加帐户“zhangsan”，其密码为“654321”。回到图 5-80 所示的“系统属性”选项，单击图中的“选择远程用户”按钮，如图 5-85 所示。

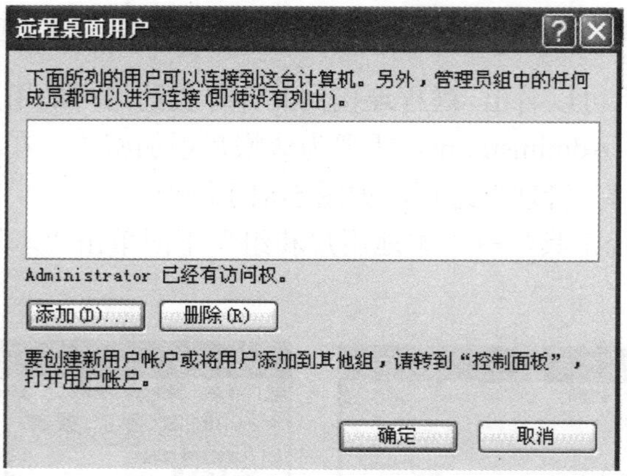

图 5-85 远程桌面用户列表

（8）从图 5-85 所示可以看出，系统默认帐户 Administrator 已经具备有远程控制权限。若想继续添加其他用户，则可以单击“添加”按钮，出现如图 5-86 所示的“选择远程用户”按钮。

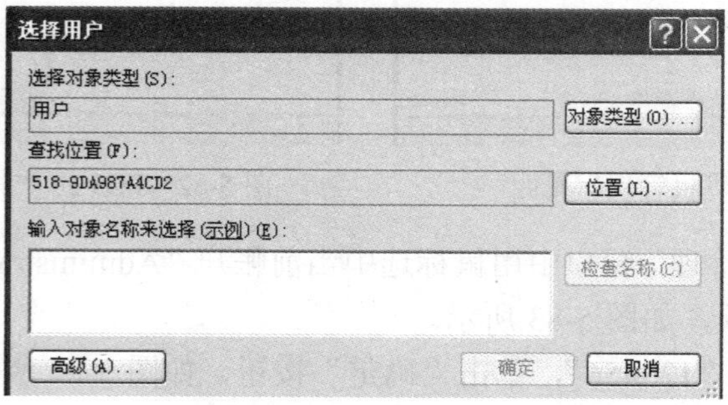

图 5-86 选择远程用户

（9） 单击图 5-86 所示的“高级”按钮选项，在其对话框中单击“立即查找”按钮，如图 5-87 所示。

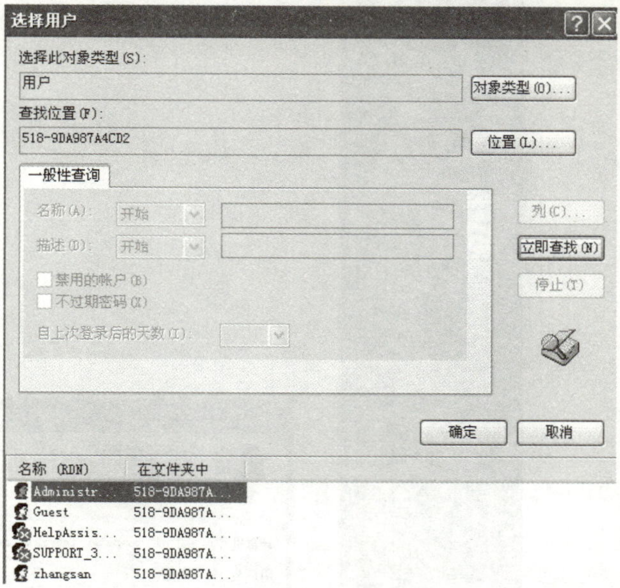

图 5-87 选择帐户“zhangsan”

（10） 选中“zhangsan”帐户，单击“确定”按钮，即可将帐户“zhangsan”添加到远程控制帐户中，如图 5-88 所示。

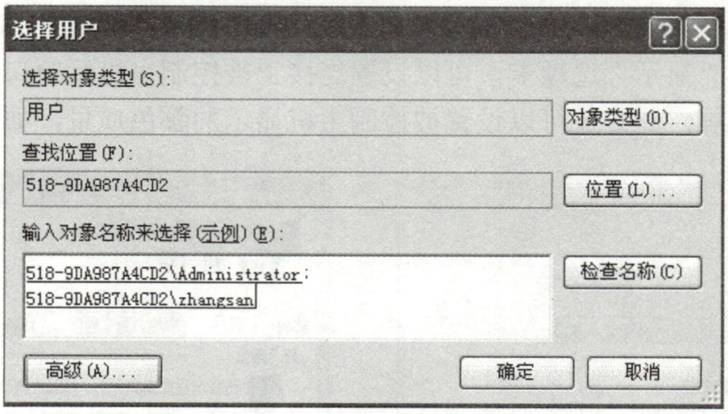

图 5-88 添加帐户“zhangsan”的远程桌面用户列表

注意：为保证远程桌面控制具有一定的安全性，远程登录的帐户必须具有密码。系统管理员 Administrator 默认具备具有访问权限，可以选择不添加。

（11） 以上步骤是对被控制端（服务器端）的设置，从本步骤开始对主控制端（客户端）进行设置，在 Windows 7 操作系统上，选择菜单“开始”→“程序”→“附件”→“远程桌面连接”命令，如图 5-89 所示。

（12） 启动后的“远程桌面连接”选项如图 5-90 所示。

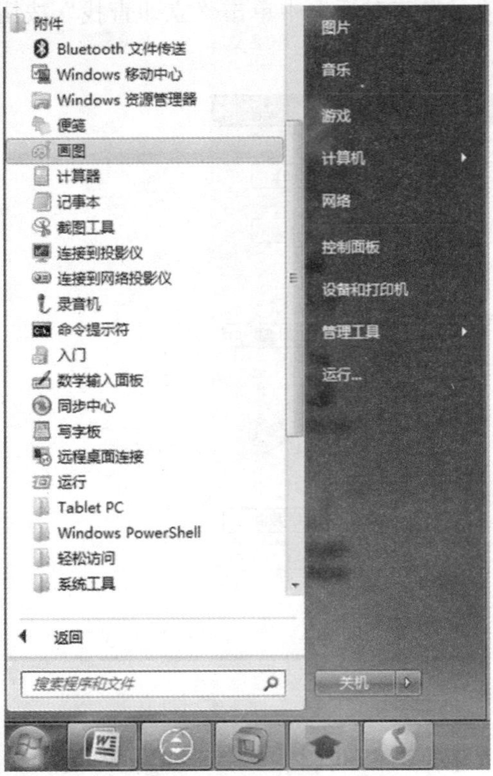

图 5-89 启动客户机“远程桌面连接”菜单

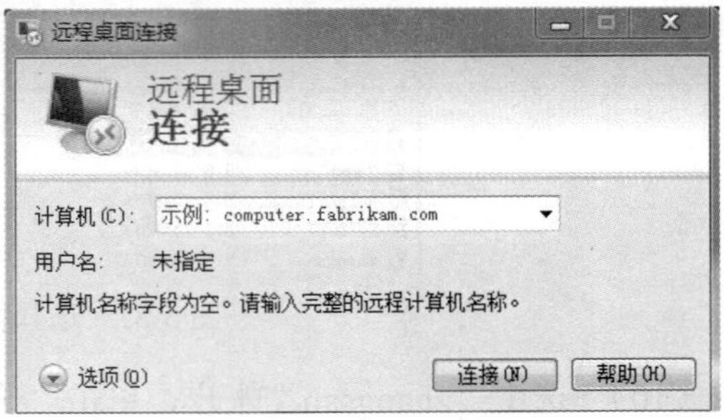

图 5-90 “远程桌面连接”菜单

（13） 单击图 5-90 左下方的“选项”按钮，则如图 5-91 所示。

（14） 切换到“显示”选项卡，可以设置连接上被控制主机后窗口的尺寸，将滑块拖动到最右边就是全屏，此外还可以设置被控制主机显示的颜色质量，如图 5-92 所示。

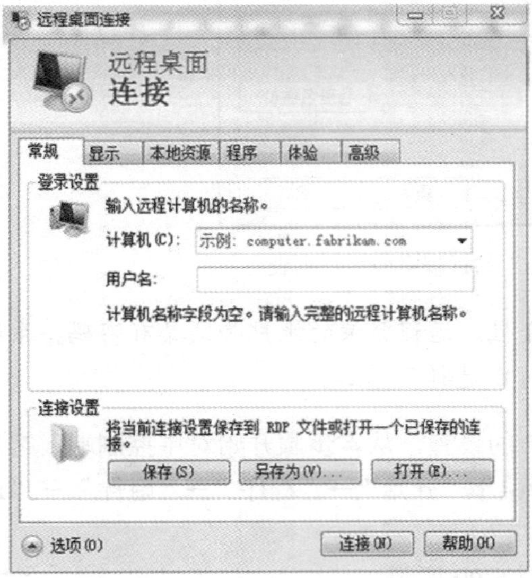

图 5-91 “远程桌面连接”菜单

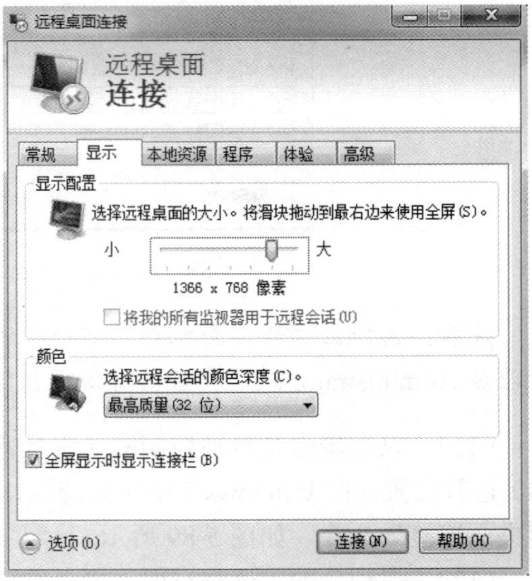

图 5-92 远程桌面的“显示”选项卡

（15） 切换到“本地资源”选项卡，可以设置远程音频、本地资源等选项，单击下方的详细信息，这样连接上就可以在被控制端上播放音频文件、文件传输，以及打印机的使用，如图 5-93、图 5-94 所示。

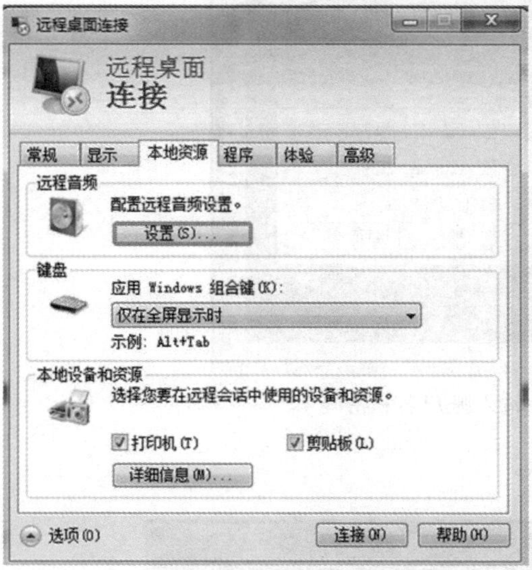

图 5-93　远程桌面的“本地资源”选项卡

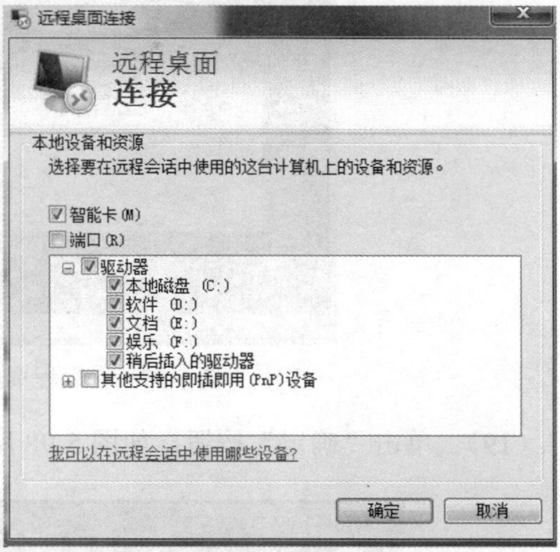

图 5-94　设置文件访问权限

（16） 切换到“常规”选项卡，在“登录设置”→“计算机”中输入被控制端 PC3 的 IP 地址：192.168.1.102，如图 5-95 所示。

（17） 单击图 5-95 中的“连接”按钮，第一次登录会弹出警告对话框，在“不再询问我是否连接到此计算机”前打勾，并选择“是”按钮，如图 5-96 所示。

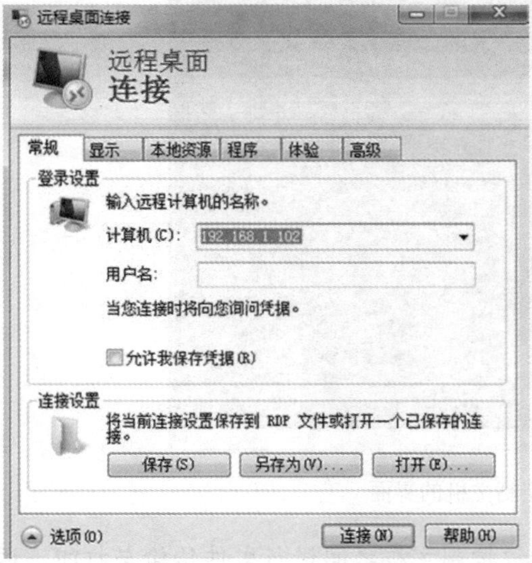

图 5-95　输入 PC3 的 IP 地址

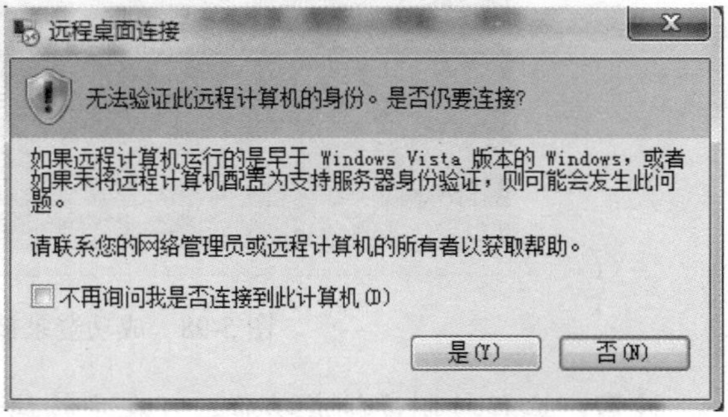

图 5-96　“警告”对话框

（18） 出现如图 5-97 所示的远程桌面连接界面，在用户名和密码选项中分别输入“Administrator”和“123456”。

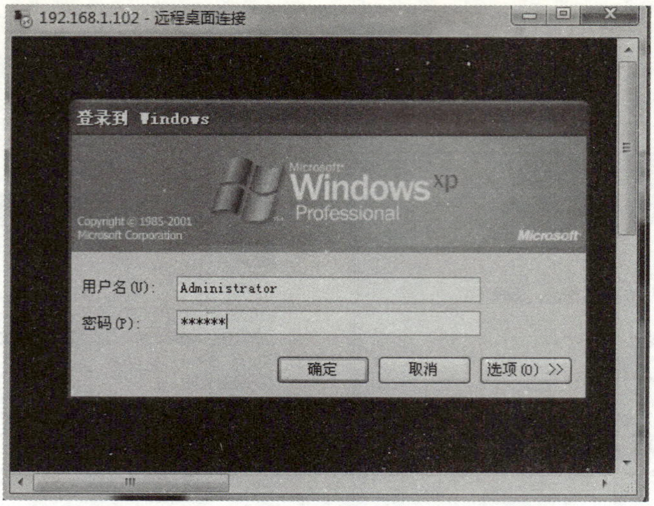

图 5-97　在远程桌面中输入帐户名和密码

（19）单击“确定”按钮，如图 5-98 所示。

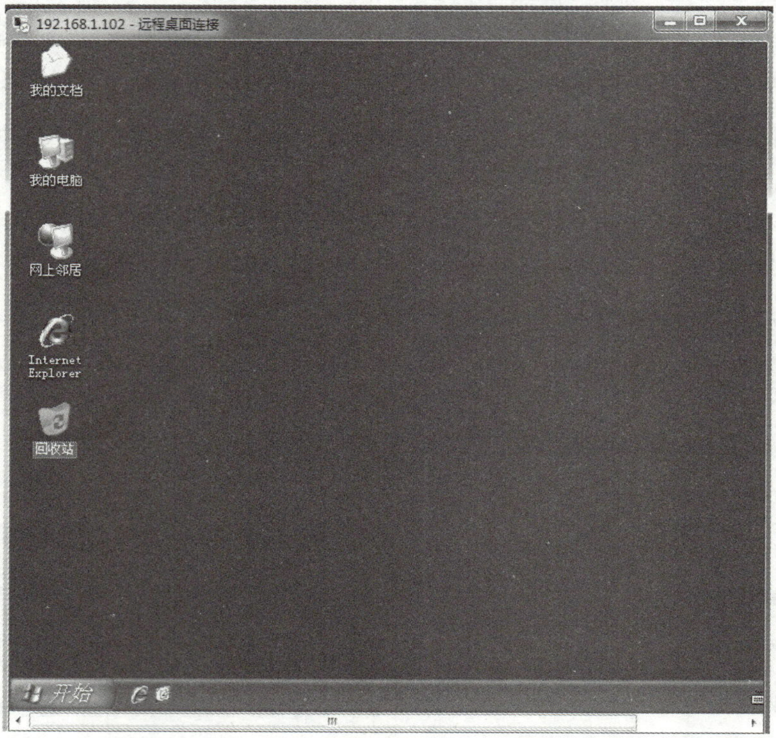

图 5-98　成功登录被控制主机的界面

注意：远程控制连接成功后，可在主控端和被控制主机之间进行文件传输与打印、远程关机与重启、远程上网等操作，远程桌面提供的就好像真的是在被控制主机上操作一样。下面以文件传输与编辑、远程关机与重启为例，说明远程桌面的功能。

（20） 远程连接成功后，若主控端主机内有现有一文档需要复制传送到被控制主机，应首先在主控主机 PC1 内选择该文档并选择“复制”命令，如图 5-99 所示。

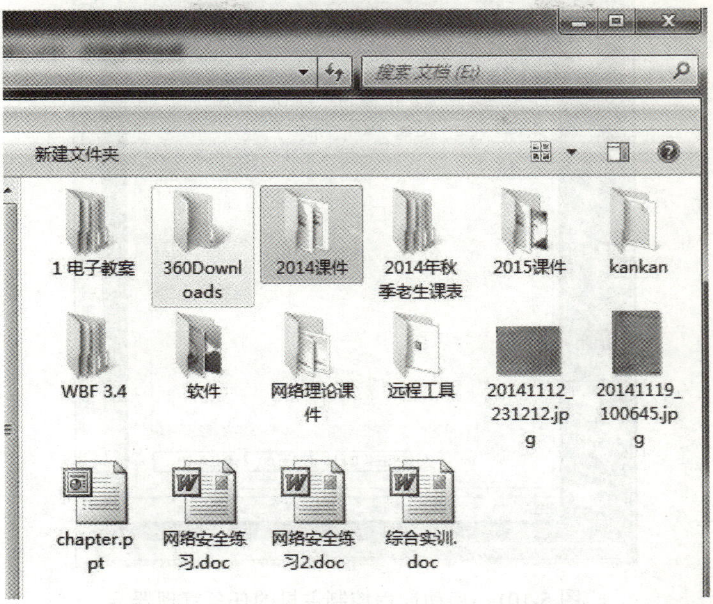

图 5-99　主控机 PC1 内文档的复制

（21） 在被控制主机 PC3 的桌面上单击鼠标右键，选择“粘贴”命令，复制过程如图 5-100 所示。

图 5-100　传送文件到 PC3 的主机

（22）若需远程关机、重启、注销等操作，则在被控主机 PC3 内右击任务栏，选择“任务管理器”命令，如图 5-101 所示。

图 5-101 启动远程控制主机的任务管理器

（23）弹出任务管理器后，可以在其菜单“关机”内选择关闭、重新启动、注销等操作，如图 5-102 所示。

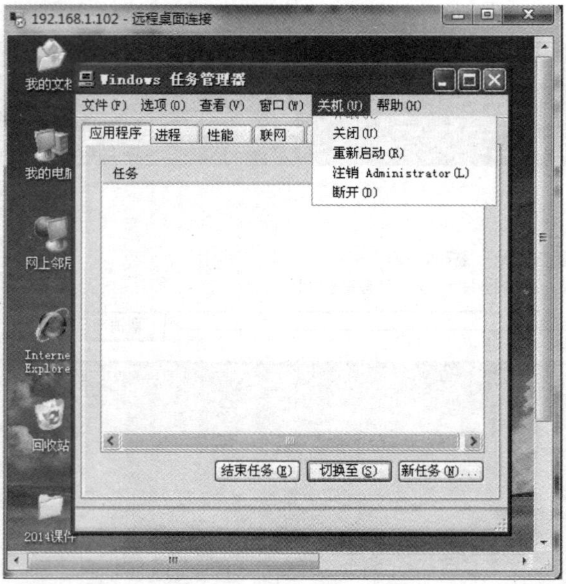

图 5-102 远程重启、注销被控制机

（24）在被主控端 PC3 的“开始”菜单单击“命令提示符”选项，在“命令提示符”窗口中输入命令“netstat –na”，查看被主控端 PC3 主机当前正在运行的端口号，以及所连接的服务，如图 5-103 所示，从图中可以看出远程桌面的默认端口号是 3389。

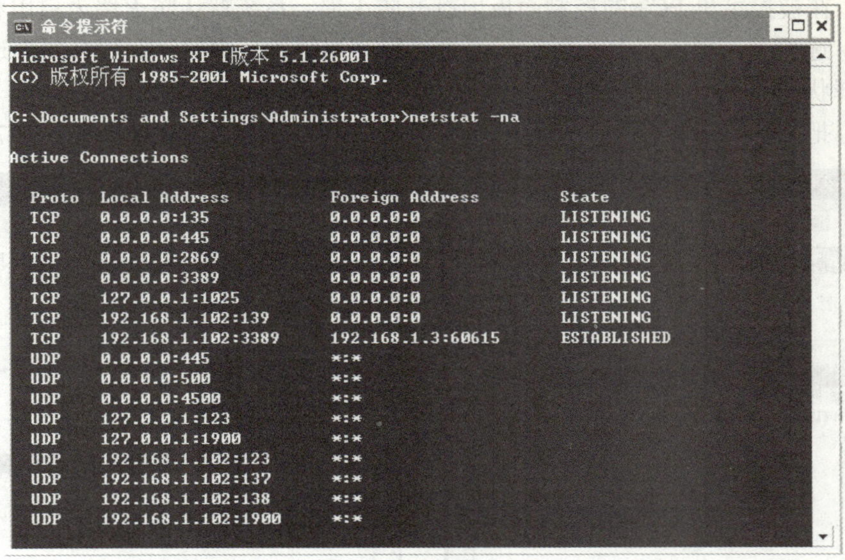

图 5-103　查看主机 PC3 的端口号

（25） 关闭远程桌面窗口，重新在主控端 PC1 内打开远程桌面，在远程桌面连接内输入：192.168.1.102:3389，如图 5-104 所示。

（26） 单击“连接”按钮，输入用户名和密码后，发现仍可以进入被控制主机 PC3 的桌面。如图 5-105 所示。

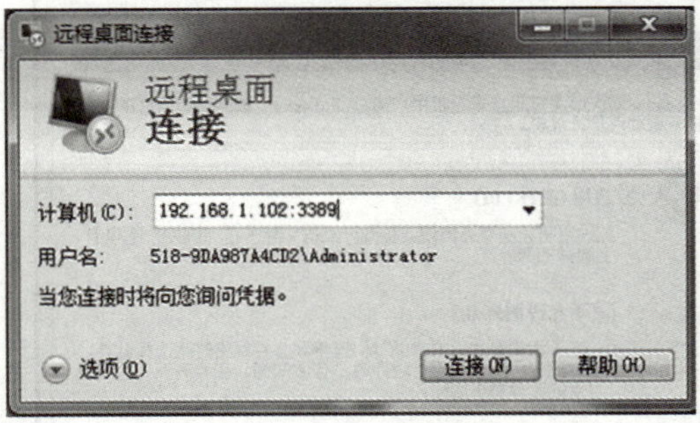

图 5-104　远程桌面窗口

图 5-105　远程桌面窗口

注意：此例说明在打开远程桌面时，默认端口号为 3389，若没有修改，则在 IP 地址后面可以不输入端口号，若端口号修改为其他数值，则必须要输入，格式为“IP 地址：端口号”。影响远程桌面连接能否成功的因素还有防火墙配置、TCP/IP 设置中的端口过滤器以及端口号数值是否被修改，下面逐一说明。

（27） 在被控主机 PC3 的控制面板内打开防火墙，系统默认防火墙为启用状态，切换到“例外”选项卡，如图 5-106 所示，可见“程序和服务”中的“远程桌面”选项前面的勾处于选择状态。

（28） 把上图“远程桌面”前面的勾取消，单击“确定”按钮，如图 5-107 所示。

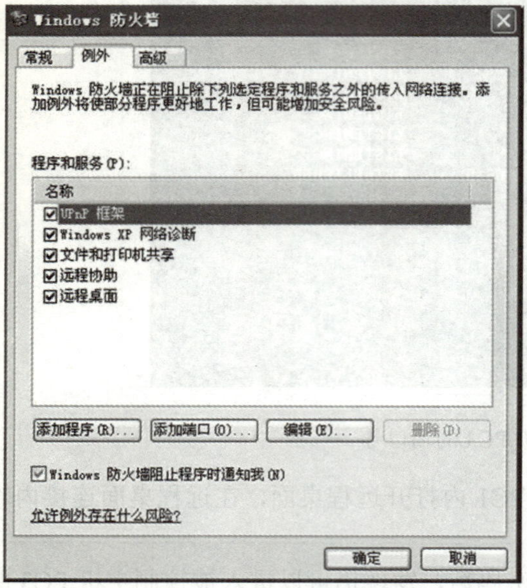
Windows 防火墙
常规
例外
高级
Windows 防火墙正在阻止除下列选定程序和服务之外的传入网络连接。添加例外将使部分程序更好地工作，但可能增加安全风险。
程序和服务(P):
名称
UPnP 框架
Windows XP 网络诊断
文件和打印机共享
远程协助
远程桌面
添加程序(R)...
添加端口(O)...
编辑(E)...
删除(D)
Windows 防火墙阻止程序时通知我(N)
允许例外存在什么风险?
确定
取消

图 5-106　被控制主机 PC3 的防火墙配置

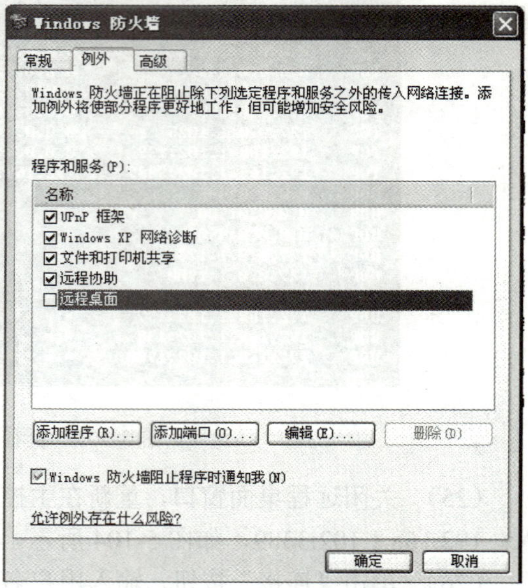
Windows 防火墙
常规
例外
高级
Windows 防火墙正在阻止除下列选定程序和服务之外的传入网络连接。添加例外将使部分程序更好地工作，但可能增加安全风险。
程序和服务(P):
名称
UPnP 框架
Windows XP 网络诊断
文件和打印机共享
远程协助
远程桌面
添加程序(R)...
添加端口(O)...
编辑(E)...
删除(D)
Windows 防火墙阻止程序时通知我(N)
允许例外存在什么风险?
确定
取消

图 5-107　取消“远程桌面配置”

（29） 退出远程桌面，并重新打开，则发现远程桌面连接无法访问。如图 5-108 所示。

（30） 同理，若在被控主机防火墙的“常规”选项卡中选择“不允许例外”，那么即使在图 5-107 中选择“远程桌面”服务，如图 5-108 所示远程桌面连接失败，如图 5-109 所示也不能登录远程桌面。

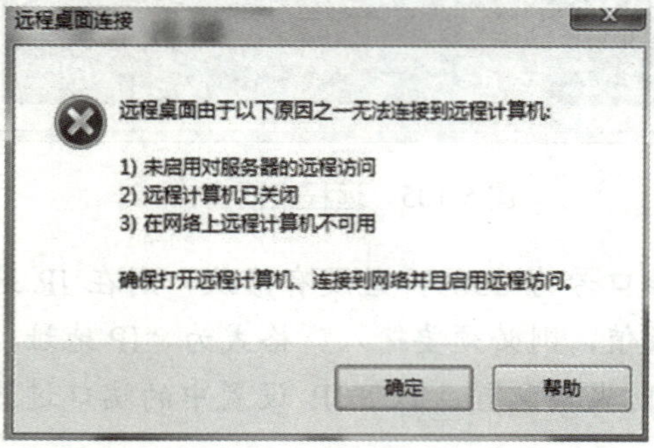
远程桌面连接
远程桌面由于以下原因之一无法连接到远程计算机:
1) 未启用对服务器的远程访问
2) 远程计算机已关闭
3) 在网络上远程计算机不可用
确保打开远程计算机、连接到网络并且启用远程访问。
确定
帮助

图 5-108　远程桌面连接失败

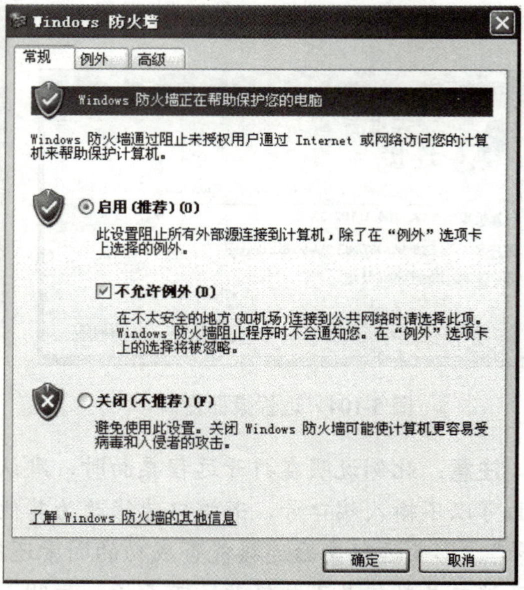
Windows 防火墙
常规
例外
高级
Windows 防火墙正在帮助保护您的电脑
Windows 防火墙通过阻止未授权用户通过 Internet 或网络访问您的计算机来帮助保护计算机。
启用(推荐)(O)
此设置阻止所有外部源连接到计算机，除了在“例外”选项卡上选择的例外。
不允许例外(D)
在不太安全的地方(如机场)连接到公共网络时请选择此项。Windows 防火墙阻止程序时不会通知您。在“例外”选项卡上的选择将被忽略。
关闭(不推荐)(F)
避免使用此设置。关闭 Windows 防火墙可能使计算机更容易受病毒和入侵者的攻击。
了解 Windows 防火墙的其他信息
确定
取消

图 5-109　防火墙设置中取消例外设置

（31）恢复到被控主机的默认设置，单击桌面右下方的“本地连接”图标，切换到设置 IP 地址的页面，如图 5-110 所示。

（32）单击“高级”选项，弹出“高级 TCP/IP 设置”对话框，选择“选项”选项卡，如图 5-111 所示。

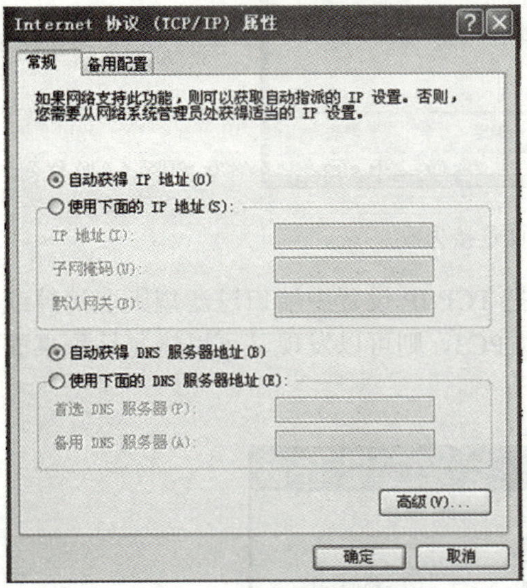

图 5-110　TCP/IP 属性设置

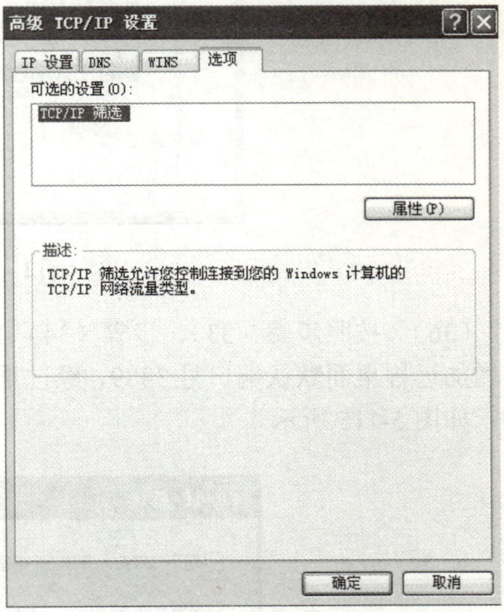

图 5-111　高级 TCP/IP 属性设置

（33）选择上图中“属性”按钮，在“启用 TCP/IP 筛选”前面打勾，将“全部允许”修改为“只允许”，只将 TCP 的 80 端口添加进去。如图 5-112 所示。

（34）单击“确定”按钮，会弹出如图 5-113 所示的警告页面。

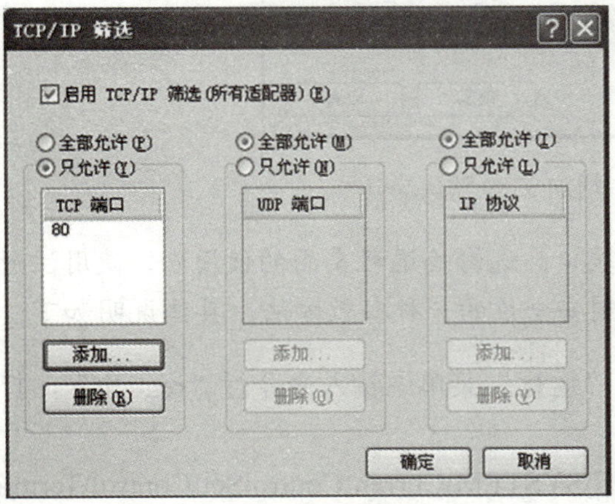

图 5-112　TCP/IP 端口筛选

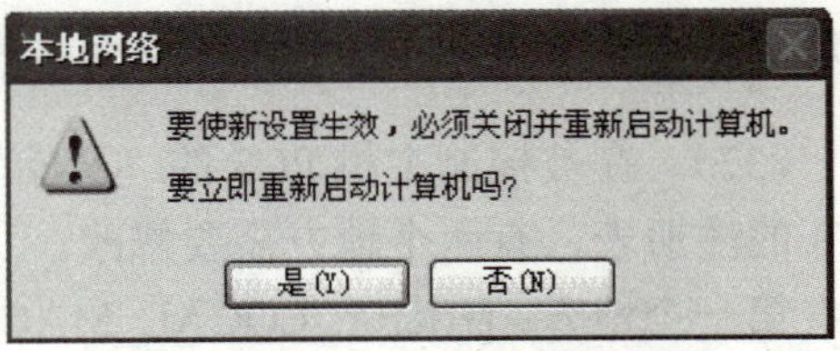

图 5-113　警告对话框

（35）重新启动被控制主机 PC3，重新打开远程桌面连接无法访问。如图 5-114 所示。

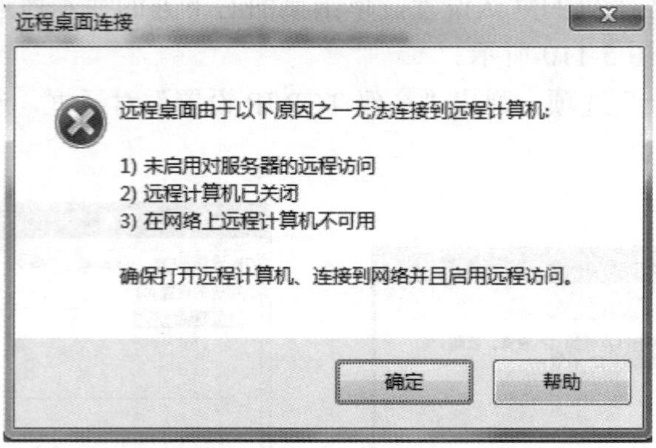

图 5-114　远程桌面连接失败

（36） 按照步骤（33）、步骤（34）的方法把 TCP/IP 设置中端口过滤规则取消掉或者是增加远程桌面默认端口号 3389，经过重新启动 PC3，则可以发现又可以恢复远程桌面控制，如图 5-115 所示。

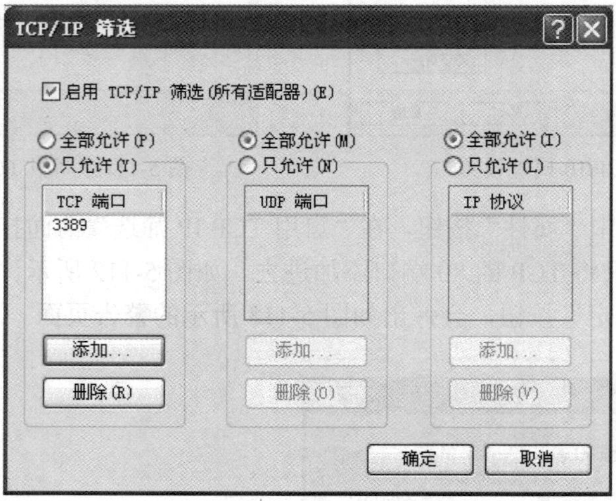

图 5-115　过滤规则中增加 3389 默认端口号

注意：除了上述对防火墙设置、TCP/IP 端口筛选影响远程桌面的使用外，使用注册表修改默认端口数值也是保证远程桌面访问控制安全性的一种有效方法。具体说明如下：

（37） 在被控制主机 PC3 的“开始”→“运行”菜单中输入命令行“regedit”，打开 PC3 的注册表，有两个地方需要修改。

第一个地方：[HKEY_LOCAL_MACHINE\SYSTEM\CurrentControlSet\Control\Terminal Server\Wds\rdpwd\Tds\tcp] PortNumber 值，默认是 3389，修改成所希望的端口，此实训中改成 6565。

第二个地方：[HKEY_LOCAL_MACHINE\SYSTEM\CurrentControlSet\Control\Terminal Server\WinStations\RDP-Tcp] PortNumber 值，默认是 3389，改成 6565。如图 5-116、图 5-117 所示。

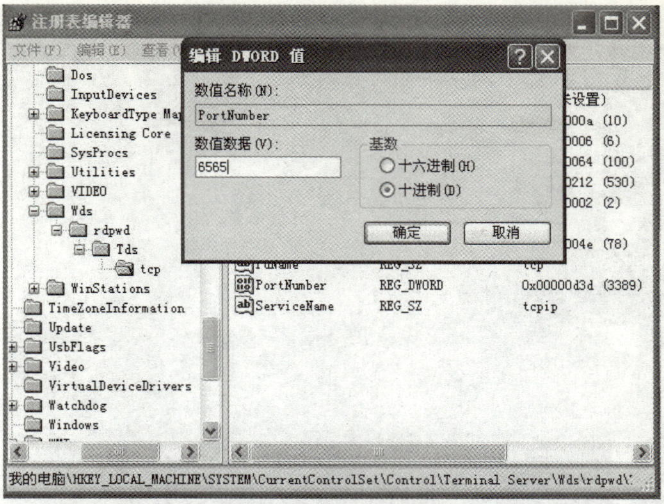

图 5-116　修改远程控制默认端口为 6565

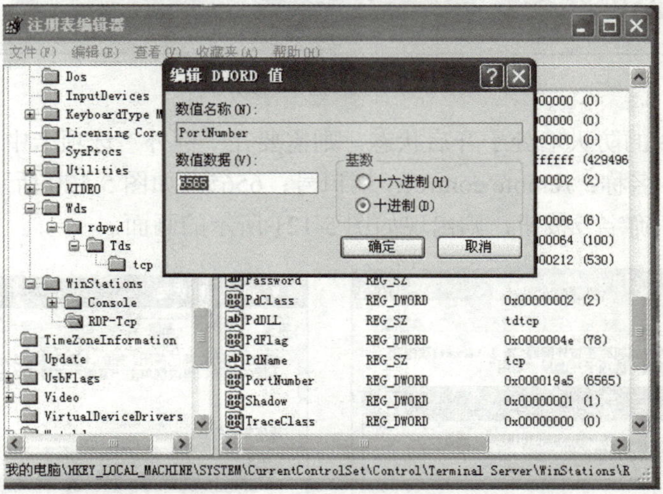

图 5-117　修改远程控制默认端口为 6565

（38）重启 PC3，若 PC3 的防火墙设置为关闭状态，则直接在主控端 PC1 上运行远程桌面程序，输入：192.168.1.102：6565，即可登录 PC3，如图 5-118、图 5-119 所示。

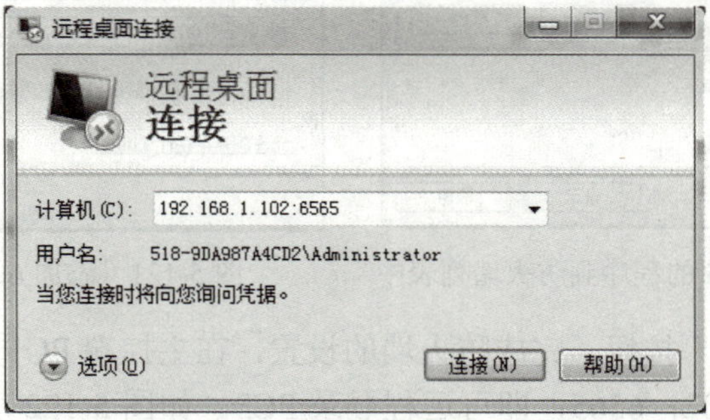

图 5-118　用 6565 端口登录远程桌面

图 5-119　远程桌面登录成功

（39） 若 PC3 的防火墙处于开启状态，则需要在“例外“选项卡中的“添加端口”选项输入新建内容。名称：remote control；端口号：6565。如图 5-120 所示。

（40） 单击“确定”按钮，则出现如图 5-121 所示的画面。

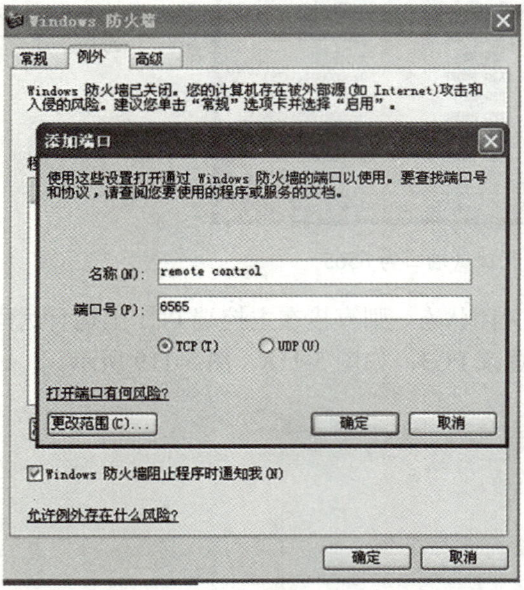

图 5-120　添加端口号 6565 的程序到防火墙列表中

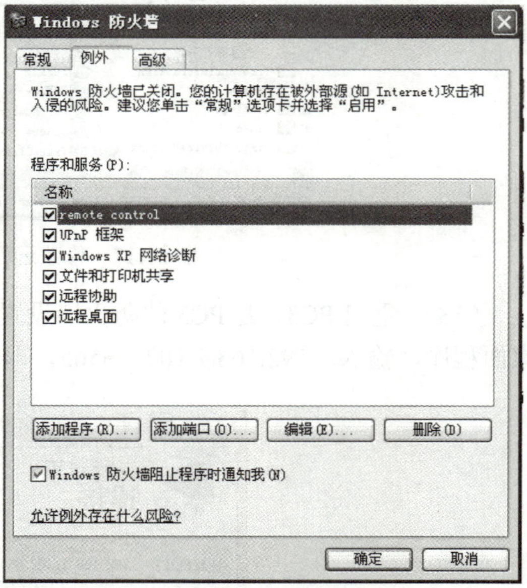

图 5-121　添加 remote control 程序

（41） 单击“确定”按钮，完成防火墙的设置，在主控端 PC1 中启动远程桌面连接服务，输入：192.168.1.102：6565，即可远程登录 PC3。如图 5-122 所示。

图 5-122　远程桌面登录成功

至此，本案例中的远程控制访问目的已经实现。

相关知识

远程控制中的“远程”不是字面意思的远距离，一般指通过网络控制远端电脑。早期的远程控制往往指在局域网中的远程控制，随着互联网和技术革新，就如同坐在被控端电脑的屏幕前一样，可以启动被控端电脑的应用程序，可以使用或窃取被控端电脑的文件资料，甚至可以利用被控端电脑的外部打印设备（如打印机）和通信设备（如调制解调器或者专线等）来进行打印和访问外网和内网，就像利用遥控器遥控电视的音量、变换频道或者开关电视机一样。不过，有一个概念需要明确，那就是主控端电脑只是将键盘和鼠标的指令传送给远程电脑，同时将被控端电脑的屏幕画面通过通信线路回传过来。也就是说，控制被控端电脑进行操作似乎是在眼前的电脑上进行的，实质是在远程的电脑中实现的，不论打开文件，还是上网浏览、下载等都是存储在远程的被控端电脑中的。

远程控制软件工作原理：远程控制软件一般分客户端程序（Client）和服务器端程序（Server）两部分，通常将客户端程序安装到主控端的电脑上，将服务器端程序安装到被控端的电脑上。使用时客户端程序向被控端电脑中的服务器端程序发出信号，建立一个特殊的远程服务，然后通过这个远程服务，使用各种远程控制功能发送远程控制命令，控制被控端电脑中的各种应用程序运行。

远程控制并不神秘，Windows XP 系统中就提供了多种简单的远程控制手段，如远程桌面连接。远程桌面连接组件是从 Windows 2000 Server 开始由微软公司提供的，在 Windows 2000 Server 中不是默认安装的。该组件一经推出受到了很多用户的拥护和喜爱，所以在 Windows XP 和 2003 中微软公司将该组件的启用方法进行了改革，用户通过简单的勾选就可以完成在 XP 和 2003 下远程桌面连接功能的开启。

远程控制的实现方式通常有两种：点对点方式和点对多点方式。如 Windows 系统自带的远程桌面服务就是典型的点对点的方式。而远程控制软件 Teamviewer、 PcAnywhere 等则可以借助局域网的优点，使用一台计算机控制多台计算机，实现对远程主机的多点控制。

本章小结

本章主要讲述了虚拟机操作系统的安装与配置，以 Windows server 2003 为代表的主流服务器的配置，通过本章的学习，能让学生掌握如何在服务器上发布网页、共享 FTP 资源，能让学生对机房主机的 IP 地址进行自动获取，从而进一步理解网络体系结构原理和服务器操作系统的特点，为学生的后续学习打下一个良好的基础。

习题

一、填空题

1. 在宿主机上配置虚拟机上网与通信时，主要选择的网络连接方式为__________、__________和 host-only 方式。

2. 常见的虚拟机软件有__________、__________和 VirtualBox。

二、选择题

1. 使用“DHCP 服务器”功能的优点是（　　）。
   A. 降低 TCP/IP 网络的配置工作量
   B. 增加系统给的安全与可靠性
   C. 对那些经常变动位置的计算机 DHCP 能迅速更新位置信息
   D. 可以降低网络流量

2. 要实现动态 IP 地址分配，网络中至少要求有一台计算机安装了（　　）。
   A. DNS 服务　　B. DHCP 服务
   C. IIS 服务　　D. PDC 主域服务器

3. DHCP 客户端是使用地址（　　）来申请一个新的 IP 地址的。
   A. 0.0.0.0　　B. 10.0.0.1
   C. 127.0.0.1　　D. 255.255.255.255.255

三、简答题

1. 虚拟机上安装操作系统需要注意哪些方面？

2. 虚拟机上网的方式有哪几种？其区别是什么？

3. 若主控端主机操作系统是 Windows XP，而被控端主机操作系统是 Windows Server 2003，请总结远程控制应用的主要步骤。

4. 若远程控制连接不成功，那么可能的原因有哪些？

5. 试解释为什么在 IE 地址栏中输入 www.sohu.com 可以访问搜狐主机。

实训项目

1. 虚拟机安装与配置

（1） 实训目标。

掌握在宿主机上配置虚拟机操作系统的方法，并能通过网络连通性测试。

（2） 实训要求。

在个人 PC 上采用 VMware Workstation 安装 Windows 2003 虚拟机，建立一个新的虚拟机，名称为 Windows 2003；内存大小设定为 512 MB，硬盘大小定为 32GB；系统文件目录建立在 D：\VM Machine\win03 下：使用一个网卡，USB 接口，网络连接模式为网桥模式；计算机名为 hhxy，工作组名称为 518，管理员密码为 123456，设定虚拟机 IP，使之能上网并连同宿主机；安装全部设备驱动程序和 VM Tools。

2. 虚拟机安装与配置

（1） 实训目标。

掌握在宿主机上配置 FTP 服务器的方法，并能通过文件下载和非匿名登录测试。

（2） 实训要求。

构建一个企业内容的 FTP 服务器站点，要求如下：在服务器上安装与操作系统对应的 IIS 服务版本；设置该 FTP 的服务端口号为 30，并设置 IP 地址；将 FTP 站点的主目录存放在服务器 C:\ftp 目录下；设置所有的用户只能从 FTP 服务器上下载、查看文件，而不能上传文件到 FTP 服务器中；客户端访问 FTP 的时候不能匿名登录，需要输入用户名"lisi"和密码"123456"才能登录到服务器；设置登录 FTP 的欢迎信息为"欢迎使用校园网络中心内部 FTP 站点，请自觉遵守相关规则"，最大客户连接数量为 1000；保存所有用户的访问日志，并将日志文件保存在服务器 C:\ftp 中；在客户端用浏览器登录 FTP 服务器并验证以上要求。

3. 虚拟机安装与配置

（1） 实训目标。

掌握在宿主机上配置 DHCP 服务器的方法，并能在客户端通过网络命令测试 DHCP 服务。

（2） 实训要求。

构建一个企业内容的FTP服务器站点，要求如下：检查系统是否已经安装DHCP 服务，若没有安装则必须安装 DHCP 服务；设置该网络 DHCP 服务器的 IP 地址；DHCP 服务器必须授权，未经授权操作的服务器无法提供 DHCP 服务；当 DHCP 服务器被授权后，还需要对它设置 IP 地址范围；给客户端计算机设置一定时间的租约；设置服务器端的路由器和 DNS；保存 DHCP 服务的所有设置；客户端必须自动获取 IP 地址；客户端用网络命令来测试 DHCP 服务。

第 6 章　小型企业局域网构建

教学目标：

通过本章的学习，使学习者了解网络工程的整个流程，理解网络规划、网络方案设计、工程项目管理、工程监理等相关网络知识，掌握小型企业局域网的规划及实施过程。

教学内容：

本章主要介绍网络工程的整个实施过程，内容包括：

（1） 网络的规划及网络方案设计。

（2） 网络工程管理及工程监理。

教学重点与难点：

（1） 重点是熟悉网络工程规划及网络方案设计。

（2） 难点是网络工程管理及工程监理。

案例一　网络的建设和规划

【案例描述】

小李所在的公司是一家拥有 300 人规模的公司。因业务发展需要公司在我市的市区租赁了新的办公楼区，拟一年后整体搬迁过去。小李是原来的网络技术负责人，公司要求小李负责网络建设的前期规划。

【案例分析】

根据以上情况，小李是无法完成网络规划的。要想完成该网络规划小李至少需要知道以下几点：

（1） 网络工程建设原则。

（2） 网络工程实施步骤。

（3） 网络需求的获取及需求分析。

【实施方案】

本着经济、实用、安全、可靠等一些网络建设原则，小李拟采用企业级的组网模式对本企业进行网络规划。

在规划阶段主要是考虑用户的需求获取及需求分析、可行性分析等工作。

【实施步骤】

小李向单位领导申请，组成一个网络规划小组。小组成员找各部门的计算机使用人员、管理人员及部门负责人进行调研。然后分辨、归纳调研结果。形成具体而详尽的需求，根据需求，撰写用户需求报告及需求分析报告。

相关知识

1. 网络工程建设原则

由于计算机和信息技术的飞速发展，很多企业为了适应现代社会，陆续开展了信息化建设，根据本企业计算机应用现状和实际需求，建设计算机网络或将原有的计算机网络进行改造升级。一般来说，企业计算机网络建设和改造应遵循以下原则：

（1） 系统工程原则。

本系统的设计和实施将严格按照系统工程的观点和方法进行，自始至终注意到系统的全局性、关联性、整体最优性、综合性和实践性。

（2） 总体可行性原则。

在设计中全面考虑系统的实用性、可靠性、先进性、可扩性诸多因素，确保系统在总体上可行，使设计出来的系统能真正发挥作用。

（3） 先进性和实用性原则。

系统设计应采用先进的设计思想和设计方法，尽量采用国内外的先进技术，使系统达到国内先进水平，接近或达到国际先进水平。设计应体现先进性和实用性的完美统一。采用先进技术必须符合实际情况，坚持一切从实际出发，一切为用户着想的原则，系统的建立以用户的需要作为设计的出发点和归宿，求得最佳效益。

世界上网络产品的主要供应商有十几家，就产品实现的功能而言，都大同小异，但由于他们各自采用的技术和实现的方法不同，使得产品的实际性能有千差万别，因此选择具备先进技术且产品可靠，也可说是对自己投资的保护。此外，还应注重实用和成效，应采用成熟主流的设备。

（4） 可靠性原则。

在实现各种功能要求的前提下，系统设计应确保系统动作的正确性与准确性，以及为防止异常情况所必需的保护性设施。在硬件的选型和配置、软件的组织和设计方法的选择、数据的安全可靠，以及系统的动作与管理等方面采取必要的措施。

（5） 开放性原则。

由于计算机网络和有关技术发展很快，可以说日新月异，在新技术成熟或新要求提出时，应能扩展升级和灵活变更，而不是推倒重来，以保护今天的投资。

系统设计的开放性原则是指系统有适应外界环境变化的能力，即在外界环境改变时，系统可以不作修改或仅作少量修改就能在新环境下运行。

开放性是系统柔性的体现，具体反映在以下几个方面：

① 能适应计算机软、硬件技术的迅速发展。在硬件上能采用新技术，简便地重新组合成新的支撑环境：在软件上能使基础软件的版本升级所造成的影响局限在可以控制的范围内、或者消除其影响。

② 能满足用户不断提出的新要求。系统在体系结构上应有能力适应这一要求。

③ 能适应管理体制和政策的变化。系统设计应充分考虑到我国管理体制目前正在急剧变化之中，系统建成后，当管理体制、政策以及组织机构变化时，只需作相应的调整，就可满足新的要求。

（6） 安全性。

网络系统应能从硬件和软件上防止非法访问。

（7） 可管理性。

网络系统应能采用先进的网络管理系统，以降低网络管理的复杂性。

（8） 经济性。

在网络系统设计时，应坚持实现高性能前提下尽量少投资的原则，建成网络系统后，应能提高管理、办公水平，以期获得更大的经济效益和社会效益。

（9） 系统友好性。

确保系统对用户的友好性是系统存在和受使用者欢迎的前提。系统应尽量便于用户的理解、学习、掌握和使用。

系统建设应严格遵循上述原则，采用结构化的设计方法按不同管理对象分时段、分任务顺序来实现。

2. 网络工程实施步骤

网络工程是一系列工作的集合，为保证工作的顺利进行，有必要明白网络工作的先后顺序。网络工程安装工作的开展先后顺序分为构思、准备、设计、部件准备、安装调试、测试验收、用户培训、维护等几个阶段。该过程与软件工程有许多类似的地方。

构思阶段的主要工作有用户调查、需求分析、可行性分析、系统规划、资金落实、组织实施人员等内容。

准备阶段的主要工作有网络系统的初步设计、系统招标和标书评审、确定集成商和供货商、合同谈判等。

设计阶段的主要工作有网络系统详细设计、端站点详细设计、中继站点详细设计等内容。

部件准备阶段的主要工作有机房装修、设备订货、设备到货验收、电源的准备和检查、网络布线和测试、远程网络线路租借等。

安装调试阶段的主要工作有计算机安装和调试、网络设备的安装和调试、网络系统测试、软件的安装与调试、系统总体调试等。

测试验收阶段的主要工作有系统测试、系统初步验收、系统最终验收等。

用户培训阶段的主要工作有人员培训、考察设备和软件的开发基地、考察系统集成商的样板工程等。

维护阶段的主要工作有系统维护、系统管理等。

上述工作有些必须串行、有些可以并行。对于不同网络项目，要求也不尽相同，实施步骤可能会有差别。

3. 网络需求的获取及需求分析

网络需求分为以下三种情况。

1） 用户需求。

网络系统设计之初的用户需求调查分为：一般状况调查、性能和功能需求调查、应用和安全需求、成本/效益评估和书写需求分析报告这 5 大部分。我们把整个用户调查项目分为两大类，即"一般状况调查"和"需求调查"。一般状况调查包括用户网络系统使用环境、企业组织结构、地理分布、发展状况、行业特点、人员组成（包括人员对计算机和网络使用的熟练水平）和分布，以及用户对网络系统的期望和要求。而需求调查是多方面的，有性能上的要求，有功能上的需求，有应用上的需求，还有安全方面的需求等（安全需求本书不作介绍）。要求从事用户调查的工程人员（通常是由负责网络系统具体部分设计的工程师担当）对所负责的设计部分有全面的技术和功能需求掌握。调查对象因不同的调查项目可能会不同，不过一般是向用户网络管理员调查，必要时可向具体应用部门负责人调查。

（1） 一般状况调查。

一般状况调查所包括的项目如下。

① 企业组织结构。

这个相当重要，特别是对于一些网络应用系统的开发。在一些网络配置和管理中必不可少，要确定哪些用户配置哪些应用系统以及哪些权限，组织结构是必不可少的。

② 网络系统地理位置分布。

这同样非常重要，这就涉及到网络系统的最终拓扑结构、传输介质选用和网络连接方式，也涉及到各交换节点的位置安排。当然对于网络系统的综合布线结构设计就更重要了，因为综合布线系统设计最重要的参考依据就是网络系统的地理位置分布。

③ 人员组成和分布。

终端用户数决定了整个网络的规模大小，而各具体应用人员的组成和分布决定了各具体应用系统软、硬件配置和相应权限配置。这里所说到的人员组成不仅需要了解各部门，或功能软件使用人员的组成，更要清楚这些人员中对各功能软件，甚至操作系统、OA 办公系统等的熟练程度，应尽可能避免采用大部分人不熟悉的系统或软件。而网络规模大小又影响了网络系统的最终拓扑结构和网络连接方式、设备档次选择、投资成本等。

④ 外网连接。

这里所说的外网连接是与包括集团公司网络、分支公司网络、供应商网络、合作伙伴网络，以及因特网的连接。与其他局域网的连接是指广域网互连，而与因特网的连接通常是指因特网的接入。如果有这方面的连接需求，则在网络系统设计时一定要预留出口，当然这相应地要增加一些软、硬件设施。局域网的广域互连方式很多，有像 MODEM 拨号、HDSL、VDSL、分组交换网、帧中继网络和 ATM 网等之类的非专线连接，也有像 DDN、T1、E1、T3、E3、光纤等专线连接，具体可参见本系列丛书《网络工程师必读——接入网与交换网》一书。还可以通过 VPN（虚拟专用网）进行安全互连，具体参见本系列丛书《网络工程师必读——虚拟专用网》。

⑤ 发展状况。

发展状况是指网络规模和系统应用水平这两个方面，这要根据企业最近 3 年的平均发展状况和未来 3～5 年的发展水平来估算的。企业发展状况影响着网络系统设计时为各关键节点预留的扩展能力，也就影响着整个网络系统的网络设备配置和投资成本。当然这最终目的是为了使用户节省网络投资。

⑥ 企业和行业特点。

行业特点的调查主要是为了一些行业应用系统设计做准备的，毕竟我们不可能对所有行业都十分了解。况且即使同一行业，不同企业也有相当大的企业特点。了解这些特点后就可以使我们在具体的网络系统设计时加以充分注意。

⑦ 现有可用资源。

这是从用户角度出发进行考虑的。如果用户原来已有网络，则要充分考虑到原有网络中有哪些网络设备和资源可以利用。这里不仅要考虑到现有的网络设备资源，还包括现有的数据资源。相对来说，现有数据资源的利用对用户来说可能更加重要。了解这些可用资源后就可以为新系统的网络设备选购和应用系统设计提供参考，在不影响性能的前提下能利用现有资源的一定不要重新购买，能利用现有数据资源的，一定不采用完全不兼容的新系统，造成资源浪费。

⑧ 投资预算。

这个事要先确定下来，否则无法为各部分进行细化预算。当然这个预算可能不准确，毕竟用户对这方面的行情可能不是很了解，但这并不影响设计人员对用户的投资预算范围。在确定了网络规模和基本的应用需求后，就可以知道这个预算是否合理。

⑨ 对新系统的期望和要求。

最后顺便调查一下用户对新系统的最大期望和要求是什么？这样也好在具体设计时参照满足。这其实也是做系统设计的人员最想了解的，让客户满意就是我们自己最大的满足。

（2） 性能需求调查。

网络系统性能需求调查决定了整个网络系统的性能档次、所采用的技术和设备档次。这里的调查对象主要是针对一些主要用户（如公司管理层领导）和关键应用人员或部门。当然这里进行的调查仅供参考，不一定就是最后进行系统设计的依据，因为有些用户所提的需求可能不符合实际需求，也有可能与公司的实际投资成本不相符。最终的确定要在详细、具体分析后，经项目经理和用户项目负责人批准后采用。

性能需求涉及到很多的具体方面，有总体网络接入方面的性能需求，还有交换机、路由器和服务器等关键设备的响应性能需求、磁盘读写性能需求等。具体更细的性能就非常多了，每个设备都有非常多的性能指标。在此仅就总体的系统性能需求进行介绍，主要考虑如下几个方面（实际的性能测试将在第二版的《网管员必读——网络组建》一书中介绍）。

① 接入速率需求。

接入速率最基本的是由端口速率决定的。在以太网终端用户中，接入速率通常是按 10 Mbps、100 Mbps 和 1000 Mbps 3 个档次划分，不过目前通常是要求百兆位到桌面，支持 10/100 Mbps 自适应速率即可。当然对于骨干层、核心层的端口速率通常需要支持双绞线、光纤的千兆位，甚至万兆位速率。实际的接入速率受许多因素影响，包括端口带宽、交换设备性能、服务器性能、传输介质、网络传输距离、网络应用等。

为了提高一些关键节点的接入速率，在交换机方面，各厂商都有不同的技术，最著名的就是 Cisco 的 FEC（Fast Ether Channel，快速以太网通道）和 GEC（Gigabit Ether Channel，千兆位以太网通道）技术（3COM、华为等公司都有对应的链路会聚技术），通过这两种技术分别可以实现最高 800 Mbps、8Gbps 双绞线链路聚合和 400 Mbps/4Gbps 光纤链路聚合。10Gbps 技术也有相应的链路会聚技术，最高可会聚 4 个 10Gbps 链路，实现单一的 40Gbps 链路，满足一些高带宽需求的设备，或网络连接需求。这样就要有效地提高交换机与一些关键设备（如服务器和路由器）之间的链路带宽，当然这要求互连双方都支持相应的技术才行。3COM 和华为 3COM 公司的一些交换机也有类似的端口会聚技术，而且最高可以支持 8 端口的会聚，会聚能力更强。

在广域网方面，接入速率是由相应的接入方式和相应的网络接入环境决定的，在这方面用户一般没有太多选择权，只能根据自己的实际接入速率需求选择符合自己的接入网类型。目前主要是各种宽带和专线接入方式，如 ADSL、Cable MODEM、光纤接入（OAN）、DDN、LMDS、MMDS 等。

② 扩展性需求。

网络系统的扩展性能非常重要，它是不断满足用户需求的基本保证。网络系统的扩展性需求是通过在网络结构设计和网络设备选型方面来保证的。在网络结构设计上要求所采用的技术必须是主流的，且具有一定的超前性，这里所说的超前是指适当超出企业当前应用的需求，以便日后在技术上平滑升级。如当前实际需求只是普通的百兆位，我们在设计时就可以考虑核心双绞线千兆位；如果当前的实际需求为核心双绞线千兆位，则在设计时就要在核心层实现光纤千兆位的支持。另外，扩展性需求方面还体现在网络结构中不同速率端口的配置上，一定要留有适当的冗余，一方面为日后的网络规模扩展留下空间，另一方面也是为网络维护考虑的，当一些端口失效后，就可以用冗余的端口替代。所预留的端口类型一定要齐全，包括端口速率和端口介质类型，高速率端口用于连接扩展交换机、服务器等关键节点设备，低速率接口用于连接普通用户。

网络设备的可扩展性除了体现在以上所说的交换机外，还主要体现在服务器上，因为服务器性能的好坏直接决定了整个网络性能的好坏，特别是在集中式管理的网络类型中。服务器的扩展性主要体现在性能的扩展上，通常是通过增加处理器数，提高处理器性能，增加内存容量，提高内存性能，增加磁盘容量，提高磁盘性能（如磁盘阵列级别）等来保证的。

③ 吞吐速率。

吞吐速率是指单位时间（通常是指 1 秒内）传输的数据容量。吞吐量与接入速率指标密切相关，也是由许多因素共同决定的，如端口带宽、交换设备性能、服务器性能、传输介质和网络应用等。在局域网中网络的吞吐速率主要是由各级交换机的背板交换矩阵的带宽、所采用的交换方式和交换机的硬件配置等因素决定的，特别是位于核心或骨干层的交换机。

在单台交换机背板带宽一定的前提下，可以通过交换机堆叠来扩展交换机的背板带宽，因为堆叠在一起的多台交换机可以当做一台交换机来管理，这样堆叠后的交换机背板带宽就相当于多台独立交换机背板带宽的总和。虽然堆叠后的交换机总端口数也是原来独立交换机端口数的总和，但是同一时刻都处于数据收或发的端口一般不会是所有端口，这样就在无形之中提高了各端口实际可用的背板带宽，也就提高了交换机的交换性能，即吞吐速率。华为 3COM 公司的 IRF（Intelligent Resilient Framework，智能弹性架构）技术也是类似的堆叠技术。

虽然理论上吞吐速率就是指端口可用带宽，但实际的吞吐速率仍需要经过专门的测试工具进行测试，具体将在本书第二版《网管员必读——网络组建》一书中介绍。

④ 响应时间。

响应时间是指从用户发出指令到网络响应并开始执行用户指令所需的时间，响应时间越短，性能就越好，效率越高。局域网的响应时间通常为 1～2 ms，而广域网的通常响应时间为 60～1000 ms，要求越高，所对应的网络设备配置就越高档，成本越高。这个响应时间也要看具体应用而定，对于一般的文字工作，通常的响应标准是可以满足的，但对于大容量的多媒体文件传输，如视频点播、远程视频教学等，响应时间就不能按正常标准要求那么高了，因为这样会对整个网络硬件，特别是服务器配置要求相当高，会大大增加成本。

⑤ 并发用户数支持。

并发用户数支持是指某一系统可以承载的同时访问的用户数，支持的并发用户数越多，系统性能越好，当然所需的配置就越高档。并发用户数是指对相应应用服务器的性能要求，通常是由服务器的整体硬件配置决定的。具体的并发用户支持数需求要看正常情况下同时使用同一系统的人数而定，所确定的并发用户数要稍高于实际值。

⑥ 磁盘读写性能。

磁盘读写性能要求主要是针对各种服务器，因为一般终端用户只是用于一个用户的文件读写，一般的磁盘系统都可以满足。在服务器系统中，通常要支持几十、几百，甚至几千个用户同时访问，如一个大型局域网文件服务器，或者是一个大型的网站服务器等。这么多用户同时访问，如果磁盘系统的读写性能不好，就会出现延时，甚至死机的现象。

虽然目前最新的 SCSI 标准传输速率可达 320 Mbps，但如果仅凭一个磁盘，不采取其他措施仍就不能满足大型网络系统的磁盘读写性能需求。这时就需要采取一些特定的措施给磁盘系统加速，目前主要是通过配置 RAID（冗余阵列），通过 RAID 可以把数据同时分写在多个磁盘上，以此来达到加速的目的。

目前几种 IDE 接口都可以配置 RAID，如有 IDE RAID、SATA RAID 和 SCSI RAID，其中前两种适用于中小企业，性能较差，而 SCSI RAID 性能较好，适用于大中型企业网络系统。而各种 RAID 配置中又有多种不同的阵列级别，如 RAID 0、RAID 1、RAID 3、RAID 5、RAID 10 等，不同级别有不同的特点和优势，要根据具体网络系统特点和应用需求来选择。

⑦ 误码率。

误码率是指单位时间（通常指 1 秒）内接收端有效接收的数据比特数与发送端用户发送数据的比特数之比。误码率越高，性能越差，传输效率也就越低。误码率通常是针对广域网应用而言，因为在局域网中，误码率较低（通常为 10-8～10-10）基本上都是可以满足用户应用需求的。在广域网中，采取的接入方式不同，误码率也不同。误码率会因为不同的接入方式而不同，如采用电话铜线的 MODEM 拨号和无线接入方式误码率一般较高，在 10-6 左右，而采用 ISDN、ADSL、Cable MODEM 和 DDN 的误码率通常在 10-8 左右，光纤接入可达到 10-9 级别。而误码率主要针对那些流数据发送、接收用户比较重要，如音视频收发、动画演示等。

⑧ 可用性。

可用性是个概念性的指标，没有一个具体的量，主要包括稳定性、可靠性这两个方面。稳定性通常是指服务器和其他关键网络设备连续工作时间的长短。在一些小型企业中，通常不要求服务器长期开启，而在一些大中型企业中，则要求网络长期保持通畅。要求不同，对服务器等硬件设备的配置也不一样。系统的稳定性也可以通过专门的测试工具软件进行测试得出，它是通过对相应系统加载满负荷进行测试的，能稳定运行的时间越长，稳定性就越好。这相当于几个都能最重挑 200 斤的重担的人，要知道谁体能最好，只有让他们都同时挑 200 斤的重担（因为如果不是极限负荷下测试就很难分出高下）进行同样路程的行走，谁坚持的时间越久，走的路越远谁的体能就越好。

可靠性通常与稳定性相关联，稳定性越好的网络系统，可靠性也越好，这也是一种由网络软、硬件系统综合性能决定的。目前，可靠性通常是指系统在发生故障时的自愈能力，许多企业级网络设备都具有相应的自愈能力，如交换机、路由器、服务器等。除了这些设备外，网络本身也可以有一些提高可靠性的方法，如冗余链路连接就是一种电能常用的方法。除此之外，还可通过配置 UPS 电源来防止意外断电所带来的损失，这也是提高网络可靠性的一种手段。

在一些大型网络系统中，为了确保整个网络长期保持通畅，为骨干层配置了冗余链路，关键节点，如会聚层与核心层交换机之间，服务器与核心交换机之间的连接都采取冗余的双链路连接。一旦某一条链路出现故障，另一条链路可随时接替原链路的工作，继续为用户服务。

另外，由于视频会议、视频点播、IP 电话等多媒体技术的日趋成熟，网络传输的数据已不再是单一文件类数据了，多媒体网络传输成为世界网络技术的趋势。企业应着眼于未来，对网络的多媒体支持是必然趋势。同时，在网络带宽非常宝贵的情况下，丰富的 QoS 机制，如：IP 优先、排队、组内广播和链路压缩等优化技术能使实时的多媒体和关键业务得到有效的保障。还有，随着因特网的发展，上网用户的不断增多，访问和数据传输量剧增，网络负荷也相应加重；随着企业对多媒体技术的广泛应用，视频数据、音频数据也越来越耗费网络带宽。如果网络没有高性能，会导致系统反应缓慢，甚至在业务量突增时，发生系统崩溃、中止和异常等现象。高性能的网络也是一些关键业务或特殊应用的必备条件。

2） 功能需求。

网络系统的功能需求调查主要侧重于网络自身的功能，而不包括应用系统。调查的对象通常是企业网络管理员，或者网络系统项目负责人。网络自身功能也只是指基本功能之外的那些比较特殊的功能，如是否配置网络管理系统、服务器管理系统、第三方数据备份和容灾系统、磁盘阵列系统、网络存储系统、服务器容错系统，是否需要多域，或多子网、多服务器。

以上是从总体上进行的功能分析，更多的网络功能需求还体现在具体的网络设备上，如硬件服务器系统，可以选择的特殊功能配置包括：磁盘阵列、内存阵列、内存镜像、处理器对称或并行扩展、服务器群集等；交换机可以选择的特殊功能包括：第三层路由、VLAN、第四层 QoS、第七层应用协议支持；路由器可以选择的特殊功能包括第二层交换、网络隔离、流量控制、身份验证、数据加密等。

3） 应用需求。

在一定程度上，需求决定一切，所以我们在组建新网络或改造原有网络前一定要详尽了解企业当前，乃至未来3～5年内的主要网络应用需求。必须详细地列出所有可能的应用，找各个部门负责具体网络应用的人士进行面对面分析和询问，并做好记录，而不是简单的口头询问。

应用需求调查项目主要包括以下几个方面。

熟练或期望使用的操作系统。

熟练或期望使用的办公系统。

熟练或期望采用的数据库系统。

打印、传真和扫描业务是否多？

主要的内部网络应用。

是否需要用到公司内（外）部邮件服务？

是否需要用到公司内（外）部网站服务？

经常要与外部网络连接的方式和用户数。

与外部网络连接的主要应用。

是否需要用到一些特定的行业管理系统？

对各管理系统的应用需求。

其他应用需求。

以上调查通常是以部门为单位进行的，调查对象通常是部门负责人，或具体应用人员。项目调查同样可以以表格方式进行。

- 编写需求说明书。

获取到以上需求后，需要编写需求说明书。需求说明书是网络工程中一份可阅的文件。

编写需求说明书的简单方法是把这些需求数据制作成表格。编写需求说明书的目的是为管理人员提供决策用的信息，同时为设计人员提供设计依据，因此说明书应该简明扼要、信息充分。需求说明书一般由五部分组成：综述、需求信息收集工作的总结、需求数据总结、按优先级列出的需求清单、申请批准部分。

综述部分首先说明需求说明的目的、重要性，简单描述整个项目，描述项目的阶段划分和过程说明、需求说明在项目阶段中的位置，说明项目目前的状态，包括已完成和正在完成的工作。

需求信息收集工作的总结中需要简单回顾该阶段所做的工作，信息收集使用的方法（问卷调查、面谈、集中讨论等），接触过的人员的名单和次数。总结中也要分析该过程中的不足和原因，以及以后的改进和弥补措施。

需求数据的总结主要是用各种方法表示收集到的信息，多种方法综合运用可以获得更好的效果。总结中要注意以下几点：

（1）表示信息时应该尽量用简单易懂的语言，慎用专业语言，即使用到专业语言也要给出定义。

（2） 应该给出信息的整体情况，这比具体细节更重要。

（3） 区分业务需求和用户需求。

（4） 标注高优先级的需求，并说明信息来源。

（5） 运行条形或饼图有时可以使读者更易理解。

（6） 准确地说明需求中的矛盾，结合需求的优先级给出解决矛盾的建议。

管理层在审批过程中会给出解决不同群体间需求矛盾的方法，或调整需求，使相关人员的需求达成一致。

- 需求分析。

网络需求分析任务是在了解用户具体要求的基础上提出网络工程的目标，确定网络服务和性能水平，厘清网络应用约束，提出网络系统的概要设计。用户需求分析做得越详细，对网络工程目标的确定、新系统的设计和实施方案的制定越有利，后期开发中可能出现的问题也越少。

需求分析工作可按如下步骤进行：

（1） 调查分析并整理用户的需求和存在的问题，研究解决办法。

（2） 提出实现网络系统的设想，在需求调查的基础上对系统做概要设计，可以根据不同的要求提出多个方案。

（3） 计算成本、效益和投资回收期。

（4） 设计人员内部对所设想的网络系统进行评价，给出多种设计方案的比较。

（5） 编制系统概要设计书，对网络系统做出分析和说明。

（6） 概要设计的审查，对基本调研的结果是否与用户需求一致进行验证，重点是对系统概要设计书进行审查。基本调研审查人员由设计人员、管理人员共同参与。

（7） 把基本调研情况及概要设计书提交给用户，并作出解释。

（8） 用户对基本调研工作和概要设计书进行评价，提出意见。

（9） 确认系统概要书，设计人员采纳用户意见，对概要书进行修改，并最终获得用户认可。用户负责人签字确认。

- 可行性报告的撰写。

在充分了解分析用户对目标网络系统的详细需求后，应该按照国家制定的有关规定，写出系统开发和建设的可行性报告。可行性报告需要对网络工程的背景、意义、目标、工程的功能、范围、需求、可选择的技术方案、设计要点、建设进度、工程组织、监理、经费等方面做出客观的评价和描述，为工程建设提供基本依据。

可行性报告一般按照以下步骤撰写：

（1） 可行性的前提。

包括：项目要求，如系统应具备的功能、性能、数据流动方式、安全要求、与其他系统的关系、完成期限等；项目目标，如提高自动化程度、处理速度、人员利用率，提高信息服务和应用信息平台等；项目的假定条件和限制条件，如系统运行寿命、系统方案选择比较的时间、经费的来源和限制、法律和政策方面的限制、运行环境和开发环境的限制、可利用的信息和资源等；可行性研究的方法，说明使用的基本方法和策略，系统的评价方法等；评价尺度，说明对系统进行评价时所使用的主要尺度，如费用、功能、性能、开发时间、用户界面等。

（2） 现有状况的分析。

分析用户目前的计算机使用状况，以进一步说明组建新的计算机网络的必要性，具体内容如下：

说明目前的计算机系统的基本情况，以及数据信息处理的方法和流程；计算机系统承担的工作类型和工作量；现有系统在处理时间、响应速度、数据存储能力、功能等方面的不足；用于现有系统的运行和维护人员的专业技术和数量；计算机系统的费用开支、人力、设备、房屋空间等。

（3） 建议建立的网络系统方案。

说明建立的网络系统方案如何实现其目标，具体内容如下：

方案的概要，为实现目标和要求将适用于的方法和理论依据；建议的网络系统对原有系统的改进；技术方面的可行性，如系统功能目标的技术保障、工程人员数量和质量、规定期限内完成工程的计划和依据；建议的网络系统预期带来的影响，包括新增设备和可使用的老设备的作用、现存的软件和新软件的适应和匹配能力、用户在人员数量和技术水平方面的要求、信息的保密安全、建筑物的改造要求和环境实施要求、各种经费开支等；建议的网络系统存在的局限性，以及这些问题未能消除的原因。

（4） 可供选择的其他网络系统方案。

提出各种可供选择的方案，说明每一种方案的特点和优缺点。与建议的方案比较，指出未被选中的原因。

（5） 投资与效益分析。

包括：对建议的方案说明所需要的费用，包括基本建设费用（如设备、软件、房屋和环境实施、线路租用等）、研究和开发费用、测试和实验费用、管理和培训费用、非一次性支出费用等；对建议的方案说明能够带来的效益，如日常开支的缩减、管理运行该效率的改进、其他方面效率的提高，也可以说明有可能产生的社会效益；对建立的网络系统的收益/投资比值和投资回收周期给出的建议；估计当一些关键因素，如系统什么周期长度、系统的工作负荷量、工作负荷类型、处理的速度要求、设备的配置等发生变化时，对收益和开支的影响。

（6） 社会因素。

包括：法律方面的可行性，包括合同责任、专利侵犯等；用户的工作制度、行政管理等方面是否允许使用该方案；用户工作人员是否已具备使用该系统的能力。

（7） 结论。

可行性研究报告应给出研究结论，并做出简要说明。这些结论包括以下内容：可以立即开始实施；需要等待某些条件满足后才能实施；需要对系统目标做出某些修改后才能实施；不能实施或不必实施。

案例二　网络系统的设计

【案例描述】

小张是网络系统的设计人员，负责人让小张根据前期的分析，对网络系统进行设计。

【案例分析】

因目前的网络设计有多种方法，小张经过认真查看了需求分析报告后，决定采用三层结构来对公司网络进行设计。

【实施方案】

接入层，主要负责各部门的连接。

核心层是网络的高速交换主干，对整个网络的连通起到至关重要的作用。该层是基于千兆高速交换和路由的设计，设备的性能容量也是最高的（高达百 Gbps 容量和每秒千万级数据包转发能力）。主要是由全模块化的高性能多层路由交换机和高性能服务器组成，系统带宽必须是千兆甚至 10Gbps。

汇聚层是网络接入层和核心层的“中介”，就是在工作站接入核心层前先做汇聚，以减轻核心层设备的负荷。汇聚层具有实施路由策略、安全、工作组接入、虚拟局域网（VLAN）之间的路由、源地址或目的地址过滤等多种功能。

该层采用 1000M 的快速交换路由设计，设备的性能容量性也很高，主要由固定配置+可选模块的三层路由交换设备组成。

接入层向本地网段提供工作站接入。在接入层中，减少同一网段的工作站数量，能够向工作组提供高速带宽。该层由 1000M 以太网交换机和客户机组成，采用可管理的固定配置的工作组级别的交换机，能提供多层堆叠功能实现大量用户的接入。

网络方案图如图 6-1 所示。

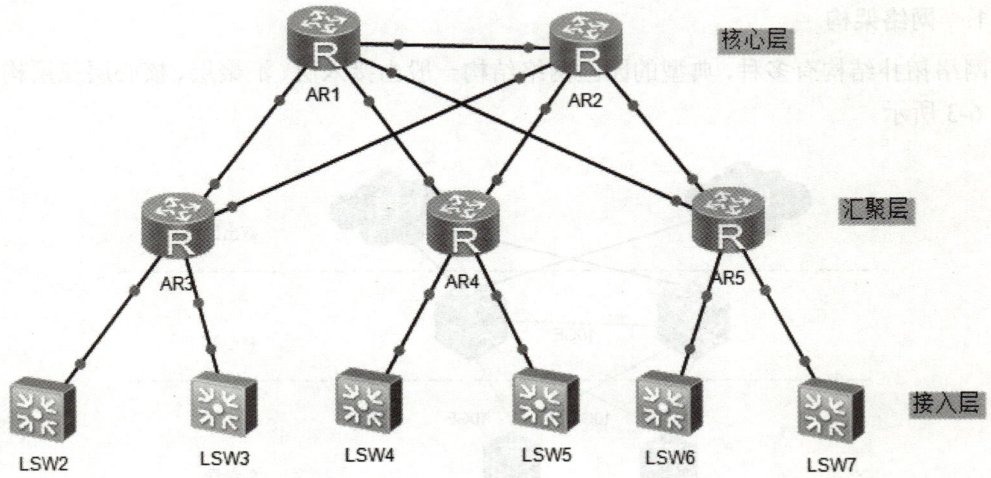

图 6-1　网络方案

【实施步骤】

（1）　规划办公区及家属区 IP 地址（小张把该 IP 地址形成详细的文档，以备以后查阅）。

（2）　基于三层架构的思想规划网络拓扑结构，具体如图 6-2 所示。

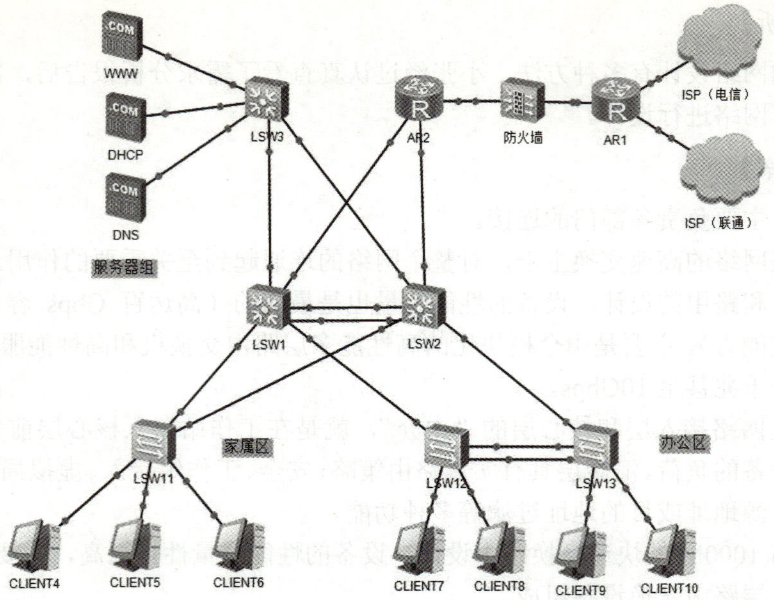

图 6-2　网络拓扑结构

相关知识

1. 网络架构

网络拓扑结构有多种，典型的园区网络结构一般由接入层、汇聚层、核心层三层构成，如图 6-3 所示。

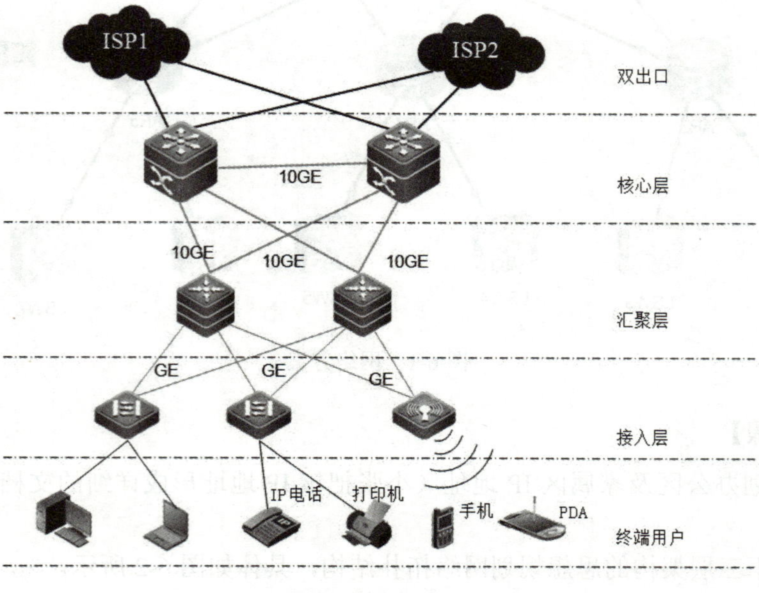

图 6-3　典型的网络三层架构

通常，将网络中直接面向用户连接或访问网络的部分称为接入层，将位于接入层和核心层之间的部分称为分布层或汇聚层。

（1）　接入层。

接入层通常指网络中直接面向用户连接或访问的部分。接入层目的是允许终端用户连接到网络，因此接入层交换机具有低成本和高端口密度特性。接入交换机是最常见的交换机，它直接与外网联系，使用最广泛，尤其是在一般办公室、小型机房和业务受理较为集中的业务部门、多媒体制作中心、网站管理中心等部门。在传输速度上，现代接入交换机大都提供多个具有 10M/100M/1000M 自适应能力的端口。

在接入层设计上主张使用性价比高的设备。接入层是最终用户与网络的接口，它应该提供即插即用的特性，同时应该非常易于使用和维护。当然我们也应该考虑端口密度的问题。

接入层由无线网卡、无线接入点和二层交换机组成，按照宽带网络的定义，接入层的主要功能是完成用户流量的接入和隔离。对于无线局域网 WLAN 用户，用户终端通过无线网卡和无线接入点 AP 完成用户接入。

（2）　汇聚层。

汇聚层是楼群或小区的信息汇聚点，是连接接入层和核心层的网络设备，为接入层提供数据的汇聚、传输、管理、分发处理。汇聚层为接入层提供基于策略的连接，如地址合并，协议过滤，路由服务，认证管理等。通过网段划分（如 VLAN）与网络隔离可以防止某些网段的问题蔓延和影响到核心层。汇聚层同时也可以提供接入层虚拟网之间的互连，控制和限制接入层对核心层的访问，保证核心层的安全和稳定。

汇聚层的功能主要是连接接入层节点和核心层中心。汇聚层设计为连接本地的逻辑中心，仍需要较高的性能和比较丰富的功能。

汇聚层设备一般采用可管理的三层交换机或堆叠式交换机以达到带宽和传输性能的要求。其设备性能较好，但价格高于接入层设备，而且对环境的要求也较高，对电磁辐射、温度、湿度和空气洁净度等都有一定的要求。汇聚层设备之间以及汇聚层设备与核心层设备之间多采用光纤互连，以提高系统的传输性能和吞吐量。

一般来说，用户访问控制会安排在接入层，但这并非绝对，也可以安排在汇聚层进行。在汇聚层实现安全控制和身份认证时，采用的是集中式的管理模式。当网络规模较大时，可以设计综合安全管理策略，例如在接入层实现身份认证和 MAC 地址绑定，在汇聚层实现流量控制和访问权限约束。

（3）　核心层。

核心层的功能主要是实现骨干网络之间的优化传输，骨干层设计任务的重点通常是冗余能力、可靠性和高速的传输。网络的控制功能最好尽量少在骨干层上实施。核心层一直被认为是所有流量的最终承受者和汇聚者，所以对核心层的设计以及网络设备的要求十分严格。核心层设备将占投资的主要部分。核心层需要考虑冗余设计。

核心层有一个目的，即交换数据包。核心层设备应该得到充分的支持并以峰值性能运行。以下两个基本策略将有助于实现此目标：

① 不要在核心层执行网络策略。

任何形式的网络策略都必须在核心层外执行：数据包的过滤和策略路由是极好的例子。

即使核心层设备可以高速地过滤和策略路由数据包，核心层也不是执行这些任务的合适地方。网络核心层的任务是高速地交换数据包，严禁采用任何降低核心层设备处理能力或是增加数据包交换延迟时间的方法。此外，尽量避免增加核心层路由器配置的复杂程度。它是网络边界策略执行出错并且导致用户组间失去联通性的可能因素，但是当核心层执行策略变化时出错将会导致这个网络瘫痪。将网络策略的执行放在访问层的边界设备上，或者在某些情况下，可以放在访问层与分布层之间的边界上。

② 核心层的所有设备应对网络中的每个目的地具备充分的可达性。

核心层设备应该具有足够的路由信息来职能地交换发往网络中任意端设备的数据包；核心层的路由器不应该使用默认的路径到达内部的目的地。但这并不意味着该层上的路由器应该到达网络每个角落中独立的路径。聚合路径能够也应该用来减少核心层路由表的大小。默认路径应该用来到达外部的目的地。

没有采用默认路径的原因是：便于核心层的冗余；减少次优化的路径；阻止路由循环。

核心层的类型我们在实际规划时采取灵活的方式。在网络信息量较小的时候我们采取压缩核心层的办法来节约投资，即一个核心层路由器扮演网络核心层与分布层上的所有路由器相连。但压缩核心层会导致单点的崩溃。对于大多数大型网络使用一组由高速局域网或高速广域网络连接形成的一个核心层网络。一个优异的核心层网络能够像只有一台路由器的核心层网络一样便于管理，并且对各种错误具备更大的容错性。

案例三　网络工程项目管理

【案例描述】

小赵原来属于网络公司技术部的人员，随着年龄及阅历的增长，领导让其做项目管理。小赵最近想了解一下项目管理的整个流程。

【案例分析】

项目管理一般是由项目经理负责，抽调一些岗位上有经验的、能够在该岗位上具有一定决定权的人员参与，这些人在实际生活中还有一定的亲和力和交流艺术。他们会与各方代表进行沟通，把网络项目管理落到实际行动中。

【实施方案】

项目经理组织小赵及抽调过来的项目施工代表、项目监理代表共同构成项目管理队伍。进行讨论管理工作的开展。

【实施步骤】

（1） 制定质量管理工作规划，主要涵盖总体的和各专业及特定工程的质量保证活动。

（2） 制定网络设计规范、网络工程施工规范、网络工程验收制度及标准等。同时制定的标准和规范应该具有可操作性和一定的奖惩条例。

（3） 加强观察检查与测试，对施工质量、工艺和有关技术随时进行检查。

（4） 制定网络工程测试方法，设计网络测试例，进行功能、性能、局部、整体等测试。

相关知识

1. 网络工程项目管理

为了确保工程质量，必须使用项目管理的方法对工程进行严格的管理。

（1） 管理的特点。

网络工程管理具有复杂性、创造性、项目经理负责制的特点。

① 复杂性。网络工程由多业务组成，需要多学科的知识和技术解决。项目执行中有许多未知因素。这些情况构成了管理的复杂性特点。

② 创造性。网络系统的建设需要技术与方法两个方面的支持。同样的设备和系统通过优化和组合可以在网络性能上获得不同的效果。因此充分发挥各个功能单元的潜能，优化组合子系统，使系统性能得到提高，是网络工程项目管理的创造性要求。创造的过程是一个探索的过程，存在失败的可能，因此在项目管理的过程中一定要有科学、严谨的态度。

③ 项目经理负责制。项目的成功与否在很大程度上取决于项目经理。项目的成果是否达到或超过项目目标，用户的积极参与、明确的表达需求、管理层的支持、项目团队的能力是项目成功的关键因素，这些都需要项目经理在项目管理中切实管理与实施到位。项目经理应该有权独立地设计施工计划、资源分配、人员协调和控制；必须了解网络工程的开发方法与技术复杂性；必须能综合考虑各种不同专业的技术问题；必须有项目和人员管理的能力。

（2） 管理的内容。

网络工程项目管理主要从范围、时间、成本、质量、人力资源、风险、采购、集成等几个方面进行。

范围管理是为了实现网络工程的目标，对网络工程的工作内容进行控制的管理过程。它包括网络工程范围的界定、规划和调整等工作。网络建设工程可以分成不同的类型，如全新的网络建设、网络的改扩建、根据新应用的网络改造、网络的迁移等。不同的工程有不同的特点和重点，使用的管理方式也不尽相同，因此有必要根据工程的特点进行归类。这样工程管理做到有的放矢。

时间管理是为了确保工程最终按照既定的时间完成的管理过程。它包括具体的网络工程活动的界定、流程、时间估计和时间控制等。工程建设涉及的环节比较多，一定要将工程建设的各个环节流程化，说明每个环节的目标、完成期限、验收审核方法、理清相互之间的关系和各自的职责，设计突发事件的应对方法。

时间管理可以使用表格或者甘特图等来表达。

图 6-4 是一个简单的网络工程项目时间管理的甘特图。

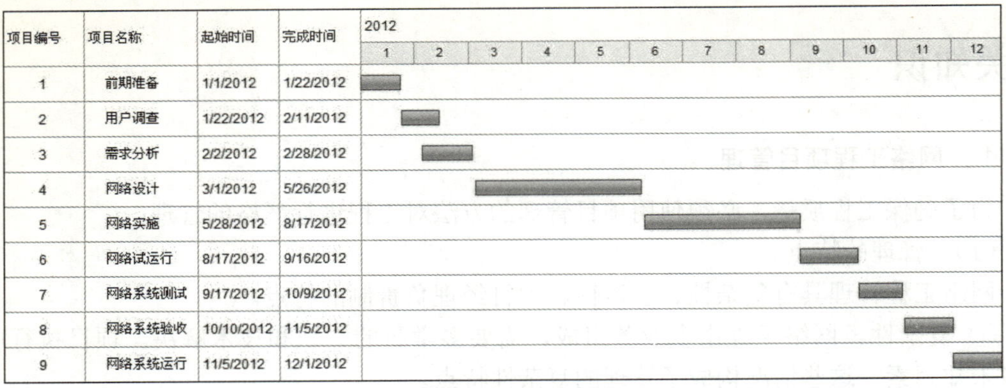

图 6-4　网络工程项目甘特图

表 6-1 是一个综合布线工程的时间进度管理表。

表 6-1　时间进度管理表

工程进度	工期安排从设备到货以后开始计算，计划用 38 天完成							15 天试运行	终验
设备运输到货	15 个工作日内到达客户指定地点								
客户沟通	第 1-12 天								
验货及安装		第 13-28 天							
单机调试		第 13-28 天							
现场培训			第 17-30 天						
系统切割				第 28-33 天					
移交（初验）测试						第 33-38 天			
试运行									
终验									

成本管理是为了保证网络工程的实际费用不超过预算费用的管理过程。它包括人力资源、网络软硬件成本、网络环境、系统集成等费用的预算与控制。

质量管理是为了确保网络工程达到行业标准和国家标准，以及合同中所规定的质量要求而实施的一系列管理过程。它包括网络工程质量规划、质量控制和质量保证等。

人力资源管理是为了保证所有与网络工程项目有关的人员的能力和积极性都得到有效发挥和利用而实施的管理措施。它包括网络工程组织的规划、团队建设、人员的选择等。

风险管理涉及网络工程中有可能遇到的各种不确定因素的应对策略。它包括网络工程风险识别、风险量化、制定对策和风险控制等。

（3）　项目人员组成。

由于网络工程涉及多个环节，如何组织项目团队将成为项目管理的重要问题。项目实施过程中需要决策、分析设计、实施、监督、管理等方面的人员参与、负责各自的工作。

决策人员由项目的参与方共同组成，应能确定工程实施过程中的重大决策性问题，如总体目标、工期、施工规范、质量管理规范、各方人员的组成和协调。

分析设计人员主要由系统设计实施、网络设计师和用户组成。他们的责任是全面细致地了解用户的网络应用需求，与用户进行充分的交流与沟通，接受用户合理的建议和要求，采用先进合适的网络技术设计网络方案和网络工程方案。

项目实施人员由网络工程师、布线工程师和程序员等技术人员组成。他们将根据工程的实际情况对工程项目进行分解，根据工作的相关程度组织工程小组，严格遵守施工规范和质量规范，高效地实施网络工程方案。

质量监督人员由用户、项目监理单位、工程实施方组成。他们的任务是协助、指导和监督工程的实施，监管工程质量，直接向决策人员负责。

工程管理辅助人员负责工程项目的进度控制，技术文档的收集、编写和管理，项目进度评估，验收测试的组织和管理等。

项目实施过程中还需要负责成本管理、材料设备购置、公关协调等方面的人员。

表 6-2 是一个项目组成员表（样例）：

表 6-2　项目组成员表

项目组成员表							
一、项目基本情况							
项目名称		xxx 公司网络工程		项目编号		T0808	
制作人		张三		审核人		李四	
项目经理		张三		制作日期		2014/7/8	
二、项目组成员							
成员姓名	项目角色	所在部门	职责	项目起止日期	投入频度及工作量	联系电话	主管经理
李四	项目决策	公司经理					
张三	项目经理	网络技术部					
王五	分析设计人员	网络技术部					
赵六	项目实施人员	网络技术部					
王丹	质量监督人员	纪检					
赵四	质量监督人员	网络技术部					
李辰	工程管理辅助人员	办公室					
xxx	项目实施人员代表	第三方施工单位					
签字			日期				
项目赞助人		李四	2014/7/8				
项目经理		张三	2014/7/8				

（4）　工程质量控制。

国际标准（ISO）对质量控制的定义是：为满足质量要求所采取的作业技术和活动。网络工程项目的质量控制按其控制主体可分为建设单位的质量控制和承包单位的质量控制。建设单位的质量控制可通过合同委托工程监理单位，对网络工程项目进行质量监理；承包单位的质量控制靠承建单位的质量自检体系来实现。

网络工程项目建设的过程是质量形成的过程，过程中的每一阶段、每一个环节都影响到整体质量。网络工程质量的优劣与各部门、各环节的工作质量有密切的关系，主要取决于工程实施人员的工作质量，因此对工作质量的管理是网络工程质量控制的重中之重，必须对影响信息系统工程项目质量的诸多因素进行监控。

网络工程的质量表现为对用户需求的满足程度与对需求变化的满足程度，它反映为由系统的外在质量表象，并由其内在质量特征决定。通常，网络工程的外在质量表象为网络的功能性、适应性和可靠性。功能性指网络系统满足用户需求的能力，包括网络系统提供的功能及这些功能对用户需求的满足程度；适用性指网络系统实现其功能的方便程度及提供功能调整与延伸服务的便利程度；可靠性是指网络系统抵御破坏力的能力。

为了实现对网络工程项目质量的有效管理，承建单位和监理必须采取有效的质量管理方法。

① 制定质量管理工作规划。

这些方法应该涵盖总体的和各专业及特定工程的质量保证活动，应该说明为实现总体质量规划目标所要执行的活动的类型及需要进行的专门质量保证管理任务。项目管理层应该制定质量保证的流程，决定质量监理活动的阶段、范围和程序。

② 制定规范和标准。

对工程的各个环节制定相应的标准和规范是保证质量的基础，如网络设计规范、网络工程施工规范、网络工程验收制度及标准等。同时制定的标准和规范应该具有可操作性和一定的奖惩条例。

③ 加强观察检查与测试。

观察检查是工程质量管理的主要方法，要对施工质量、工艺和有关技术随时进行检查。检查工作方法是否符合技术规范要求，所采用的软硬件、设别是否符合要求，及时发现质量缺陷，消除质量隐患，以免发生重大质量问题。

④ 制定网络工程测试方法。

在网络的需求分析阶段就要开始考虑网络功能和性能的测试方法，根据网络工程的目标，跟随网络设计的进展逐步设计网络测试例。这些测试例既要有针对整个网络的测试，也要有针对局部的、单体的测试；既要有功能方面的测试，也要有性能方面的测试。在网络工程实施过程中，有计划有步骤地对被测对象进行测试。测试结果应及时告知网络的设计者和工程师。

案例四　网络工程监理与验收

【案例描述】

小王来是某监理公司的新人，第一次随公司老员工外出做网络工程监理工作。他想了解监理都需要做哪些工作。

【案例分析】

作为新人，一般都有老员工带领，指导其工作。在工作中多积极主动向老员工讨教，这是快速了解新工作的最好方法。

【实施方案】

小王在听从老员工工作安排的基础上，按照监理 GB/T19668《信息化工程监理规范》中的第 4 部分进行日常监理工作的标准和指导准则。

【实施步骤】

（1） 他们监理工作人员，首先根据该网络工程的实际方案，在与用户方协商的基础上，制定了质量标准，并获得了用户代表的签字认可。

（2） 随后，根据该质量标准，他们制定了实际、可操作的质量监控机制。

（3） 根据这套监理机制，小王与公司其他员工按照时间进度安排，每隔一段时间到施工现场进行监测。

（4） 对出现的问题，与施工方沟通，需要停工的地方，及时提醒。

（5） 对一些涉及施工方、用户方的问题（如用户需求有变），与施工方、用户方协商解决出现的问题。

（6） 归纳整体文档，记录监理情况。

相关知识

1. 工程监理

在计算机网络的建设过程中，建设单位自身力量有限，可以借助外部力量进行工程管理，由监理进行工程质量管理的做法越来越普遍。实施监理后，建设单位不必再设立策划机构及花费大量的人力、物力和财力。我国在 2007 年由中国国家标准化管理委员会制定发布了国家标准 GB/T19668《信息化工程监理规范》，其中第 4 部分为“计算机网络系统工程监理规范”。规范规定了计算机网络系统的升级、改造工程中各阶段监理工作的目标、主要内容和监理要点，适用于计算机网络系统工程中网络基础设施、网络服务、网络管理以及网络安全的监理工作。这些规则的出台将使我国的信息工程建设监理走向制度化、科学化和标准化。

监理工作包括以下几点：

① 为用户提供建网咨询；

② 讨论产生组网方案；

③ 制定网络工程质量标准；

④ 建立质量保证机制；

⑤ 评审系统方案；

⑥ 确定网络工程施工单位；

⑦ 检查系统开发人员是否按照规定的目标、规范、标准进行系统的建设；

⑧ 掌握工程进度；

⑨ 按期分段对工程进行测试和检验；

⑩ 保证工程按期、高质量地完成。

监理人员应该是有丰富经验的网络系统设计人员或网络工程师。由于个人知识的局限性，承担监理的应该是一个团队，而不是一个人。

网络工程监理必须做到“守法、诚信、公正、科学”，应熟悉有关的法规政策，具备计算机软硬件知识、网络工程建设经验，熟悉信息系统架构和网络系统集成的全过程，掌握工程建设所必经的关键步骤，对工程各个阶段建设进度、质量具有监督控制能力，具有必要的测试设备和监测手段。

（1） 监理质量保证机制。

为便于网络工程的开展，有必要制定一个用户单位认可的质量标准。这个标准必须在投资规模、系统目标、技术方法、系统功能等方面综合协调的基础上制定。

网络工程在投资规模允许的情况下，采用的技术手段不应影响目标的实现，不能以牺牲性能为代价。通过确立一个恰当的全面的标准才能实现目标、方法、性能的综合平衡，以便使系统达到最佳效果。如果建设单位在系统开发时没有确立标准，那么，监理应该帮助建设单位建立一套网络系统的功能和性能应该达到且能够达到的质量标准。

有了质量标准后，还需建立一套能够达到这一标准的保证机制，或者质量监控。在一般意义上，质量保证是质量管理的一种程序，它建立质量检验，但通常不直接从事质量检测等工作。指标保证是利用质量检测所产生的结果来评估和改进产品的过程。在产品的生产过程中，工厂的质量控制部门与制造部门一起保证产品达到所期望的质量水平。质量控制包含的内容比对最终产品检验的内容要广泛的多，它从原料开始贯穿整个过程。

网络系统的开发与产品的制造一样，也需要进行质量控制。监理在开发过程中需要对承建方的开发人员提出各阶段各个环节应该达到的保证一定质量水平的质量要求。同时，根据网络工程的进展，同网络工程施工人员一起建立一套机制，即技术方法、衡量标准和测试方法。通过保证各阶段质量的方法，达到保证系统整体质量标准的目的。实际上，技术只是反映在能否找到更好的办法来完成工作，但最终结果还是要按照某个标准来衡量和评估。质量保证机制是把网络系统的开发由个人技术的展现变成工程的重要一步。

（2） 网络建设方案的评审。

保证系统质量的重要一环是对网络建设方案的评审。对监理来说，评审的目的是确定用户的要求是否得到了充分满足，网络建设单位总体目标是否能够实现。评审从以下三个方面着手：

① 目标系统能否满足最终用户及建设单位决策者的要求。决策层的目标优先，操作者的目标其次。二者之间常有矛盾，监理需要了解这些矛盾，在实现总体目标的前提下进行协调。

② 系统开发所采用的是不是标准化的方法。所谓标准化的方法就是已经成功证明有效的原则、程序、标准等。监理在质量管理中要检查网络实施人员在完成工作时是否采用了这些方法和手段。

③ 确定系统是不是经济的、有效的和有益的。开发人员对各种资源是否实现了优化使用。优化涉及网络系统的设计，如合适的设备、系统平台和工具等。

监理人员要与网络建设单位和承建单位共同完成这些工作。监理人员不承担设计责任，他们只提出参考意见和建议，最后的决定要由施工单位的责任人做出。

（3） 确定施工单位。

充分了解用户的需求，提出质量标准后就可以开始选择施工单位了。选择施工单位可以采用流行的招投标方法，也可以根据用户和监理的经验直接选择或协商的方法。

在招投标的过程中，监理应该参与以下事项：

① 根据用户需求分析、质量标准和组网方案，与用户共同编制网络工程标底。

② 协助用户做好招标工作的前期准备，编制招标文件。

③ 发布招标通告或邀请函，回答有关网络工程的问题。

④ 接受投标单位的标书。

⑤ 审查投标单位的资格和企业资质，包括企业注册资金、网络工程经验、技术人员能力、网络设备代理资格、资质证书等。

⑥ 组织评标委员会，邀请相关的计算机和网络专家参加。

⑦ 开标、评标和决标，产生施工单位。

⑧ 与施工单位签订合同。

（4） 工程检验和验收。

在系统施工周期的每一个阶段，监理都需要与项目开发人员进行交流，进行过程监理，根据质量标准检验和审核阶段性结果和最终结果。同时，监理也有责任协调用户和施工单位的关系，明确职责。下面是主要的分阶段的工程检验和审核工作。

对网络设备及系统软件进行到货验收。

监控设备安装工艺、施工进度。

根据实际施工情况，协调施工单位解决有可能出现的问题，确保工程如期进行。

组织单体设备性能测试、网络应用测试。

检测网络应用软件配置的合理性、各种网络服务是否实现、网络安全及可靠性是否符合合同要求。

测试网络性能，包括丢包率、错报率、网络线速、碰撞统计、帧故障等，形成详细的网络测试报告。

监理应该向建设单位提交审核报告，报告可以是书面，也可以是口头的。报告应该达到相应的成绩，以利于建设单位采取相应的措施。督促系统集成方解决测试中出现的问题。

工程竣工后，监理要配合施工单位组织实施网络系统试运行，包括建立运行环境，模拟各种运行条件和现象，审核与确认试运行记录，签署认可测试报告。

得到试运行结果后，监理应该组织验收工作。验收工作包括以下主要内容：

编制验收大纲。

审核系统竣工资料的准确性、一致性、完整性。

按设计要求、合同条款对网络系统的性能、试运行情况进行测试和检查。

协助用户组织第三方测试或行业主管部门验收。

按工程合同、设备材料供应合同、变更记录等，审核系统造价决算。

督促施工单位为用户建立详细的网络档案，一旦出现问题，用户可以迅速检索与定位。

审核系统培训技术资料、人员培训计划、系统操作规程、设备管理方案。

网络工程中经常出现工程超期、资金超预算、系统达不到预期效果等情况。造成这些情况出现的一个重要原因是监理出问题，监理不到位或监理机制设置问题。在网络建设中分阶段检验和测试能有效地保障项目的实施和工程质量。

本章小结

本章主要介绍了典型的小型企业局域网的网络规划步骤及方案设计原则、网络工程管理及工程监理的基本流程。旨在让读者对网络工程从设计到施工管理、监理等流程有个初步了解。

习题

简答题

1. 接入层、汇聚层、核心层的作用分别是什么？
2. 网络需求有哪些类型？
3. 网络工程监理需要做哪些主要工作？
4. 网络性能测试，需要测试哪些主要数据？

实训项目

1. 请你调查某个小区或办公楼的网络需求，并编写一份需求分析。
2. 请你根据需求分析，设计两个网络方案，并比较两个方案的优劣。

第7章 网络安全

教学目标：

通过本章的学习，使学习者了解维护网络信息安全的基本方法，理解计算机网络安全基本原理。掌握对压缩文件进行加解密的基本方法，操作系统口令的安全设置方法及安全设置原则。

教学内容：

压缩文件的加解密，网络安全管理，系统安全配置。

教学重点与难点：

（1） 压缩文件的加解密。

（2） 操作系统中帐户安全、口令安全的设置原则。

案例一 压缩文件的加解密

【案例描述】

小明的一个高中好友让小明帮个忙，他有一个以前存放的RAR压缩文件进行了加密，但是由于时间长，密码忘记了，由于该RAR压缩文件很重要，所以好友想让小明帮忙给找RAR压缩文件到该文件的密码，这样才能读取文件的内容。

【案例分析】

在编辑一些非常重要的RAR压缩文件时，特别是一些机密的文档，给RAR压缩文件加上密码是一项非常有用的功能，也是一项安全的保障。为了防止他人看见内容，必须给RAR压缩文件加上密码。给RAR压缩文件加密后任何人必须输入正确的密码后才可以查看内容。该案例中小明的好友就是此类情况，要破解 RAR 压缩文件密码，基本方法有：暴力破解、掩码破解、字典破解。

【实施方案】

本案例中为了破解RAR压缩文件的密码，使用常用的密码破解软件ARPR（Advanced

RAR Password Recovery）工具进行解密，为了更清楚地了解文件加解密的原理，本案例先对压缩文件进行加密处理，然后再进行密码破解。此类加解密的基本原理和 Office 文档的加解密方法也一致，学生可以举一反三，以后碰到此类问题，都可以按照此方法来解决。

【实施步骤】

按照实施方案的要求，步骤如下：

（1） 选择需要压缩的文件，点右键，点击“添加到压缩文件”，打开此窗口，如图 7-1 所示。

（2） 点击“高级”按钮，如图 7-2 所示。

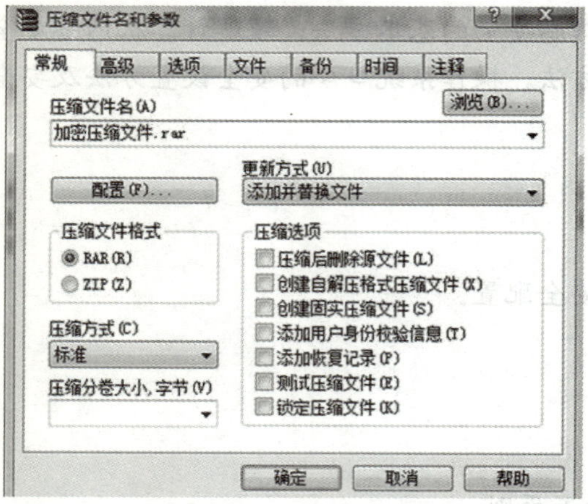

图 7-1 RAR 文件加密菜单

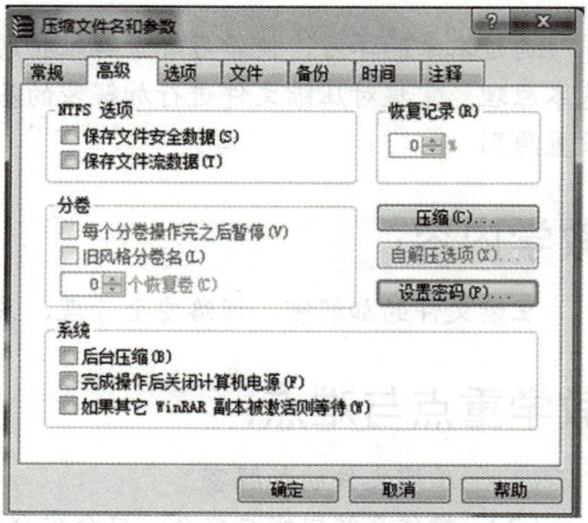

图 7-2 设置“高级”按钮选项

（3） 点击图 7-2 中的“设置密码”选项，连续两次输入相同的 3 位密码“abc”，然后单击“确定”按钮，如图 7-3 所示。

（4） 重新打开压缩包文件，双击需要打开的 word 文档，发觉需要输入密码才能读取文档，如图 7-4 所示。

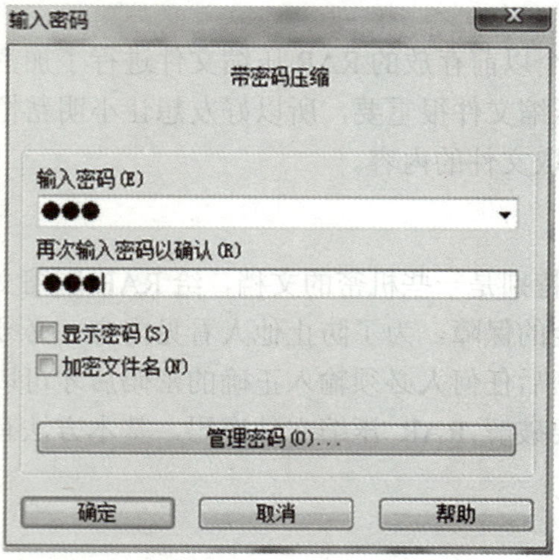

图 7-3 输入并确定压缩文档密码

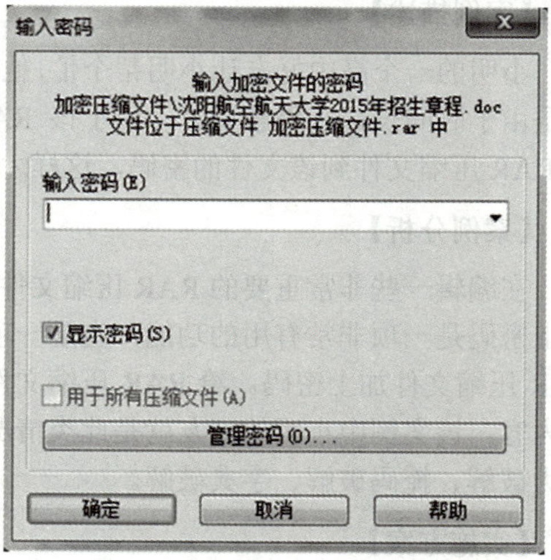

图 7-4 文档密码选项

（5）首先打开 ARPR 软件，如图 7-5 所示。

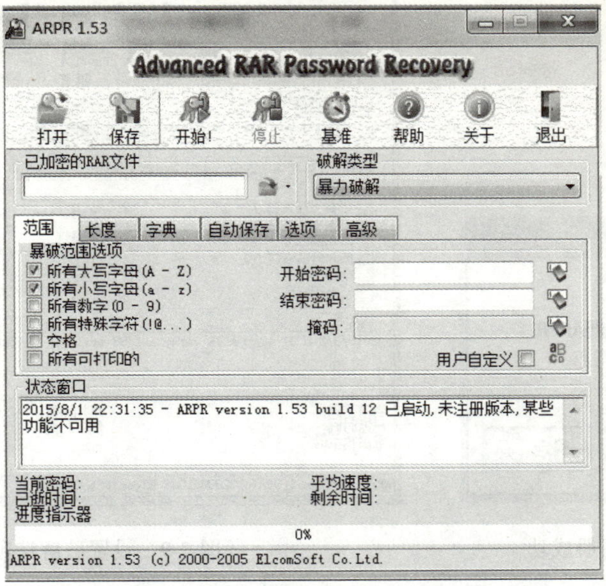

图 7-5　软件 ARPR 界面

（6）在图 7-5 中发觉该软件目前是未注册版本，某些功能不可用，所以切换到“选项”选项卡，单击“注册选项”，输入注册码，如图 7-6、图 7-7 所示。

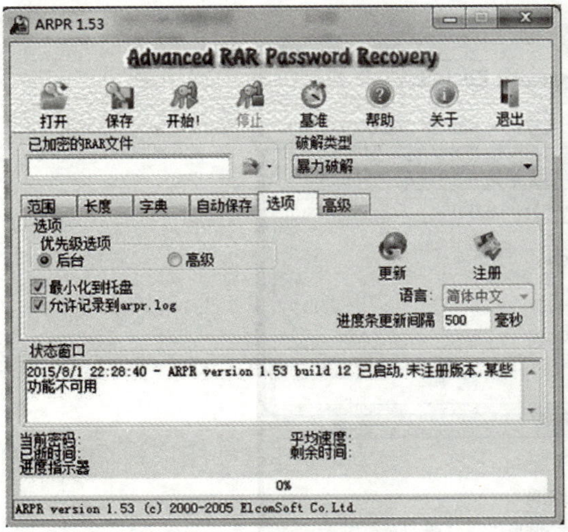

图 7-6　注册选项

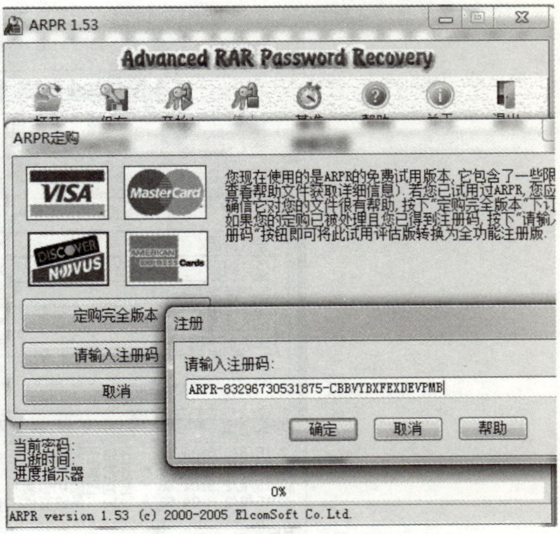

图 7-7　输入注册码

（7）注册成功后的界面如图 7-8 所示。

（8）重新退出并打开 ARPR 软件，打开所需要解压的文件，如图 7-9 所示，选择“打开”按扭，选择所需解压的文件。破解类型选择“暴力破解”，破解范围选项选择“所有小写字母”。并设置“长度”字段，最小密码长度和最大密码长度都是 3，开始密码是“aaa”。

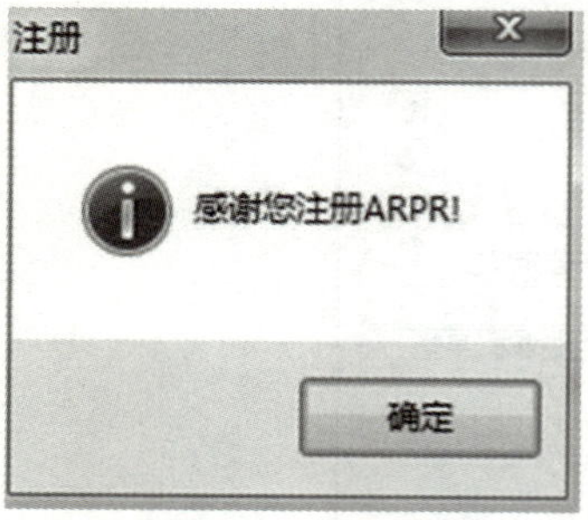

图 7-8　注册成功

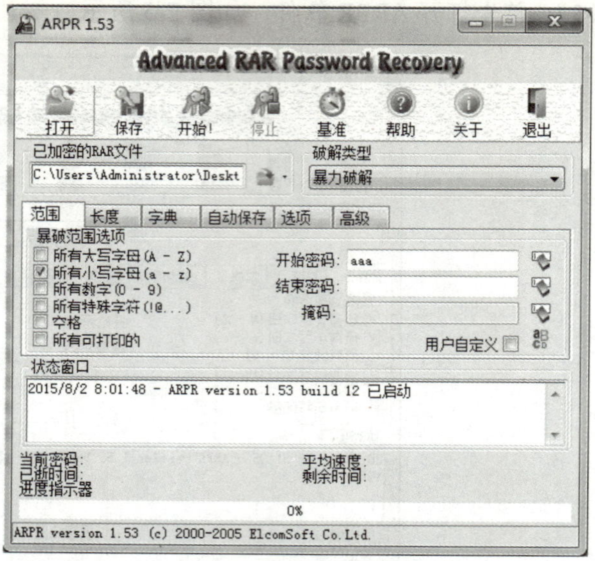

图 7-9　设置破解选项

（9）　单击“开始”按钮，如图 7-10 所示，成功破解密码，密码为：abc，本案例先用一个稍微简单一点的密码演示，如果以后要破解比较复杂的密码，步骤也是一样的，有大小写英文、数字，不知道长度的话，那么破解起来就要时间长一点，并且“密码长度”和“暴破选项范围”要改变一下。

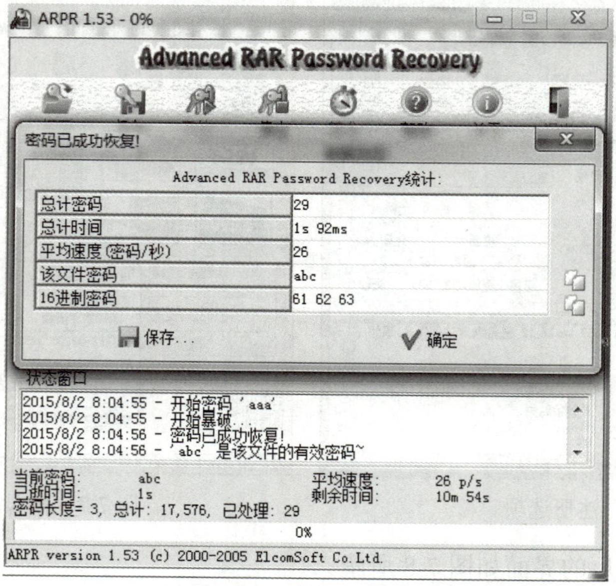

图 7-10　成功破解压缩包文件密码

（10）　重新打开压缩包文件，输入密码“abc”，即可打开加密压缩文件。如图 7-11、图 7-12 所示。

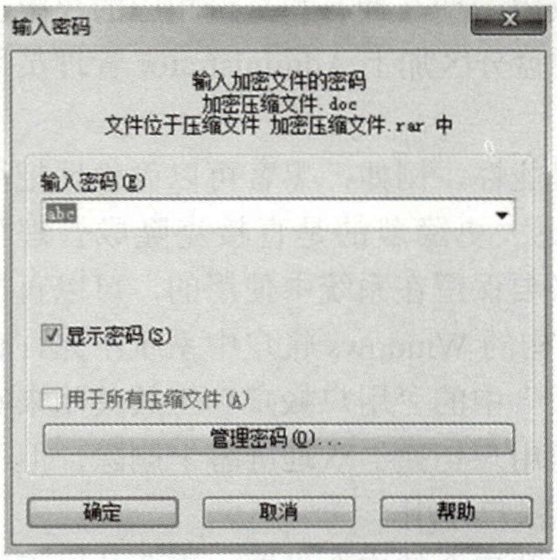

图 7-11 输入文件压缩密码

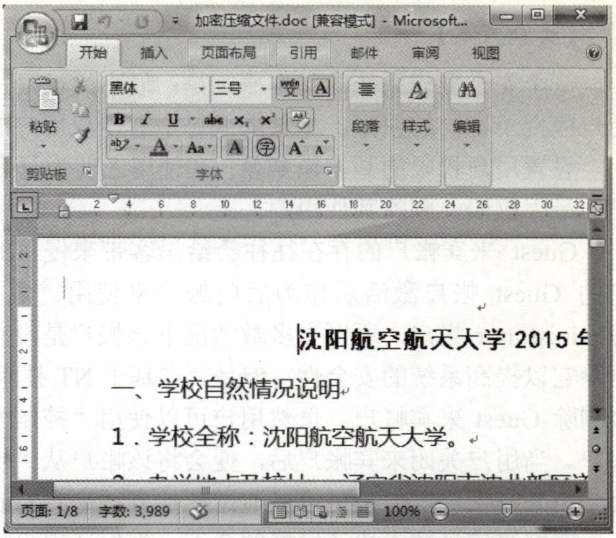

图 7-12 成功打开加密文件

至此，本案例中的对 RAR 加密压缩文件解密的任务已经完成。

案例二　帐户安全配置和系统安全配置

【案例描述】

2014 年 12 月 25 日，国内安全播报平台乌云网，出现了一则关于中国铁路购票网站 12306 的漏洞报告，危害等级显示为“高”，漏洞类型则是“用户资料大量泄漏”。这意味着，这个漏洞将有可能导致所有注册了 12306 用户的账号、明文密码、身份证、邮箱等敏感信息泄露，而泄漏的途径目前还不知道。对此，中国铁路客户服务中心回应称，经网站认真核查，此泄露信息全部含有用户的明文密码。网站数据库所有用户密码均为多次加密的非明文转换码，网上泄露的用户信息系经其他网站或渠道流出。

【案例分析】

网络安全是指网络系统的硬件、软件及其系统中的数据受到保护，不因偶然的或者恶意的原因而遭受到破坏、更改、泄露，系统连续可靠正常地运行，网络服务不中断。

随着计算机网络的广泛应用，网络用户越来越多，但伴随着网络攻击比如对用于帐户和密码的攻击越来越多地被使用，很多攻击行为让用户颇为依赖的防火墙形同虚设，一台 WEB 服务器，即使打了所有微软补丁、只让 80 端口对外开放的也逃不过被黑的命运。以京东之前的撞库举例，首先京东的数据库并没有泄漏，黑客只不过通过“撞库”的手法，“凑巧”获取到了一些京东用户的数据（用户名和密码），而这样的手法，几乎可以对付任何网站登录系统，用户在不同网站登录时使用相同的用户名和密码，就相当于给自己配了一把“万能钥匙”，一旦丢失，后果可想而知。难道我们真的无能为力了吗？其实，只要用户掌握了操作系统下的帐户设置、口令权限设置问题，就可以轻松对攻击用户的 crackers 说不了。

【实施方案】

一个安全操作系统的基本原则是：最小的权限+最少的服务=最大的安全，因此对不同用户应授予不同的权限，尽量降低每个非授权用户的权限，使其拥有和身份相应的权限。

设置用户权限的基本原则是：在使用之前为每个硬盘分区加上 Administrator 管理员用户为最大权限，删除其他用户。

Guest 来宾帐户的存在往往会给黑客带来侵入的可能性，例如，黑客可以偷偷地把用户的 Guest 帐户激活后作为后门帐户来使用，危害更大更隐蔽的是直接克隆成管理员 Administrator 帐户，所以大多数情况下该帐户是没有必要保留在系统中使用的，可以直接删除它以提高系统的安全性。但是，在基于 NT 技术架构的 Windows 帐户中系统不允许直接删除 Guest 来宾帐户。虽然用户可以使用“控制面板”中的“用户帐户”工具关闭来宾帐户。当用户关闭来宾帐户后，便会将该帐户从“快速用户切换”欢迎屏幕上删除，但不会禁用来宾帐户。但是仍可以通过其他方法来将 Guest 帐户停用。

在网络信息技术快速发展的今天，为保证用户帐户和口令的安全设置，需要从以下四个方面来进行设置：一是提高操作系统的安全级别，安装必要的系统安全插件 ；二是对用户帐户和口令设置需要足够的复杂性，不同帐户的口令不要设置成一样，避免出现 12306 网站那样的撞库攻击；三是要定期修改口令；四是不在公众场合登录口令帐户信息，不要相信电话、短信、钓鱼网站之类的诈骗。

【实施步骤】

按照实施方案的要求，步骤如下：

（1） 打开“资源浏览器”，右击 F 盘盘符，在弹出的快捷菜单中选择“属性”命令，在弹出的对话框中切换至“安全”选项卡，如图 7-13 所示。

（2） 单击图 7-13 中的“编辑”按钮，如图 7-14 所示。

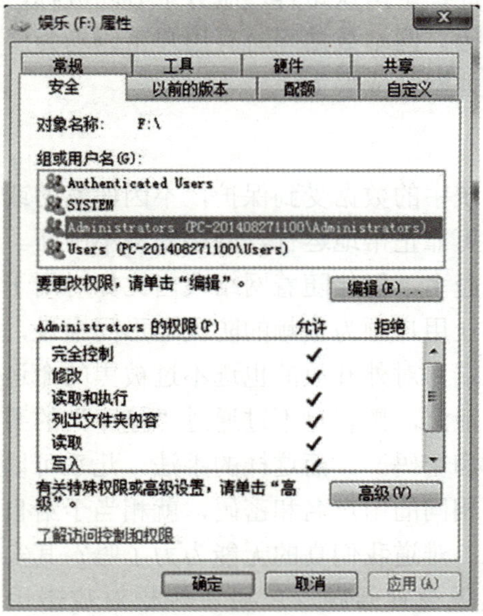

图 7-13 “F 盘”安全性设置

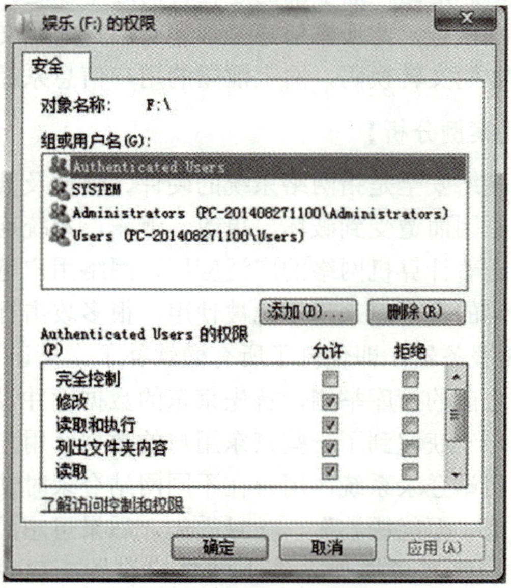

图 7-14 设置用户权限

（3） 若需要修改某个用户的读取、修改、执行、写入等权限，只需要选择该用户，再选择需要设置的权限为“允许”或“拒绝”项即可，如图 7-14 所示。

（4） 如本实训中若需添加其他用户，比如帐户名为“zhangsan ”的帐户，需要单击图 7-14 中的“添加”按钮，如图 7-15 所示。

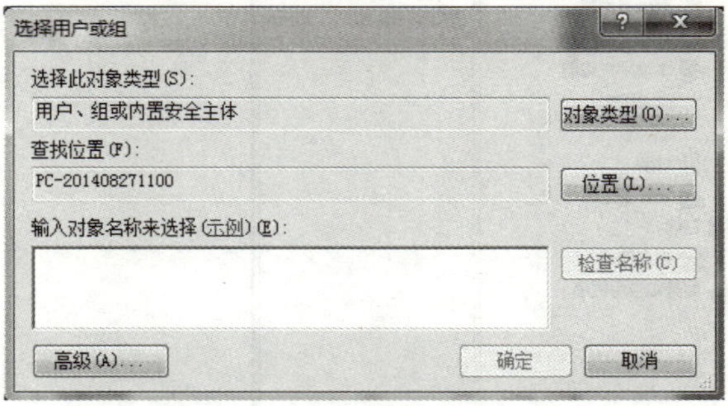

图 7-15　选择用户或组

（5） 单击“高级”选项，在图 7-16 中选择“立即查找”按钮，在右方的垂直滚动条中下拉，就会出现使用本计算机的所有用户信息，选择帐户名为“zhangsan”的帐户，然后单击“确定”按钮，即可在图 7-17 中出现帐户“zhangsan”，同理，在图中选择该帐户，可以修改其对文件的访问权限，以保证系统软、硬件资源的安全性。

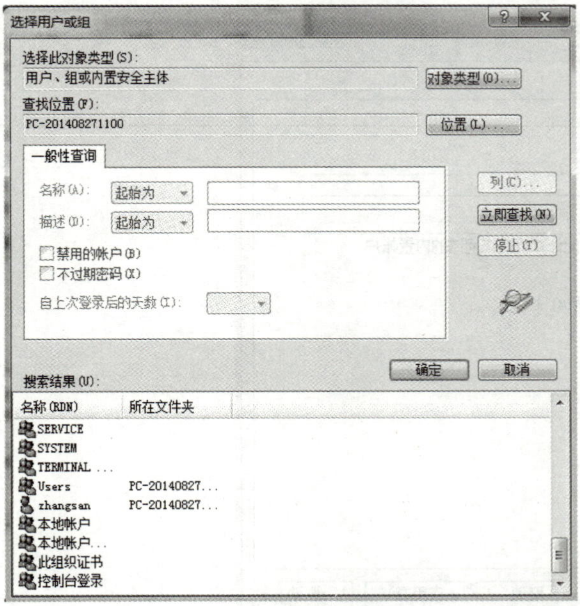

图 7-16　添加“zhangsan”帐户

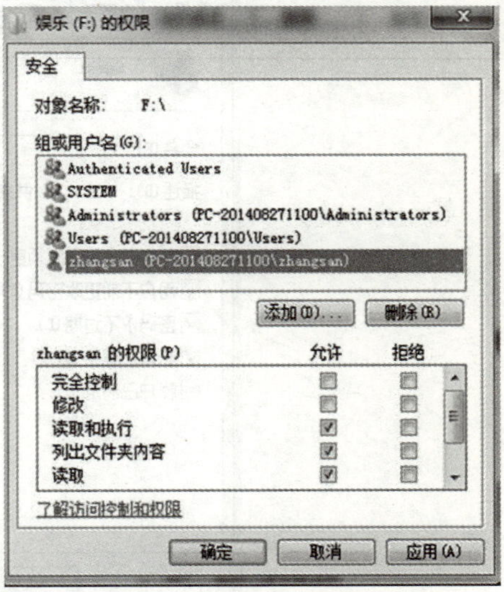

图 7-17　“zhangsan”帐户添加成功

（6） 反之，若要删除某个帐户，直接在图 7-17 中单击“删除”按钮即可。

（7） 用鼠标右键单击“我的电脑”，选择“管理”选项，出现图 7-18 所示的页面，用鼠标单击“本地用户和组”选项，再单击“用户”选项，即可看到本系统中目前的帐户信息。

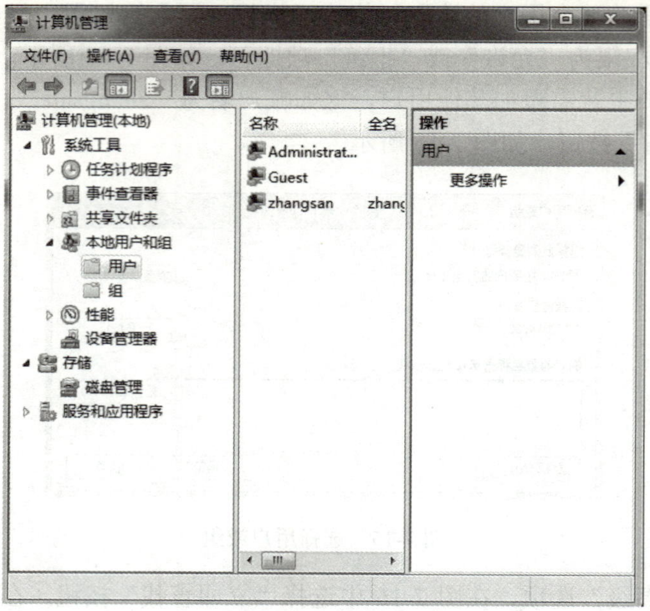

图 7-18　用户管理界面

（8） 用鼠标选中“Guest”帐户，单击鼠标右键，可以对“Guest”帐户完成删除、设置密码、重命名等，选择“属性”，可以看到当前“Guest”帐户的信息。如图 7-19 所示。

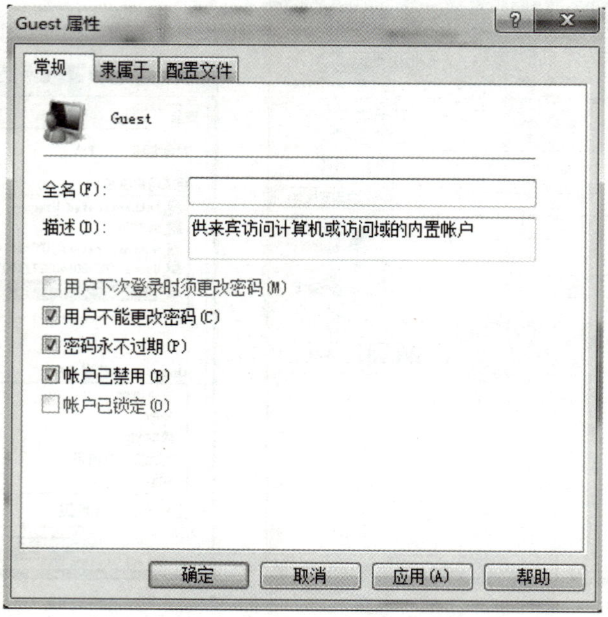

图 7-19　“Guest”帐户属性

（9） 从上图可以看出，对“Guest”帐户可以停用，这样就大大增强了系统的安全性，停用“Guest”帐户后的界面如图 7-20 所示。对比图 7-18 可以看出，图 7-20 的“Guest”帐户前面有下拉箭头的标记，表明该系统的“Guest”帐户已经被禁止使用。

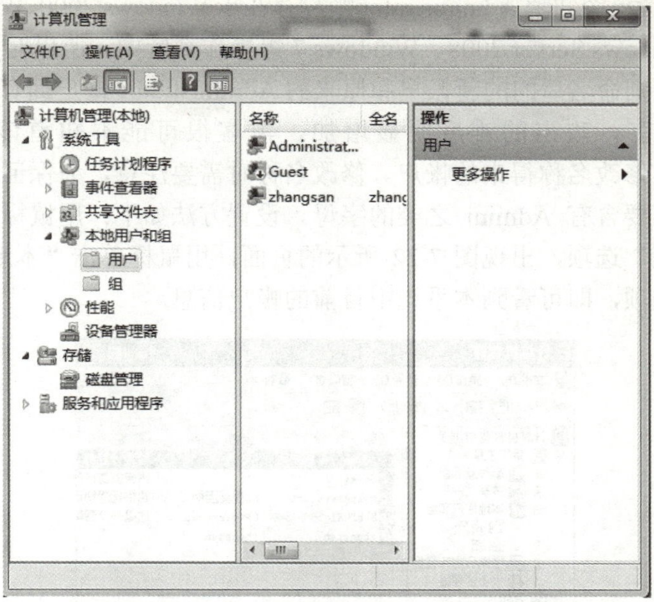

图 7-20 禁用“Guest”帐户

（10） 若是在 Windows XP 系统中，禁止使用“Guest”来宾帐户后，“Guest”帐户前面有“叉”标记，表明该系统的“Guest”帐户已经被禁止使用。如图 7-21 所示。

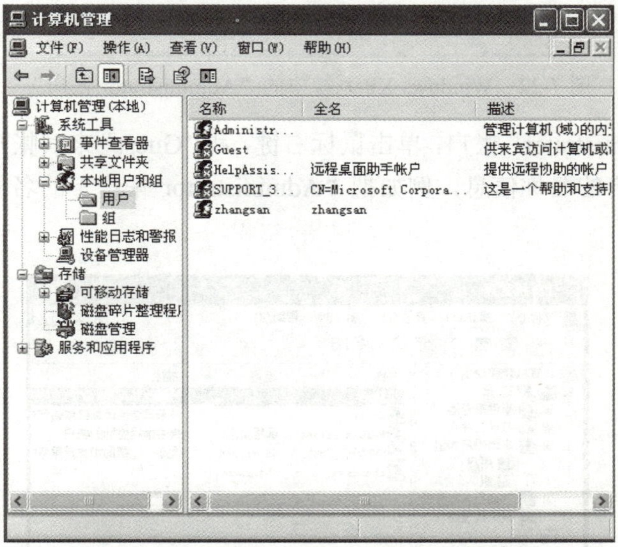

图 7-21 Windows XP 系统中禁用“Guest”帐户

（11） 重命名或禁用 Administrator 帐户。

黑客入侵的常用手段之一就是试图获得 Administrator 帐户的密码。每一台计算机至少需要设置一个帐户拥有 Administrator（管理员）权限，但不一定非用“Administrator”这个名称不可。所以，无论在 Windows XP 系统中还是 Windows 7 系统中，最好创建另一个拥有全部权限的帐户，然后停用 Administrator 帐户。

① 由于攻击者已经知道Administrator帐户存在于Windows 2000、Windows Server 2003、Windows XP、Windows Server 2008、Windows 7 等操作系统中，所以对 Administrator 帐户若进行重新命名，则命名后的的新帐户和原来的 Administrator 帐户拥有同样大的权限，但是对于攻击者而言，攻击的难度明显增加，黑客很可能不知道该帐户就是原来的 Administrator 帐户修改名称得来的帐户。修改名称时需要注意，为保证新帐户的安全性，修改后的新名字不要含有 Admini 之类的字母。设置方法如下：用鼠标右键单击“我的电脑”，选择“管理”选项，出现图 7-22 所示的页面，用鼠标单击“本地用户和组”选项，再单击“用户”选项，即可看到本系统中目前的帐户信息。

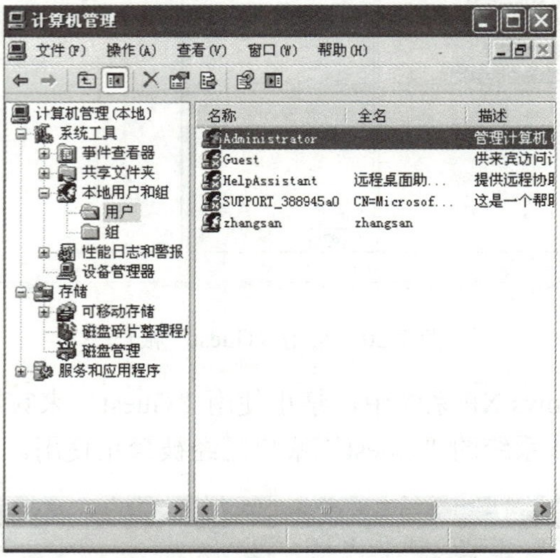

图 7-22 Windows XP 系统中的“Administrator 帐户”

② 选中“Administrator”帐户，单击鼠标右键，和“Guest”来宾帐户的设置方法类似，可以修改管理员帐户的名称信息，例如把“Administrator 帐户”的名称修改为“hhxy”，如图 7-23 所示。

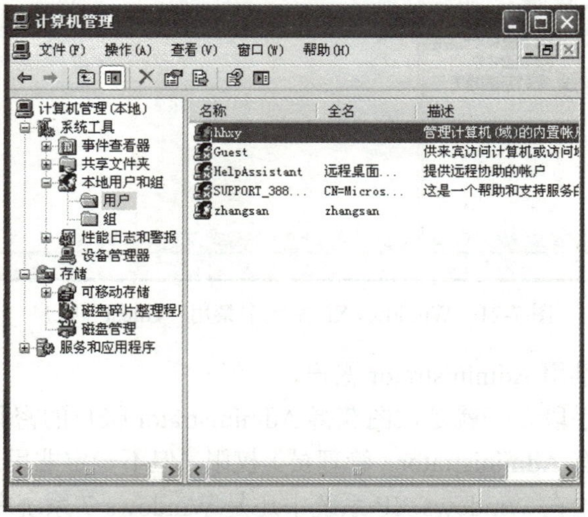

图 7-23 修改“Administrator 帐户”名称为“hhxy”

③ 若要禁用管理员帐户“hhxy”，则选中帐户“hhxy”，单击右键，选择“属性”，如图 7-24 所示，选中“帐户已停用”前面的勾即可。

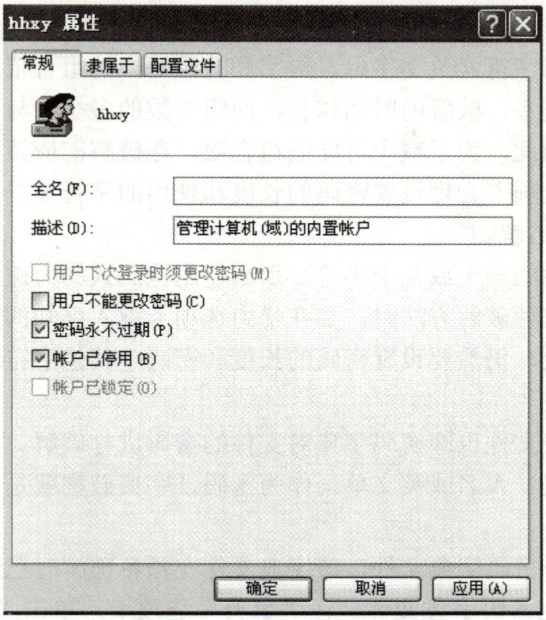

图 7-24　禁用“Administrator”帐户

（12）　创建陷阱帐户。

系统管理员可以创建一个同名的拥有最低权限的同名的 Administrator 帐户，并且添加到 Guests 中，同时将它的权限设置成最低，并且加上一个超过 20 位的超级复杂密码（包括字母、数字、特殊符号），这样可以让黑客的入侵者忙活好一段时间了，并且可以借此发现他们的入侵企图。

相关知识

1.　Windows 帐户

Windows 帐户分为管理员帐户和一般帐户。管理员帐户（名称一般是 Administrator）是能够看见所有东西，并且对计算机软硬件资源支配拥有所有权限，简单点说就是可以对电脑做任何修改。而一般帐户只能用于浏览，不能对电脑作任何修改，并且硬盘的有些文件是不允许浏览的，比如系统文件还有管理员设定的一些隐私文件。两者的作用，管理员是用来设定和修改电脑的相关操作，一般帐户就是用做一般浏览，不能作修改。相对来说，管理员设定一般帐户是为了让客人或者电脑借给别人用的时候不透漏自己的隐私或者修改自己的设置。权限最低的是 Guest 帐户，在 Windows XP 中称之为“来宾帐户”。与普通用户和“Administrator”不同的，通常这个帐户没有修改系统设置和进行安装程序的权限，也没有创建修改任何文档的权限，只能是读取计算机系统信息和文件。由于黑客和病毒的原因，一般情况下是不推荐使用此帐户，最好是不要开启这个帐户。

2. 密码破解

密码破解方法常用的方法有：暴力破解、掩码式暴力破解和字典破解。

（1） 暴力破解。

暴力破解是对所有字符（英文字母、数字和符号等）的组合依次进行尝试的一种破解方法。可能的组合数越多，破解的时间越长，而组合数的多少，与密码的长度和密码使用的字符集直接相关，因此，为了减少可能的组合数，在破解前应该估计一下密码的构成特点，然后在“暴力”选项卡合理设置密码的长度和使用的字符集。

（2） 掩码式暴力破解。

如果你记得密码中的一个或几个字符，那么使用掩码式暴力破解比使用纯粹的暴力破解更节约时间。使用这种破解方法时，要在暴力选项卡键入已知的密码字符。另外，为了尽量减少尝试的组合数，仍然要设置密码的长度和密码中其他字符所在的字符集。

（3） 字典破解。

利用一个密码列表文件也即密码字典对文件的密码进行破解。为了便于记忆，很多人喜欢用生日、电话号码、人名或英文单词作为密码，字典破解就是针对这种有规律性的密码的破解方法。

ARPR 只带了一个密码字典文件，该字典文件在预备破解时已经使用，因此，要进行字典破解需要选择其他密码字典文件。在“字典”选项卡，单击“获取字典”，在打开的 AOPR 官方网站可以邮购密码字典光盘。另外，字典文件也可以由专业的字典工具生成，这里向大家推荐“易优字典生成器”，该工具功能全面，可以生成生日字典，可以定义特殊位，能生成电话号码字典等。

本章小结

本章主要讲述对压缩文件进行加解密的基本方法，操作系统口令的安全设置方法及安全设置原则。通过本章的学习，能让学生在以后的生活和学习中增强网络安全意识，提高安全技能，对自己的账号和口令安全设置有一个比较安全的策略。

习题

问答题

1. 在 Windows 操作系统的帐户中，权限最大的是否一定是 Administrator 帐户？若不是，怎么查看系统的最大权限帐户？

2. 在不同用途的帐户中采用相同的口令，其安全漏洞是什么？而在不同帐户中使用不同口令时，是否还有安全问题？为什么？

实训项目

帐户安全设置。

（1）实训目标。

提高 Windows 用户对帐户安全设置的意识，增强对口令安全的认识和实际技能。

（2）实训要求。

在个人 PC 上禁用 Guest 来宾帐户；对 Administrator 帐户的帐户名进行修改为“zhangsan”；并创建一个名为“Administrator”的陷阱账号。对硬盘的分区禁止共享。对管理员帐户设置密码，密码必须符合下列最低要求:

① 不能包含用户的帐户名，不能包含用户姓名中超过两个连续字符的部分。

② 至少有六个字符长。

③ 包含以下四类字符中的三类字符：

英文大写字母（A 到 Z）；

英文小写字母（a 到 z）；

10 个基本数字（0 到 9）；

非字母字符（例如!、$、#、%）。

第 8 章　网络管理与维护

教学目标：

通过本章的学习与实践，使学习者了解网络管理和网络安全的基础知识，掌握网络运行、维护与管理的基本知识和技能，理解网络故障的范围和网络管理的基本原理，熟悉网络故障诊断的方法与步骤，及主流的网络监控工具和网络管理软件的功能，能够胜任网络运维管理和网络外包服务相应工作岗位的需求。

教学内容：

本章主要介绍计算机网络管理与维护的基本技能，包括：

（1） 网络管理软件的安装与使用。

（2） 线路故障诊断与排除。

（3） 设备故障诊断与排除。

（4） 配置故障诊断与排除。

（5） 网络抓包分析工具的使用。

教学重点与难点：

（1） 网络管理监控工具的使用。

（2） 网络故障的判断与分析。

案例一　网络管理软件的安装与使用

网络管理软件就是能够完成网络管理功能的网络管理系统，简称网管系统。

总的来说，运用好网管软件，可以减少企业经营成本，保障利益最大化。对网络管理人员来说，可以大大减轻日常的重复性劳动和工作压力，提高工作效率，将更多的精力用在网络的战略性目标上。

【案例描述】

为了及时有效地发现并解决网络中出现的问题，需要部署一套网络管理系统，来协助网络管理人员的工作。

【案例分析】

可以通过招标采购的方式使用某些厂商的运维管理系统，如华为 QuidView，锐捷的 SNC、Rill 等，往往需要付出一定的资金代价。但对于一些资金不足的单位来说，能不能找到一款既免费又实用的网管软件来替代呢？实际上，免费的网管软件有很多，经过对比，我们选择了一款使用范围比较广泛又容易部署的好东西，这就是 Cacti。Cacti 是一套基于 PHP、MySQL、SNMP 及 RRDTool 开发的网络流量监测图形分析工具。

【实施方案】

先查找相关资料，了解 Cacti 的运行环境，进行规划部署。

Cacti 是通过 snmpget 来获取数据，使用 RRDTool 绘画图形，而且完全可以不需要了解 RRDTool 复杂的参数。它提供了非常强大的数据和用户管理功能，可以指定每一个用户能查看树状结构、host 以及任何一张图，还可以与 LDAP 结合进行用户验证，同时也能自己增加模板，功能非常强大完善，界面友好。软件 Cacti 的发展是基于让 RRDTool 使用者更方便使用该软件，除了基本的 Snmp 流量跟系统资讯监控外，Cacti 也可外挂 Scripts 及加上 Templates 来作出各式各样的监控图。其工作原理如图 8-1 所示。

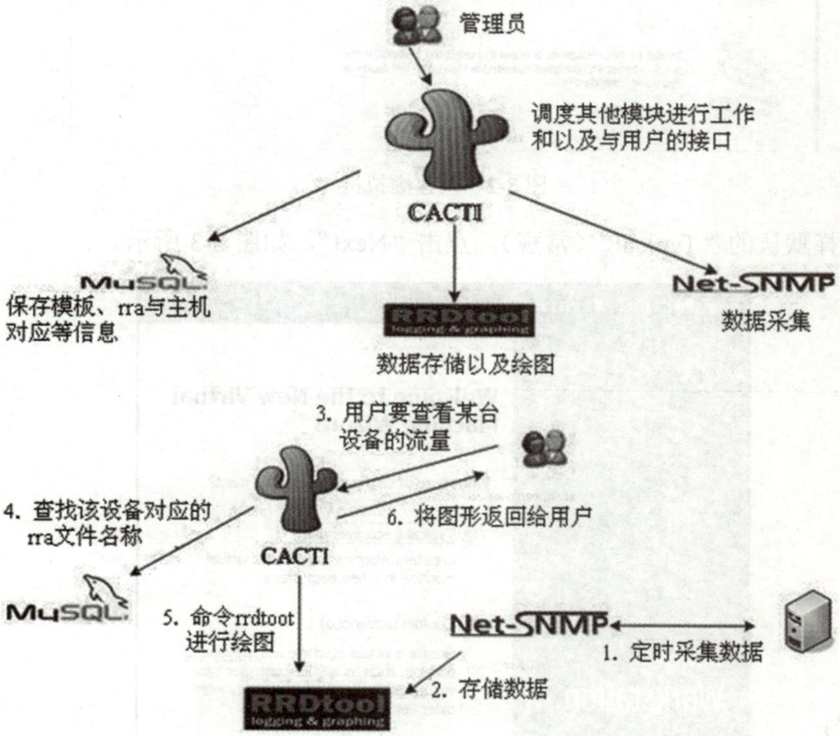

图 8-1　Cacti 工作原理图

Cacti 是用 PHP 语言实现的一个软件，它的主要功能是用 SNMP 服务获取数据，然后用 RRDTool 储存和更新数据，当用户需要查看数据的时候用 RRDTool 生成图表呈现给用户。

【实施步骤】

步骤一：安装。

本节重点讲解如何在 VMware Workstation 中安装 CactiEZ 中文版 v10，真实环境请酌情处理。若已经能够非常熟练地安装一个 Red Hat Enterprise Linux，建议快速浏览本节。

（1） 打开 VMware Workstation。

（2） 点击图中的“New Virtual Machine”（新建虚拟机），如图 8-2 所示。

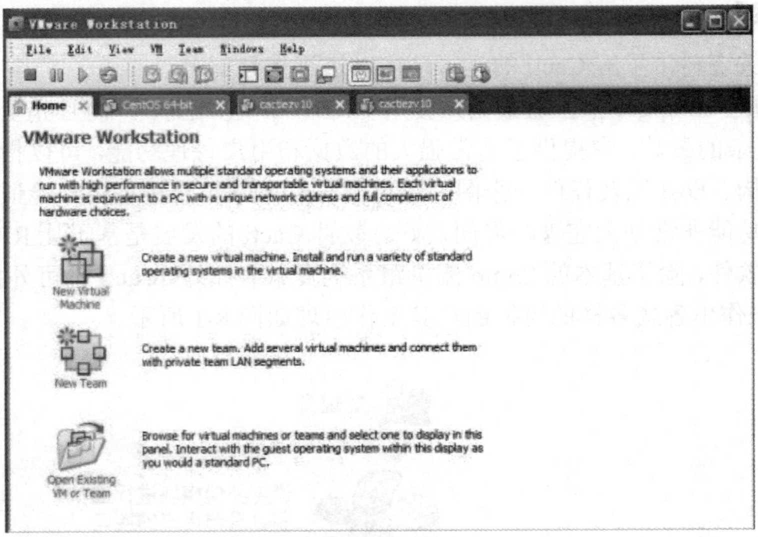
VMware Workstation
File Edit View VM Team Windows Help
Home
CentOS 64-bit
cactiezv10
VMware Workstation
VMware Workstation allows multiple standard operating systems and their applications to run with high performance in secure and transportable virtual machines. Each virtual machine is equivalent to a PC with a unique network address and full complement of hardware choices.
Create a new virtual machine. Install and run a variety of standard operating systems in the virtual machine.
New Virtual Machine
Create a new team. Add several virtual machines and connect them with private team LAN segments.
New Team
Browse for virtual machines or teams and select one to display in this panel. Interact with the guest operating system within this display as you would a standard PC.
Open Existing VM or Team

图 8-2 新建虚拟机

（3） 选择默认的“Typical”（常规），点击“Next”，如图 8-3 所示。

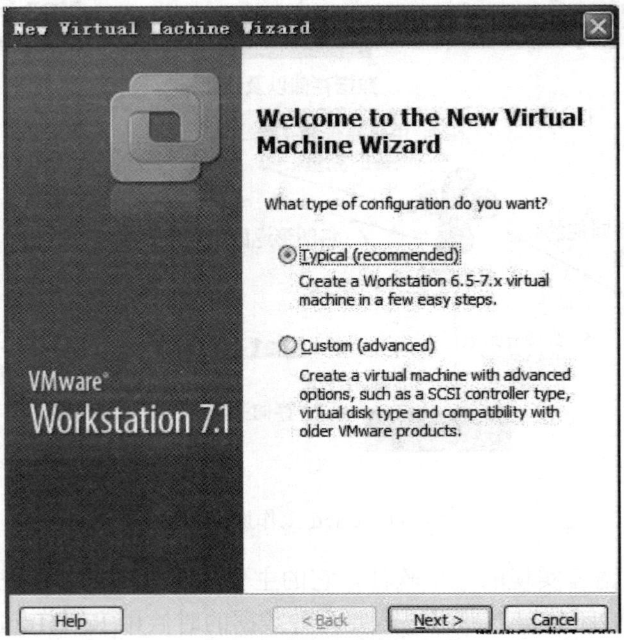
New Virtual Machine Wizard
Welcome to the New Virtual Machine Wizard
What type of configuration do you want?
Typical (recommended)
Create a Workstation 6.5-7.x virtual machine in a few easy steps.
Custom (advanced)
Create a virtual machine with advanced options, such as a SCSI controller type, virtual disk type and compatibility with older VMware products.
VMware
Workstation 7.1
Help
< Back
Next >
Cancel

图 8-3 选择常规安装

（4）选择“I will install the operating system later”（我将稍后安装操作系统），如图 8-4 所示。

（5）“Guest operating system”（来宾操作系统，又叫虚拟操作系统）处选择“Linux”；“Version”（版本）处选择“CentOS 64-bit”，如图 8-5 所示。

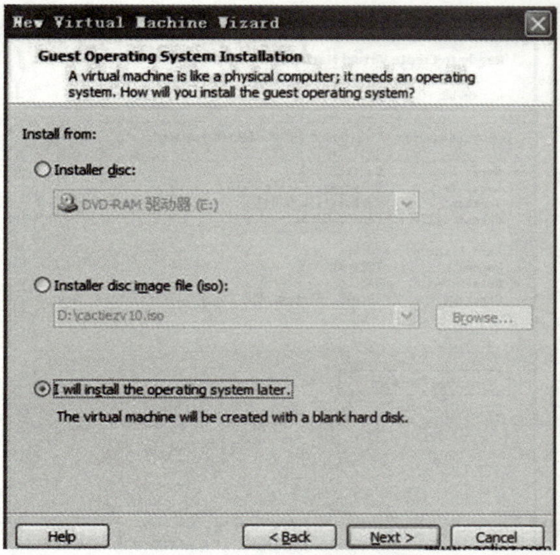

图 8-4　选择“我将稍后安装操作系统”

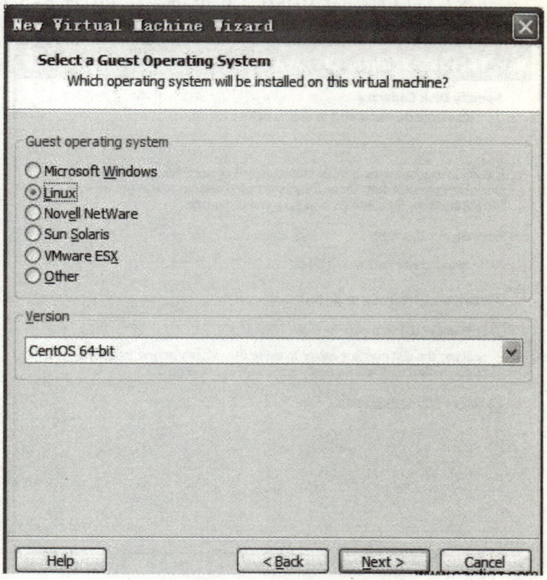

图 8-5　选择合适的操作系统

（6）“Virtual machine name”（虚拟机名称）处填写自定义名称，“Location”（位置）处选择一个较大的磁盘，确保剩余空间 20G 以上，如果是生产环境，请确保可用空间超过 100G，如图 8-6 所示。

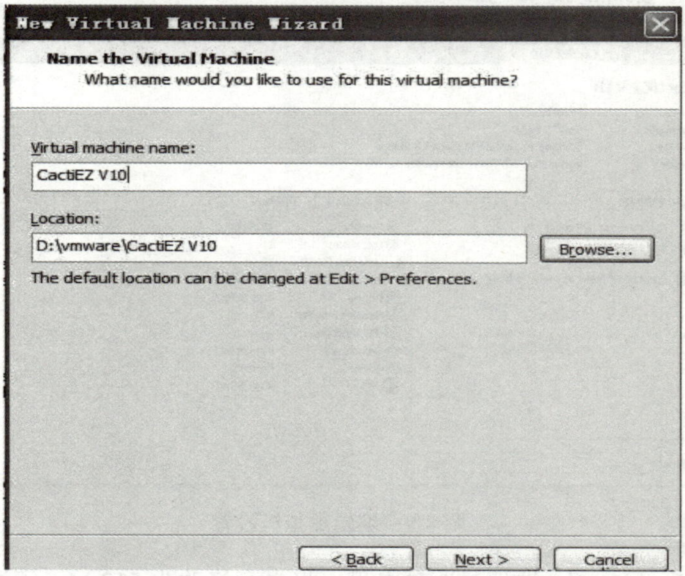

图 8-6　虚拟机命名

（7） “Maximum disk size”（最大磁盘容量）处填写虚拟机磁盘容量，运行环境不要小于100G，“Store virtual disk as a single file”（将虚拟磁盘保存为一个单文件）；“Split virtual disk into multiple files”（分割虚拟磁盘为多个文件），如果设置的虚拟磁盘超过20G，建议分割为多个文件，如图8-7所示。

（8） 点击“Finish”（完成），如图8-8所示。

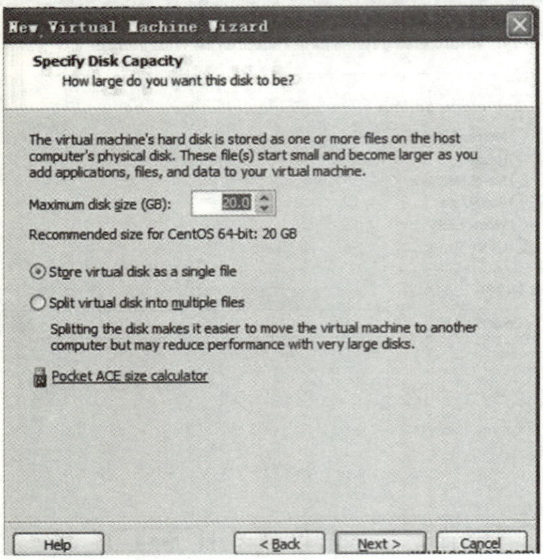

图8-7 分配磁盘空间

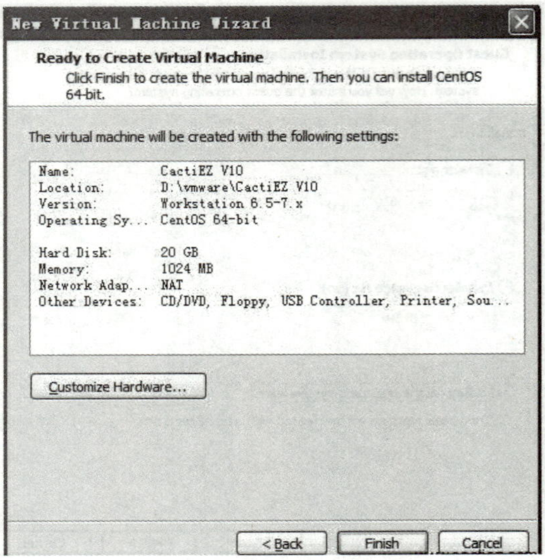

图8-8 完成安装

（9） 添加虚拟机的部分告一段落，点击“Edit virtual machine settings”（编辑虚拟机设置）去掉一些不使用的虚拟硬件和减少内存，如图8-9所示。

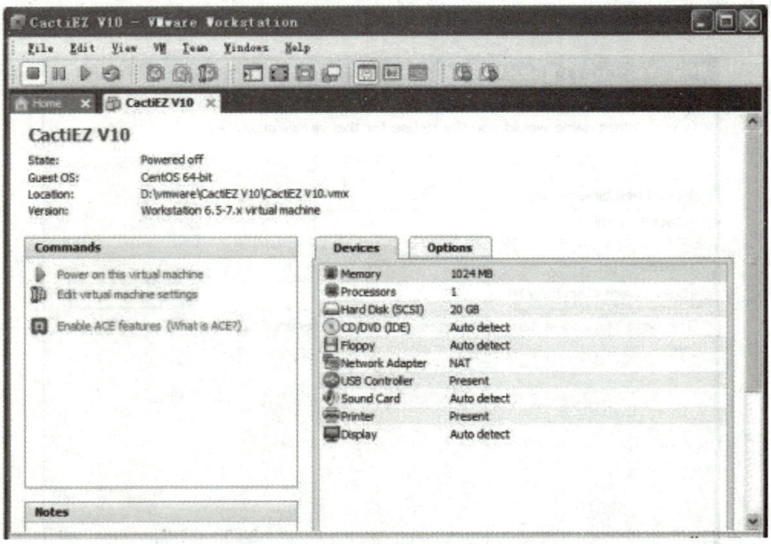

图8-9 编辑虚拟机设置

（10） 在“Hardware”（硬件）选项卡里，将内存修改为512 M，请注意：内存不得低于512 M，否则将无法安装，然后“Remove”（移除）掉不使用的硬件：“Flopy”（软驱），

“USB Controller”（USB 控制器），“Sound Card”（声卡），“Printer”（打印机），如图 8-10 所示。

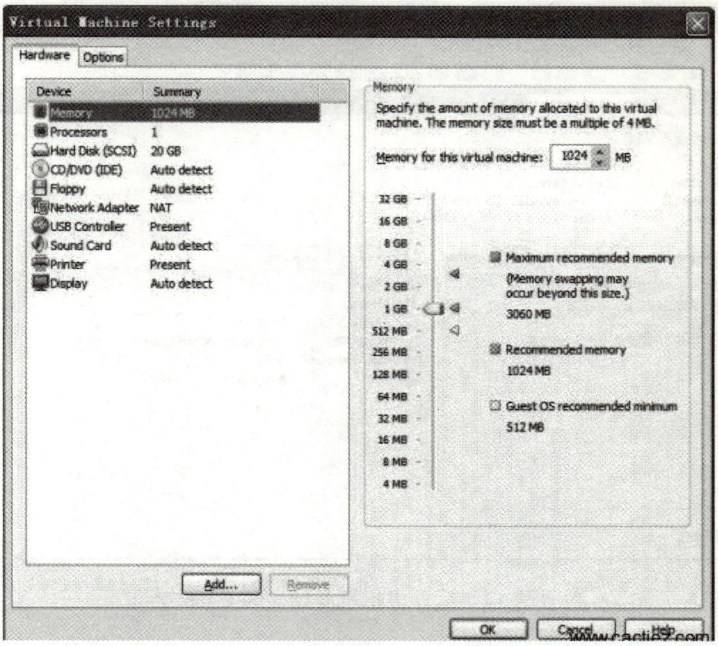

图 8-10　移除不必要的硬件

（11）使“Hardware”（硬件）剩下以下设备后，在“CD/DVD”处选择下载好的“cactiezv10.iso”，然后点击“OK”，如图 8-11 所示。

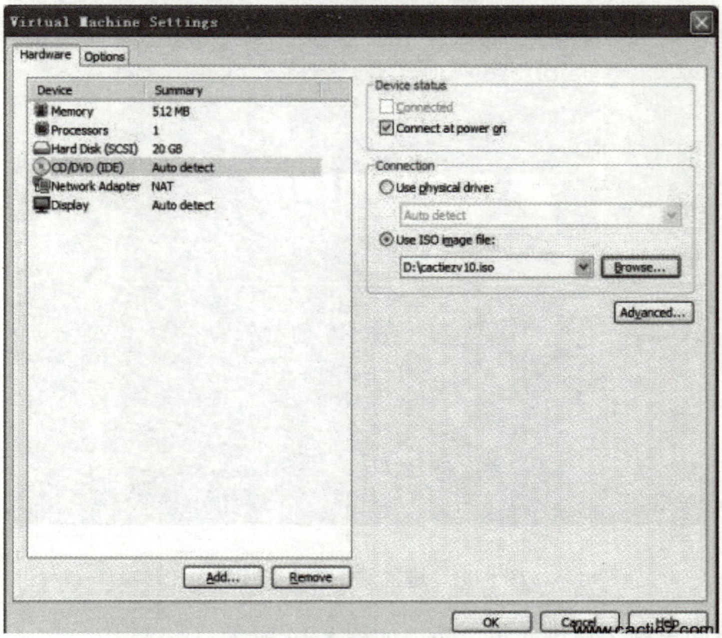

图 8-11　选择合适的镜像文件

（12） 现在，虚拟配置完成，点击“Power on this virtual machine”，开始安装 CactiEZ 中文版 v10，如图 8-12 所示。

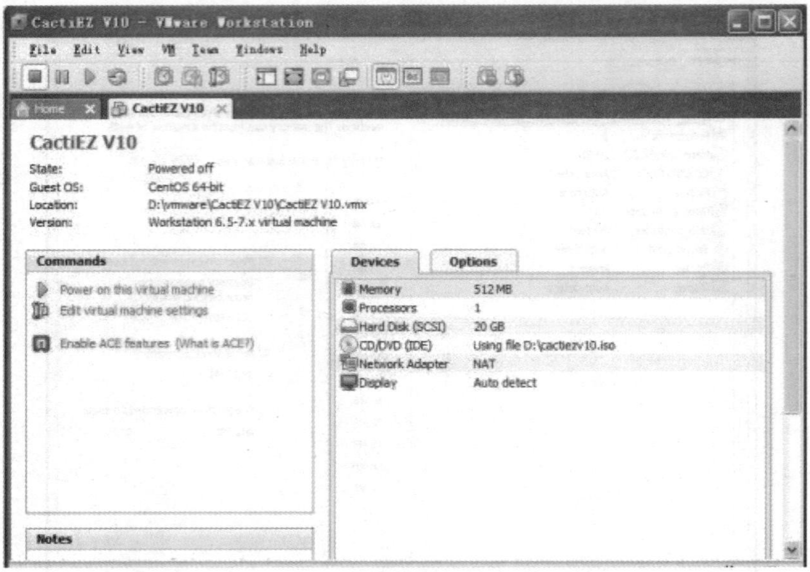

图 8-12 运行虚拟机开始安装 CactiEZ

（13） CactiEZ 中文版 v10 安装共分为两步，第一步如图 8-13 所示。

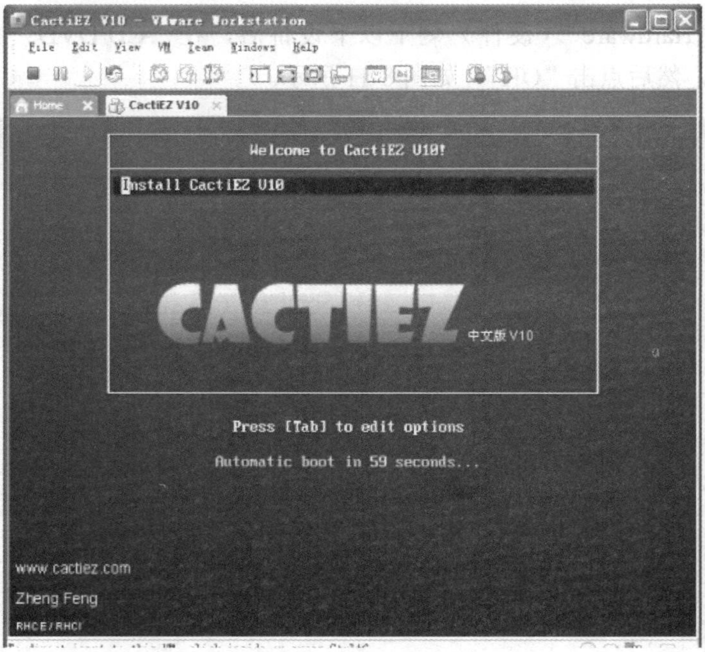

图 8-13 进入 CactiEZ 安装界面

（14） 按下回车键之后进入第二步，如图 8-14 所示。

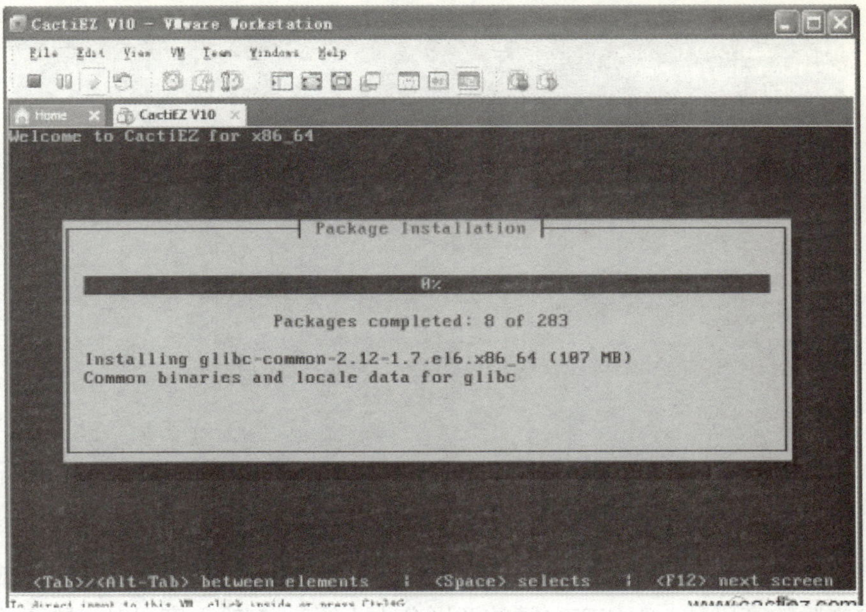

图 8-14　显示 CactiEZ 安装进度

（15）现在安装已经结束，按“回车”或“空格”键系统将自动重新启动，并进入系统。如果之前设置了使用光盘优先启动，请不要忘了改成硬盘优先启动，如图 8-15 所示。

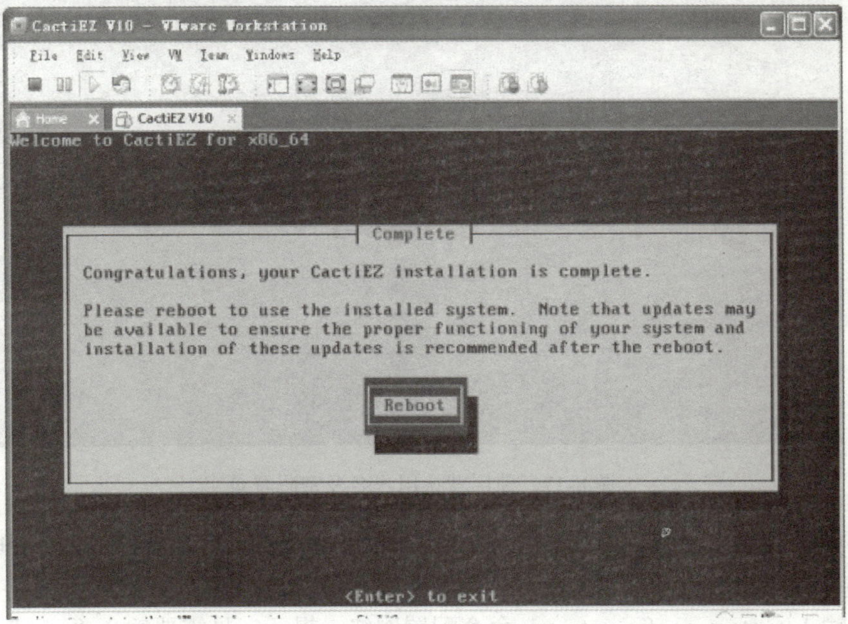

图 8-15　重启系统

步骤二：登录并配置网络，如果已经成功安装 CactiEZ 中文版，现在可以开始登录了。

（1） 如果是虚拟机，点击虚拟屏幕内任意一个地方，如果是物理机，首先看到的是以下屏幕，如图 8-16 所示。

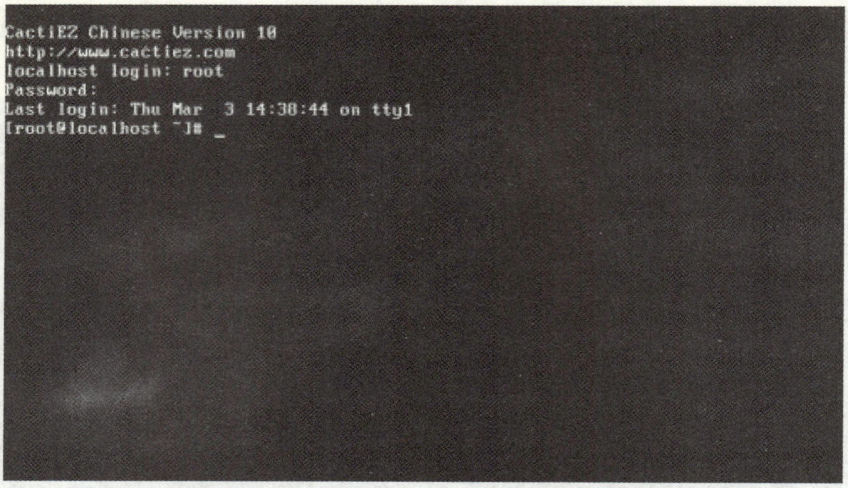

图 8-16　显示 CactiEZ 登录界面

（2）　然后需要输入用户名和密码登录系统，所有 Linux 的管理员用户名都是：root，CactiEZ 中文版的密码是：CactiEZ（请注意区分大小写），在输入密码时，屏幕并不会显示任何内容，这是为了防止有人偷看。请直接输入密码，然后按下回车键。如果登录成功，将会看到[root@localhost～]#的提示。在这里，可以开始输入命令，如图 8-17 所示。

图 8-17　使用默认用户名及密码登录

（3）　如果要退出系统，直接输入：exit 命令即可，要重启系统，输入：reboot，要关闭系统，输入：halt，成功登录 CactiEZ 中文版系统以后，便可以开始配置网络了。

（4）　输入 system-config-network 命令配置网络，提示：只需要输入“syst”，然后按下字母“Q”左边的“Tab”键即可自动补充完整命令，如图 8-18 所示。

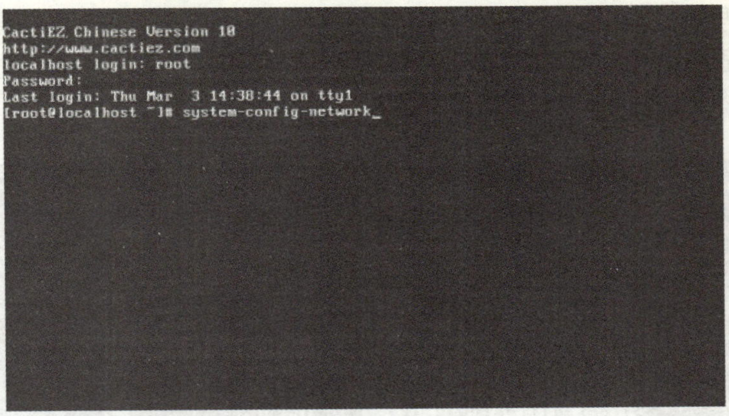

图 8-18　配置网络参数

（5） 现在看到的是网络配置的界面，按下回车键进入“Device configuration”（设备配置），如图 8-19 所示。

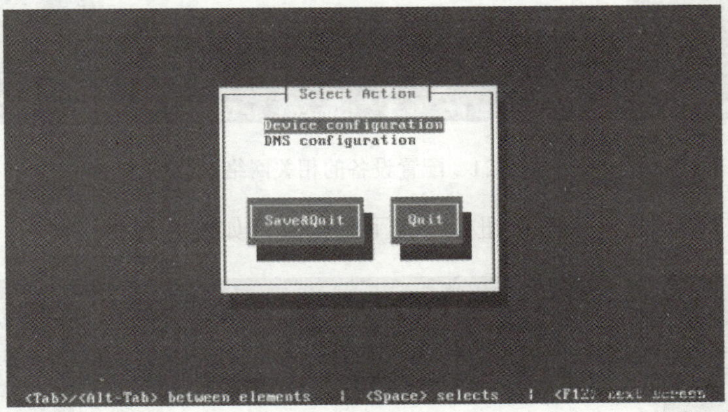

图 8-19　进入设备配置

（6） 此时会列出计算机内有可用的网络设备，现在看到的是 eth0（第一块以太网卡），按下回车键配置对应的网络设备，如图 8-20 所示。

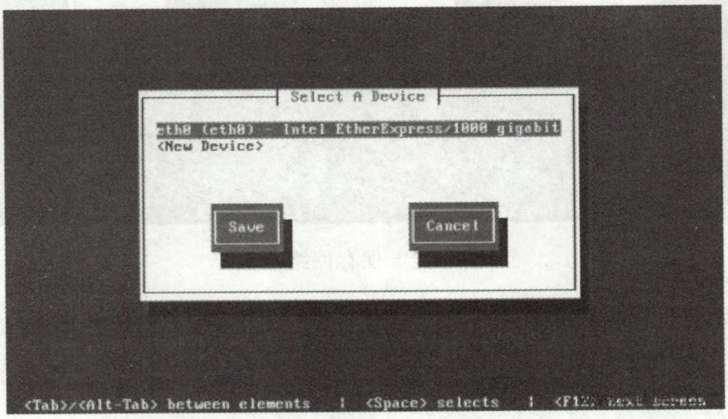

图 8-20　选择对应的网络设备

（7）在这里可以设置网络设备的 IP、子网掩码、默认网关、主要和次要 DNS 服务器。请自行输入合适的设置，使用“Tab”键跳到下一个输入框，使用“Shift + Tab”键跳到上一个输入框，将光标跳到“OK”按钮处，按下回车键，如图 8-21 所示。

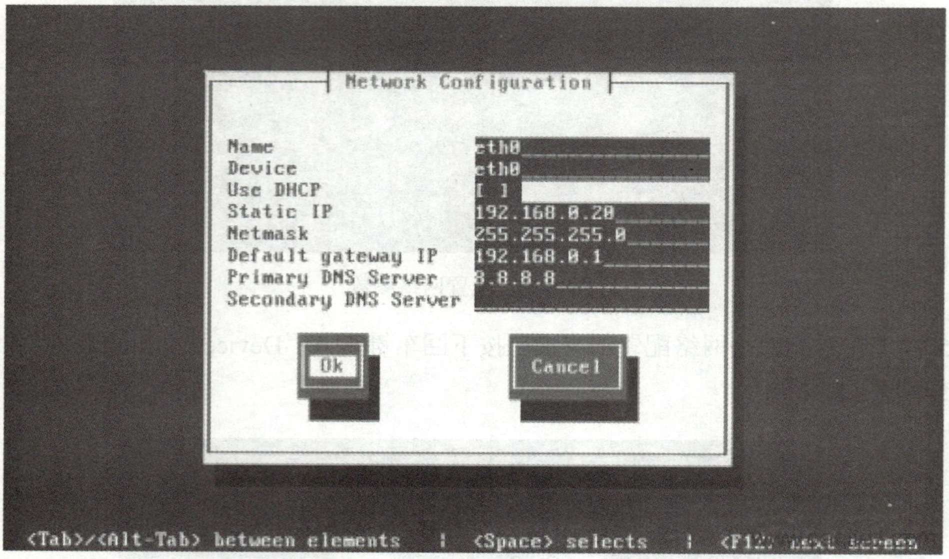

图 8-21　配置设备的相关网络参数

（8） 将光标跳到“Save”按钮处，按下回车键，如图 8-22 所示。

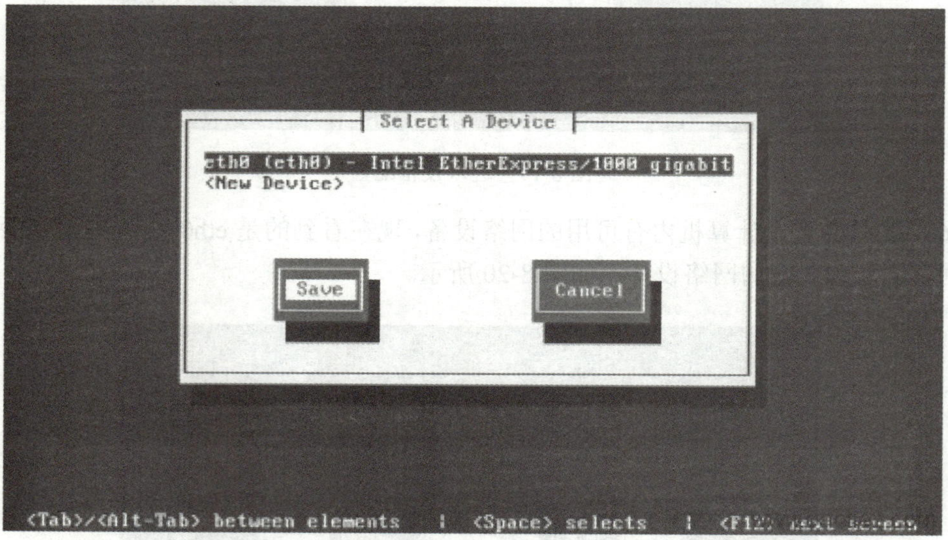

图 8-22　保存网络参数

（9） 将光标跳到“Save&Quit”按钮处，按下回车键，如图 8-23 所示。

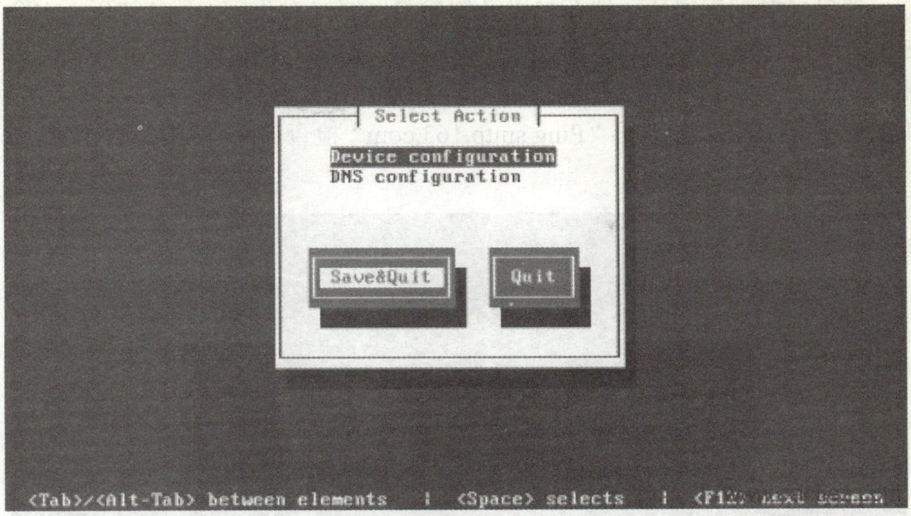
Select Action
Device configuration
DNS configuration
Save&Quit
Quit
<Tab>/<Alt-Tab> between elements | <Space> selects |

图 8-23　保存并退出设备配置界面

（10）　退出之后即返回之前的控制台界面，新配置的网络配置不会立刻生效，要么重启系统，要么重启网络服务。现在输入“service network restart”命令重启网络服务，如图 8-24 所示。

You have new mail in /var/spool/mail/root
[root@localhost ~]# service network restart_

图 8-24　重启网络服务

（11）　如果看到以下四个或更多的绿色“OK”，即表示网络配置完成。如果看到有其他红色提示等，请重新配置网络，重点检查语法，如图 8-25 所示。

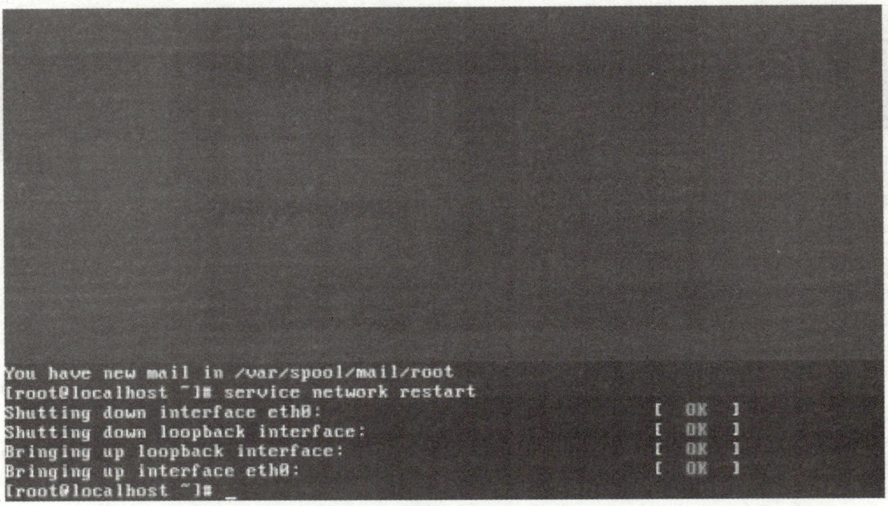
You have new mail in /var/spool/mail/root
[root@localhost ~]# service network restart
Shutting down interface eth0: [OK]
Shutting down loopback interface: [OK]
Bringing up loopback interface: [OK]
Bringing up interface eth0: [OK]
[root@localhost ~]# _

图 8-25　网络配置完成

（12） 如果已经配置完成，现在可以开始检测网络是否正常。输入“Ping 192.168.0.1”（192.168.0.1 请自行修改为自己的网关），如果看到类似以下结果，表示网络配置已成功。如果需要使用 CactiEZ 自动发送邮件报警，需要确保 CactiEZ 能访问互联网，访问互联网需要正确的网关和 DNS。建议再“Ping smtp.163.com”检查 DNS 解析是否正常，如图 8-26 所示。

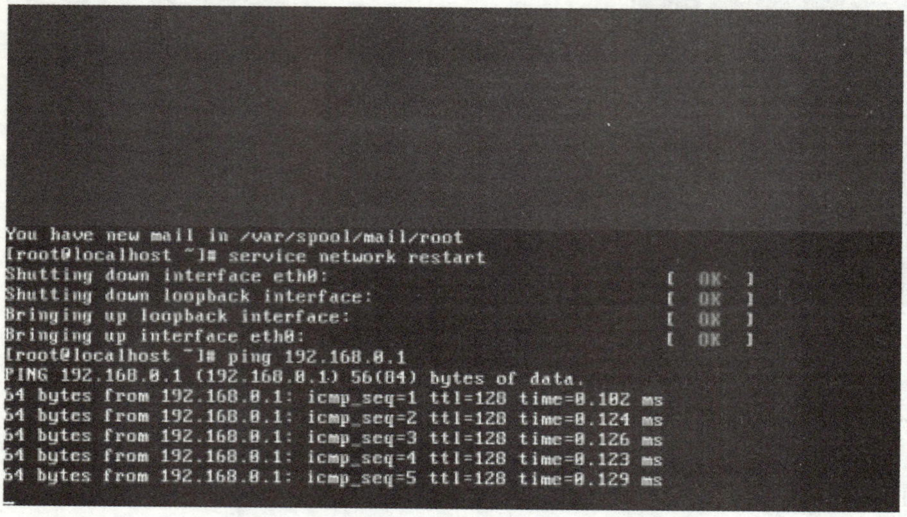
You have new mail in /var/spool/mail/root
[root@localhost ~]# service network restart
Shutting down interface eth0: [OK]
Shutting down loopback interface: [OK]
Bringing up loopback interface: [OK]
Bringing up interface eth0: [OK]
[root@localhost ~]# ping 192.168.0.1
PING 192.168.0.1 (192.168.0.1) 56(84) bytes of data.
64 bytes from 192.168.0.1: icmp_seq=1 ttl=128 time=0.102 ms
64 bytes from 192.168.0.1: icmp_seq=2 ttl=128 time=0.124 ms
64 bytes from 192.168.0.1: icmp_seq=3 ttl=128 time=0.126 ms
64 bytes from 192.168.0.1: icmp_seq=4 ttl=128 time=0.123 ms
64 bytes from 192.168.0.1: icmp_seq=5 ttl=128 time=0.129 ms

图 8-26 测试网络

（13） 至此，网络配置已完成。

（14） 如果网络配置成功，那么请使用另一台 Windows 或 Linux 计算机，使用浏览器登录到 CactiEZ 中文版。大量的使用和配置都是基于浏览器操作的，如图 8-27 所示。

（15） 在此输入 CactiEZ-Web 界面的用户名和密码，注意该用户名和密码与系统的用户名和密码不同。默认管理员用户名：admin，默认密码：admin，然后点击“登录”按钮，如图 8-28 所示。

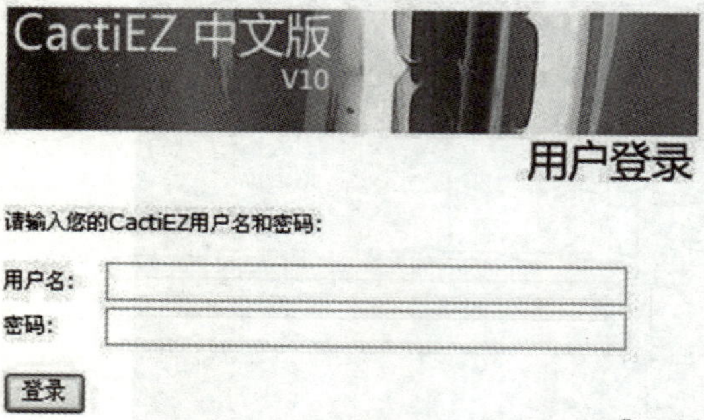
CactiEZ 中文版
V10
用户登录
请输入您的CactiEZ用户名和密码：
用户名：
密码：
登录

图 8-27 用户登录界面

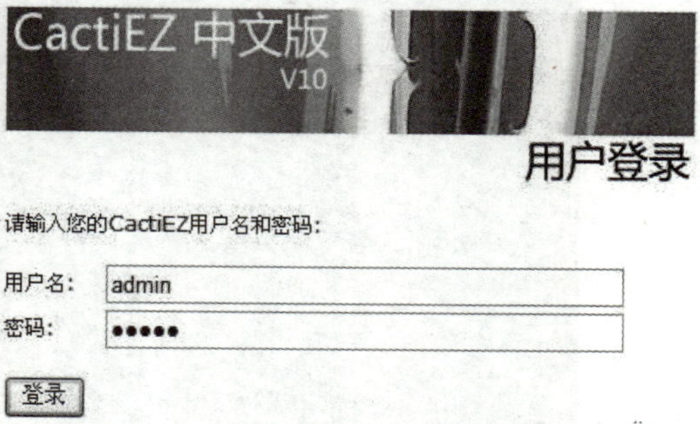
CactiEZ 中文版
V10
用户登录
请输入您的CactiEZ用户名和密码：
用户名：
admin
密码：
登录

图 8-28 输入默认用户名和密码

（16）不用担心别人也可以登录自己的系统，因为第一次登录需要修改密码，建议修改为绝对牢记的密码，因为 CactiEZ 中文版没有找回密码功能，如图 8-29 所示。

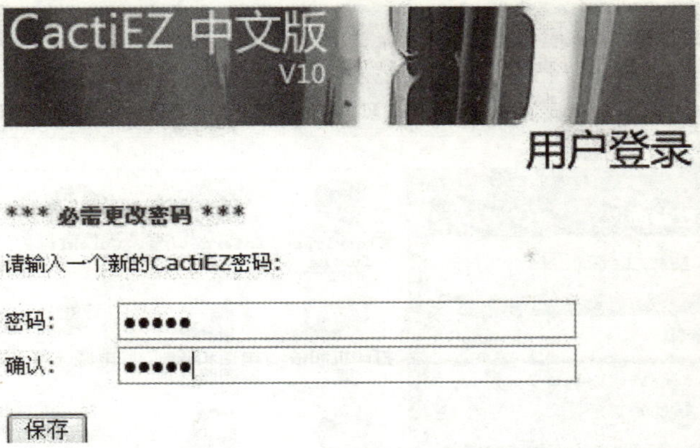

图 8-29　修改新的密码

（17）　欢迎揭开 CactiEZ 中文版 v10 的神秘面纱！如图 8-30 所示。

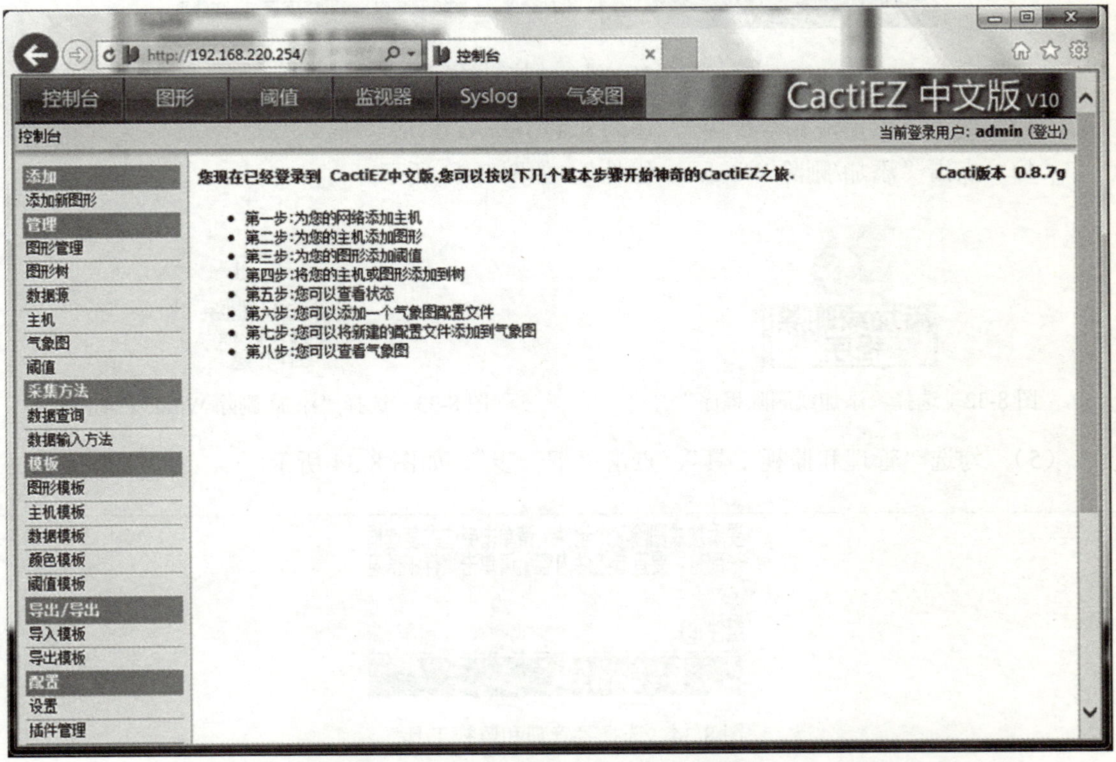

图 8-30　进入 CactiEZ 中文版 v10 的操作界面

步骤三：如何监控主机与网络设备。

（1）　监控主机（以 Windows 系统为例）。

要监控一台 Windows 主机，需要在被监控的主机上安装“简单网络管理协议”（SNMP），并做基本配置。

（2）　进入“控制面板”，如图 8-31 所示。

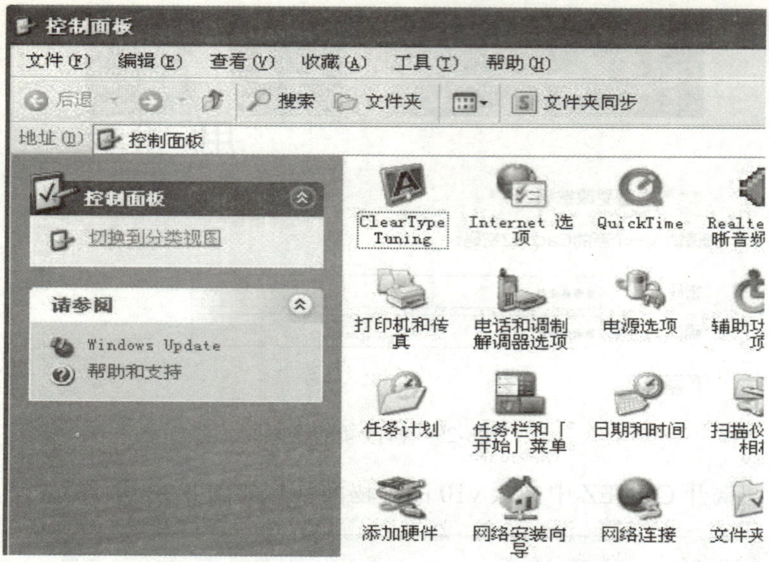

图 8-31　进入“控制面板”

（3） 双击“添加或删除程序”，如图 8-32 所示。

（4） 点击“添加/删除 Windows 组件”，如图 8-33 所示。

图 8-32　选择“添加或删除程序”

图 8-33　选择“添加/删除 Windows 组件”

（5） 勾选“管理和监视工具”，点击“下一步”，如图 8-34 所示。

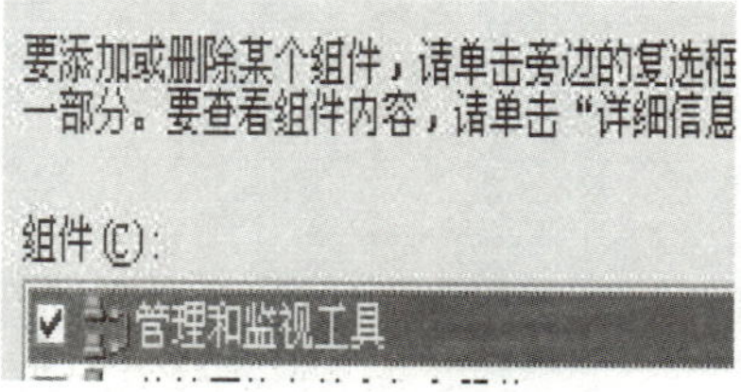

图 8-34　选择“管理和监视工具”

（6） 此时会要求插入光盘，如图 8-35 所示。

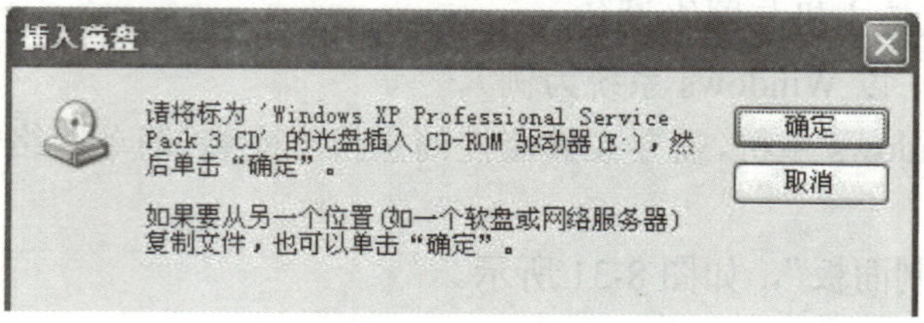

图 8-35　按提示插入光盘

（7）可以插入光盘，也可以将光盘解压到磁盘某个目录中，如图 8-36 所示。

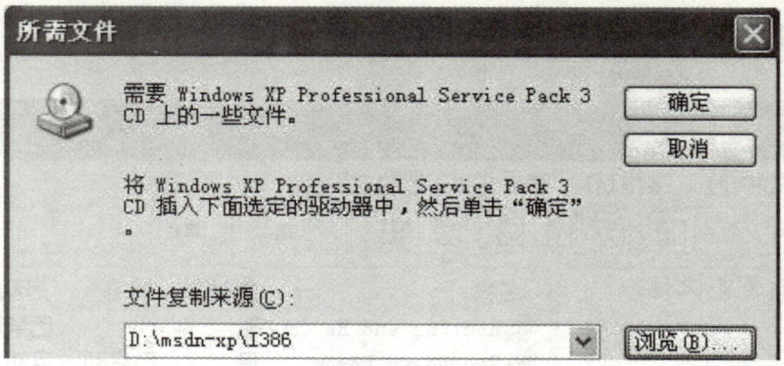
所需文件
需要 Windows XP Professional Service Pack 3 CD 上的一些文件。
确定
取消
将 Windows XP Professional Service Pack 3 CD 插入下面选定的驱动器中，然后单击“确定”。
文件复制来源(C):
D:\msdn-xp\I386
浏览(B)...

图 8-36　选择有安装文件的目录

（8） Windows 可能会多次要求插入光盘，只需要选择相同位置即可。点击“完成”，如图 8-37 所示。

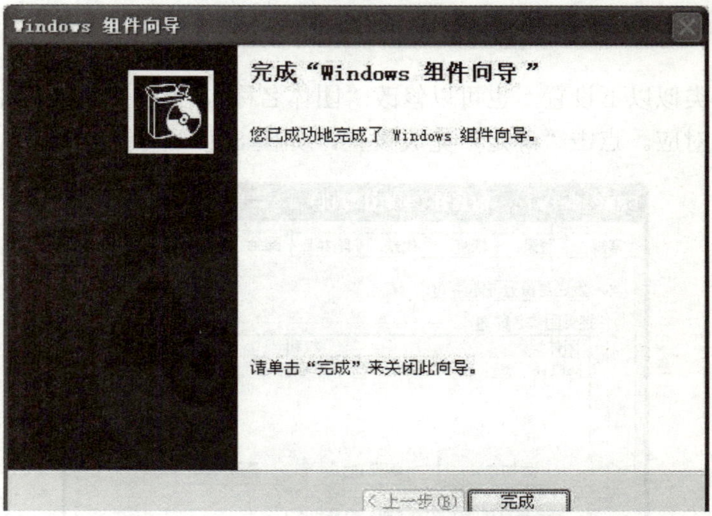
Windows 组件向导
完成“Windows 组件向导”
您已成功地完成了 Windows 组件向导。
请单击“完成”来关闭此向导。
< 上一步(B)
完成

图 8-37　完成组件安装

（9） 运行“services.msc”，如图 8-38 所示。

运行
请键入程序、文件夹、文档或 Internet 资源的名称，Windows 将为您打开它。
打开(O):
services.msc
确定
取消
浏览(B)...

图 8-38　运行“services.msc”

注意：也可以采用右击“我的电脑”，选择“管理”，打开“计算机管理”窗口，选择“服务和应用程序”索引中的“服务”，双击可以达到同样的效果，正所谓“条条大路通罗马”，同学们可以根据自身的习惯选择不同的方法。

（10） 双击“SNMP Service”，如图 8-39 所示。

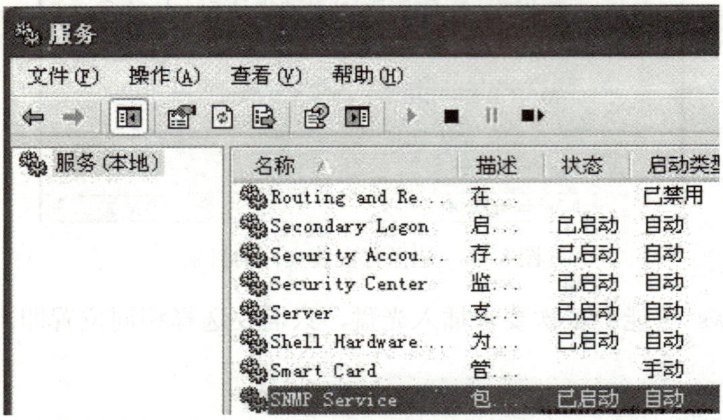

图 8-39 双击“SNMP Service”

（11） 确保类似以下设置，也可以修改“团体名称”，但在 CactiEZ 中文版 Web 界面中添加主机时要对应。点击“确定”完成设置，如图 8-40 所示。

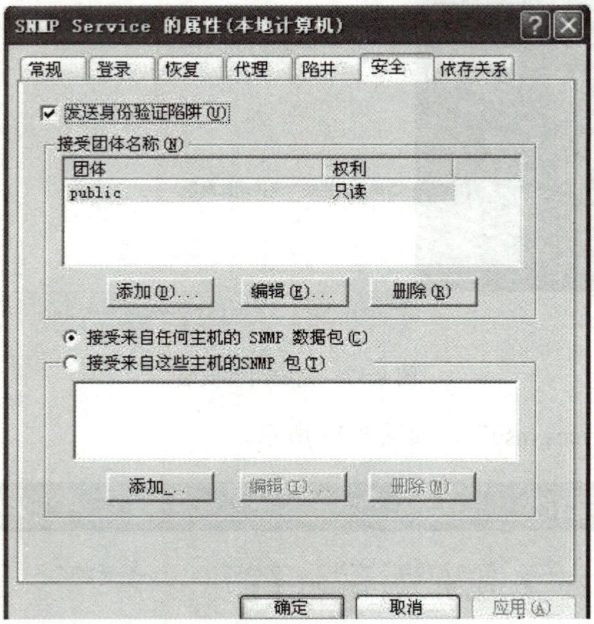

图 8-40 添加或修改“团体名称”

至此，我们已经完成 CactiEZ 中文版的基本设置，可以开始添加主机及网络设备了。在添加主机及网络设备时，同学们应注意主机和网络设备添加界面中各个选项的参数设置是否和我们开始配置时的基本参数相符合。

（12） 登录 CactiEZ-Web 界面，依次点击：“控制台”→“主机”→“添加”。类似以下设置，如图 8-41 所示。

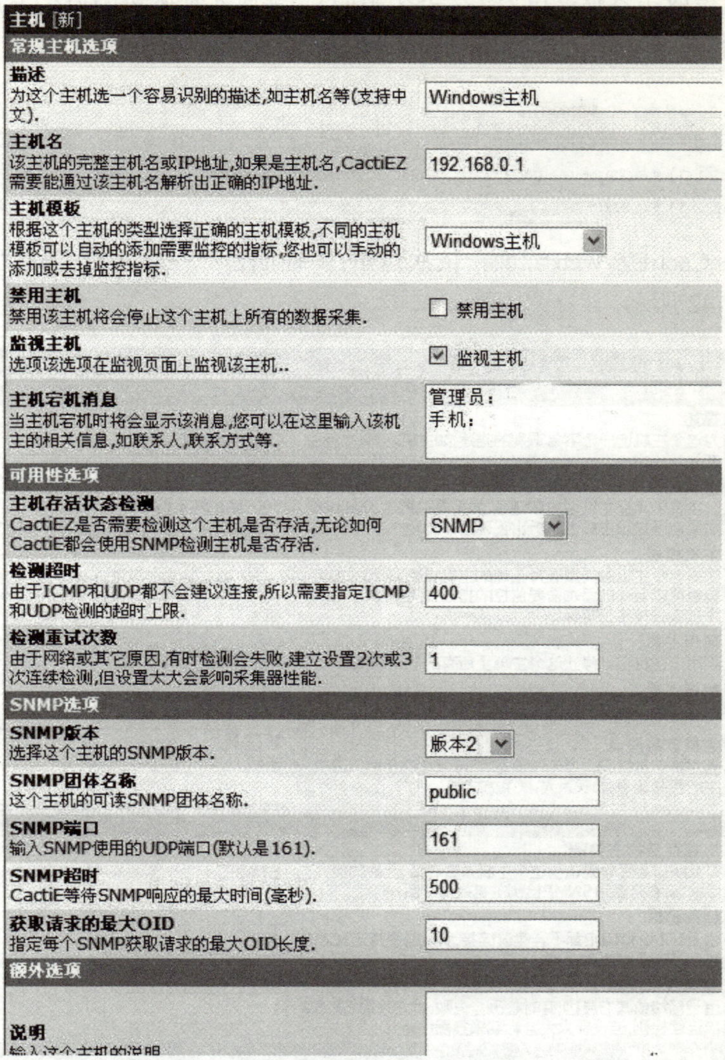
主机 [新]
常规主机选项
描述
为这个主机选一个容易识别的描述,如主机名等(支持中文).
Windows主机
主机名
该主机的完整主机名或IP地址,如果是主机名,CactiEZ需要能通过该主机名解析出正确的IP地址.
192.168.0.1
主机模板
根据这个主机的类型选择正确的主机模板,不同的主机模板可以自动的添加需要监控的指标,您也可以手动的添加或去掉监控指标.
Windows主机
禁用主机
禁用该主机将会停止这个主机上所有的数据采集.
禁用主机
监视主机
选项该选项在监视页面上监视该主机..
监视主机
主机宕机消息
当主机宕机时将会显示该消息,您可以在这里输入该机主的相关信息,如联系人,联系方式等.
管理员:
手机:
可用性选项
主机存活状态检测
CactiEZ是否需要检测这个主机是否存活,无论如何CactiE都会使用SNMP检测主机是否存活.
SNMP
检测超时
由于ICMP和UDP都不会建议连接,所以需要指定ICMP和UDP检测的超时上限.
400
检测重试次数
由于网络或其它原因,有时检测会失败,建立设置2次或3次连续检测,但设置太大会影响采集器性能.
1
SNMP选项
SNMP版本
选择这个主机的SNMP版本.
版本2
SNMP团体名称
这个主机的可读SNMP团体名称.
public
SNMP端口
输入SNMP使用的UDP端口(默认是161).
161
SNMP超时
CactiE等待SNMP响应的最大时间(毫秒).
500
获取请求的最大OID
指定每个SNMP获取请求的最大OID长度.
10
额外选项
说明

图 8-41　进入添加“主机”界面

注意其中的团体名称是否和我们初始配置时一致。

（13）　如果一切正常，将会看到类似以下信息：

```
Windows 主机 (192.168.0.1)
SNMP 信息
操作系统:Hardware: x86 Family 6 Model 37 Stepping 2 AT/AT COMPATIBLE -
Software: Windows 2003 Version 5.1 (Build 2600 Multiprocessor Free)
运行时间: 56379 (0 天, 0 小时, 9 分钟)
主机名: Windows-host
位置:
联系人:
```

（14）　点击“为这个主机添加图形”，勾选需要监控的各种指标。注意 32 位和 64 位系统的区别。

（15） 要监控路由交换（以 Cisco 设备为例），需要在被监控的设备上启用 SNMP。可使用以下命令启用：

```
Router#configure terminal
Enter configuration commands, one per line.  End with CNTL/Z.
Router(config)#snmp-server community ORARO ro
Router(config)#end
```

（16） 登录 CactiEZ-Web 界面，依次点击：“控制台”→“主机”→“添加”。类似以下设置，如图 8-42 所示。

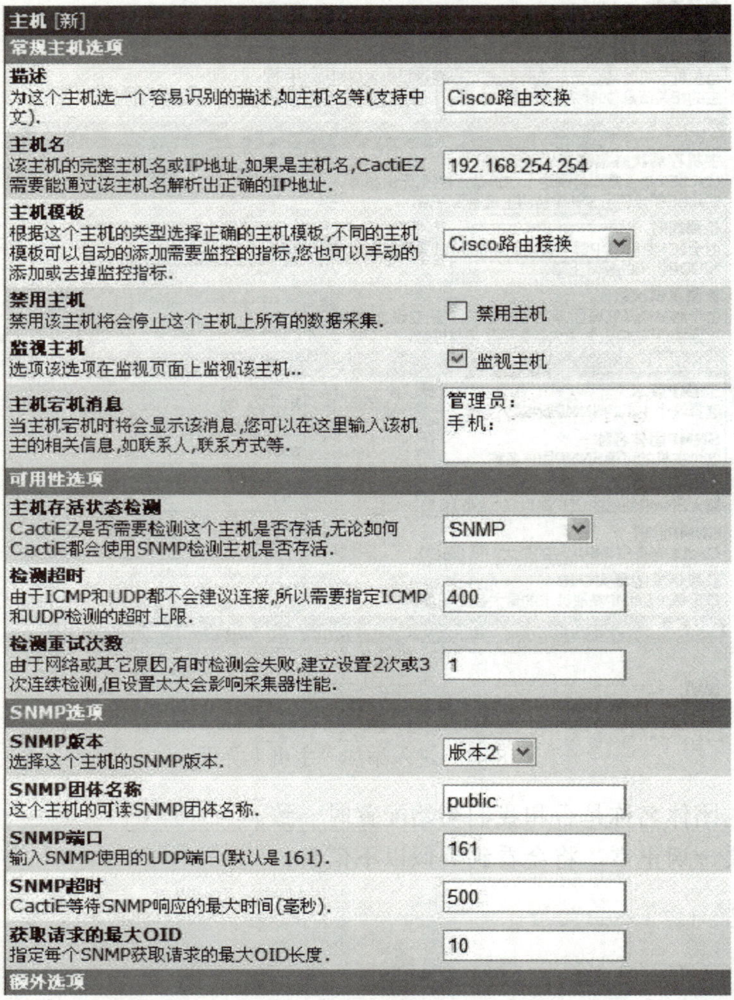

主机 [新]
常规主机选项
描述
为这个主机选一个容易识别的描述,如主机名等(支持中文).
Cisco路由交换
主机名
该主机的完整主机名或IP地址,如果是主机名,CactiEZ需要能通过该主机名解析出正确的IP地址.
192.168.254.254
主机模板
根据这个主机的类型选择正确的主机模板,不同的主机模板可以自动的添加需要监控的指标,您也可以手动的添加或去掉监控指标.
Cisco路由接换
禁用主机
禁用该主机将会停止这个主机上所有的数据采集.
禁用主机
监视主机
选项该选项在监视页面上监视该主机..
监视主机
主机宕机消息
当主机宕机时将会显示该消息,您可以在这里输入该机主的相关信息,如联系人,联系方式等.
管理员：
手机：
可用性选项
主机存活状态检测
CactiEZ是否需要检测这个主机是否存活,无论如何CactiE都会使用SNMP检测主机是否存活.
SNMP
检测超时
由于ICMP和UDP都不会建议连接,所以需要指定ICMP和UDP检测的超时上限.
400
检测重试次数
由于网络或其它原因,有时检测会失败,建立设置2次或3次连续检测,但设置太大会影响采集器性能.
1
SNMP选项
SNMP版本
选择这个主机的SNMP版本.
版本2
SNMP团体名称
这个主机的可读SNMP团体名称.
public
SNMP端口
输入SNMP使用的UDP端口(默认是161).
161
SNMP超时
CactiE等待SNMP响应的最大时间(毫秒).
500
获取请求的最大OID
指定每个SNMP获取请求的最大OID长度.
10
额外选项

图 8-42　添加“路由交换”设备

（17） 如果一切正常，将会看到类似以下信息：

```
Cisco 路由交换 （192.168.254.254）
SNMP 信息
操作系统:Cisco IOS Software, s73233_rp Software （s72033_rp-IPSERVICESK9
_WAN-M）,
```

```
Version 12.2（33）SXI2a, RELEASE SOFTWARE （fc2） Technical Support:
http://www.cisco.com/techsupport Copyright （c） 1986-2009 by Cisco
Systems, Inc. Compiled Wed 02-Sep-09 01:00 by prod
运行时间: 1881280844 （217 天, 17 小时, 46 分钟）
主机名: router-6509.local
位置: HangZhou,China
联系人: ******
```

如果不正常，请检查团体名称、IP 地址、防火墙等。

（18） 主机添加后，需要添加图形，点击右上方的“为这个主机添加图形”。

（19） 在“图形模板”区域中的“Cisco - CPU 使用率”勾选需要监控的 CPU。

（20） 在“数据查询”区域中选择需要监控的网络接口，然后选择“流入/流出位（64 位）”，注意一定要选“流入/流出 位（64 位）”，否则流量统计会不准。

（21） 再次点击“添加”已完成设置。

经过以上几个步骤的配置后，实现了 Cacti 的基本网络管理功能，当然，Cacti 作为一款功能强大的网络管理工具，还有很多作用，如邮件报警功能、Syslog 报警功能、气象图等，在这里就不再一一介绍，有待于同学们自己去摸索、掌握。常见的网络管理软件还有 HP 公司的 OpenView、IBM 公司的 NetView、SUN 公司的 SUN Net Manager、Cisco 公司的 Cisco Works、3Com 公司的 Transcend 等。

相关知识

1. 网络管理的概念

按照国际标准化组织的定义，网络管理是指规划、稳定、安全、控制网络资源的使用和网络的各种活动，以使网络的性能达到最优。网络管理的目的在于提供对计算机网络进行规划、设计、操作运行、管理、监视、分析、控制、评估和扩展的手段，从而合理地组织和利用系统资源，提供安全、可靠、有效和友好的服务。

2. 网络管理的定义

网络管理系统是一个软硬件结合以软件为主的分布式网络应用系统，其目的是管理网络，使网络高效正常运行。网络管理功能一般分为性能管理、配置管理、安全管理、计费管理和故障管理等五大管理功能。

网络管理对象一般包括路由器、交换机、服务器等。近年来，网络管理对象有扩大化的趋势，即把网络中几乎所有的实体：网络设备、应用程序、服务器系统、辅助设备如 UPS 电源等都作为被管对象，以便给网络系统管理员提供一个全面系统的网络视图。

网络管理的任务就是收集、监控网络中各种设备和设施的工作参数、工作状态信息，将结果显示给管理员并进行处理，从而控制网络中的设备、设施、工作参数和工作状态，使其可靠运行。

3. 网络管理的目标

减少停机时间，改进响应时间，提高设备利用率；减少运行费用，提高效率；减少或消除网络瓶颈；适应新技术；使网络更容易使用；安全。

可见，网络管理的目标是最大限度地增加网络的可用时间，提高网络设备的利用率、网络性能、服务质量和安全性，简化网络管理和降低网络运行成本，并提供网络的长期规划。

4. 网络管理的基本功能

在 OSI 网络管理标准中定义了网络管理的五个基本功能：配置管理、性能管理、故障管理、安全管理和计费管理。

（1） 配置管理。

配置管理（Configuration Management）包括视图管理、拓扑管理、软件管理、网络规划和资源管理。只有在有权配置整个网络时，才可能正确地管理该网络，排除出现的问题，因此这是网络管理最重要的功能。配置管理的关键是设备管理，它由以下两个方面构成：

① 布线系统的维护。

做好布线系统的日常维护工作，确保底层网络连接完好，是计算机网络正常、高效运行的基础。对布线系统的测试和维护一般借助于双绞线测试仪、光纤测试仪、规程分析仪和信道测试仪等。

② 关键设备管理。

网络中的关键设备一般包括网络的主干交换机、中心路由器以及关键服务器。对这些关键网络设备的管理除了通过网络软件实时监测外，更重要的是要做好它们的备份工作。

（2） 性能管理。

网络性能主要包括网络吞吐量、响应时间、线路利用率、网络可用性等参数。网络性能管理（Performance Management）指通过监控网络运行状态，调整网络性能参数来改善网络的性能，确保网络平稳运行。它主要包括以下工作：

① 性能数据的采集和存储。

主要完成对网络设备和网络通道性能数据的采集与存储。

② 性能门限的管理。

性能门限的管理是为了提高网络管理的有效性，在特定的时间内为网络管理者选择监视对象、设置监视时间以及提供设置和修改性能门限的手段。当性能不理想时，通过对各种资源的调整来改善网络性能。

③ 性能数据的显示和分析。

根据管理要求，定期对当前和历史数据进行显示及统计分析，生成各种关系曲线，并产生数据报告。

（3） 故障管理。

故障管理（Fault Management）又称失效管理，主要对来自硬件设备或路径节点的报警信息进行监控、报告和存储，以及进行故障诊断、定位与处理。

所谓故障，就是那些引起系统以非正常方式运行的事件。它可分为由损坏的部件或软件故障引起的故障，以及由环境引起的外部故障。

用户希望有一个可靠的计算机网络。当网络中某个组成失效时，必须迅速查找到故障并能及时给予排除。通常，分析故障原因对于防止类似故障的再次发生相当重要。网络故障管理包括故障检测、隔离和排除三方面。

① 故障检测。

维护和检查故障日志，检查事件的发生率，看是否已发生故障，或即将发生故障。

② 故障诊断。

执行诊断测试，以寻找故障发生的准确位置，并分析其产生的原因。

③ 故障纠正。

将故障点从正常系统中隔离出去，并根据故障原因进行修复。

（4） 安全管理。

安全管理（Security Management）主要保护网络资源与设备不被非法访问，以及对加密机构中的密钥进行管理。

安全管理是网络系统的薄弱环节之一。网络中需要解决的安全问题有：①网络数据的私有性，保护网络数据不被侵入者非法获取；②授权，防止侵入者在网络上发送错误信息；③访问控制，控制对网络资源的访问。

相应地，网络安全管理应包括对授权机制、访问机制、加密和加密密钥的管理等。

（5） 计费管理。

计费管理（Accounting Management）主要管理各种业务资费标准，制定计费政策，以及管理用户业务使用情况和费用等。

计费管理对网络资源的使用情况进行收集、解释和处理，提出计费报告，包括计费统计、账单通知和会计处理等内容，为网络资源的应用核算成本并提供收费依据。这些网络资源一般包括：网络服务，例如数据的传输；网络应用，例如对服务器的使用。

根据用户所使用网络资源的种类，计费管理分为三种类型：基于网络流量的计费；基于使用时间的计费；基于网络服务的计费。

计费管理的作用是：计算各用户使用网络资源的费用；规定用户使用的最大费用；当用户需要使用多个网络中的资源时，能计算出总费用。

5. 网络管理模型

在网络管理中，一般采用基于“管理者-代理”的网络管理模型，如图 8-43 所示。该模型主要由管理者、管理代理和被管对象组成。其中管理者负责整个网络的管理，管理者与代理之间利用网络通信协议交换相关信息，实现网络管理。

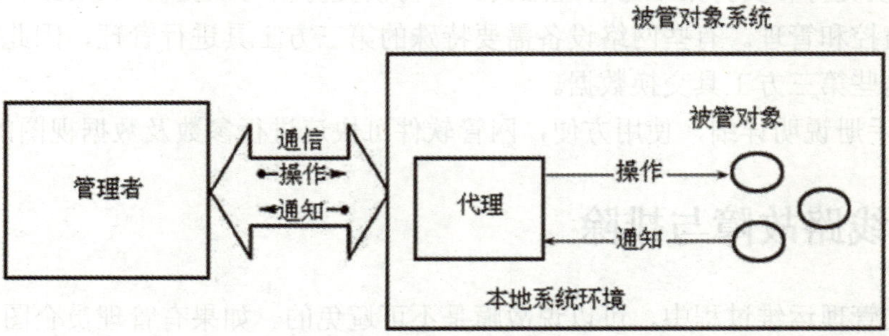

图 8-43 管理者-代理的网络管理模型

网络管理者可以是单一的 PC 机、单一的工作站或按层次结构在共享的接口下与并发运行的管理模块连接的几个工作站。

代理是被管对象或设备上的管理程序，它把来自管理者的命令或信息请求转换为本设备特有的指令，监视设备的运行，完成管理者的指示，或返回它所在设备的信息。另外，代理也可以把自身系统中发生的事件主动通知管理者。一般的代理都是返回它本身的信息，而另一种称为委托代理的，则可以提供其他系统或设备的信息。

管理者将管理要求通过管理操作指令传送给被管理系统中的代理，代理则直接管理设备。但是，代理也可能因为某些原因而拒绝管理者的命令。管理者和代理之间的信息交换可以分为从管理者到代理的管理操作和从代理到管理者的事件通知两种。

一个管理者可以和多个代理进行信息交换。一个代理也可以接受来自多个管理者的管理操作，在这种情况下，代理需要处理来自多个管理者的多个操作之间的协调问题。

6. 网管软件发展趋势及网管软件的选择

网络管理软件正朝着集成化、分布化、智能化的方向快速发展。集成化是指能够和企业信息系统相结合，运用先进的软件技术将企业的应用整合到网络管理系统中，并且网络管理软件的接口统一。智能化是指在网络管理中引入专家系统，不仅能实时监控网络，而且能进行趋势分析，提供建议，真实反映系统的状况。网管系统的操作界面进一步向基于 Web 的模式发展，该模式用户使用方便，并降低了维护费用和培训费用。另外，软件系统的可塑性将增强，企业能够根据自身的需要定制特定的网络管理模块和数据视图。

用户选购网管软件时，必须结合具体的网络条件。目前市场销售的网络管理软件可以按功能划分为网元管理（主机系统和网络设备）、网络层管理（网络协议的使用、LAN 和 WAN 技术的应用以及数据链路的选择）、应用层管理（应用软件）三个层次。其中最基础的是网元管理，最上层是应用层管理。

一般来说，选择网管软件可以遵循以下原则：

① 结合企业网络规模，以企业应用为中心。这是购置网络管理软件的基本出发点。网管软件应能根据应用环境及用户需求提供端到端的管理。要综合考虑企业网络未来可能的发展并和企业当前的应用相结合。

② 网管软件应具有可扩展性，并支持网络管理标准。扩展性还可包括具有通用接口供企业进行二次开发，并支持 SNMP、RMON 等协议。

③ 多协议支持和支持第三方管理工具。多协议支持指可以提供 TCP/IP、IPX 等各种网络协议的监控和管理。有些网络设备需要特殊的第三方工具进行管理，因此网管软件也应该支持和这些第三方工具交换数据。

④ 使用手册说明详细，使用方便，网管软件可快速进行参数及数据视图的配置。

案例二　线路故障与排除

在网络的管理运维过程中，可以说故障是不可避免的。如果有管理员企图打造零故障的网络，只能是徒劳。因为网络故障有太多的随机性和偶然性，何况还有人为因素。所以，管理员要做的是掌握网络排错技巧，积累经验培养敏锐的嗅觉，能够少走弯路，快速定位并排除故障。

【案例描述】

接到用户反映，某个子网的客户端无法正常上网。

【案例分析】

网管人员可以先通过网管软件从设备的运行状态来进行判断，如果排除了设备的故障因素，那么就说明是线路故障了，可以通过一些网络命令和专用的工具来对线路故障进行查找判断和排除。

【实施方案】

前提是排除了设备的故障因素，我们可以先从其所在的位置进行分析。逐步通过相关网络命令和专业工具（如：FLUKE、红光笔、光功率计、OTDR 等）来对网络线路进行排查与判断，以期快速找到故障点。

【实施步骤】

按照实施方案的要求，步骤如下：

情形一：

如果主干设备到故障点所在的楼宇整个都不通的话，那说明是主干线路出了问题。一般对于网络规模比较大的园区网来说，主干往往都是由光纤进行连接，光缆线路一般采用的有地埋、架空、地下管道等方式。我们首先可以通过一些外部情况来进行判断，如在光缆线路附近是否有施工，在架空的光缆附近是否有大型车辆通过等，很有可能是以上的原因造成了光缆线路的中断。如果线路过长或者铺设情况比较复杂，我们往往会借助一些专业的工具进行判断。

（1）　通过红光笔打光。一般需要两人配合，一人在一端打光，另一人在另一端观察，如果看不到对方打的红光，则证明光纤中断，利用此法还可以对光纤的纤芯进行配对。如果能看到红光，但还是不通的话，则说明可能是光衰过大，这时我们就需要用到光功率计。

（2）　通过光功率计测光。如果可以看到红光却不通，我们可以通过光功率计对相关纤芯的光衰进行测试，根据光纤的类型不同选择相应的标准波长。如果光衰大，则光纤两端的光模块就不能正常启动，这时我们就需要对纤芯进行清洗操作或者更换光纤跳线和纤芯。

（3）　通过 OTDR （英文全称是 Optical Time Domain Reflectometer，中文意思为光时域反射仪）设备。如果光功率计没有反应，则说明光纤中断，此时我们可以借助 OTDR 设备，来对光纤故障点进行准确定位。

找到光纤故障点，通过光纤接续盒对断点进行连接，当然，光纤熔接设备是必不可少的。光纤接续成功，故障排除。

情形二：

一般网络的结构都为核心-汇聚-接入，如果从主干设备到楼宇的汇聚设备都没有问题的话，则问题有可能出在汇聚到接入这一段，我们应该首先通过网络命令来测试接入设备是否正常。连不上接入设备，则有可能存在以下情况：

（1）　查看楼层电源是否正常。这是经常出现的一种情况，因此，建议在施工时网络设备应该专门铺设一路安全稳定的动力线。

（2） 从汇聚设备到接入设备一般会采用多模光纤或者六类双绞线进行连接，我们应该先目测线路是否有被破坏的痕迹，比方说被剪断或者拉断，亦或者被老鼠咬断。如果线路铺设情况复杂，不便于目测，我们则需要借助相关测试设备进行判断，光纤设备如情形一，如果是双绞线的话，我们可以借助 FLUKE 测线仪或寻线仪。

找到故障点，光纤如情形一，如果是双绞线，根据实际情况使用接线端子或者相应模块进行接续，亦或者为了保证传输质量及稳定性来重新布线。

情形三：

对于情形一及情形二来说，出现的几率相对较小，更多的故障原因存在于情形三当中，具体情况如下：

（1） 本地电脑中，“本地连接”情形如图 8-44 所示。

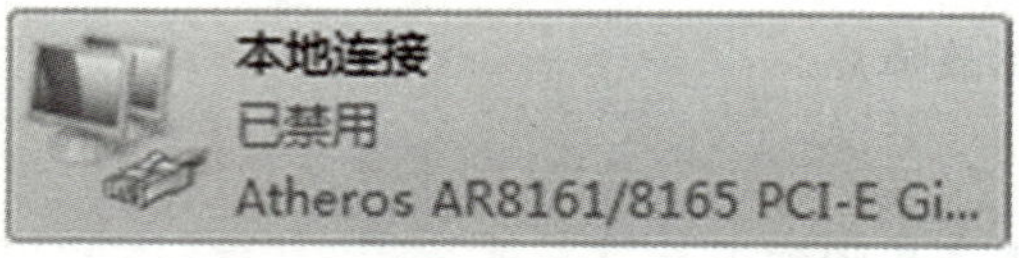

图 8-44　本地连接禁用

在 IP 地址配置正确的前提下，只需要右键“启用”即可解决，一般是由于误操作所致。

（2） 本地电脑中，“本地连接”情形如图 8-45 所示。

图 8-45　本地连接断开

此种情形，在排除上联设备没有断电的情况下，多半是由于双绞线跳线不通引起，可能性有：

① 有可能是经常插拔水晶头（RJ-45），造成松动或者接触不良；

② 有可能是所用网线质量不好，老化所致；

③ 有可能是水晶头线序错误；

④ 有可能是网卡速率与上联端口速率不匹配所致。

针对以上可能性，如果是前三种情况，只需要通过测线工具找到具体原因，重新制作水晶头或者更换双绞线跳线即可，如果是第四种情况，则需要调整网卡速率，一般网卡都是自适应的，这是一种特殊情况。

（3） 本地电脑中，“本地连接”情形如图 8-46 所示。

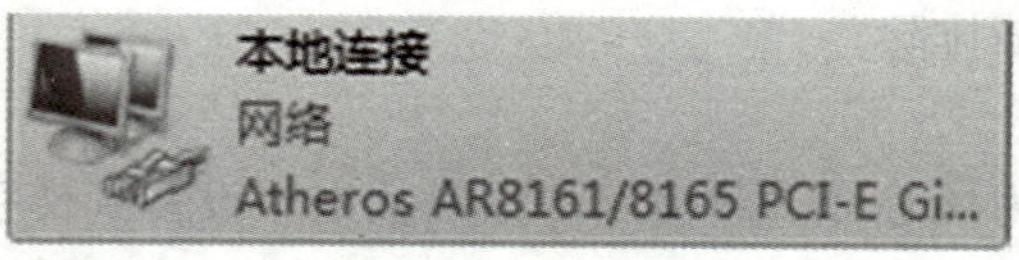

图 8-46　本地连接正常

此种情形，在排除设备故障的前提下，则可能有以下几种情况：

① 有可能是没有配置正确的 IP 地址所致；

② 如果用户使用的是自动获取 IP，则是有可能没有获取正确的 IP 地址所致；

③ 有可能是网络中存在环路；

④ 杀毒软件或者防火墙设置所致。

对于前两种情况，及时与网络管理员联系，找到正确的 IP 地址即可解决，如果是自动获取，则可能是由于在网段中有未正确设置的路由器所致，只需找到并正确设置即可。对于第三种情况，很有可能是在屋内使用的有小路由器或交换机，但走线杂乱，线路未作标签，业务走向不明，是造成环路故障的主要原因。第四种情况，仔细查看相关设置，更改即可。

相关知识

1. 网络诊断命令

我们常常要检测服务器和客户机之间是否连接成功、希望检查本地计算机和某个远程计算机之间的路径、检查 TCP/IP 的统计情况以及系统使用 DHCP 分配 IP 地址时掌握当前所有的 TCP/IP 网络配置情况，以便及时了解整个网络的运行情况，以确保网络的连通性，保证整个网络的正常运行。

第一步：查看网络配置 ipconfig。

为了避免为一个个客户端分配静止的 IP 地址而增加工作量和减少重复分配的错误，在局域网中常常架设一台 DHCP 服务器，以便动态地、自动地为客户端分配 IP 地址。但是在网络维护和调试过程中，我们有时又需要知道当前所有 TCP/IP 网络配置信息，这时，ipconfig 命令就显得很有意义。

其将显示所有网络适配器的完整配置信息，包括：主机名、所有 DNS 服务器列表、节点类型、系统的 IP 路由选择状态、IP 地址、子网掩码等信息。该命令在运行 DHCP 系统上的特殊用途，允许用户查询 DHCP 配置的 TCP/IP 配置值。

```
ipconfig [/all | /renew [adapter] | /release [adapter]]
```

参数：/all 显示所有网络接口状态。

在没有该开关的情况下 ipconfig 只显示 IP 地址、子网掩码和每个网卡的默认网关值。

```
C:/Documents and Settings/dding>ipconfig /all
Windows IP Configuration
Host Name . . . . . . . . . . . . : ding
Primary Dns Suffix . . . . . . . :
Node Type . . . . . . . . . . . . : Hybrid
IP Routing Enabled. . . . . . . . : No
WINS Proxy Enabled. . . . . . . . : No
Ethernet adapter 本地连接:
Connection-specific DNS Suffix  . :
Description . . . . . . . . . . . : Realtek RTL8139 Family PCI Fast Ethernet
NIC
Physical Address. . . . . . . . . : 00-E0-4C-5B-97-35
```

```
Dhcp Enabled. . . . . . . . . . . . : Yes
Autoconfiguration Enabled . . . . : Yes
IP Address. . . . . . . . . . . . . : 192.168.0.14
Subnet Mask . . . . . . . . . . . . : 255.255.255.0
Default Gateway . . . . . . . . . . : 192.168.0.1
DHCP Server . . . . . . . . . . . . : 192.168.0.1
DNS Servers . . . . . . . . . . . . : 202.106.46.151
```

第二步：简单测试连通性 Ping。

前面已详述。

第三步：路由跟踪 Tracert。

Tracert 命令用来显示数据包到达目标主机所经过的路径，并显示到达每个节点的时间。命令功能同 Ping 类似，但它所获得的信息要比 Ping 命令详细得多，它把数据包所走的全部路径、节点的 IP 以及花费的时间都显示出来。该命令比较适用于大型网络。

命令格式：

```
tracert IP 地址或主机名 [-h maximumhops] [-w timeout]
```

参数含义：

-h maximumhops 指定搜索到目标地址的最大跳跃数；

-w timeout 指定超时时间间隔，程序默认的时间单位是毫秒。

-d，可以指定程序在跟踪主机的路径信息时，同时也解析目标主机的域名。

```
C:/Documents and Settings/dding>tracert www.163.com
Tracing route to www.cache.split.netease.com [61.135.253.9]
over a maximum of 30 hops:
1    67 ms    27 ms    38 ms  123.118.0.1
2    40 ms    39 ms    33 ms  202.106.49.45
3    85 ms    18 ms    19 ms  bt-227-105.bta.net.cn [202.106.227.105]
4   215 ms   385 ms   319 ms  61.148.152.129
5    19 ms    19 ms    20 ms  61.148.152.137
6   188 ms    79 ms    49 ms  61.148.157.246
7    19 ms    19 ms    19 ms  bt-229-010.bta.net.cn [202.106.229.10]
8   164 ms    76 ms    86 ms  61.49.41.22
9   124 ms    44 ms    27 ms  61.135.253.9
Trace complete.
```

第四步：关注网络的每一个细节 Netstat。

Netstat 命令可以了解网络的整体使用情况。它可以显示当前正在活动的网络连接的详细信息，例如显示网络连接、路由表和网络接口信息，可以统计目前总共有哪些网络连接正在运行。

利用命令参数，命令可以显示所有协议的使用状态，这些协议包括 TCP 协议、UDP 协议以及 IP 协议等，另外还可以选择特定的协议并查看其具体信息，还能显示所有主机的端口号以及当前主机的详细路由信息。

命令格式：

```
netstat [-r] [-s] [-n] [-a]
```

参数含义：

-r 显示本机路由表的内容；

-s 显示每个协议的使用状态（包括 TCP 协议、UDP 协议、IP 协议）；

-n 以数字表格形式显示地址和端口；

-a 显示所有主机的端口号。

```
C:/Documents and Settings/dding>netstat -r
Route Table
===========================================================
Interface List
0x1 ........................... MS TCP Loopback interface
0x2 ...00 50 56 c0 00 08 ...... VMware Virtual Ethernet Adapter for VMnet8
0x3 ...00 50 56 c0 00 01 ...... VMware Virtual Ethernet Adapter for VMnet1
0x4 ...00 e0 4c 5b 97 35 ...... Realtek RTL8139 Family PCI Fast Ethernet NIC

数据包计划程序微型端口
===============================================================
===============================================================
Active Routes:
Network Destination        Netmask          Gateway       Interface  Metric
0.0.0.0           0.0.0.0       192.168.0.1    192.168.0.14       20
127.0.0.0          255.0.0.0        127.0.0.1       127.0.0.1       1
169.254.0.0        255.255.0.0     192.168.0.14    192.168.0.14       30
192.168.0.0     255.255.255.0      192.168.0.14    192.168.0.14       20
192.168.0.14   255.255.255.255         127.0.0.1        127.0.0.1      20
192.168.0.255   255.255.255.255     192.168.0.14    192.168.0.14       20
192.168.139.0     255.255.255.0    192.168.139.1   192.168.139.1       20
192.168.139.1   255.255.255.255        127.0.0.1        127.0.0.1      20
192.168.139.255   255.255.255.255    192.168.139.1   192.168.139.1      20
192.168.190.0     255.255.255.0    192.168.190.1   192.168.190.1       20
192.168.190.1   255.255.255.255        127.0.0.1        127.0.0.1      20
192.168.190.255   255.255.255.255    192.168.190.1   192.168.190.1      20
224.0.0.0         240.0.0.0     192.168.0.14    192.168.0.14       20
224.0.0.0         240.0.0.0    192.168.139.1   192.168.139.1       20
224.0.0.0         240.0.0.0    192.168.190.1   192.168.190.1       20
255.255.255.255   255.255.255.255     192.168.0.14    192.168.0.14        1
255.255.255.255   255.255.255.255    192.168.139.1   192.168.139.1        1
255.255.255.255   255.255.255.255    192.168.190.1   192.168.190.1        1
Default Gateway:       192.168.0.1
===============================================================
Persistent Routes:
None
C:/Documents and Settings/dding>netstat -s
IPv4 Statistics
Packets Received                      = 674726
Received Header Errors                 = 0
Received Address Errors                = 34
Datagrams Forwarded                   = 0
Unknown Protocols Received              = 0
```

```
Received Packets Discarded          = 1763
Received Packets Delivered          = 672547
Output Requests                     = 702740
Routing Discards                    = 0
Discarded Output Packets            = 188
Output Packet No Route              = 0
Reassembly Required                 = 801
Reassembly Successful               = 385
Reassembly Failures                 = 30
Datagrams Successfully Fragmented   = 0
Datagrams Failing Fragmentation     = 0
Fragments Created                   = 0
ICMPv4 Statistics
Received    Sent
Messages                  4279      144
Errors                    267       0
Destination Unreachable   704       25
Time Exceeded             72        30
Parameter Problems        0         0
Source Quenches           0         0
Redirects                 0         0
Echos                     4         85
Echo Replies              3232      4
Timestamps                0         0
Timestamp Replies         0         0
Address Masks             0         0
Address Mask Replies      0         0
TCP Statistics for IPv4
Active Opens                        = 4415
Passive Opens                       = 1623
Failed Connection Attempts          = 159
Reset Connections                   = 1959
Current Connections                 = 7
Segments Received                   = 84067
Segments Sent                       = 78923
Segments Retransmitted              = 2407
UDP Statistics for IPv4
Datagrams Received    = 591969
No Ports              = 54
Receive Errors        = 57
Datagrams Sent        = 621259
C:/Documents and Settings/dding>netstat -n
Active Connections
Proto  Local Address          Foreign Address         State
TCP    127.0.0.1:1056         127.0.0.1:27015         ESTABLISHED
TCP    127.0.0.1:27015        127.0.0.1:1056          ESTABLISHED
TCP    192.168.0.14:1066      207.46.110.37:1863      ESTABLISHED
TCP    192.168.0.14:1130      219.133.63.142:443      CLOSE_WAIT
TCP    192.168.0.14:1131      121.14.101.163:8000     CLOSE_WAIT
TCP    192.168.0.14:1595      202.108.33.122:80       TIME_WAIT
```

```
TCP    192.168.0.14:1597      60.2.251.13:80         TIME_WAIT
TCP    192.168.0.14:4236      202.106.199.35:80      CLOSE_WAIT
TCP    192.168.0.14:4250      222.141.52.119:80      CLOSE_WAIT
C:/Documents and Settings/dding>netstat -a
Active Connections
Proto  Local Address          Foreign Address        State
TCP    ding:http              ding:0                 LISTENING
TCP    ding:epmap             ding:0                 LISTENING
.........
UDP    ding:microsoft-ds       *:*
UDP    ding:isakmp             *:*
UDP    ding:1004               *:*
UDP    ding:1025               *:*
.........
UDP    ding:ntp                *:*
UDP    ding:1063               *:*
UDP    ding:5353               *:*
```

2. 相关网络线路设备

红光笔如图 8-47 所示。

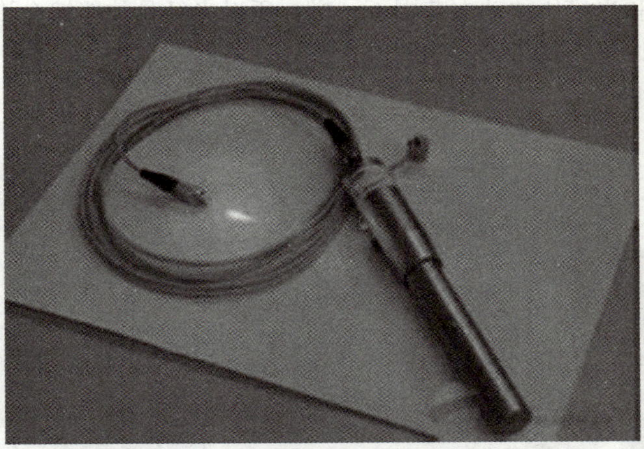

图 8-47　红光笔

红光笔又叫做通光笔、笔式红光源、可见光检测笔、光纤故障检测器、光纤故障定位仪等，多数用于检测光纤断点，目前按其最短检测距离划分为：5km、10 km、15 km、20 km、25 km、30 km、35 km、40 km 等。

光功率计如图 8-48 所示。

光功率计（Optical Power Meter）是指用于测量绝对光功率或通过一段光纤的光功率相对损耗的仪器。在光纤系统中，测量光功率是最基本的，非常像电子学中的万用表；在光纤测量中，光功率计是重负荷常用表。通过测量发射端机或光网络的绝对功率，一台光功率计就能够评价光端设备的性能。用光功率计与稳定光源组合使用，则能够测量连接损耗、检验连续性，并帮助评估光纤链路传输质量。

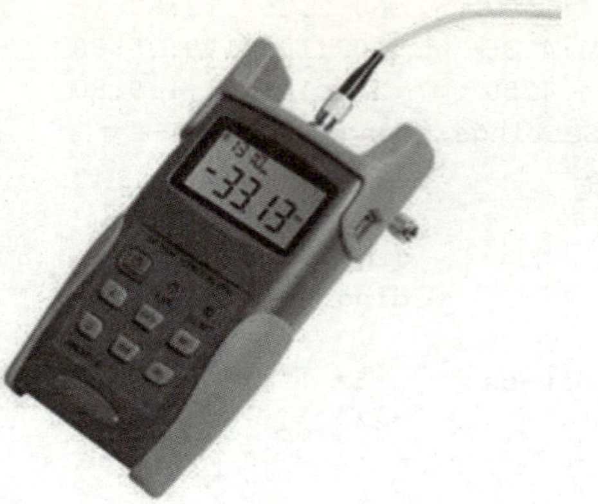

图 8-48　光功率计

光功率的单位是 dbm，在光纤收发器或交换机的说明书中有它的发光和接收光功率，通常发光小于 0dbm，接收端能够接收的最小光功率称为灵敏度，能接收的最大光功率减去灵敏度的值的单位是 db（dbm-dbm=db），称为动态范围，发光功率减去接收灵敏度是允许的光纤衰耗值。测试时实际的发光功率减去实际接收到的光功率的值就是光纤衰耗(db)。接收端接收到的光功率最佳值是能接收的最大光功率-(动态范围/2)，但一般不会这样好。由于每种光收发器和光模块的动态范围不一样，所以光纤具体能够允许衰耗多少要看实际情形，一般来说允许的衰耗为 15～30db 左右。

OTDR 如图 8-49 所示。

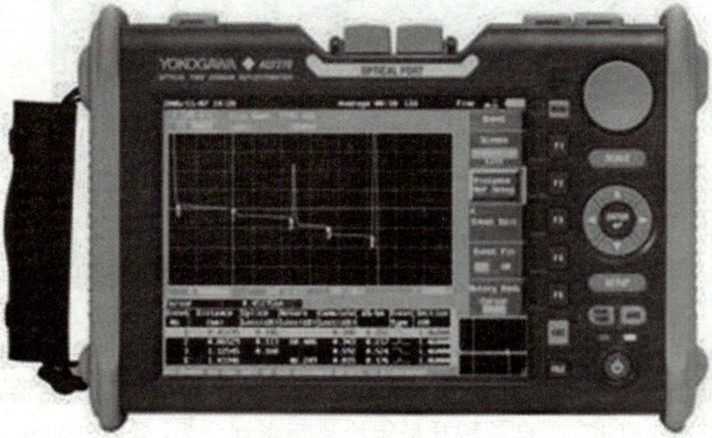

图 8-49　OTDR 光时域反射仪

OTDR 的英文全称是 Optical Time Domain Reflectometer，中文意思为光时域反射仪。OTDR 是利用光线在光纤中传输时的瑞利散射和菲涅尔反射所产生的背向散射而制成的精密的光电一体化仪表，它被广泛应用于光缆线路的维护、施工之中，可进行光纤长度、光纤的传输衰减、接头衰减和故障定位等的测量。

网络测线仪、寻线仪如图 8-50、图 8-51 所示。

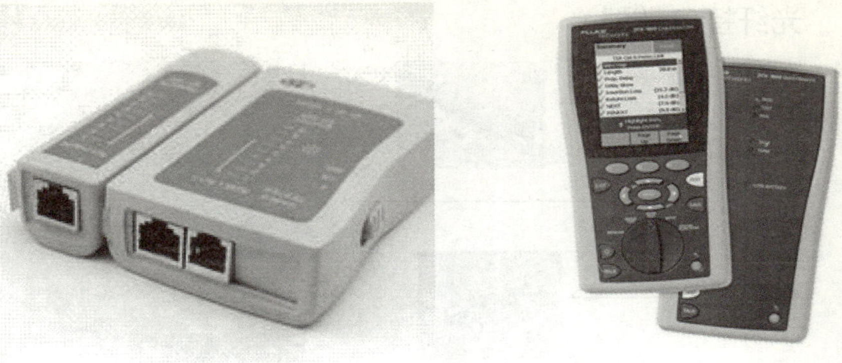

图 8-50 “能手”测线仪及“FLUKE”测线仪

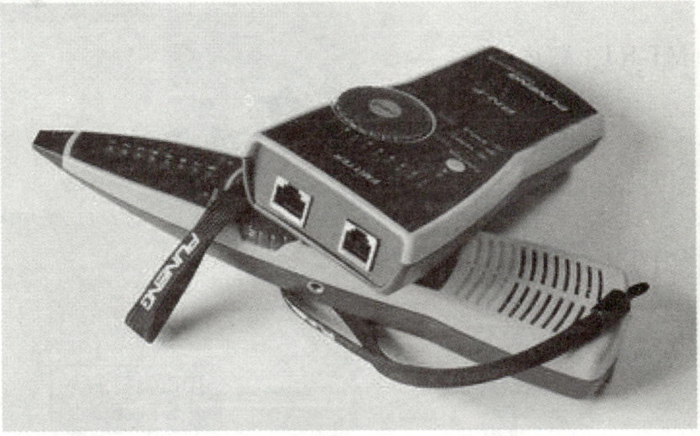

图 8-51 寻线仪

光纤跳线类型如图 8-52、图 8-53 所示。

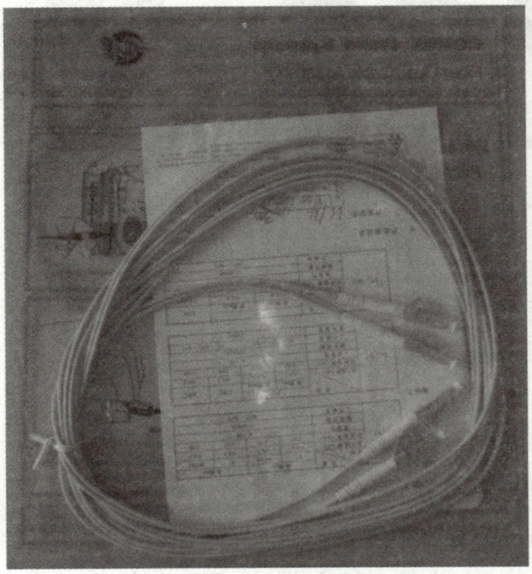

图 8-52 单模光纤跳线（黄色）

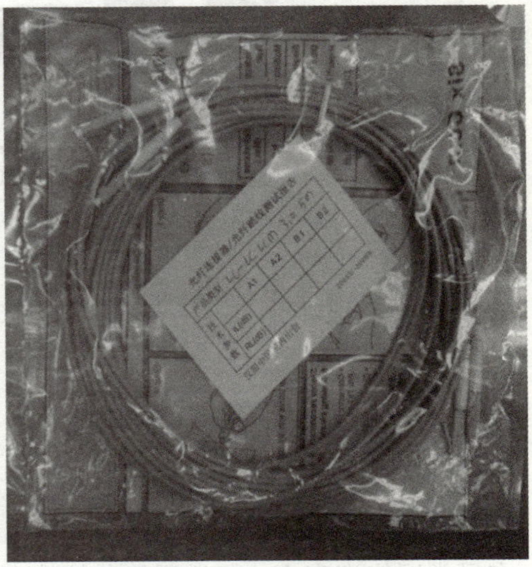

图 8-53 多模光纤跳线（橙色）

光纤接口类型，如图 8-54 所示。

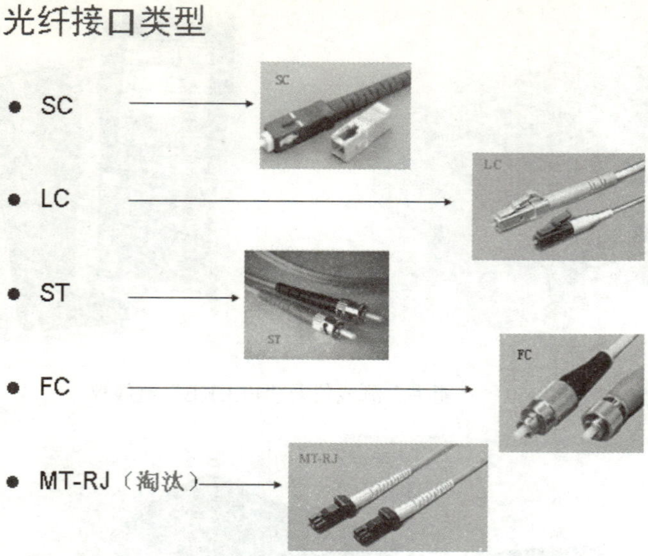

图 8-54　光纤接口类型

光纤连接示意图如图 8-55 所示。

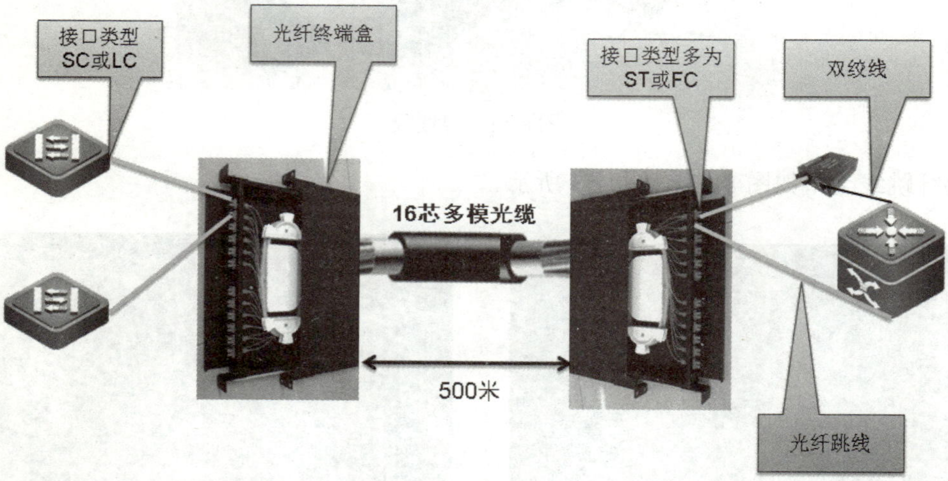

图 8-55　光纤连接示意图

案例三　设备故障诊断与排除

【案例描述】

在日常网络巡查中，通过网络监控管理软件，发现有一接入楼宇线路为灰色，另一楼宇设备状态不正常，同时接到该楼多个用户反映不能上网，经过排查后，排除了线路故障的原因，进一步对设备进行排查。

【案例分析】

排除了线路故障，那就基本确定是设备上出的问题了，我们的网络一般采用的是“核心-汇聚-接入”的三级结构，只有两栋楼宇上不了网，而其他楼宇正常，说明核心设备基本没什么问题，很有可能问题出现在汇聚设备上或者是连接两端设备的模块上面。

【实施方案】

现在的网络设备大部分都是模块化设计，我们可以用替换法来进行排查，同时借助一些专业网络设备和管理软件进行分析。

【实施步骤】

现在进行设备互连，有很多情况下使用的都是 SFP 光模块，在排查故障时，我们最好准备好相关的备件，实施步骤如下：

（1） 先用光功率计测试光衰是否正常，一般来说，光模块上都有标识，TX 为发，RX 为收。另外，需要注意的是所用模块是单模还是多模，是有区别的。

（2）如果光衰过大，排除线路原因外，很有可能是光模块老化所致，我们应该给予更换，注意如果是单模光纤那么两端都应该是单模模块，如果是多模光纤那么两端都应该是多模模块。此外，还应注意收发的线序，不能冲突，可以借助光功率计测试。

（3） 如果又排除了光模块的原因，那么就是网络设备出故障了，这时我们就需要及时替换维修。可能出现的情况有以下几种：

① 设备不通电，有可能是电源模块损坏；

② 设备启动时间过长，正常运行时间短，经常宕机；

③ 设备所有指示灯同时闪烁不停。

对于前两种情况，是硬件故障，必须及时给予更换维修。第三种情况，一种可能是设备硬件短路，另一种则可能是网络中存在环路，排查出环路原因即可解决，一般现在高端一些的设备上端口都可以设置防环路功能，可以避免此种情况的发生。

相关知识

1. 相关网络设备

网络设备接口及扩展模块插槽，如图 8-56、图 8-57 所示。

图 8-56　网络设备固化接口

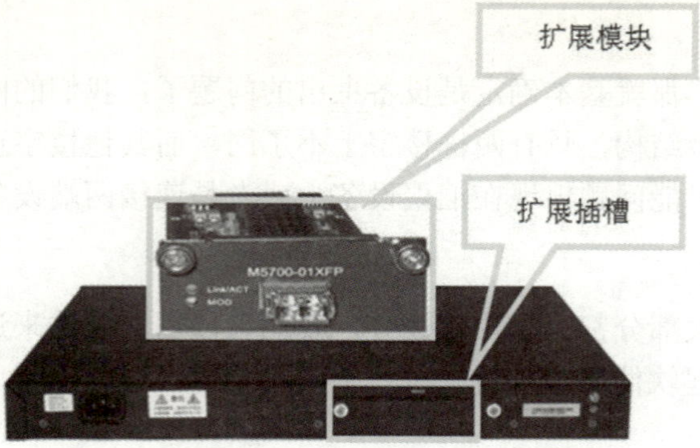

图 8-57　网络设备扩展插槽

SFP 接口（Small Formfactor Pluggable）如图 8-58 所示。

传输标准：1,000M 连接 Mini-GBIC 模块。

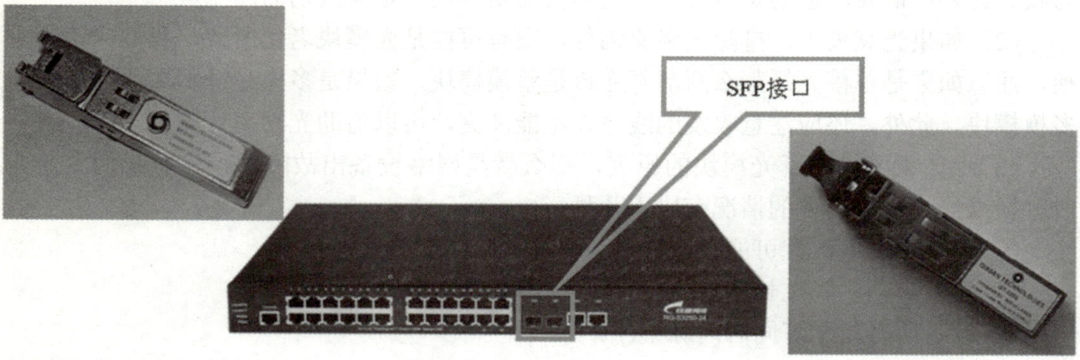

图 8-58　SFP 接口及模块

常用 Mini-GBIC 模块如图 8-59 所示。

模块型号	介质类型	传输距离	接口类型
Mini-GBIC-GT	双绞线	100M	RJ-45
Mini-GBIC-SX	多模光纤	550M	LC
Mini-GBIC-LX	多模光纤	550M	LC
	单模光纤	10KM	LC
Mini-GBIC-ZX-50	单模光纤	50KM	LC
Mini-GBIC-ZX-80	单模光纤	80KM	LC

图 8-59　常用 Mini-GBIC 模块

2. 以太网设备接口复用

接口复用是指在同一台设备中，某些不同类型的接口同一时刻只能使用其中的一个，这样一来，可以提升设备接口的灵活性，降低用户成本，一般都是通过配置命令决定使用哪种接口。判断复用接口的方法是不同接口但编号一致，如图 8-60 所示。

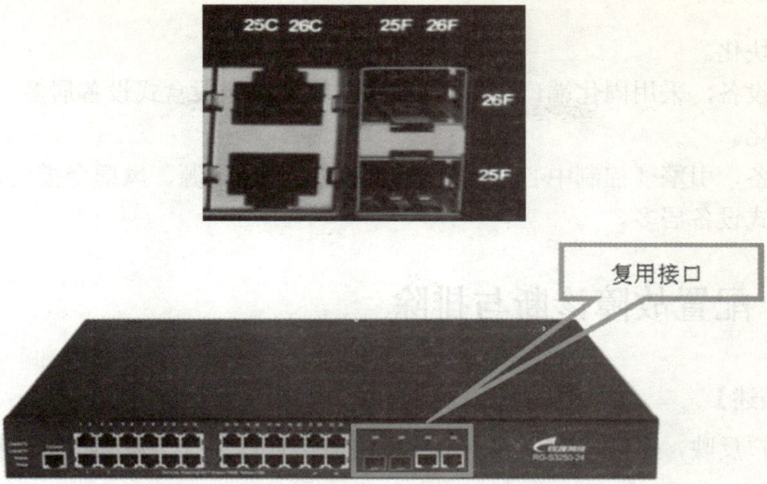

图 8-60　设备上的复用接口

3. 网络设备硬件设计标准

标准尺寸的网络设备应满足：宽为 19 英寸，约 48.26 cm。

高为 1U 的倍数，1U 约 4.445 cm。

深未做规定。

规范网络设备的尺寸，是为了设备保持适当的尺寸以便放机柜上。

一般网络设备的宽度都为 19 英寸，特殊需要除外。

4. 模块化硬件设计

如图 8-61 所示。

图 8-61　盒式设备及箱式设备

优点：

模块化设计能提升设备的灵活性与扩展性；

模块化设计能方便地实现硬件冗余与更换。

类型：

简单模块化。

中低端设备，采用固化端口+扩展插槽方式设计，一般盒式设备居多。

全模块化。

高端设备，引擎（控制中心）、线卡（端口接入）、电源、风扇全模块化。

一般箱式设备居多。

案例四　配置故障诊断与排除

【案例描述】

接到用户反映，不能正常上网，但从网络监控管理系统上看到设备连接正常，运行状态正常。

【案例分析】

能从网络监控管理系统上看到相关设备，证明线路上是没有问题的，同时观察到设备的运行状态也正常，说明设备本身硬件上也没问题，那么现在如果还不能正常联网的话就说明在设备配置上有问题了。

【实施方案】

根据分析结果，远程连接到相关设备进行配置，如果不能远程连接，则需要携带笔记本及配置线等相关工具到现场进行调试。

【实施步骤】

（1）　先整理在项目实施时的原始配置文档；

（2）　确定设备 IP，首先采用远程连接的方式或 WEB 登录的方式连接到设备上进行调试；

（3）　如果设备不支持，或者由于种种原因，比方说忘记登录密码或密码被篡改等诸如此类的情况，那就麻烦点，携带笔记本和配置线到现场进行调试；

（4）　导入初始配置文档，分析相关命令，做好设备的安全防护工作。

相关知识

网络设备调试方法

1.　通过 console 口登入交换机管理设备

如图 8-62 所示。

配置要点：

（1）　需要准备一个专门的 console 线，如果不是台式机，一般没有九针接口，需要采购专用的一根 COM 转 USB 的线缆。

（2）　如果是 Win7 系统，需要下载 SecureCRT 软件来登入设备。

（3）　在软件设置波特率界面时需要将流控关闭。

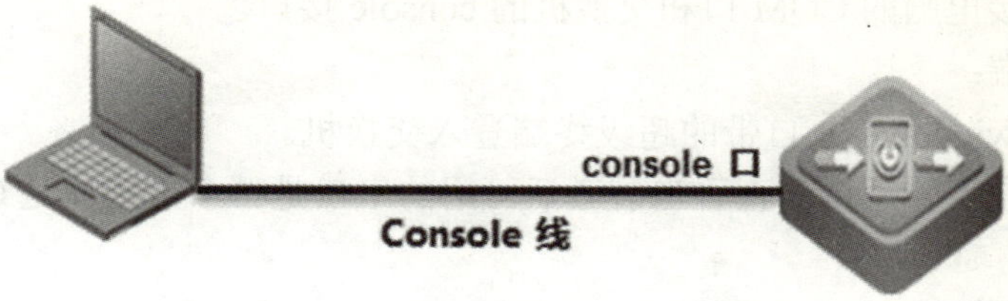

图 8-62　通过 console 口登录设备

配置步骤：

（1）　工具准备，如图 8-63 所示。

带有超级终端和 COM 口的电脑，电脑上的 COM 接口在机箱后面，接显示器接口的旁边，上面有 9 根针。如果是没有 COM 口的笔记本时，请自行购买 COM 转 USB 的线缆。

交换机的 console 口：设备前面面板上有一个接口，有标注“console”。

配置线：一头类似网线水晶头为 RJ-45 接口，另一头比较大，上面有 9 个孔（DB9）。

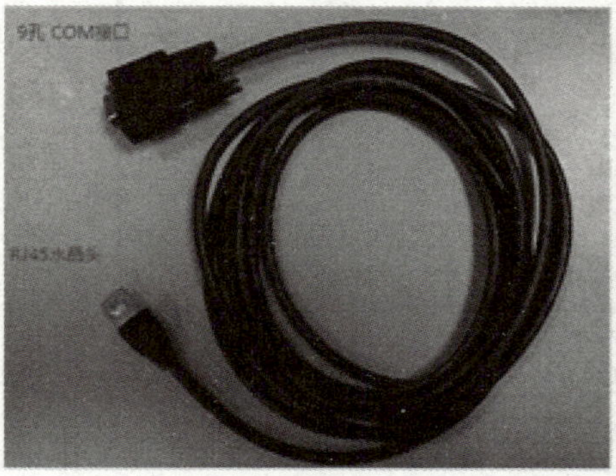

配置线

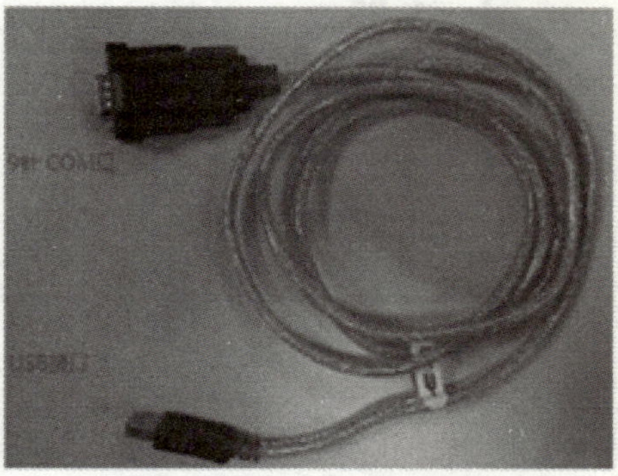

COM 转 USB 线缆

COM 接口在主机箱背面

COM 接口

图 8-63　配置线及 COM 接口

（2） 登录设备。

用配置线连接电脑的 COM 口和交换机的 console 接口。

配置超级终端：

方法一：用 window XP 自带的超级终端登入交换机。

通过电脑的设备管理器，查看当前激活可用的串口是哪个，例如是 COM1，如图 8-64 所示。

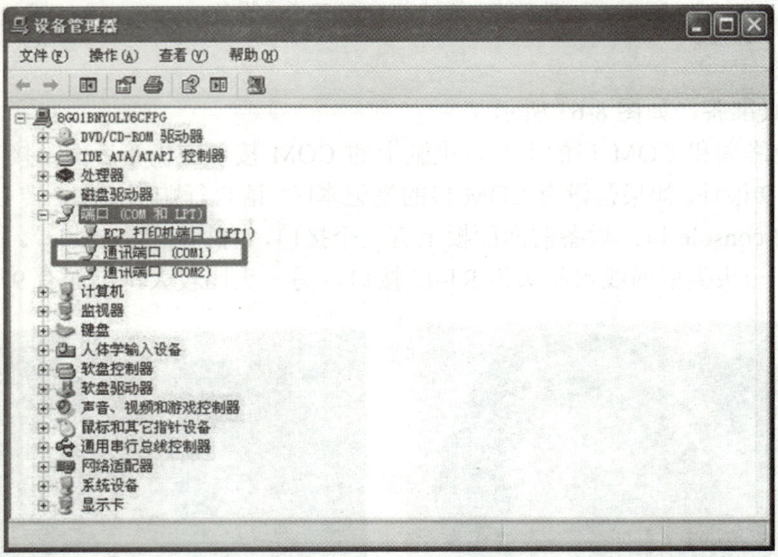

图 8-64 COM 接口

点击电脑的“开始”菜单→“所有程序”→“附件”→“通讯”，打开其中的“超级终端”程序（Windows Server 2003 默认是安装无“超级终端”，需在“控制面板”的“添加/删除程序”中进行添加）。如果是首次使用超级终端会出现如下信息，如图 8-65 所示。

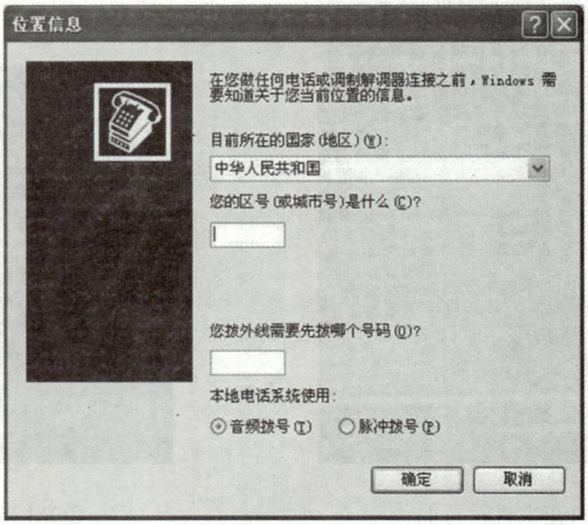

图 8-65 进入超级终端向导

任意填入一个区号（如：099）后点击“确定”，出现以下信息，如图 8-66 所示。

再次点击“确定”便打开了超级终端。名称任意填写，然后点击“确定”。如图 8-67 所示。

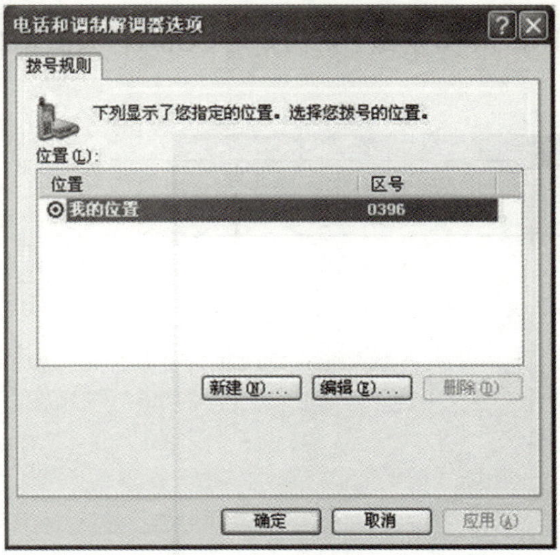

图 8-66 填写位置信息

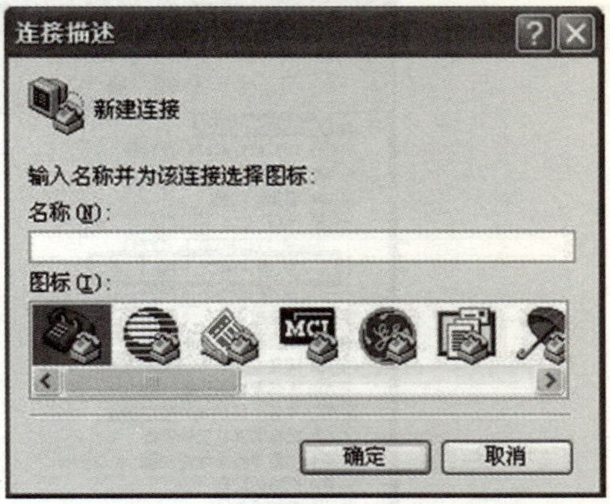

图 8-67 填写名称

在“连接时使用”选择当前配置线连接的 COM 口（注意，有些电脑可能会有多个 COM 口，要注意选择正确的 COM 口），然后点击“确定”。如图 8-68 所示。

在“COM 属性”中点击“还原默认值”，然后点击“确定”，这时会打开“超级终端”配置窗口，窗口左上角可看到光标在闪烁。设备 console 口使用的波特率是 9600，数据流控改为无。如图 8-69 所示。

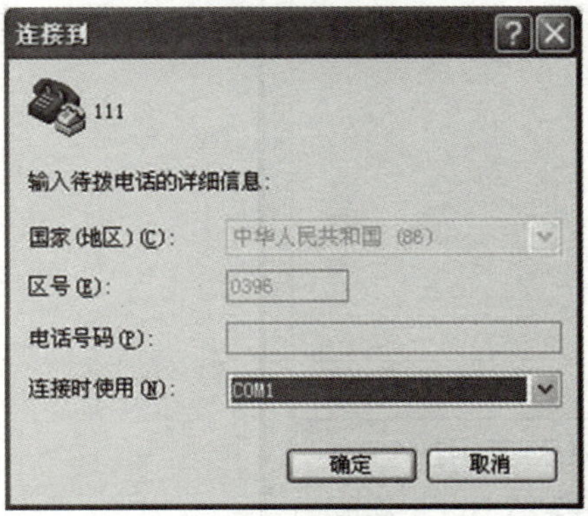

图 8-68 选择合适的 COM 口

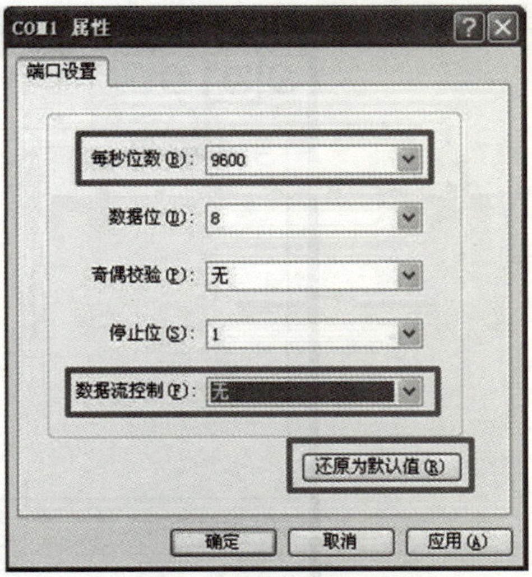

图 8-69 选择合适的参数

最终按回车键，出现交换机的主机名提示，类似主机名>的字符就表示连接成功了。

有时我们使用的系统不一定是 Windows 系统或者更高版本的 Windows，找不到“超级终端”组件怎么办？那我们就可以采用第二种方法，运用第三方登录软件，往往会更加方便，在此我们采用 SecureCRT 软件为例。

方法二：用 SecureCRT 软件登入交换机。

通过电脑的设备管理器，查看当前激活可用的串口是哪个，例如是 COM1，如图 8-70 所示。

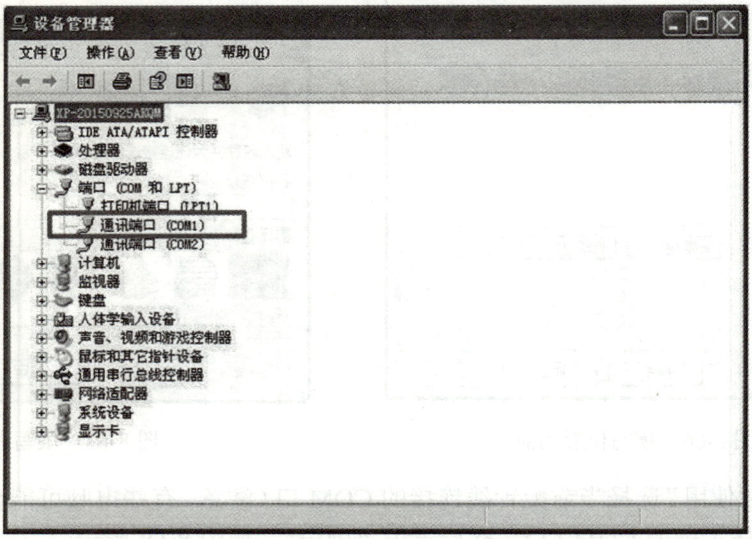

图 8-70　查看 COM 口

需要从网上下载一个 SecureCRT 软件，然后运行 SecureCRT.exe 程序。

点击如图 8-71 第二个图标快速连接。

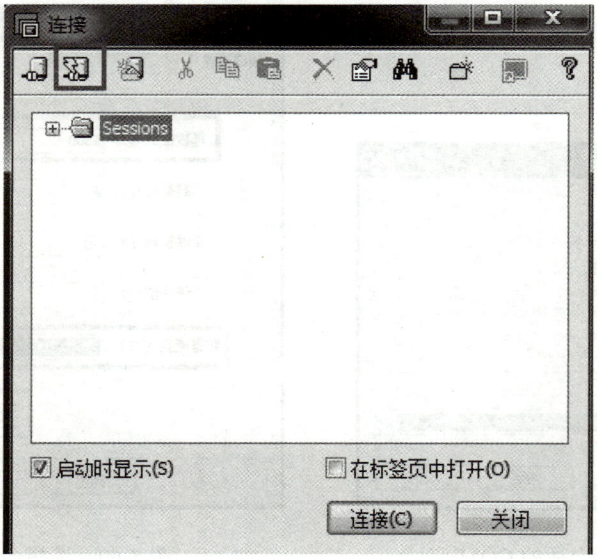

图 8-71　打开 SecureCRT 软件

协议选择 Serial，端口选择 COM1、波特率设置为 9600、RTS/CTS 要把勾去掉（关闭流控功能），如图 8-72 所示。

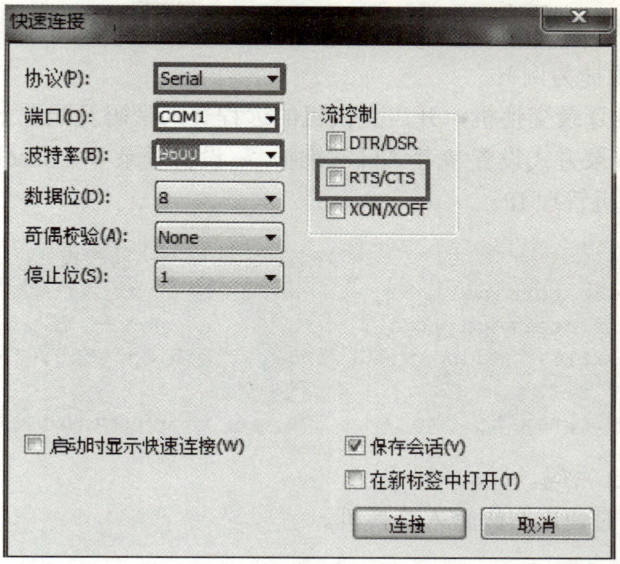

图 8-72　设置相关参数

点击连接，交换机出现交换机的主机名提示字符就表示连接成功了。

重要说明：如果没字符提示，回车没反应，那么可以尝试如下方法恢复：

（1）检查超级终端的各项参数是否设置正确（特别关注流控 RTS/CTS、波特率）；

（2）检查 console 口是否连接好，COM 口是否连接正确，可以尝试插拔下；

（3）修改波特率为 57600 或 115200 再尝试；

（4）重启交换机是否有重启日志提示、进行拔插交换机网线（确认是否为只有输出没有输入）等操作；

（5）更换 console 线，更换 USB 转串口线，更换电脑，更换超级终端软件；

（6）可以尝试连接其他交换机的 console 口，对比观察是否能正确连接。

2. 通过 Telnet 功能远程登录管理设备

如图 8-73 所示。

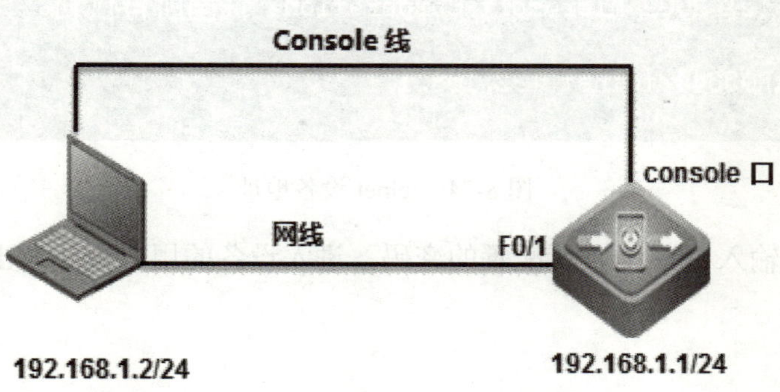

图 8-73　连接示意图

配置要点：

（1） 需要给交换机配置一个管理 IP，如果 PC 与交换机不是同一个网段，需要给交换机配置一个默认网关。

（2） 需要配置一个 enable 密码及 telnet 密码。

配置步骤（以锐捷为例）：

通过 Console 线登录交换机，开启交换机的远程登入密码及配置 enable 密码。

（1） console 登录方式设置参考“日常维护 > 设备登录 > Console 方式登录”

（2） 配置交换机管理 IP。

```
Ruijie>enable                                    ------->进入特权模式
Ruijie#configure terminal                        ------->进入全局配置模式
Ruijie(config)#interface vlan 1                  ------->进入 vlan 1 接口
Ruijie(config-if)#ip address 192.168.1.1 255.255.255.0 ------->为 vlan 1 接
口上设置管理 ip
Ruijie(config-if)#exit                           ------->退回到全局配置模式
```

（3） 配置 telnet 密码。

需求一：telnet 时使用密码登入交换机。

```
Ruijie(config)#line vty 0 4          ------->  进入 telnet 密码配置模式，0 4 表示允
许共 5 个用户同时 telnet 登入到交换机
Ruijie(config-line)#login            ------->启用需输入密码才能 telnet 成功
Ruijie(config-line)#password ruijie  -------> 将 telnet 密码设置为 ruijie
Ruijie(config-line)#exit             ------->  回到全局配置模式
Ruijie(config)#enable password  ruijie   ------->配置进入特权模式的密码为
ruijie
Ruijie(config)#end                   ------->退出到特权模式
Ruijie#write                         ------->确认配置正确，保存配置
```

确认 telnet 配置是否正确。

① 在开始—运行中输入 cmd 命令，点击“确定”，在弹出的 cmd 命令行中，输入 telnet 192.168.1.1，如图 8-74 所示。

管理员: C:\Windows\system32\cmd.exe
Microsoft Windows [版本 6.1.7601]
版权所有 (c) 2009 Microsoft Corporation。保留所有权利。
C:\Users\R03344>telnet 192.168.1.1

图 8-74　telnet 设备地址

② 回车后，输入 line vty 所配置的密码，进入设备的用户模式，出现 Ruijie>模式，如图 8-75 所示。

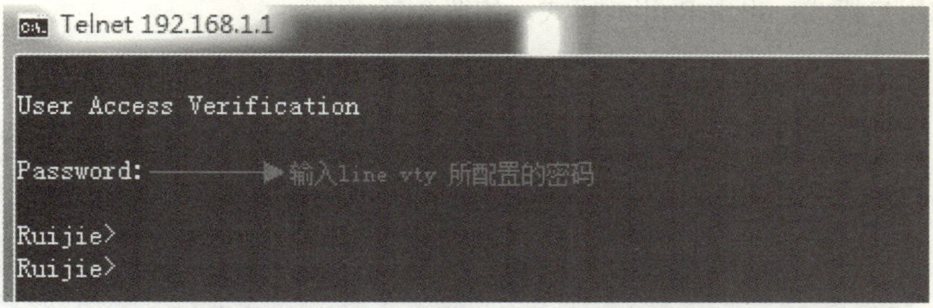

图 8-75　输入 line vty 所配置的密码

③ 在 Ruijie>模式下输入 enable 后，提示输入特权密码，输入正确的密码后回车，进特权模式，如图 8-76 所示。

图 8-76　输入特权密码

需求二：telnet 时使用用户名及密码登入交换机。

```
    Ruijie(config)#line vty 0 4                      ------>进入 telnet 密码配置模式，0 4
表示允许共 5 个用户同时 telnet 登入到交换机
    Ruijie(config-line)#login local                  ------>启用 telnet 时使用本地用户和密
码功能
    Ruijie(config-line)#exit                     ------>回到全局配置模式
    Ruijie(config)#username admin password ruijie        ------>配置远程登入的用户
名为 admin，密码为 ruijie
    Ruijie(config)#enable password  ruijie        ------>配置进入特权模式的密码为
ruijie
    Ruijie(config)#end                           ------>退出到特权模式
    Ruijie#write                              ------>确认配置正确，保存配置
```

确认 telnet 配置是否正确。

① 在开始—运行中输入 cmd 命令，点击“确定”，在弹出的 cmd 命令行中，输入 telnet 192.168.1.1，如图 8-77 所示。

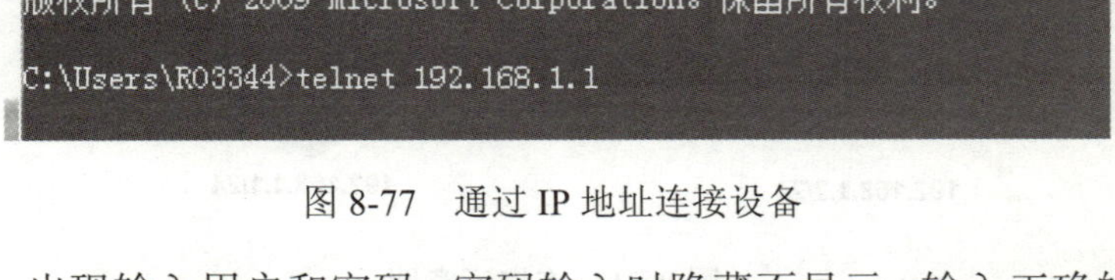

图 8-77　通过 IP 地址连接设备

② 回车后，出现输入用户和密码，密码输入时隐藏不显示。输入正确的密码后回车，

进入设备的用户模式，出现 Ruijie>模式，如图 8-78 所示。

```
Telnet 192.168.1.1

User Access Verification

Username:admin ————→ 输入配置用户名
Password: ————→ 输入配置的密码

Ruijie>
Ruijie>
```

图 8-78　输入用户名和密码

③ 在 Ruijie>模式下输入 enable 后，提示输入特权密码，输入正确的密码后回车，进入特权模式，如图 8-79 所示。

```
Ruijie>enable

Password: ————→ 这里输入的是enable password所配置的密码
Ruijie#
Ruijie#_
```

图 8-79　输入特权密码

功能验证如图 8-80 所示。

```
Ruijie#show users
    Line         User         Host(s)          Idle        Location
   0 con 0                    idle             00:00:16
*  1 vty 0       admin        idle             00:00:00    192.168.1.2
Ruijie#_
```

图 8-80　查看当前用户登入交换机情况

如图 8-80 所示，有两个用户登入交换机，一个是通过 console 线登入，另外一个是通过 telnet 登入交换机，登入用户的 IP 地址是 192.168.1.2。

3. 通过 Web 管理功能远程管理设备

如图 8-81 所示。

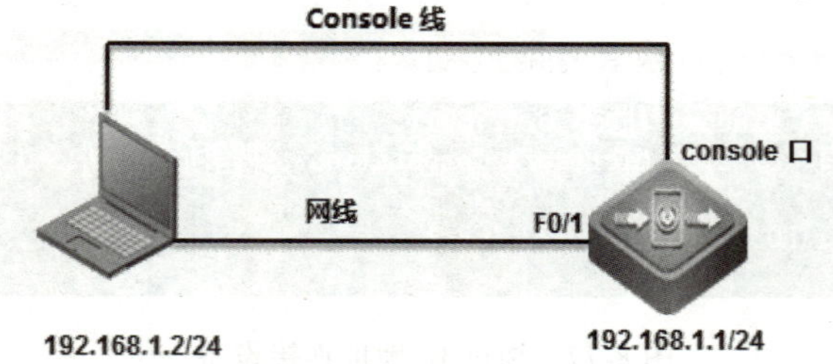

图 8-81　连接示意图

配置要点：

（1） 需要开启 web 功能（打开 web 服务）；

（2） Web 登入的密码默认是 enable 密码，用户名可以任意或配置使用特定用户名、密码登录；

（3） 如果 PC 与交换机不在同一个网段，需要配置交换机的默认网关。

4. 通过 SSH 功能远程管理设备

如图 8-81 所示。

配置要点：

（1） 需要开启 SSH 功能；

（2） 需要手工生成 Key；

（3） 如果 PC 与交换机不在同一个网段，需要配置交换机的默认网关。

案例五 网络抓包分析工具的使用

随着网络日益深入，互联网已经成为人们获取信息的一个重要手段，但是网络中并不是纯净的，各种病毒、攻击存在于网络中经常会造成网络中断，但病毒源的 PC 关机后网络又恢复正常，使得查找网络故障更加复杂和困难。靠感觉和经验已经不能够迅速处理问题。必须使用相应的工具进行判断、处理。在处理过程我们使用抓包软件进行分析，迅速准确地处理了两例局域网故障。

【案例描述】

（1） 用户局域网使用 DHCP 进行地址分配，上网一段时间后，就中断，手工指定地址后，使用一段时间便中断。

（2） 有时是上午可用，下午不可用。

【案例分析】

造成上网时断时续的原因较多，主要有以下几种：

（1） 病毒影响，当网络中有 PC 感染病毒后不断发出大量的报文，使交换机 CPU 使用率过高导致网络中断，带病毒的PC关机后网络又恢复正常。

（2）路由器、交换机运行不稳定造成。

（3） 接入的线路质量较差导致光电转换器或者宽带 Modem 频繁握手。

【实施方案】

（1） 先对线路进行检查，看是否有接触不良的现象；

（2） 对设备进行检查，看是否存在故障；

（3） 利用抓包分析软件进行分析，看是否存在异常情况。

【实施步骤】

在用户端对光路、光电转换器、DHCP 服务器检查均没有发现问题，怀疑有病毒存在，然后使用便携机连入用户的交换机进行抓包分析。在数据包采集的过程中发现网络中 ARP

报文数量大大地超过了其他正常报文的数量在90%以上，而且增长较快。随后对报文进行了分析，发现有两台计算机一直在发ARP请求报文，对每台计算机都进行发送，导致了网络中断。

由于用户网络是由四台交换机级联后，再连到路由器上的，所以将四台交换机的级联线断开，分别在每台交换机上进行抓包分析，结果在第二台交换机和第三台交换机上发现了ARP报文发送的计算机，将该计算机从交换机中拔出后，再进行抓包分析，网络就恢复了正常。

相关知识

1. 网络分析软件概述

自从网络出现以来，网络故障就没有停止过。如何快速、准确地定位故障和保持网络的稳定运行一直是人们追求的目标。为了分析网络故障的原因，一类专业的网络分析软件便产生了。网络分析软件充当了网络程序错误的检修工具，开发人员使用它发现协议开发中的BUG，很多人使用它监听网络数据，同时也是检查安全类软件的辅助工具。

2. 网络分析软件发展

第一阶段是抓包和解码阶段。早期的网络规模比较小、结构比较简单，因此网络分析软件主要是把网络上的数据包抓下来，然后进行解码，以此来帮助协议设计人员分析软件通信的故障。

第二阶段是专家系统阶段。网络分析软件通过抓下来的数据包，根据其特征和前后时间戳的关系，判断网络的数据流有没有问题，是哪一层的问题，有多严重。专家系统不仅仅局限于解码，更重要的是帮助维护人员分析网络故障，专家系统会给出建议和解决方案。

第三阶段是把网络分析工具发展成网络管理工具。网络分析软件作为网络管理工具，部署在网络中心，能长期监控，能主动管理网络，能排除潜在问题。

3. 常用网络分析软件的比较

（1） Wireshark 0.99.4。

Wireshark是一款高效免费的网络抓包分析工具。它可以捕获并描述网线当中的数据，如同使用万用表测量电压一样直观地显示出来。在网络分析软件领域，大多数软件要么晦涩难懂要么价格昂贵，Wireshark改变了这样的局面，它的最大特点就是免费、开源和多平台支持。

Wireshark几乎可以运行于所有流行的操作平台，如MS Windows、Mac OS、Linux、FreeBSD、HP-UX、NetBSD、Solaris/i386、Solaris/sparc等。尽管Wireshark可以在很多操作平台使用，但它支持的传输媒介主要是Ethernet。只有Linux平台下Wireshark支持802.11及Token Ring、FDDI和ATM。

Wireshark能够对大部分局域网协议进行解析，具有界面简单、操作方便、实时显示捕获数据的优点。但Wireshark并不具有分析功能，当一个网络发生异常的时候，Wireshark只会记录数据，它仅仅是一个测量工具，并不能操作网络，不发送数据包或者做其他的主动动作。

Wireshark 目前还存在着一个已知的严重 BUG，当 Wireshark 运行时缓冲区出现内存溢出将会终止。此 BUG 是由最初设计的界面和平台所决定，短期内无法解决。

（2） NAI Sniffer Portable 4.7.5。

NAI 的网络分析工具 Sniffer 长期以来是网络分析类软件的王牌。Sniffer 既有长期积累的经验又存在长期延续旧体系导致的问题。长期的发展使得 Sniffer 具有很强的专业分析能力，但是它一直延续 DOS、WIN95 时期的元素和较早期的技术，使得它只能在 Windows 平台下使用。Sniffer 具有简单的往外发包的功能，同时有几个辅助测试小工具如：Ping、finger、trace、dns lookup 等。

Sniffer 具有三大主要功能：① 协议解析（Decode）；② 网络活动监视（Monitor）；③ 专家分析系统（Expert）。

Sniffer 和 Wireshark 一样可以用来解析网络协议，而且支持的协议从局域网扩展到了广域网，对无线网络也有了一定的支持。Sniffer 的协议解析非常详尽，对协议的描述很有层次感。尽管 Sniffer 的协议解析能力很强，但是它不能实时显示捕获的数据包，这一点在协议开发人员用来查找问题时可能带来不便。

Sniffer 的协议解析功能可以用来学习各种协议，查找网络故障。但实际上很多问题并不像故障那么明显，比如网络慢或者丢包，单靠协议解析是很难发现的。这时候 Sniffer 的网络活动监视功能可以直接看到网络的当前运行状况，一旦网络出现问题就可以很快被发现。Sniffer 用直观的图形实时显示网络的流量、会话、协议、包的大小、错误等信息。

Sniffer 的专家功能是它最看重的功能，也是它最为出色功能。Sniffer 的专家系统在后台为我们工作着，一旦有触发条件产生便产生相应的动作，然后通过视听信号通知我们。

通过专家系统，Sniffer 能够帮助我们评估网络的性能，比如，网络的使用率，网络性能的趋势，网络中哪一些应用消耗最多带宽，网络上哪一些用户消耗最多带宽，不同协议的流量状况等。

通过专家系统，Sniffer 可以帮助我们评估业务运行状态，比如各个应用的响应时间，一个操作需要的时间，应用带宽的消耗，应用的行为特征，应用性能的瓶颈等。

通过专家系统，Sniffer 可以快速地发现异常流量和网络攻击，这就为我们尽早采取措施提供了帮助。Sniffer 能够帮助我们做流量的趋势分析，通过长期监控，可以发现网络流量的发展趋势，为网络何时改造升级提供建议和依据。

（3） WildPackets OmniPeek 4.0。

OmniPeek 是网络分析软件的后起之秀，由于它设计时大量采用了 Windows XP 及 2000 下的元素和比较流行的软件设计技术，并且更加注重网络软件的要求，面向国际化，支持多语言，所以 OmniPeek 在使用上更为简洁方便和人性化，它支持更多新的技术和应用。由于使用了新技术，OmniPeek 有了很多的 Plugin，能方便地扩展功能。与 Sniffer 一样，OmniPeek 除了能发送一些简单的数据包外，同样具备了三大功能：① 协议解析（Decode）；② 网络活动监视（Monitor）；③ 专家分析系统（Expert）。

OmniPeek 能很好地支持无线网络，提供丰富的无线网卡混杂抓包模式的驱动程序，是无线协议分析的利器。OmniPeek 对千兆网络也有了很好的支持，无论是协议分析还是网络监视都有很好的表现。

与 Sniffer 不同的是 OmniPeek 更重视视觉形象（Visualize），它的很多操作都用图形化方式来完成，OmniPeek 侧重于整体现象的分析，以“流（TCP/UDP 通信对）”作为对象来研究，使分析结果易于理解，大大提高了效率。OmniPeek 的专家系统就是基于“流”来分析的，对会话的整体分析较好，但在具体细节处略有不足。

OmniPeek 集成了分布式专家（DNX）系统功能，它提供的 Engine 可以部署在网络的各个部分。分布式专家系统通过一个控制台来控制多个 Engine 获取整个网络的状况，控制台操作界面与普通的网络分析界面是一样的。通过 OmniPeek 的分布式专家系统，我们可以将监控拓展到控制台无法直接到达的地方，可以使我们更全面地了解网络的运行情况。

Wireshark 是典型的网络抓包工具，主要具备第一代网络分析软件的特点。随着软件的不断更新，Wireshark 也具有了一点简单的图形化的监视功能。Wirshark 解析的协议主要是局域网协议，它支持的介质也主要是 Ethernet，功能比较单一，效率比较高。Wireshark 没有网络状态分析功能，对网络问题不能提供参考意见。

NAI 的 Sniffer 功能涵盖了协议解析、网络监视和智能管理几个部分。Sniffer 的协议解析很详细，尤其对广域网协议的解析非常全面，但扩展性不是很强，新协议支持更新较慢。Sniffer 的网络状态监视功能也很强大，可以监视流量、带宽、协议、应用响应时间、会话主机等信息，并且以图形的形式显示出来。Sniffer 的专家功能非常细致，严格按照协议进行分层，每个细节都有考虑。另外它对网络异常状况进行了分级，使我们可以容易找到相应的问题。

OmniPeek 的功能和 Sniffer 大致相同，也涵盖了协议解析、网络监视和智能管理几个部分。OmniPeek 在协议解析上没有 Sniffer 支持的协议多，但对无线和语音的解析功能要比 Sniffer 强。OmniPeek 专家功能没有 Sniffer 细致，功能没有 Sniffer 强大。

通过对比，我们发现 Wireshark 是一款小巧、开源且能在几乎所有流行操作系统下使用的抓包工具软件，很适合一般人员学习网络协议使用，也是协议开发人员验证协议的好工具。由于 Wireshark 存在缓存溢出的 BUG，建议不要将它用于分析流量很大的百兆网络，也不要用于千兆网络分析。

Sniffer Portable 具有超强的专家分析能力，并且价格昂贵，使用它来抓包分析协议实在是浪费。对于大型的安全性稳定性要求很高的网络，使用 Sniffer 的专家分析和预告功能是个不错的选择。另外 Sniffer 还有一些 Report 选件和分布式硬件可供选择，配合使用可以组成一个完善的安全监视系统，这样的花费还是值得的。

OmniPeek 代表一股新生力量，它对无线网络、语音等技术都有很好的支持。OmniPeek 可以使用很多的 Plugin，使得它能很快适应新出现的业务和应用。所以 OmniPeek 很适用于网络不是很大，应用经常更新的环境。无线环境和千兆环境也可以选择 OmniPeek。

下面以 Wireshark 为例介绍抓包分析软件的使用。

Wireshark 是世界上最流行的网络分析工具。这个强大的工具可以捕捉网络中的数据，并为用户提供关于网络和上层协议的各种信息。与很多其他网络工具一样，Wireshark 也使用 pcap network library 来进行封包捕捉。

下载 Wireshark。百度搜索 Wireshark 的官方主页，我们可以下载 Wireshark 的安装文件，在这里我们既可以下载到最新的发布版本软件安装文件，也可以下载到以前发布的旧版本软件安装文件。Wireshark 支持多个操作系统，在下载安装文件的时候注意选择与自己

PC 的操作系统匹配的安装文件。下面的介绍我们都是以 Windows XP 系统为例。

安装步骤：

第一步：选择组件（Choose Components），如图 8-82 所示。

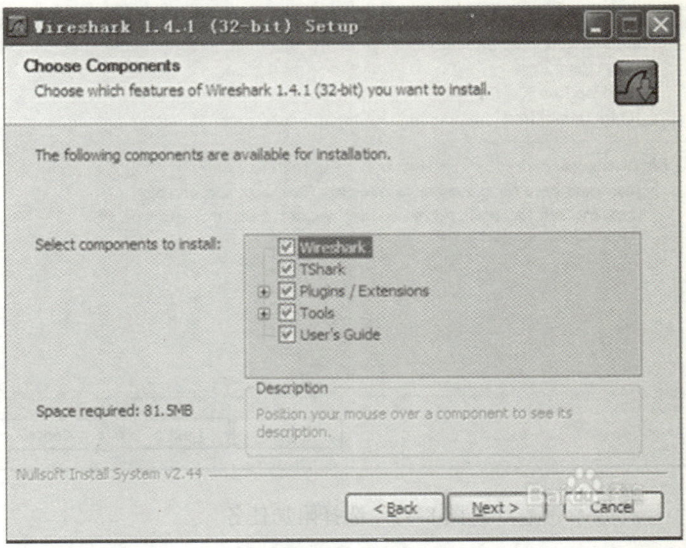

图 8-82　选择组件

Wireshark——GUI 网络分析工具。

TSshark-TShark ——命令行的网络分析工具。

插件/扩展（Wireshark，TShark 分析引擎）：

- Dissector Plugins——分析插件：带有扩展分析的插件。
- Tree Statistics Plugins——树状统计插件：统计工具扩展。
- Mate - Meta Analysis and Tracing Engine(experimental)——可配置的显示过滤引擎。
- SNMP MIBs——SNMP，MIBS 的详细分析。

Tools/工具（处理捕捉文件的附加命令行工具）。

- Editcap 是一个读取捕捉文件的程序，还可以将一个捕捉文件的部分或所有信息写入另一个捕捉文件。
- Tex2pcap 是一个读取 ASCII hex，写入数据到 libpcap 文件的程序。
- Mergecap 是一个可以将多个捕捉文件合并为一个的程序。
- Capinfos 是一个显示捕捉文件信息的程序。

User's Guide 用户手册——本地安装的用户手册。如果不安装用户手册，帮助菜单的大部分按钮的结果可能就是访问 Internet。

第二步：选择附加任务（Select Additional Tasks），如图 8-83 所示。

Start Menu Item——增加一些快捷方式到开始菜单。

Desktop Icon——增加 Wireshark 图标到桌面。

Quick Launch Icon——增加一个 Wireshark 图标到快速启动工具栏。

Associate file extensions to Wireshark-Wireshark——将捕捉包默认打开方式关联到 Wireshark。

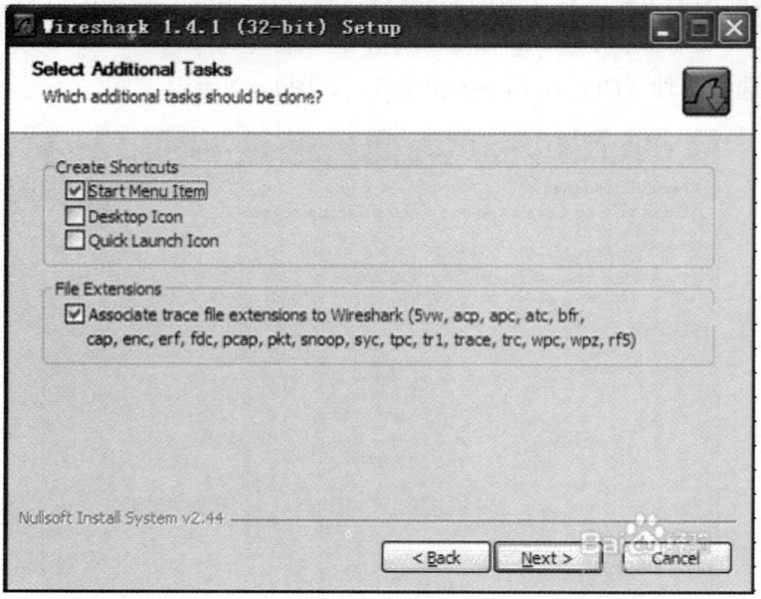

图 8-83　选择附加任务

第三步：选择安装目录（Choose Install Location），如图 8-84 所示。

安装路径默认为 C 盘，用户可以根据自己的需求更改默认安装路径。

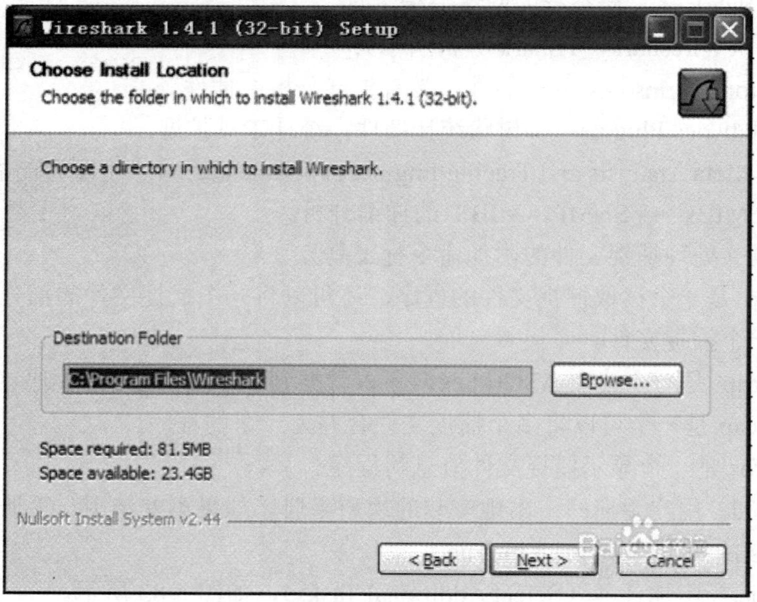

图 8-84　选择安装目录

第四步：安装 WinPcap（Install WinPcap），如图 8-85 所示。

Wireshark 安装包里包含了最新版的 WinPcap 安装包。如果没有安装 WinPcap，将无法捕捉网络流量。但是还是可以打开已保存的捕捉包文件。

当一切都选择完成后，点击安装按钮等待完成安装即可。

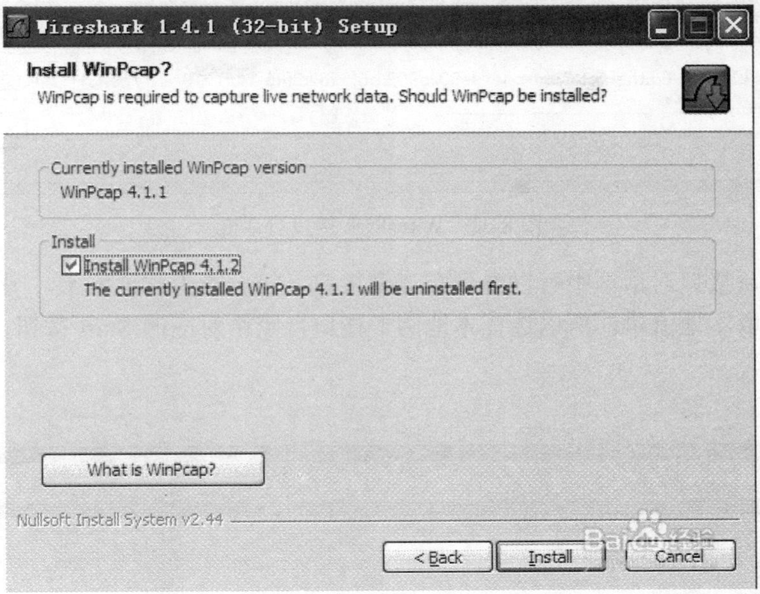

图 8-85　安装 WinPcap

上面介绍了 Wireshark 软件的安装与使用方法，下面我们以捕捉本机 CNTV 网络电视流量为例说明一下 Wireshark 的具体使用过程。

第一步：打开 Wireshark，会出现 Wireshark 抓包开始界面，如图 8-86 所示。

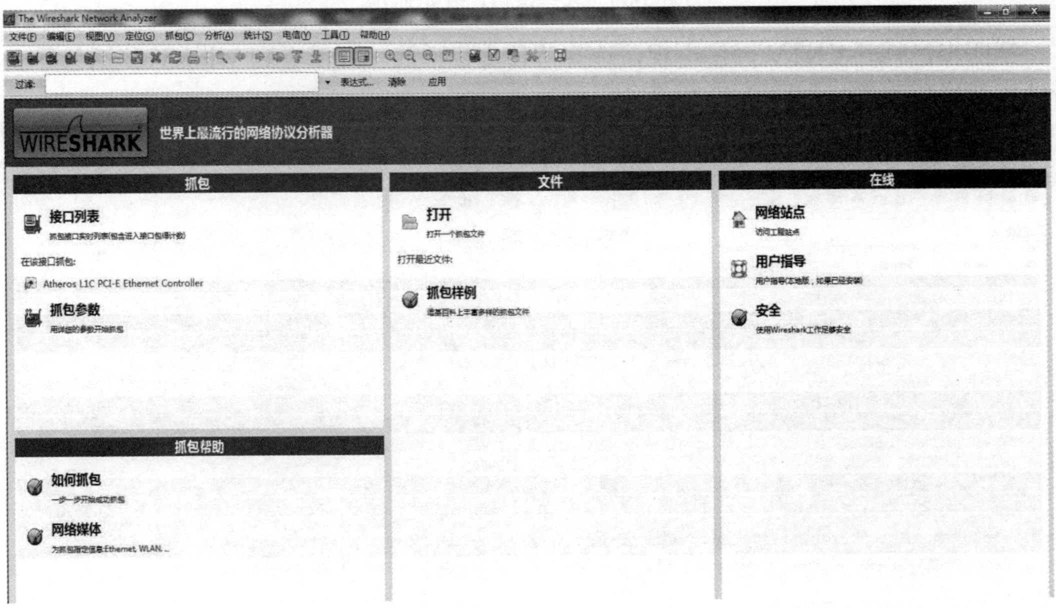

图 8-86　Wireshark 开始界面

第二步：点击，弹出接口对话框，如图 8-87 所示。

图 8-87　Wireshark 接口对话框

第三步：从接口对话框中可以看到有三个接口，第一个为本地网卡，另外两个为虚拟机。我们要抓取本地流量，所以选择本地网卡接口，点击对应的 Start 按钮，开始捕捉包。如图 8-88 所示。

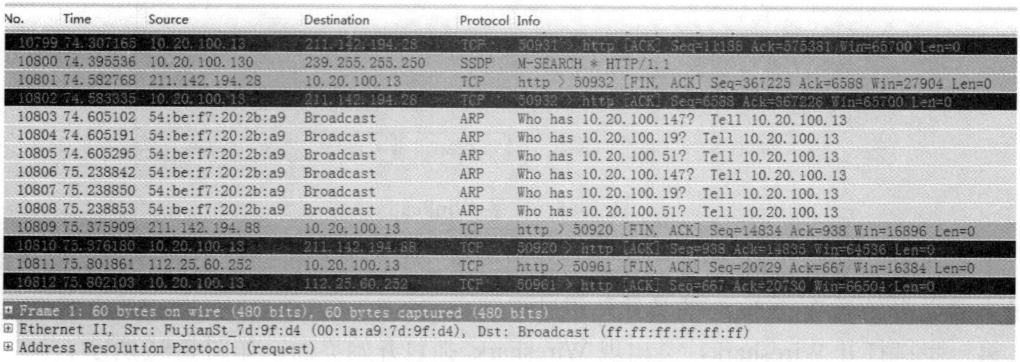

图 8-88　选择接口，开始抓包

第四步：打开 CNTV 网络电视，选择节目进行播放。可以看到 Wireshark 抓包界面不断地更新封包列表。如图 8-89 所示。

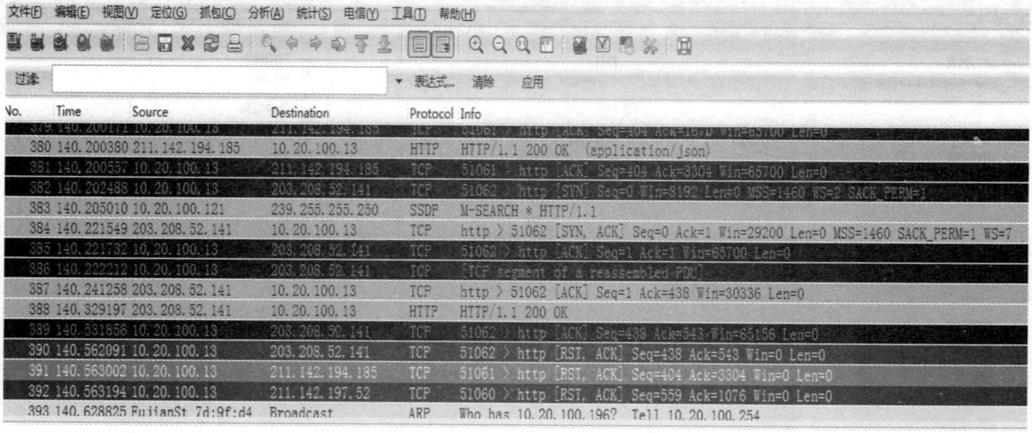

图 8-89　Wireshark 更新封包列表

第五步：点击停止当前包的捕捉，如图 8-90 所示。

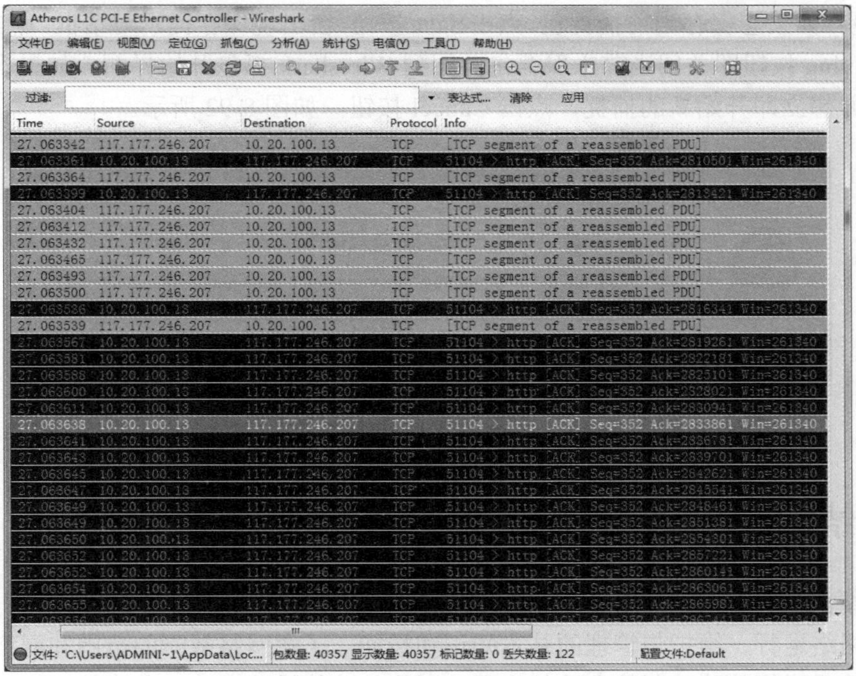

图 8-90 Wireshark 停止抓包

第六步：点击按钮保存当前捕捉包。选择保存文件的路径及文件名称，保存类型如果没有特殊需求选择 libpcap，选择完成后点击保存即完成一个本地 CNTV 流量包的捕捉。如图 8-91 所示。

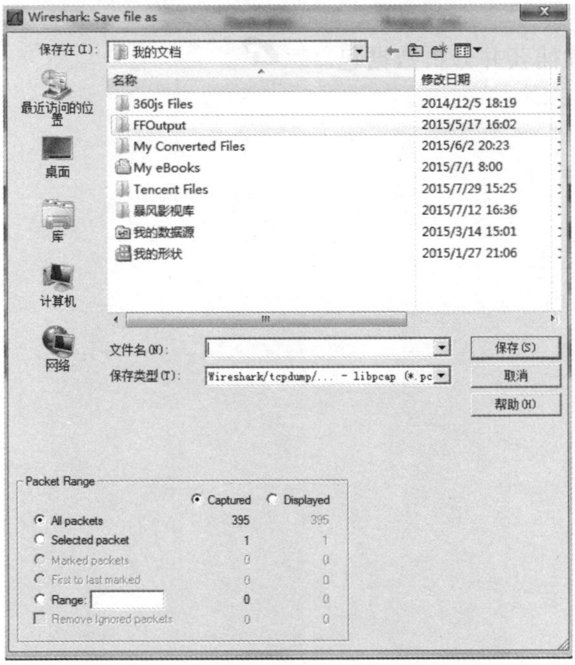

图 8-91 选择保存路径

第七步：如果想保存当前捕捉包，点击Save按钮，会出现保存提示对话框，点击Continue without Saving按钮即关闭当前未保存包并回到Wireshark抓包开始界面。如果不想保存当前捕捉包并想立即开始新的捕捉，点击Cancel按钮。如图8-92所示。

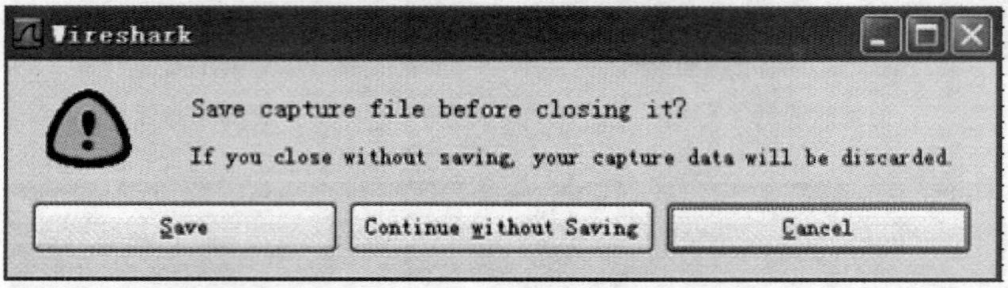
Wireshark
Save capture file before closing it?
If you close without saving, your capture data will be discarded.
Save
Continue without Saving
Cancel

图8-92　保存当前捕捉包

本章小结

本章结合案例介绍了网络管理和网络安全的基础知识，通过本章节的学习与实践，使学生具有网络运行、维护与管理的基本知识和技能，了解网络故障的范围和网络管理的基本原理，熟悉网络故障诊断的方法与步骤、网络故障的排除方法、主流的网络监控工具和网络管理软件的功能，能够胜任网络运维管理和网络外包服务相应工作岗位的需求。

实训项目

1. 安装cacti。
2. 利用抓包工具捕获并分析数据包。